国家示范性高职高专规划教材·计算机系列

CorelDRAW X4 平面设计基础教程

（修订本）

主　编　程　晨

副主编　汪　晟　刘志农

边雯蕾　洪　沛

清华大学出版社

北京交通大学出版社

·北京·

内容简介

CorelDRAW X4 具有强大而完善的矢量绘图和设计功能，被广泛地应用于商标设计、广告设计、包装设计、产品造型、插画艺术、印刷排版及分色输出等诸多领域，是平面设计软件系列的旗舰产品。本书采用理论与实践相结合的方式，从易到难，详细介绍了 CorelDRAW X4 的操作方法和操作技巧，让读者轻松入门，并在快乐学习中全面提高应用水平，逐步达到专业的技术需求。

本书还附带多媒体教学光盘一张，包括了书中所有素材和源文件，读者可以通过光盘辅助学习，快速掌握书中所讲解的软件功能并能上手操作。

本书可作为高等职业技术院校相关艺术设计专业的课程教材，同时对图形创意设计人员、广告设计人员也有一定的参考价值。

图书在版编目（CIP）数据

CorelDRAW X4 平面设计基础教程/程晨主编. —北京：清华大学出版社；北京交通大学出版社，2010.12（2018.8 重印）
国家示范性高职高专规划教材·计算机系列
ISBN 978－7－5121－0423－5

Ⅰ. ① C…　Ⅱ. ① 程…　Ⅲ. ① 图形软件，CorelDRAW X4－高等学校：技术学校－教材　Ⅳ. ① TP391.41

中国版本图书馆 CIP 数据核字（2010）第 246880 号

责任编辑：杨正泽
出版发行：清 华 大 学 出 版 社　　邮编：100084　　电话：010－62776969　　http：//www.tup.com.cn
　　　　　北京交通大学出版社　　邮编：100044　　电话：010－51686414　　http：//press.bjtu.edu.cn
印 刷 者：艺堂印刷（天津）有限公司
经　　销：全国新华书店
开　　本：185×260　　印张：20.5　　字数：525 千字　　配光盘一张
版　　次：2018 年 8 月第 1 次修订　　2018 年 8 月第 7 次印刷
书　　号：ISBN 978－7－5121－0423－5/TP·628
印　　数：13 001～14 000 册　　定价：49.00 元（含光盘）

本书如有质量问题，请向北京交通大学出版社质监组反映。对您的意见和批评，我们表示欢迎和感谢。
投诉电话：010－51686043，51686008；传真：010－62225406；E-mail：press@bjtu.edu.cn。

前　言

1. 软件介绍

CorelDRAW 是 Corel 公司开发的一款功能强大的矢量图形设计软件，是平面设计领域不可缺少的绘图软件，被广泛地应用于商标设计、广告设计、包装设计、产品造型、插画艺术、印刷排版及分色输出等诸多领域。新版本的 CorelDRAW X4 拥有更加简洁、专业的操作界面，新增了文本格式实时预览、交互式表格工具以及矫正图像等功能，使操作使用更加便捷，受到众多平面设计者和爱好者的青睐，是平面设计专业必学的绘图软件。

2. 本书导读

本书从实践、实用的角度出发，全面系统地介绍了 CorelDRAW X4 的各项功能及操作技巧，并结合“一学就会”、“小试身手”等实例操作，使读者能在较短时间内熟悉该软件的基础知识、典型功能与操作技巧。同时，通过各种图形设计案例，让读者在学习该软件的过程中逐步积累平面设计实战经验，提高学习的效率，尽快掌握 CorelDRAW X4 的实战技能，成为一名运用 CorelDRAW X4 进行平面设计的行家里手。

本书共 10 章，分为基础篇、功能篇、设计篇 3 个部分。基础篇主要介绍 CorelDRAW X4 的基础知识和操作环境；功能篇主要介绍 CorelDRAW X4 的操作技能，包括图形绘制、对象修改与填充、交互式填充及其他特殊效果、对象组织与管理、文本编辑、位图处理和滤镜特效、印前输出和发布；设计篇主要介绍 CorelDRAW X4 在平面设计各个领域中的应用，包括标志设计、广告设计、灯箱设计、三折页设计、包装效果图设计、插画设计、品牌手册设计等。

本书的实例由具有丰富市场实战经历的平面设计师根据市场实际需求设计，从基本入手，逐步深入，从简单的图形绘制到制作完整的平面设计作品，通过具有创造性、设计性和适合市场运作的设计案例，潜移默化地向读者传达符合市场需要的设计理念和设计方式，从而培养软件之外的设计创意思维能力。通过大量优秀的实例创意设计作品，不仅使读者在学习实践过程中保持学习的热情，积聚成就感，轻松提高绘制能力及创作水平，而且让读者通过案例实战演练逐步精通设计操作，迅速成为平面设计高手。

本书作为一本由浅入深的 CorelDRAW X4 软件教材类学习书籍，内容翔实，图文并茂，艺术性和实用性强，适合作为高等职业技术院校相关艺术设计专业课程的教材，同样也可以帮助平面设计初学者快速入门与提高，帮助中级读者掌握更多技巧，并为高级读者提供参考。

本书附带多媒体光盘一张，其中包括了书中所有素材和源文件，读者可以通过光盘辅助学习，快速掌握书中所讲解的软件功能并能上手操作。

虽然本书在编写过程中力争完美，但因编者水平有限，时间紧凑，书中难免存在疏漏和不妥之处，恳请广大读者批评指正。

相关教材课件可以从出版社网站（http://press.bjtu.edu.cn）下载，也可以发邮件至 cbsyzz@jg.bjtu.edu.cn 索取。

编者

于 2011 年 1 月

前言

目　录

第1篇　基　础　篇

第2篇 功 能 篇

第3篇 设 计 篇

基础篇

第 1 章 CorelDRAW X4 基础知识

本章导读：

CorelDRAW 是由加拿大 Corel 公司于 1898 年推出的一款非常优秀的矢量绘图软件，因其具有强大的绘图功能、便捷、直观的操作环境而备受用户青睐，成为目前最为流行的矢量绘图软件之一。本章将系统介绍 CorelDRAW X4 软件的发展历史、软件的安装与卸载、基本的图形图像知识以及 CorelDRAW X4 的新增功能与帮助功能等内容。

重点关注：

CorelDRAW X4 的应用领域

了解图形图像知识

CorelDRAW X4 的新增功能

1.1 CorelDRAW X4 简介

CorelDRAW 是一款以 CorelDRAW 矢量绘图为核心，集矢量图形制作、文本编排、位图编辑、网页设计与动画等众多功能于一体，能满足不同行业不同设计领域设计需求的高效绘图套装软件，应用该软件不仅能提高工作效率，轻松应对各式各样的设计任务，还能实现各种创意方案。下面介绍 CorelDRAW 的发展历史和最新版本 CorelDRAW X4 的相关内容。

1985 年，迈克尔·科普兰（Michael Copland）博士在加拿大渥太华创立了 Corel 公司。1989 年，Corel 公司成功推出在 MS - DOS 平台上运行的 CorelDRAW 1.0，一年后 Corel 公司完善了 1.0 版本，推出了内含滤镜、能兼容其他绘图软件的 CorelDRAW 1.01。

随后，Corel 公司不断对 CorelDRAW 软件的功能以及操作环境进行完善改进，相继推出了 CorelDRAW 2.0、CorelDRAW 3.0、CorelDRAW 4.0、CorelDRAW 5.0 直至 CorelDRAW 9.0，增加了其他绘图软件所没有的立体化、透视、封套等功能及 PHOTO - PAINT、Corel - SHOW、CorelTRACE 等图形图像辅助应用程序，使 CorelDRAW 逐步成为一套功能齐全的计算机绘图和排版专业软件包，在当时众多绘图软件当中独树一帜。

1999 年，Corel 公司成功推出的 CorelDRAW 9.0，在前期版本基础上增强了屏幕的直观性，提高了软件的使用性能和效率，新增了调色板、交互式工具、轮廓工具等诸多工具，增强了矩形工具、位图特效等功能。该软件一问世，便获得众多奖项和荣誉，还被用来设计新欧元的硬币，深受广大用户的好评。

2006 年，Corel 公司推出了 CorelDRAW Graphics Suite X3 软件包。

2008 年 1 月，Corel 公司正式发布 CorelDRAW X4 软件包，即 CorelDRAW Graphics Suite X4（以下简称为 CorelDRAW X4），CorelDRAW X4 无论从操作环境上，还是从系统的稳定性上，都较之前的版本有了很大改进和增强，使用户操作更加得心应手。

1.1.1 CorelDRAW 的应用领域

CorelDRAW X4 作为当今最流行的矢量图形设计软件之一，被广泛应用于广告、标志、插画、印刷品等设计领域，无论专业设计人员还是业余设计爱好者，都可以运用 CorelDRAW X4 进行便捷操作和完美创意。

1. 广告设计

在广告设计领域，用户常借助 CorelDRAW X4 对图形素材进行再加工，在用幻想、虚拟的手法展示商品的同时，给人的视觉感官带来极强的冲击力，从而达到良好的宣传推销作用。CorelDRAW X4 以其完善的矢量图形绘制和编辑功能，强大的位图处理和文字编排能力，成为了广告设计人员不可或缺的电脑绘图软件，广告设计范例如图 1－1 所示。

图 1－1 广告设计范例（CARVEN 品牌女包平面广告）

2. 标志设计

在标志设计领域，使用 CorelDRAW 等矢量绘图软件绘制标志以及 VI 手册已经成为行业惯例，运用 CorelDRAW 绘图软件中的各种绘图工具可以非常方便绘制尺寸精确、表现丰富的标志。标志设计范例如图 1－2 所示。

3. 插画设计

插画艺术在数码技术的支持下开拓了新的发展空间，造就了数码插图这一门新艺术分类。运用 CorelDRAW 矢量绘图软件可以绘制艺术风格各异的插画作品。插画范例如图 1－3 所示。

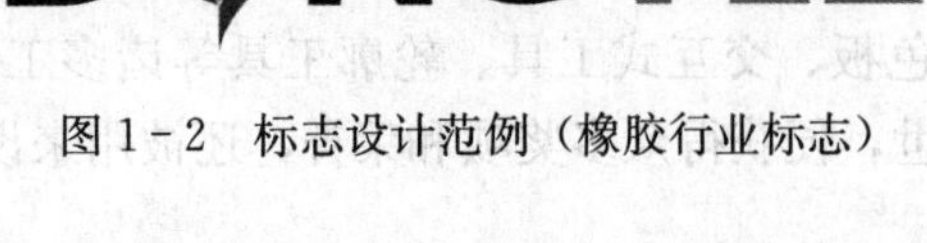

图 1－2 标志设计范例（橡胶行业标志）

图 1－3 插画范例（外国插画设计作品）

4. 印刷品设计

CorelDRAW 绘图软件以其强大的图文混编功能，简单的版面操作，丰富的位图处理功能，以及在分色打印技术上的不断完善，可以为印刷品设计中众多美术设计提供便利，特别是在杂志编排、书籍装帧设计、宣传册设计等商业设计领域，CorelDRAW 已经成为了不可缺少的专业排版软件之一。印刷品设计范例如图 1－4 所示。

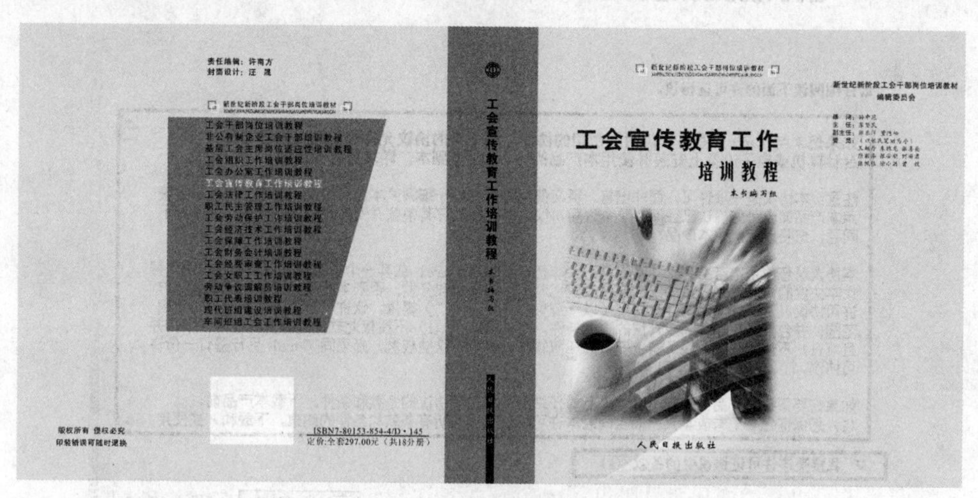

图 1－4 印刷品设计范例（书籍封面设计）

1.1.2 CorelDRAW X4 的安装与卸载

1. 安装

Step 01：将 CorelDRAW X4 程序的安装光盘放入光盘驱动器中，系统自动进入【初始化安装向导】页面，或者直接双击安装目录下的 setup. exe 文件，进入【初始化安装向导】页面，如图 1－5 所示。

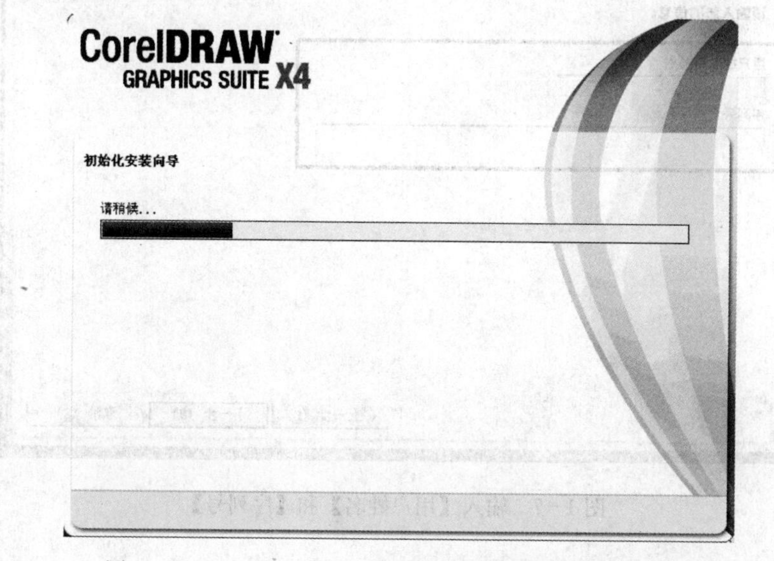

图 1－5 CorelDRAW X4 程序的【初始化安装向导】页面

Step 02：勾选【我接受该许可证协议中的条款】复选项，然后单击【下一步】按钮，如图1-6所示。

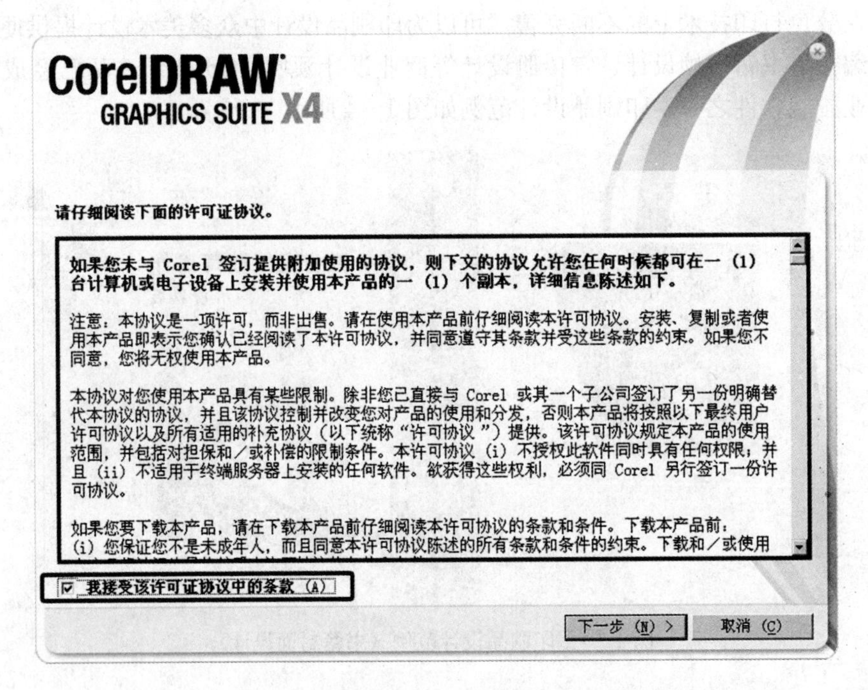

图1-6 勾选【我接受该许可证协议中的条款】复选项

Step 03：输入【用户姓名】和【序列号】，单击【下一步】按钮，如图1-7所示。

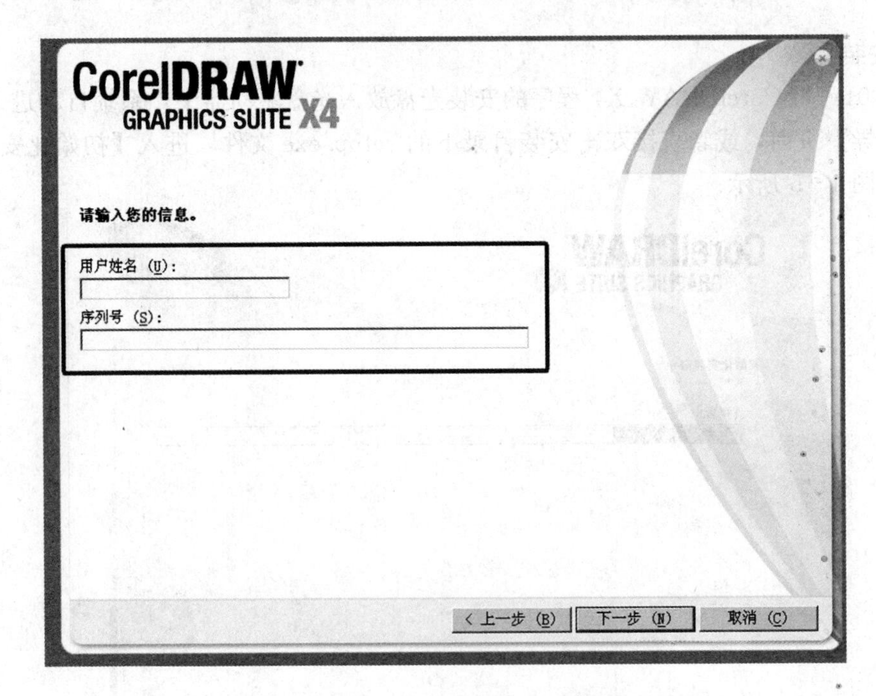

图1-7 输入【用户姓名】和【序列号】

Step 04：勾选【CorelDRAW】、【Corel PHOTO-PAINT】、【Corel CAPTURE】复选项，再选择要安装的文件夹，单击【现在开始安装】按钮，如图1-8所示。

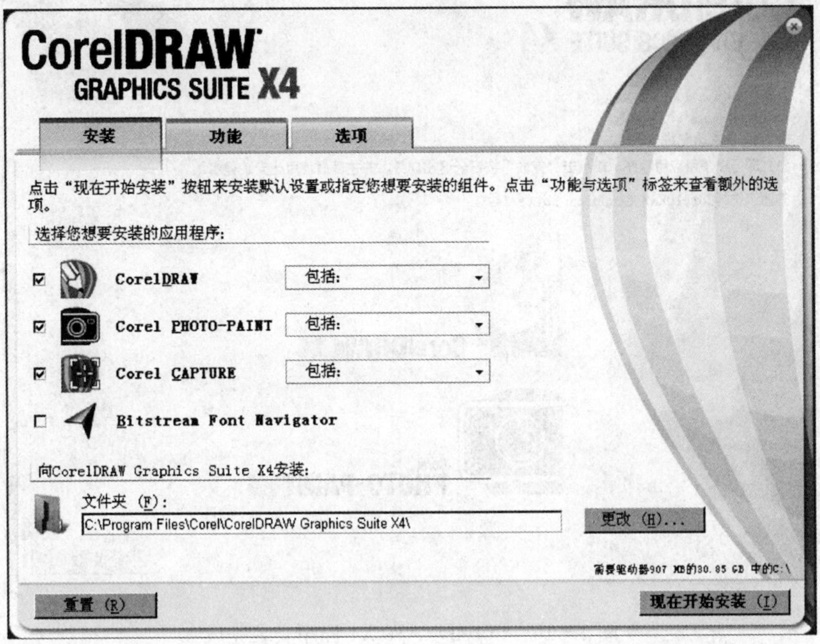

图1-8 安装界面

Step 05：开始安装 CorelDRAW X4 程序，如图1-9所示。

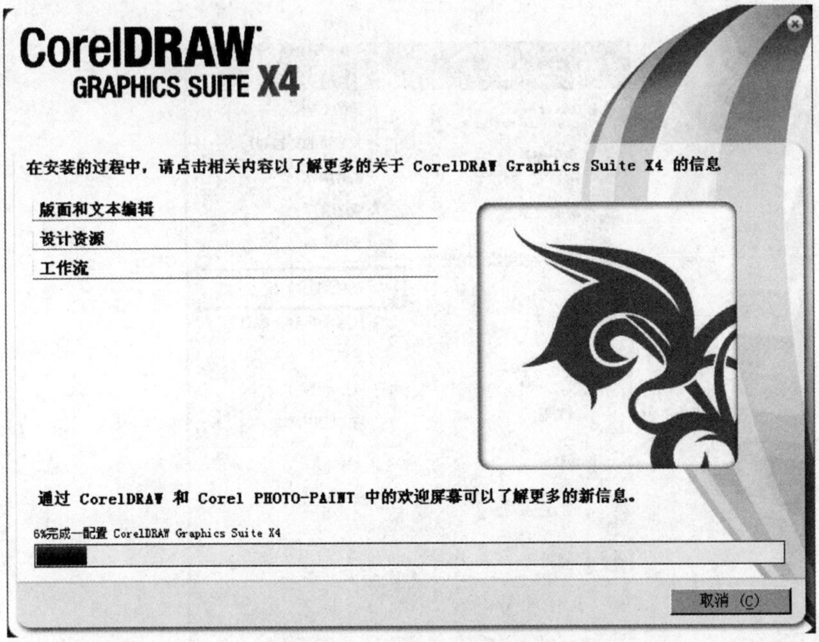

图1-9 CorelDRAW X4 程序安装过程

Step 06：几分钟后，CorelDRAW X4 程序完成安装程序，如图 1-10 所示。

图 1-10　CorelDRAW X4 程序安装完成

2. 卸载

Step 01：如果需要卸载 CorelDRAW X4 程序重新安装，单击 Windows 操作系统的控制面板，如图 1-11 所示。

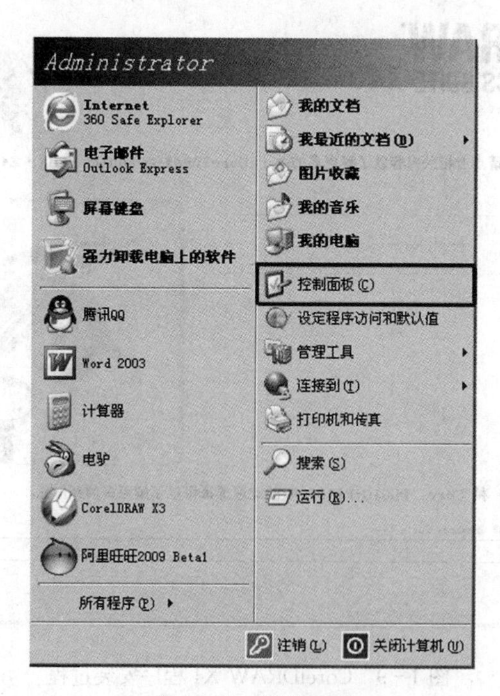

图 1-11　控制面板

Step 02：双击【添加或删除程序】选项，弹出【添加或删除程序】对话框，选定 CorelDRAW X4 程序标识后单击【更改/删除】按钮，如图 1 - 12 所示。

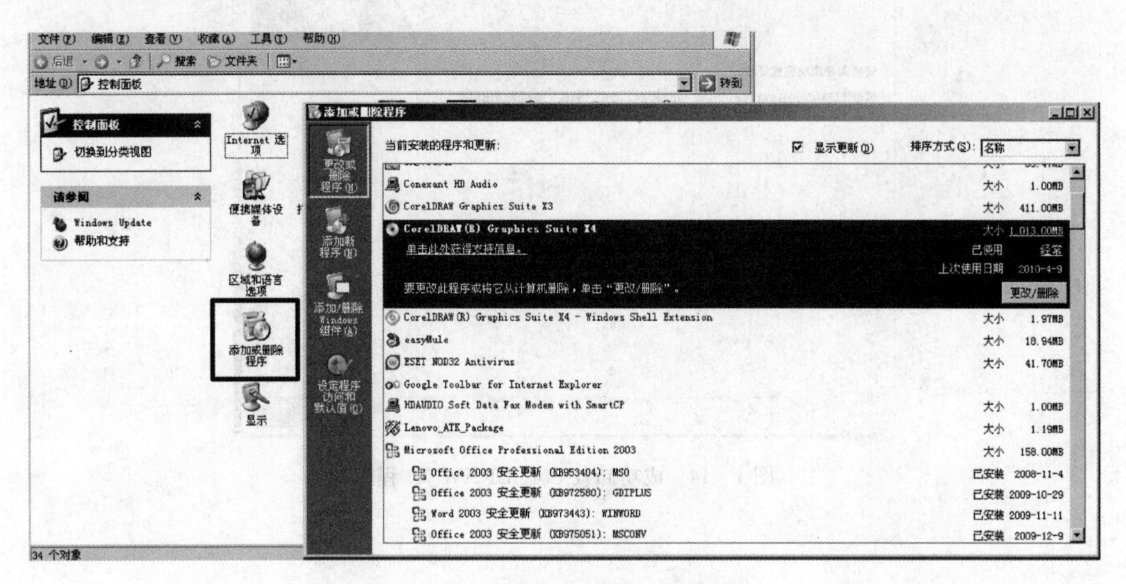

图 1 - 12 【添加或删除程序】对话框

Step 03：【初始化安装向导】进程结束后，弹出对话框，如图 1 - 13 所示。

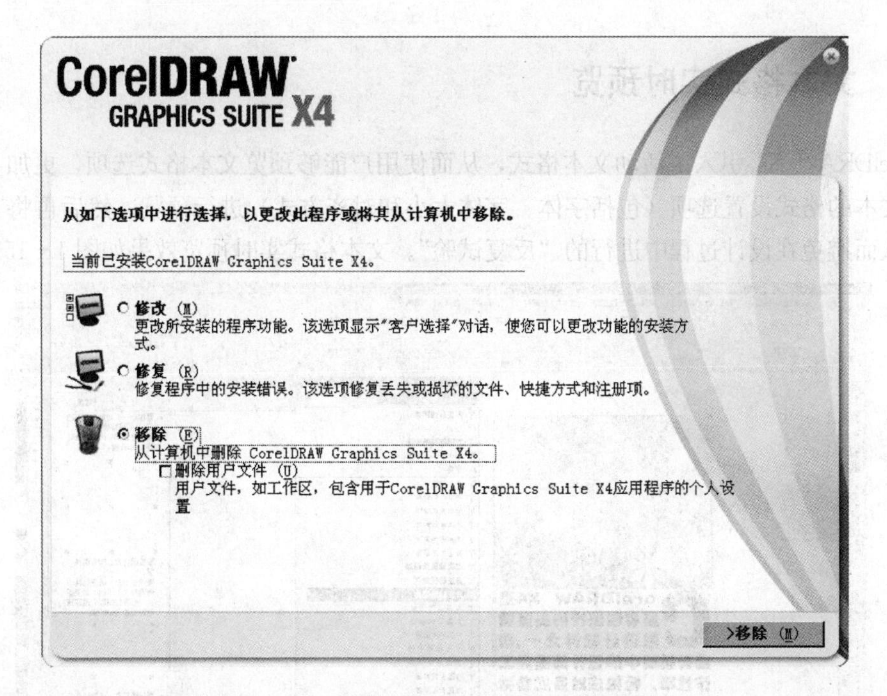

图 1 - 13 移除 CorelDRAW X4 程序对话框

Step 04：单击对话框中的【移除】按钮，即开始删除 CorelDRAW X4 程序。成功卸载 CorelDRAW X4 程序，如图 1 - 14 所示。

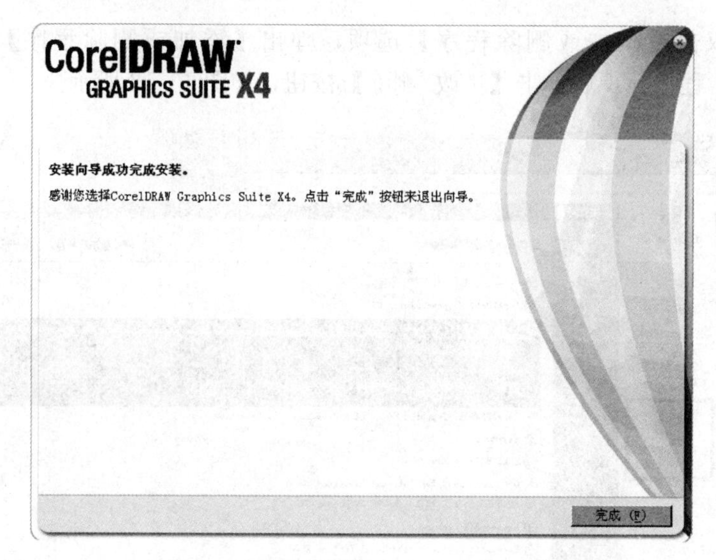

图 1-14 成功卸载 CorelDRAW X4 程序

1.2 CorelDRAW X4 的新增功能

1.2.1 文本格式实时预览

CorelDRAW X4 引入了活动文本格式，从而使用户能够预览文本格式选项，更加直观、方便地对文本的格式设置选项（包括字体、字体大小和对齐方式）进行预览，然后再将其应用于文档，从而避免在设计过程中进行的“反复试验”。文本格式实时预览效果如图 1-15 所示。

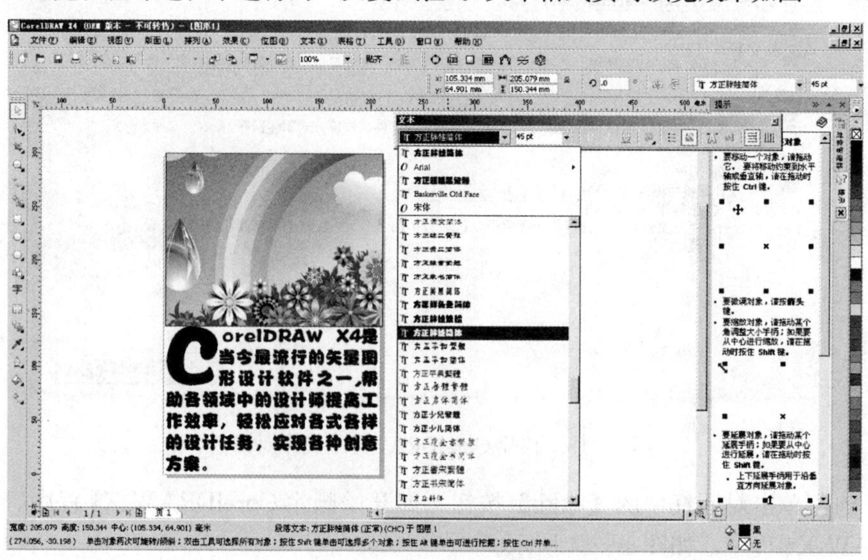

图 1-15 文本格式实时预览功能

1.2.2 字体识别功能

当有不认识的字体时，可以单击菜单栏中的【文本】|【这是什么字体】选项，这时候系统光标会发生改变，拖动十字光标，框选住不认识的字体，然后旁边会出现一个【√】，单击之后，CorelDRAW X4 程序会自动联网，将捕获的样例发送到 MyFonts Web 站点的 What The Font 页面（仅有英文版），搜索并显示寻找到的字体类型，如图 1-16 所示。

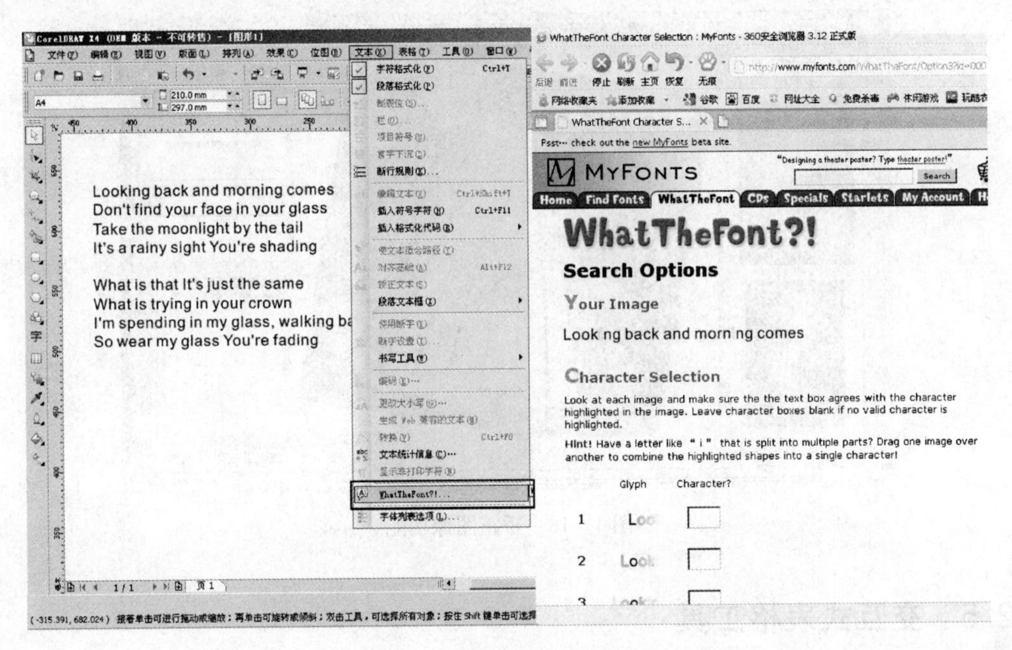

图 1-16 文字识别功能

1.2.3 独立的页面图层

CorelDRAW X4 可以独立控制和编辑文档每页的图层，既可以为单个页面添加局部的独立辅助线，又可以为整个文档添加主辅助线。因此，用户能够基于特定页面创建不同的图层，不受单个文档结构的限制，如图 1-17 所示。

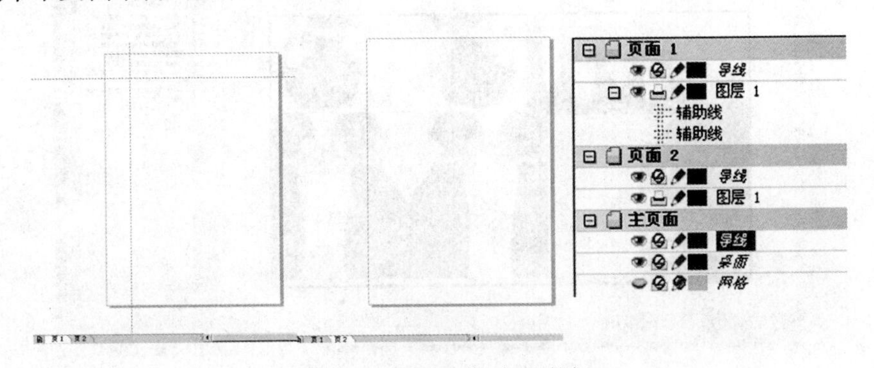

图 1-17 独立的页面图层

1.2.4 矫正图像功能

使用 Corel PHOTO-PAINT，用户可以快速轻松地矫正以某个角度扫描或拍摄的图像。可以通过 PHOTO-PAINT 的交互式控件、带有垂直和水平辅助线的网格以及可实时提供结果的集成柱状图，轻松地矫正扭曲的图像。此外，用户还可以选择自动裁剪图像。这个新增的命令主要用来矫正图像的垂直度和水平度，如图 1-18 所示。

图 1-18 矫正图像功能

1.2.5 交互式表格工具

CorelDRAW X4 新增了交互式表格工具，此工具不同于图纸工具，用户可以通过使用表格工具，在表格中显示文本或图像，也可以绘制表格或者从段落文本创建表格。还可以通过设置表格属性和格式，改变表格的外观，以多种方式处理表格，交互式表格如图 1-19 所示。

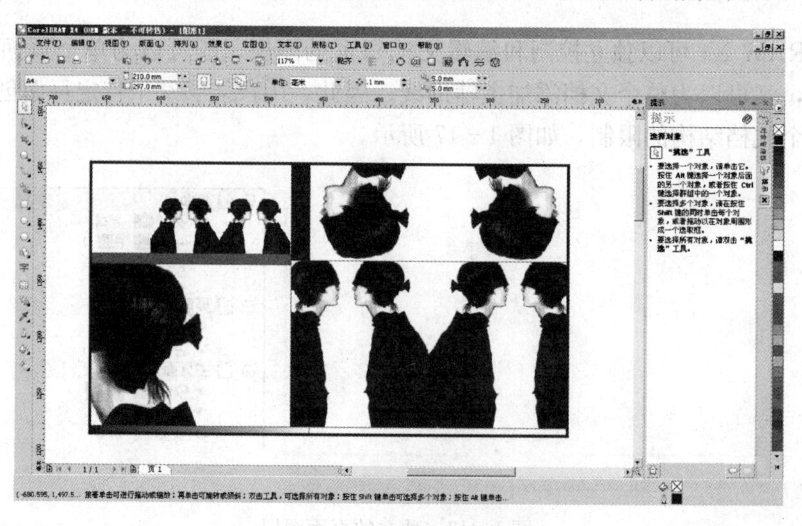

图 1-19 交互式表格

1.2.6 原始相机文件支持

CorelDRAW X4 支持原始相机文件。在从数码相机导入原始文件时，用户可以通过 Corel PHOTO-PAINT X4 和 CorelDRAW X4 查看文件属性和相机设置，调整图像颜色和色调以及改善图像质量，同时还能保留原始格式的文件。

1.2.7 色调曲线调整

用户可通过增强的【调合曲线】对话框，可使用集成的柱状图接收实时反馈。用户还可以使用新的滴管工具在其图像的色调曲线上，精确定位特定颜色位置，沿着色调曲线选择、添加或删除节点。从而使 Corel PHOTO-PAINT X4 用户可以更加灵活、有控制地进行精确的图像色调校正，更精确地调整它们的图像，如图 1-20 所示。

图 1-20 【调合曲线】对话框

1.3 CorelDRAW X4 的帮助功能

1.3.1 提示

【提示】泊坞窗可提供有关活动工具的信息，当使用工具时，可以通过提示，显示如何使用该工具。如果需要有关工具的更多信息，可以通过单击【提示】泊坞窗右上角的【帮助】按钮访问相关帮助主题，如图 1-21 所示。

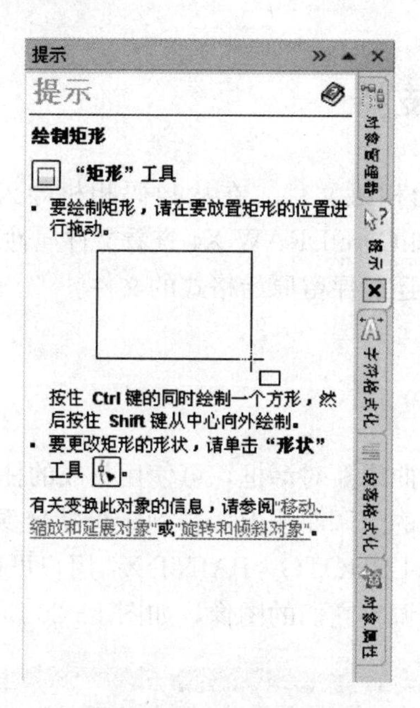

图 1 - 21 【提示】泊坞窗

1.3.2 帮助主题

单击菜单栏中的【帮助】|【帮助主题】选项，打开【CorelDRAW 帮助】对话框时，用户可在其中找到 CorelDRAW X4 中的每个应用程序、工具和功能的详细信息，如图 1 - 22 所示。

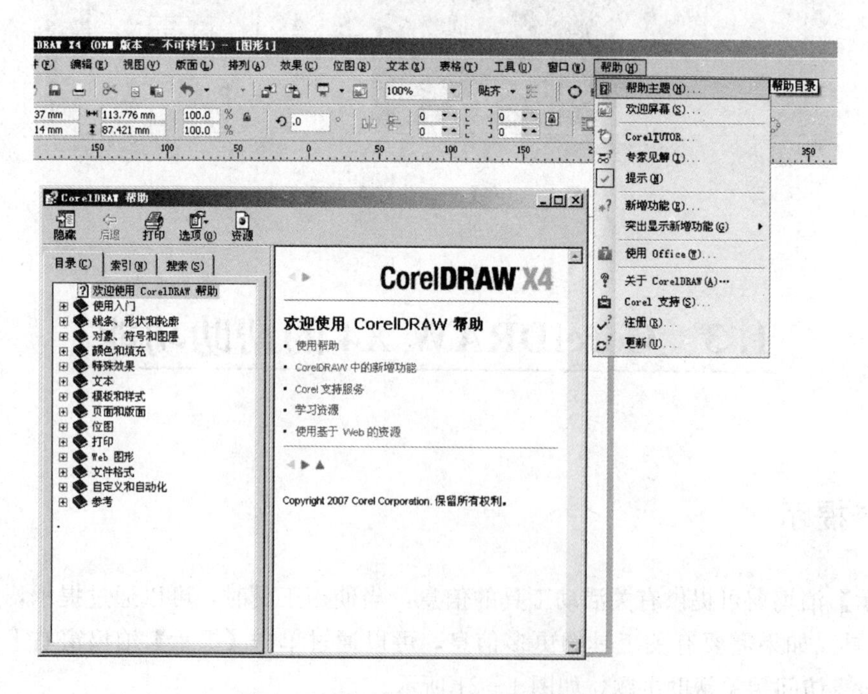

图 1 - 22 【CorelDRAW 帮助】对话框

1.3.3 专家见解

单击菜单栏中的【帮助】|【专家见解】选项，在【学习工具】对话框中，单击页面右侧的图片，即可以阅览 CorelDRAW X4 提供的一系列由设计专家编写的 PDF 教程，用户可以通过 CorelDRAW X4 创建设计的工作流，如图 1－23 所示。

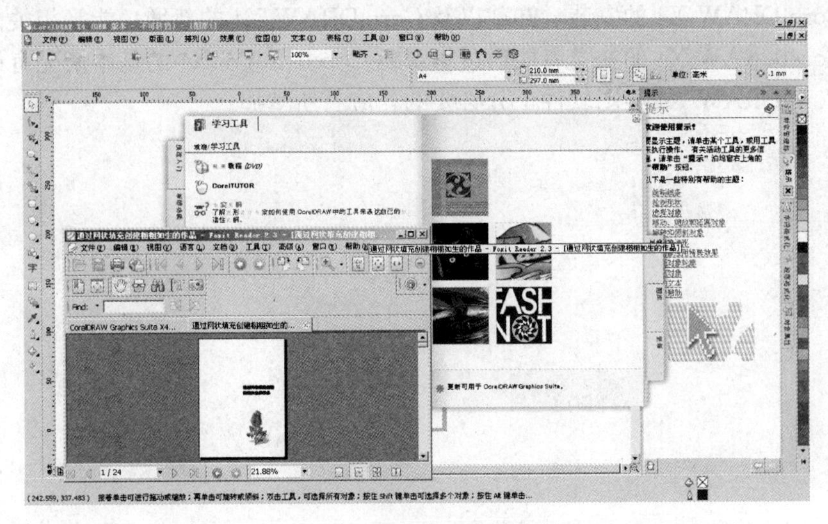

图 1－23 【学习工具】对话框

1.3.4 突出显示“新增功能”

单击菜单栏中的【帮助】|【突出显示新增功能】选项，用户可以在下拉列表框中选择所需要的选项。例如，选择【从版本 9】选项，各个工具栏按钮和菜单栏就会用色块的显示方式，突出显示从 CorelDRAW 9 到 CorelDRAW X4 新增的功能，如图 1－24 所示。

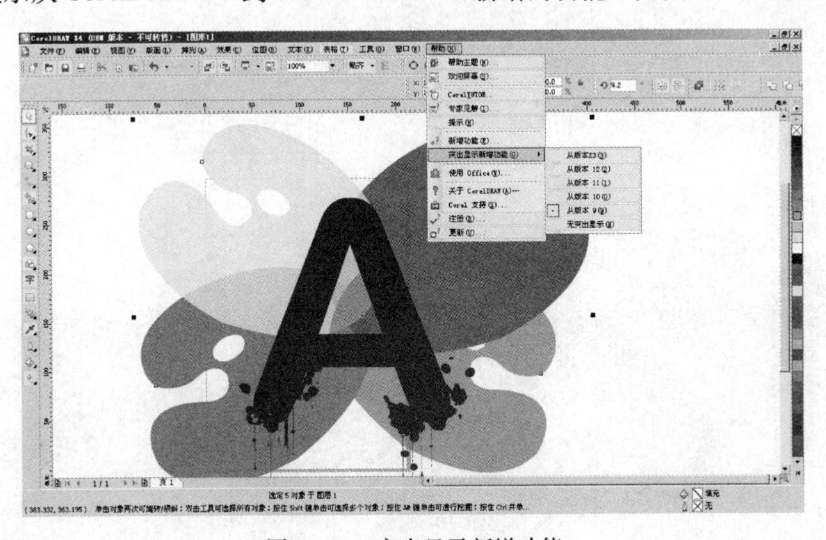

图 1－24 突出显示新增功能

1.4 小　　结

本章内容理论概念居多，主要向用户简要介绍了全新的 CorelDRAW X4 绘图软件，着重介绍了 CorelDRAW X4 的安装、卸载以及 CorelDRAW X4 的新增功能等相关内容。从没有接触过 CorelDRAW X4 的初学者能通过本章对 CorelDRAW X4 的基本情况有所了解，对熟练操作 CorelDRAW X4 绘图软件十分必要的，应有所掌握。

第2章 CorelDRAW X4 操作环境

本章导读：

通过本章的学习，了解 CorelDRAW X4 的工作环境，掌握 CorelDRAW X4 的基本操作，如新建文件、保存文件、文件的储存、页面设置、图层管理、视图浏览、辅助工具以及常用的色彩模式等内容，为后面的学习奠定基础。

重点关注：

在设计过程中灵活运用网格和辅助线

熟悉常用的几种色彩模式

熟悉 CorelDRAW 常用术语

2.1 CorelDRAW X4 的工作环境介绍

熟悉 CorelDRAW X4 工作环境是熟练操作 CorelDRAW X4 的必要前提。本节将分别讲解 CorelDRAW X4 的各部件及其使用方法。

在系统默认状态下，启动 CorelDRAW X4 应用程序，弹出如图 2-1 所示的欢迎窗口。

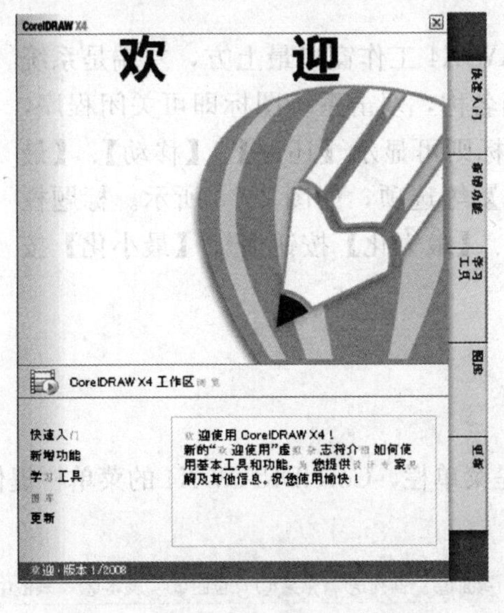

图 2-1　CorelDRAW X4 欢迎窗口

在欢迎窗口，根据实际需求，不仅可以创建、打开 CorelDRAW 文档，还可以单击【最近使用过的文件】、【从模板新建】等选项，打开所需要的 CorelDRAW 文档。

单击【新建空白文档】选项进入 CorelDRAW X4 的工作窗口。

在默认情况下，CorelDRAW X4 工作窗口除了一般软件常见的【标题栏】、【菜单栏】、【标准工具栏】、【属性栏】外，还有【工具箱】、【绘图页面】、【导航器】、【标尺】、【状态栏】、【泊坞窗】、【调色板】等图形编辑组件，如图 2 - 2 所示。

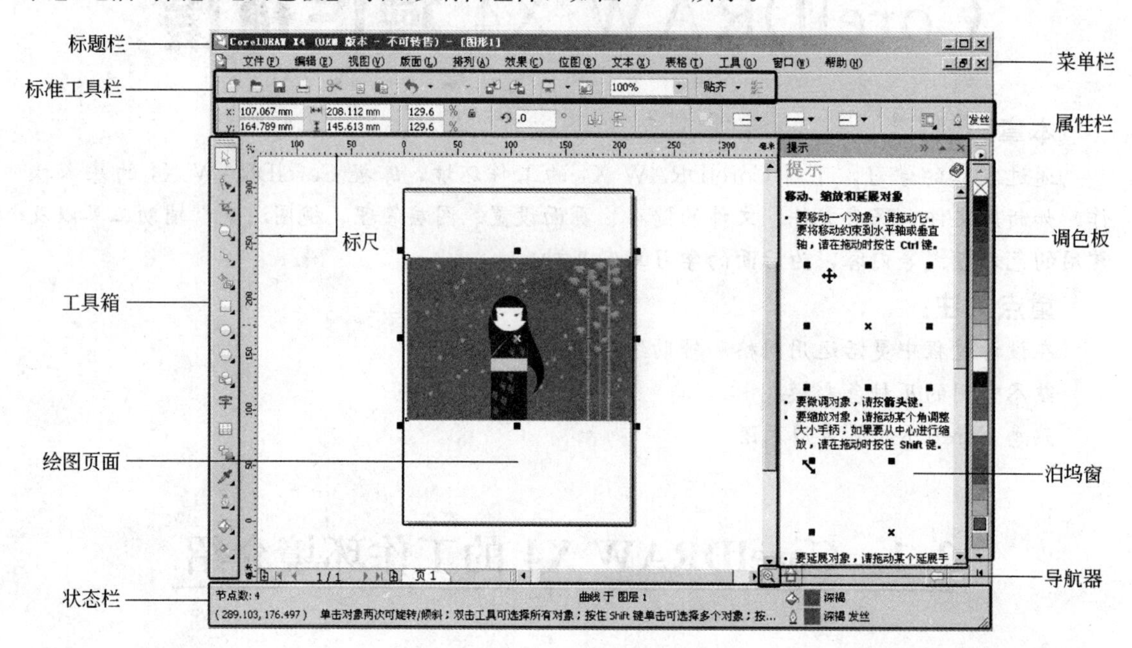

图 2 - 2　CorelDRAW X4 工作窗口

2.1.1　标题栏

标题栏位于 CorelDRAW X4 工作窗口最上方，左端是系统图标和正在编辑的文档名称，双击系统图标即可关闭程序，右击标题栏或单击系统图标则可显示【还原】、【移动】、【最大化】、【最小化】、【关闭】等选项，如图 2 - 3 所示。标题栏最右端是【关闭】按钮、【最大化】按钮、【最小化】按钮。

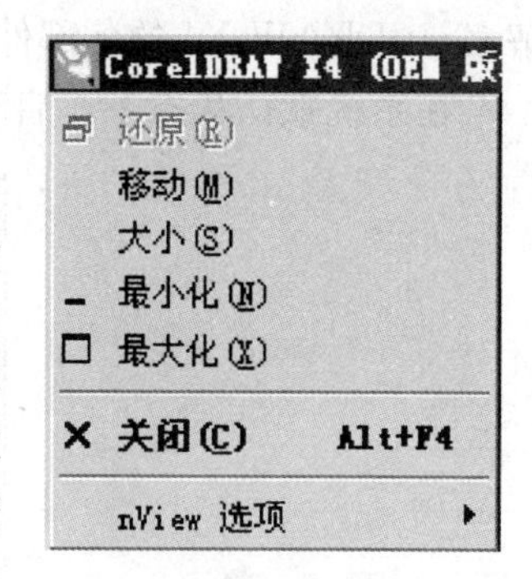

图 2 - 3　系统图标

2.1.2　菜单栏

位于标题栏下面的就是菜单栏，CorelDRAW X4 的菜单栏提供了 12 个菜单，如图 2 - 4 所示。

文件(F)　编辑(E)　视图(V)　版面(L)　排列(A)　效果(C)　位图(B)　文本(X)　表格(T)　工具(O)　窗口(W)　帮助(H)

图 2 - 4　CorelDRAW X4 菜单栏

CorelDRAW X4 的主要功能可通过执行菜单栏中各选项来完成。12 个菜单的选项如图 2－5 所示。

图 2－5　12 个菜单的选项

2.1.3　标准工具栏

标准工具栏在菜单栏的下方，如图 2－6 所示。工具栏集中了最常用的工具，如【打开】、【保存】、【打印】、【剪切】、【粘贴】、【复制】等文件操作工具，方便用户使用。

图 2－6　CorelDRAW X4 标准工具栏

2.1.4　属性栏

属性栏与用户所选择的工具或操作的对象相关联，用于显示当前所用工具或者操作对象相关的信息和选项。当用户选择不同的工具或者操作对象时，属性栏显示的内容会发生相应的变化。默认状态下的属性栏如图 2－7 所示。

图 2－7　CorelDRAW X4 属性栏

2.1.5　工具箱

在默认状态下，工具箱位于 CorelDRAW X4 工作界面的最左侧，是用户使用最为频繁的工具。单击工具箱中的各种绘图工具按钮，即可轻松进地行图形绘制。单击各个工具按钮右下角的黑色小三角，即可打开与此工具相关联的工具展开栏。工具箱各绘图工具展开如图 2－8 所示。

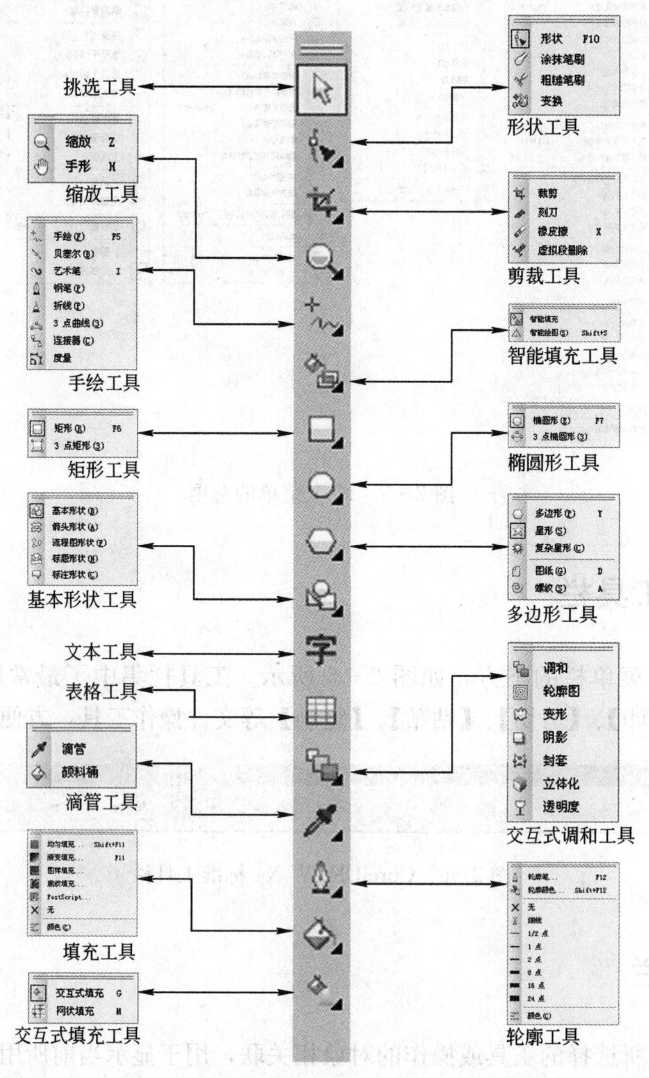

图 2－8　工具箱展开图

2.1.6 泊坞窗

泊坞窗是 CorelDRAW 特有的部件，它以窗口的形式提供多种功能选项。泊坞窗操作灵活，可以同时嵌套显示几个选项卡，有效利用界面空间。单击菜单栏中的【窗口】|【泊坞窗】选项，打开所需的一个或者多个泊坞窗口，如图 2－9 所示。

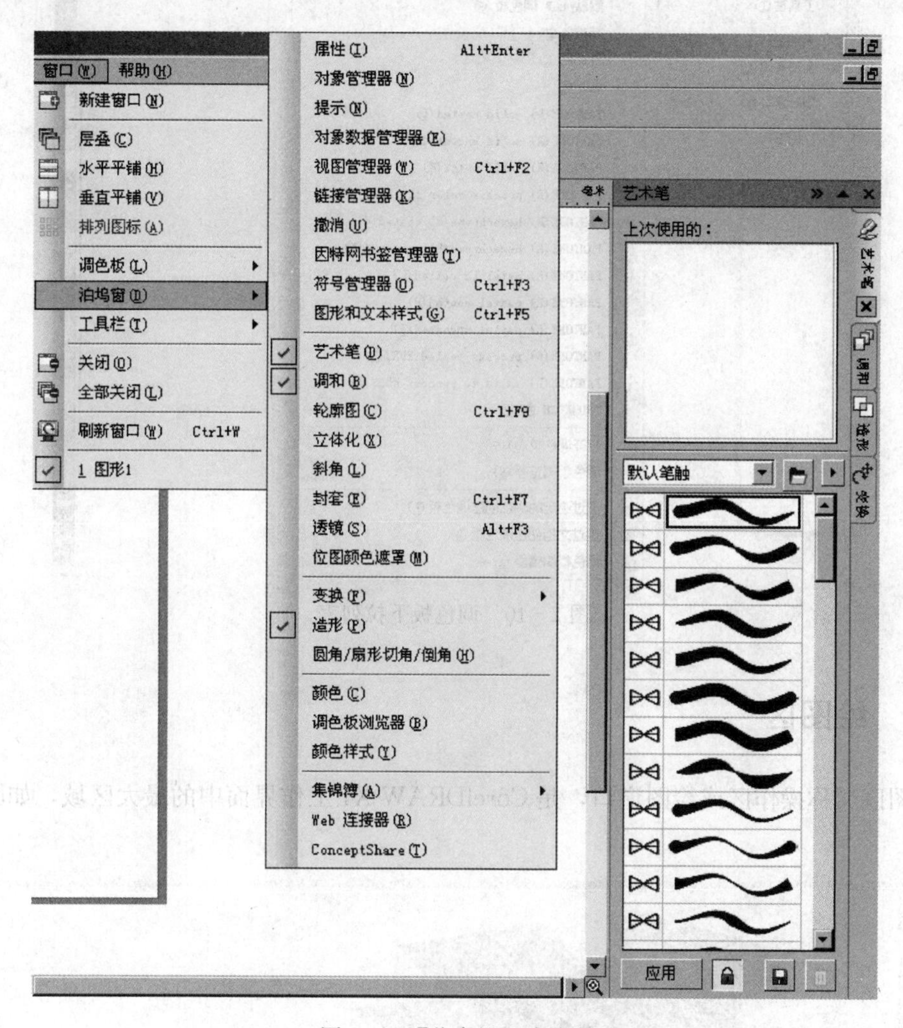

图 2－9 【艺术笔】泊坞窗

2.1.7 调色板

CorelDRAW X4 提供了 17 种色彩样式，单击菜单栏中的【窗口】|【调色板】选项，即可以自定义颜色模式，也可以进行颜色编辑、添加、删除等操作。默认 CMYK 调色板位于调色板下拉列表内，如图 2－10 所示。

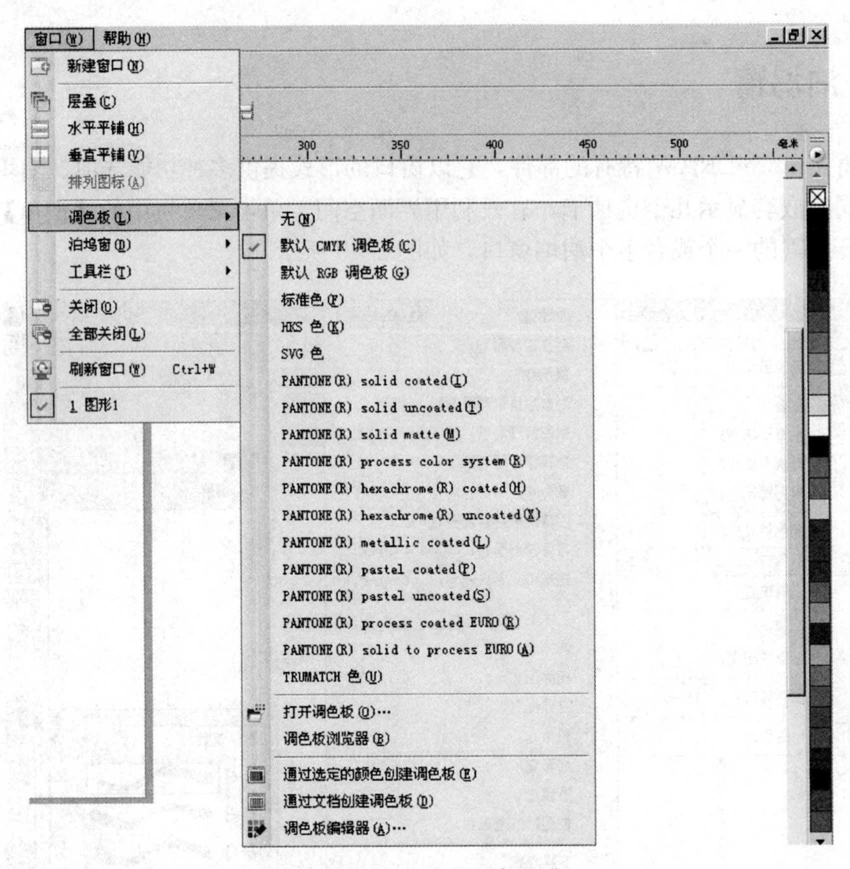

图 2-10 调色板下拉列表

2.1.8 绘图区

绘图区又称操作区或绘图窗口，是 CorelDRAW X4 工作界面中的最大区域，如图 2-11 所示。

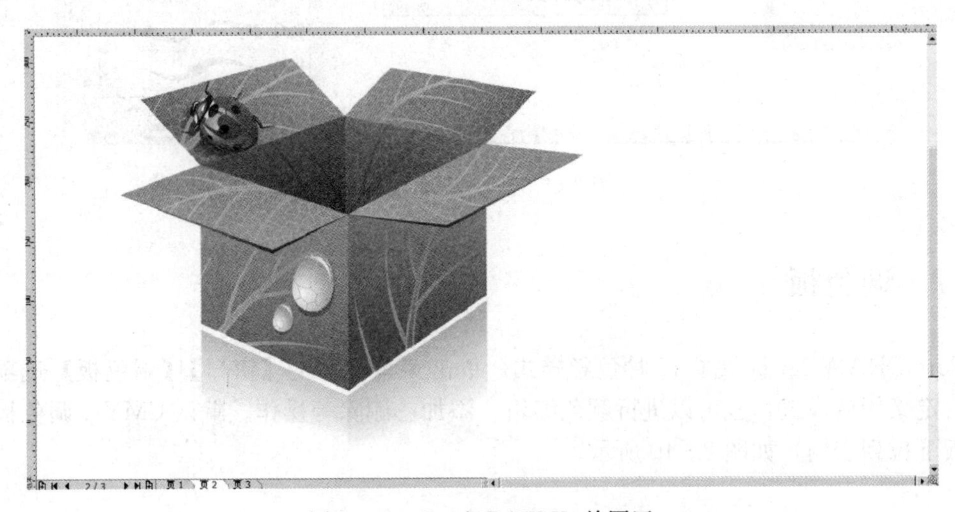

图 2-11 CorelDRAW X4 绘图区

2.1.9 文件导航栏

导航区位于工作界面的下方，可以用来创建多页文档、显示总页数、任意删除添加页面以及设定页面的名称，如图 2-12 所示。

图 2-12 CorelDRAW X4 文件导航栏

2.1.10 状态栏

状态栏位于文件导航栏的下方，显示绘图区内正在编辑或者被选中图形的相关信息，同时提示有关操作技巧，如图 2-13 所示。

图 2-13 CorelDRAW X4 状态栏

2.2 CorelDRAW X4 文件基本操作

掌握文件的基本操作是进行绘图工作所需的必备步骤，使用计算机绘制的任何一个设计作品，最终都是以各种文件格式保存，因此必须学会如何创建文件、打开文件、保存文件、删除文件、导入文件、导出文件等文件管理的基本操作。

2.2.1 新建、打开、导入文件

1. 新建文件

创建新建文件是进行文件操作的第一步，CorelDRAW X4 提供了多种方法创建文件，方法如下。

方法一：启动 CorelDRAW X4，在弹出的欢迎界面中单击【新建空白文档】选项，即可新建空白文件，如图 2-14 所示。

方法二：单击菜单栏中的【文件】|【新建】选项，即可新建空白文件，如图 2-15 所示。

方法三：按 Ctrl+N 键，打开新建空白文件。

方法四：单击标准工具栏中的【新建】按钮，打开新建空白文件。

方法五：单击菜单栏中的【文件】|【从模板新建】选项或者在欢迎窗口单击【从模板新建】选项，即可新建空白文件，如图 2-16 所示。CorelDRAW X4 预设了名片、传单、明信片等模板，用户可以根据需要选择相应模板，或者选择自己创建的模板，如图 2-17 所示。

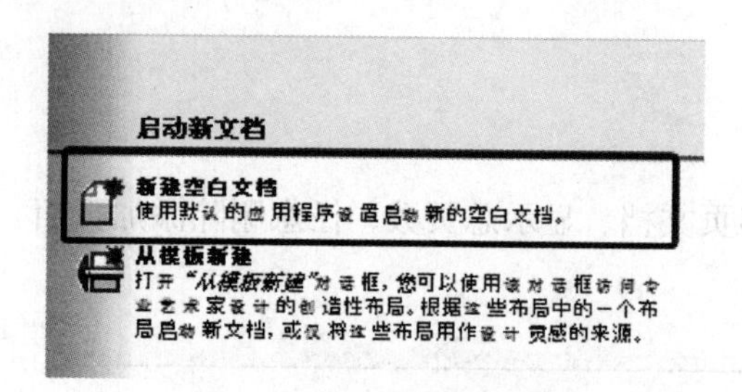

图 2-14　单击欢迎窗口【新建空白文档】选项

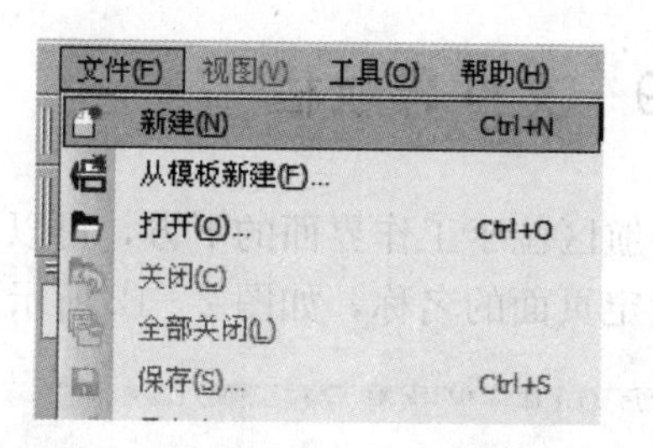

图 2-15　单击菜单栏中的【文件】|【新建】选项

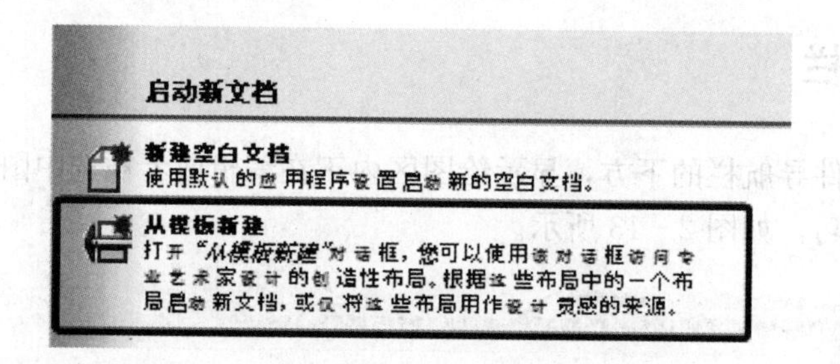

图 2-16　欢迎窗口单击【从模板新建】选项

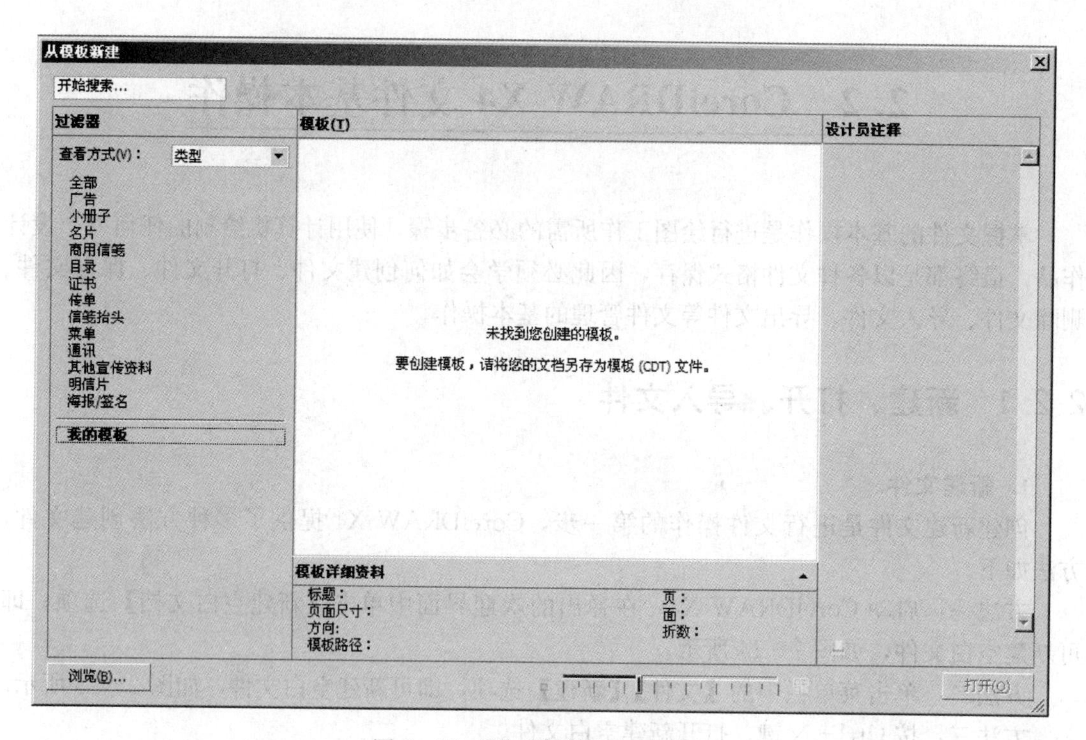

图 2-17　【从模板新建】对话框

2. 打开文件

CorelDRAW X4 可以打开 CDR（CorelDRAW 默认文件格式）、AI、PSD、EPS、PNG、PDF 等三十多种文件格式。用户可以通过以下几种方法打开文件。

方法一：单击菜单栏中的【文件】|【打开】选项，在【打开绘图】对话框中寻找所要打

开的文件，双击文件名称，即可打开文件，【打开绘图】对话框如图 2-18 所示。

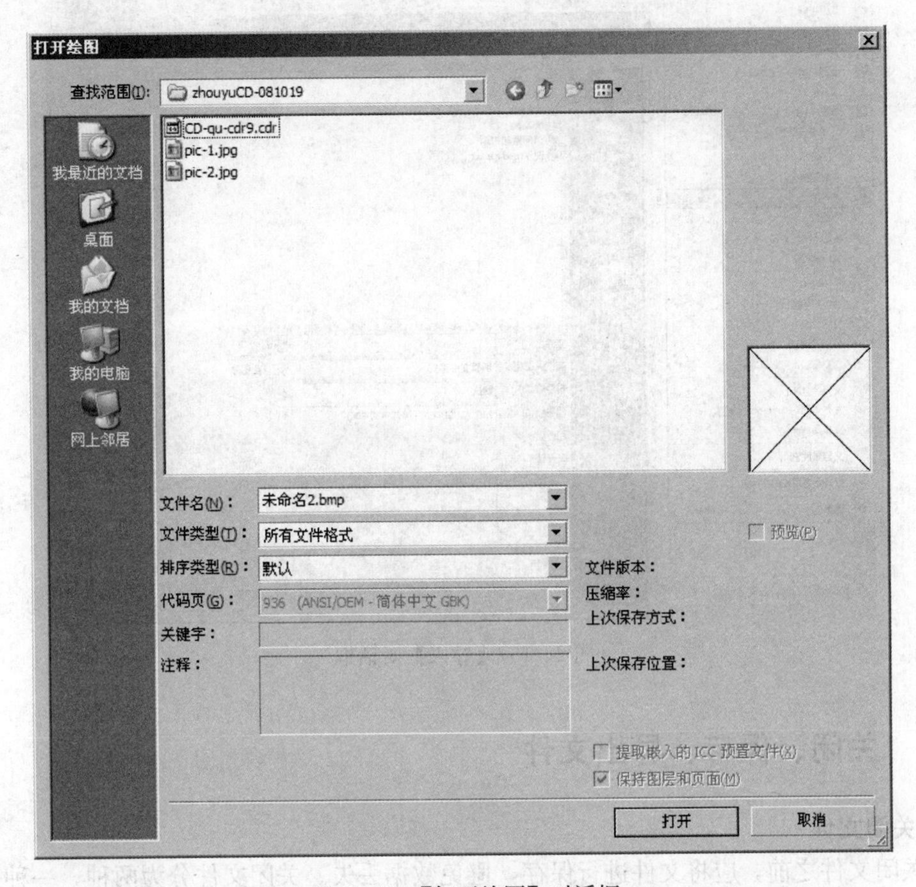

图 2-18 【打开绘图】对话框

方法二：按 Ctrl+O 键，打开【打开绘图】对话框，选择并打开文件。

方法三：单击标准工具栏中的【打开】按钮，打开【打开绘图】对话框，选择并打开文件。

方法四：单击菜单栏中的【文件】|【打开最近用过的文件】选项，即可打开最近常用的文件。

方法五：在欢迎界面的快速入门当中，可以预览并选择最近常用的文件，也可以打开其他文件。

3. 导入文件

用户在绘图过程中，需要使用位图文件或者其他格式文件，如 EPS、AI 等文件时，可以通过导入文件的方法，在 CorelDRAW X4 中打开。导入文件方法如下。

方法一：单击菜单栏中的【文件】|【导入】选项，在【导入】对话框中寻找所要打开的文件，双击文件名称，即可导入文件，如图 2-19 所示。

方法二：按 Ctrl+I 键，打开【导入】对话框，选择并导入文件。

方法三：单击标准工具栏中的【导入】按钮，打开【导入】对话框，选择并导入文件。

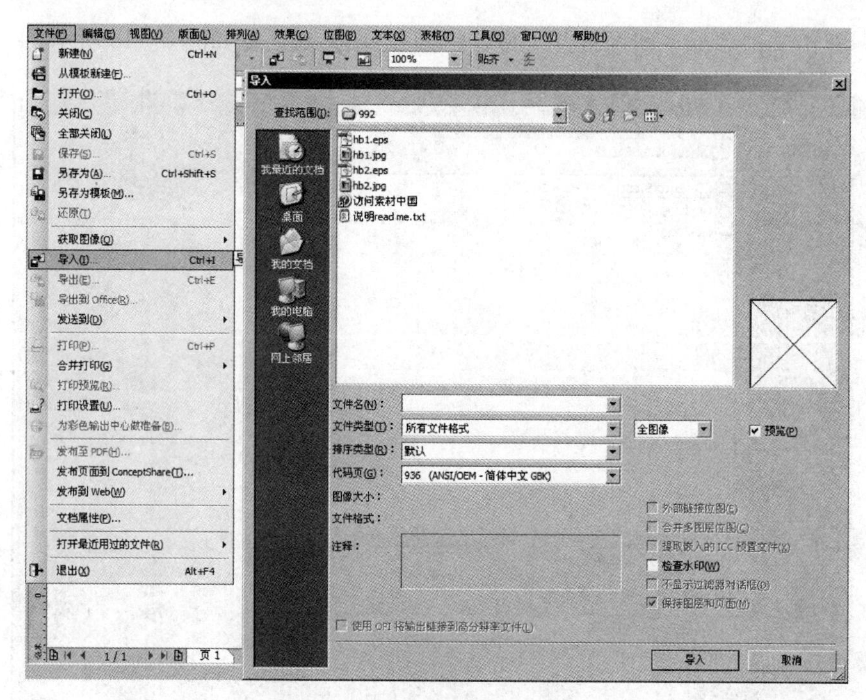

图 2 - 19 【导入】对话框

2.2.2 关闭、保存、导出文件

1. 关闭文件

在关闭文件之前，应将文件进行保存，避免数据丢失。关闭文件分为两种，一种是关闭当前文件，另一种是关闭全部文件，如图 2 - 20 所示。

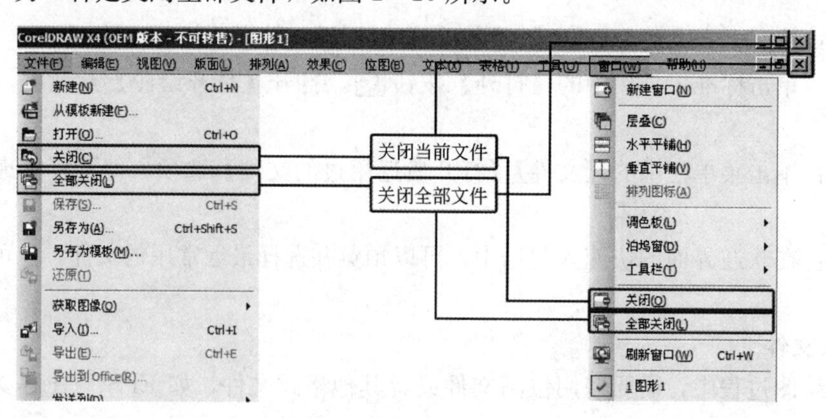

图 2 - 20 关闭文件

(1) 关闭当前文件

方法一：单击菜单栏中的【文件】|【关闭】选项，保存文件后即可关闭文件。

方法二：单击文件标题栏右侧【关闭】按钮 ☒，保存文件后即可关闭文件。

方法三：单击菜单栏中【窗口】|【关闭】选项，保存文件后即可关闭当前绘图窗口。

(2) 关闭全部文件

方法一：单击应用程序窗口右侧【关闭】按钮☒。

方法二：单击菜单栏中【文件】|【全部关闭】选项，保存文件后即可关闭所有绘图窗口。

方法三：单击菜单栏中【窗口】|【全部关闭】选项，保存文件后即可关闭所有绘图窗口。

2. 保存文件

保存文件是一件重要的事情，在文件绘制过程中，应当养成良好的保存习惯，及时将文件保存，以免资料丢失，造成不可挽回的文件损毁。保存文件的方法如下。

方法一：单击菜单栏中【文件】|【保存】选项，弹出保存对话框后，选择所需放置文件的文件夹，输入文件名称、设置保存的版本后即可保存文件，如图 2-21 所示。

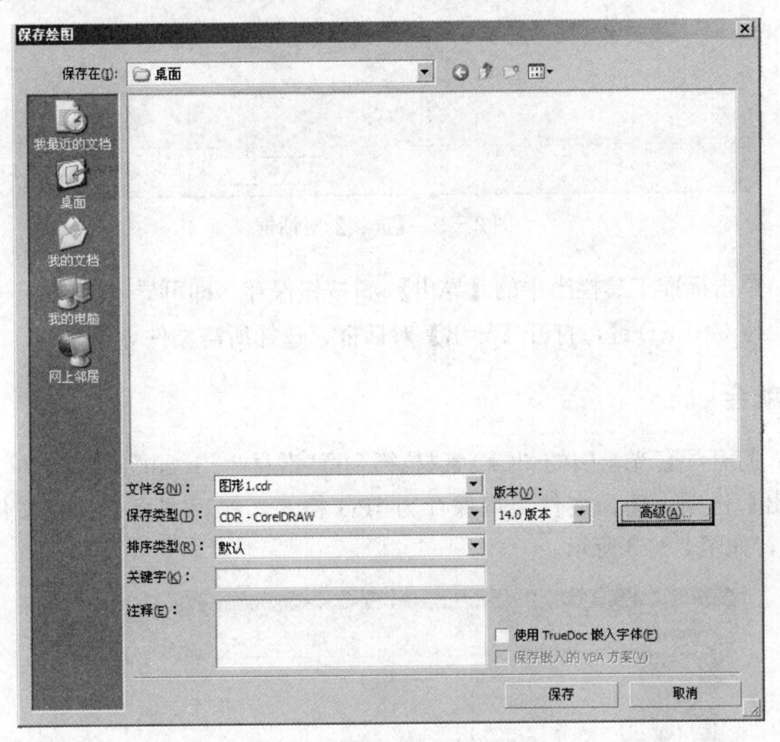

图 2-21 【保存绘图】对话框

在默认情况下，绘图文件保存为 CDR 格式，并且与应用程序版本相对应。也可以将绘图文件保存为 CorelDRAW 的较低版本，也与应用程序相兼容。CorelDRAW X4 还可以将绘图保存为其他文件格式。如 AI 格式矢量文件、PBG 文件格式。在【高级】选项中可以选择控制位图、底纹以及矢量效果（如调和、立体模型等）在绘图中的保存方式，【选项】对话框如图 2-22 所示。

方法二：单击标准工具栏中的【保存】按钮保存，即可保存文件。

3. 导出文件

CorelDRAW X4 可以将文件导出为多种可在其他应用程序中使用的位图和矢量文件格式，如 GIF、AI 文件格式等。也可以将绘图文件导出到 Microsoft Office 办公应用软件中去，优化绘图文件并与之相配合使用。导出文件方法如下。

方法一：单击菜单栏中的【文件】|【导出】选项，在弹出的对话框中选择要保存该文件的文件夹、文件名、文件类型后，单击【导出】按钮，即可导出文件。

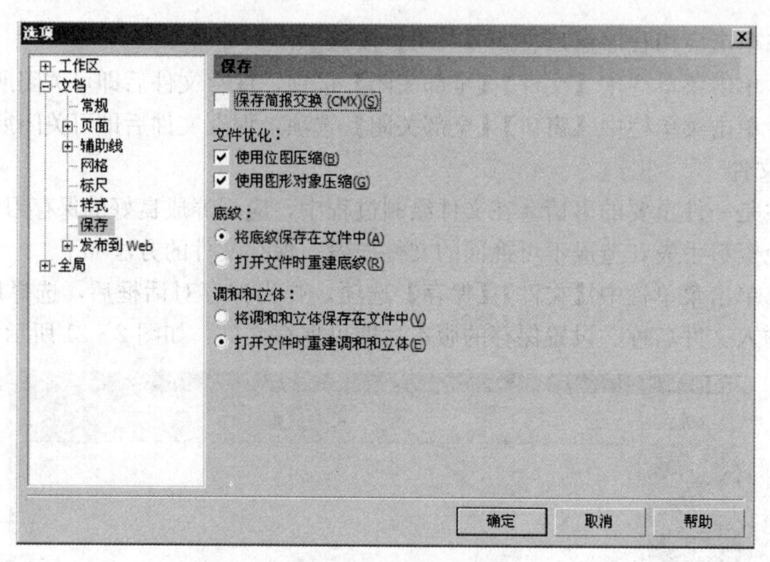

图 2－22 【选项】对话框

方法二：单击标准工具栏当中的【导出】按钮保存，即可导出文件。

方法三：按 Ctrl+E 键，打开【导出】对话框，选择所需文件导出。

一学就会

Step 01：打开配套光盘中的“CD\素材\第 2 章\素材 2－1. cdr”文件，单击菜单栏中的【文件】|【导出】选项，选择文件类型保存为 JPG 格式，保存在桌面新建文件夹内，单击【导出】按钮，如图 2－23 所示。

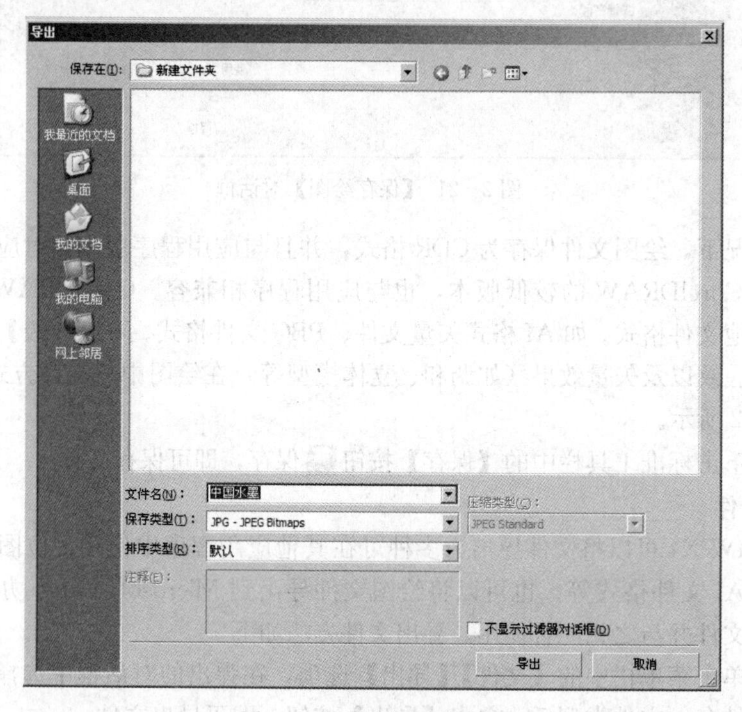

图 2－23 【导出】对话框

Step 02：在弹出的【转换为位图】对话框中设置图像大小、色彩模式等参数，按【确定】按钮，如图 2-24 所示。默认分辨率为 300dpi，适宜图片打印。

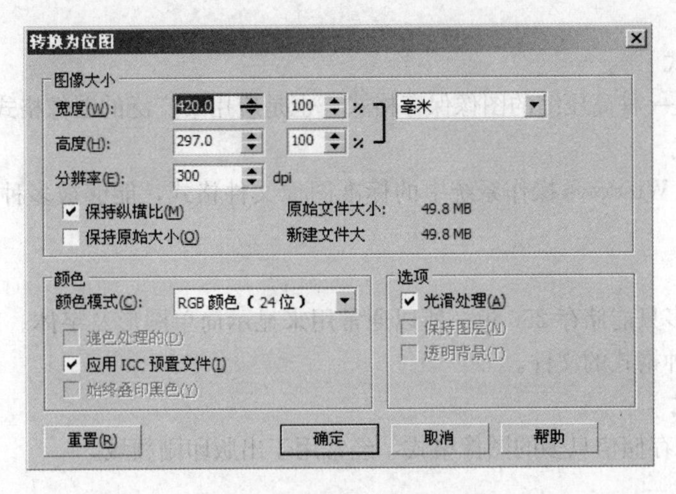

图 2-24 【转换为位图】对话框

Step 03：在【JPEG 导出】对话框中，设置优化、压缩、平滑等参数，如图 2-25 所示。

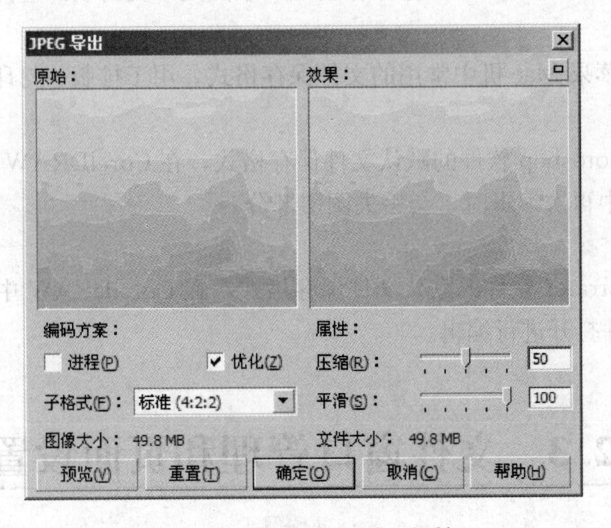

图 2-25 【JPEG 导出】对话框

Step 04：单击【确定】按钮完成操作。

2.2.3 文件储存格式

文件格式（或文件类型）是指电脑为了存储信息而使用的对信息的特殊编码方式，是用于识别内部储存的资料，比如有的储存图片，有的储存程序，有的储存文字信息。每一类信息，都可以以一种或多种文件格式保存在电脑存储中。这里介绍其中几个常用的文件格式。

1. CDR 格式

CDR 格式是 CorelDRAW 软件的专用图形文件格式，可以记录文件的属性、位置和分页等。

2. JPEG 格式

JPEG 格式是一种高压缩的图像保存格式，也是应用最广泛的图像格式。

3. BMP 格式

BMP 格式是 Windows 操作系统中的标准图像文件格式，能够被多种 Windows 应用程序所支持。

4. GIF 格式

GIF 格式最多只能储存 256 色，所以通常用来显示简单图形及字体。Internet 中的彩色动画文件多为这种格式的文件。

5. TIFF 格式

TIFF 格式是存储信息多的图像格式，经常用于出版印刷领域。

6. SWF 格式

SWF 格式是储存 Flash 的文件格式，保存为该格式后能在 Flash 中再次打开。

7. PNG 格式

PNG 格式是目前最不失真的图像保存格式，缺点是不支持动画应用效果。

8. EPS 格式

EPS 格式是在苹果 Mac 机中常用的文件保存格式，用于排版、打印输出领域。

9. PSD 格式

PSD 格式是 Photoshop 软件的默认文件保存格式，在 CorelDRAW 中保存的 PSD 文件，在 Photoshop 软件中再次编辑时，会丢失图层部分。

10. AI 格式

AI 格式是 Illustrator 软件的默认文件保存格式，在 CorelDRAW 中保存的 AI 文件，可以在 Illustrator 软件打开进行编辑。

2.3 文件窗口管理和页面设置

2.3.1 层叠窗口、水平平铺窗口、垂直平铺窗口等窗口操作

CorelDRAW X4 当中，为了在绘制过程中更加方便地查看图像效果，用户可以根据需要设置文件的浏览模式，以方便同时观察多个绘图窗口。

1. 层叠窗口

用户可以任选其一绘图文件，单击菜单栏中的【窗口】|【层叠】选项，即可将两个或多个窗口层叠显示，所选绘图文件显示为当前窗口，如图 2 - 26 所示。

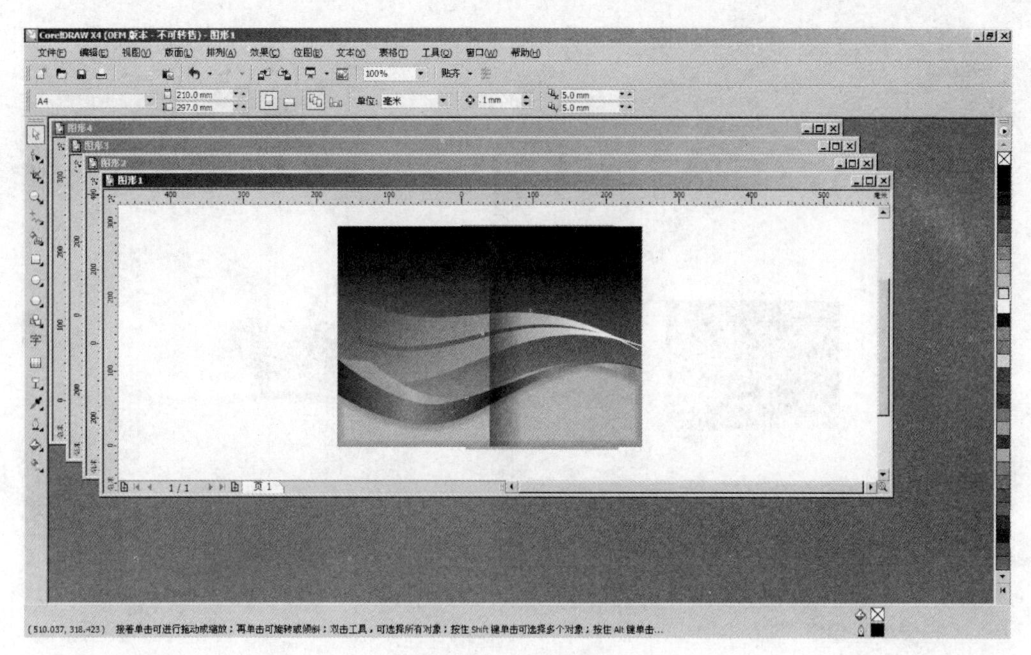

图 2 - 26 层叠窗口

2. 水平平铺窗口

单击菜单栏中的【窗口】|【水平平铺】选项，即可以水平平铺方式显示多个窗口，如图 2 - 27 所示。

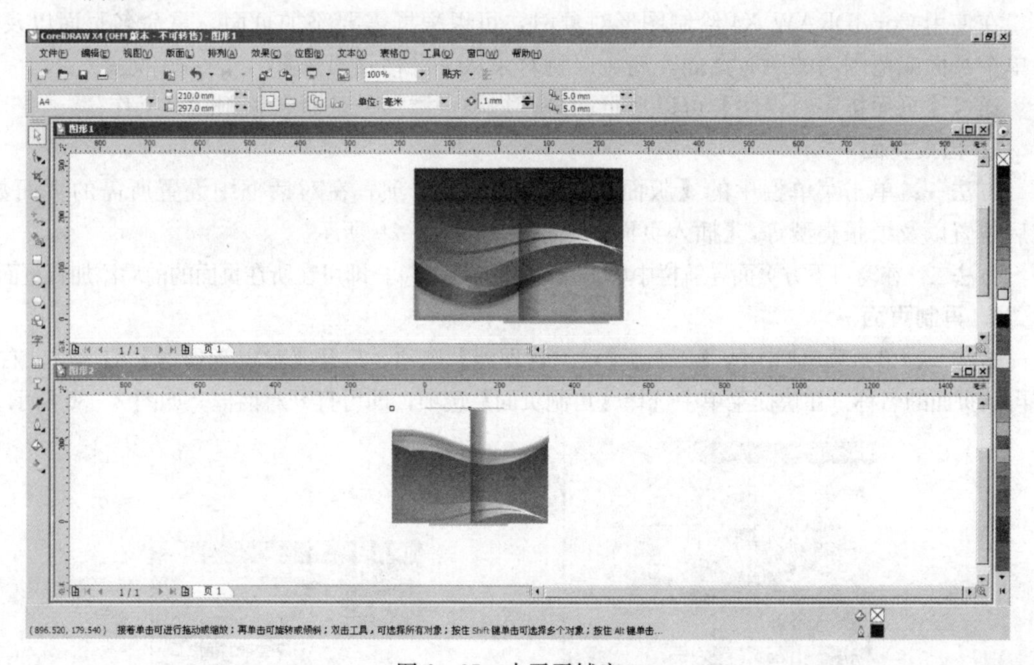

图 2 - 27 水平平铺窗口

3. 垂直平铺窗口

单击菜单栏中的【窗口】|【垂直平铺】选项，即可以垂直平铺方式显示多个窗口，如图 2 - 28 所示。

图 2-28 垂直平铺窗口

2.3.2 插入、删除、重命名页面

在使用 CorelDRAW X4 绘制图形对象时，可以根据需要添加页面、重命名页面以及删除单个页面或范围内的所有页面，还可以将对象从一页移到另一页。

通过【页面排序器视图】可以对页面进行复制、添加、重命名和删除等操作。

1. 插入页面

方法一：单击菜单栏中的【版面】|【插入页面】选项，在对话框中设置所需的页面数、前后位置以及纸张类型等，【插入页面】对话框如图 2-29 所示。

方法二：在窗口下方页面导航栏中单击【添加】按钮，即可在所在页面的前后添加新页面。

2. 再制页面

方法一：单击菜单栏中的【工具】|【对象管理器】选项，打开【对象管理器】泊坞窗，右击要再制页面的名称，在快捷菜单中选择【再制页面】选项，即可打开对话框，如图 2-30 所示。

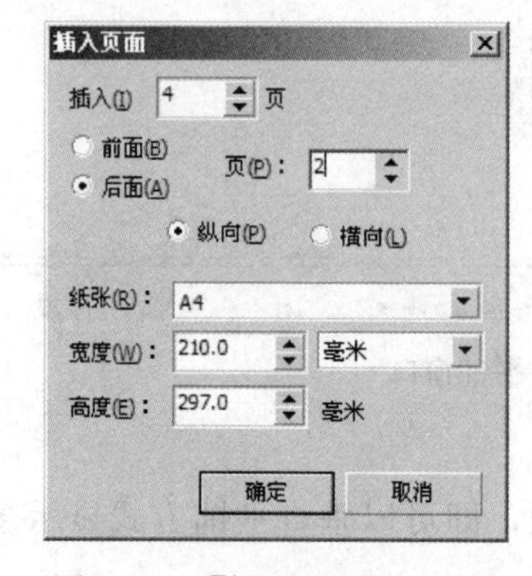

图 2-29 【插入页面】对话框

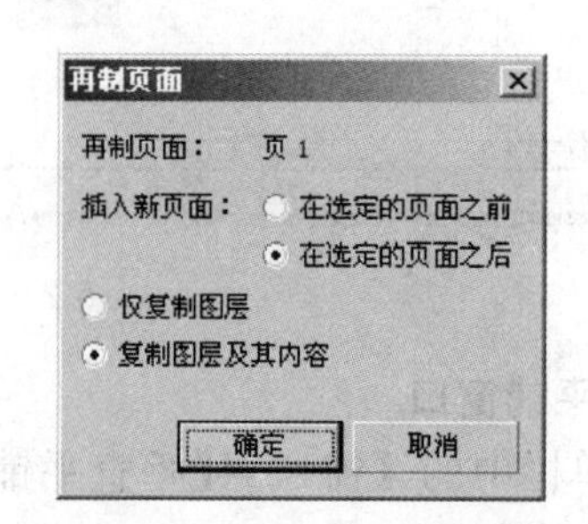

图 2-30 【再制页面】对话框

方法二：单击菜单栏中的【版面】|【再制页面】选项，也可打开【再制页面】对话框。

3. 删除页面

方法一：单击菜单栏中的【版面】|【删除页面】选项，在【删除页面】对话框中，输入要删除的页码，也可以在【通到页面】文本框内输入需要删除的页面。【删除页面】对话框如图 2-31 所示。

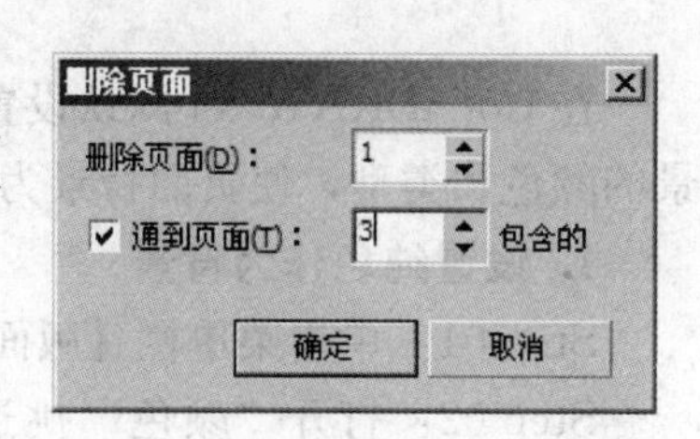

图 2-31 【删除页面】对话框

方法二：在窗口下方页面导航栏中右击所选页面名称，在快捷菜单中选择【删除页面】选项，即可删除所选页面，如图 2-32 所示。

4. 重命名页面

方法一：单击菜单栏中的【版面】|【重命名页面】选项，在对话框中输入页面名称。【重命名页面】对话框如图 2-33 所示。

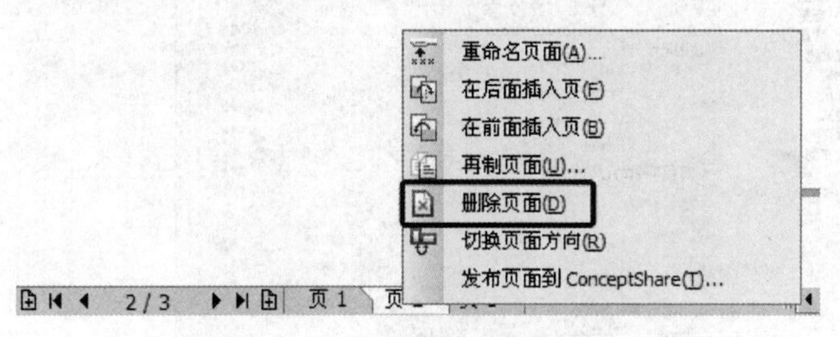

图 2-32 选择【删除页面】选项

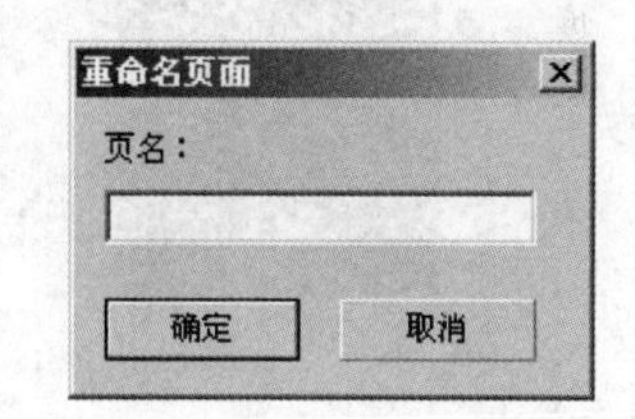

图 2-33 【重命名页面】对话框

方法二：打开【对象管理器】泊坞窗，双击页名，并输入新的名称来重命名页面。

2.3.3 页面大小和方向的设置

CorelDRAW X4 默认文档页面格式为 A4（210 mm×297 mm）。单击属性栏可以改默认 A4 页面为所需要的页面大小，以及方向与布局样式，也可以单击菜单栏中的【版面】|【页面设置】选项，在弹出的【选项】对话框中进行设置，如图 2-34 所示。

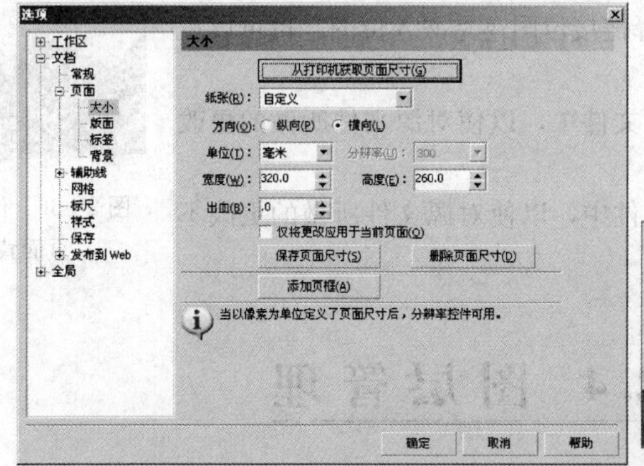

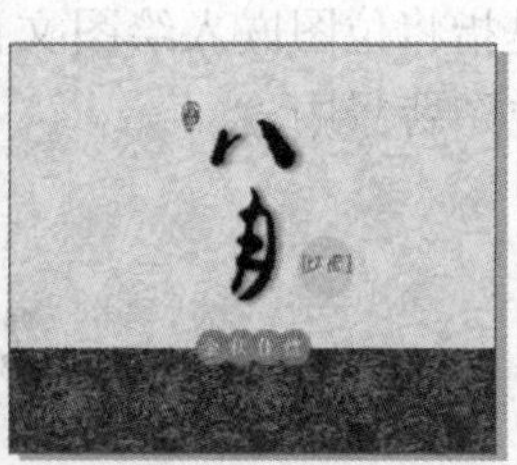

图 2-34 在【选项】对话框中设置页面大小

2.3.4 页面背景设置

在 CorelDRAW X4 默认设置下，页面背景一般为白色，用户可以根据需要调整页面背景的颜色和类型，使页面背景为纯色或者位图。

1. 设置纯色作为背景

Step 01：单击菜单栏【版面】|【页面背景】选项，打开【选项】对话框。

Step 02：打开“颜色”挑选器，然后单击任一颜色，完成后单击【确定】按钮，如图 2－35 所示。

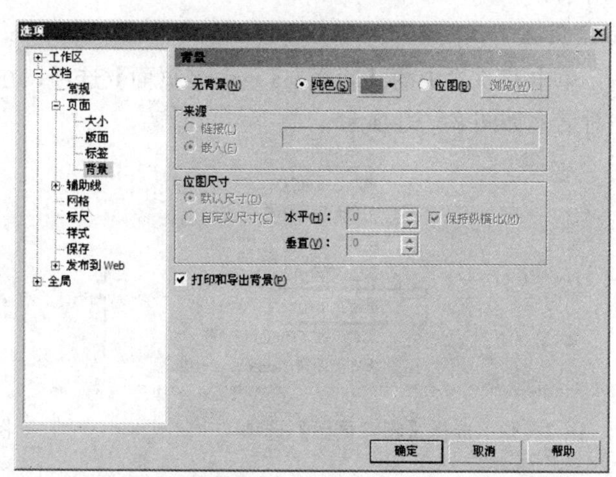

图 2－35 【选项】对话框

2. 位图作为背景

Step 01：单击菜单栏【版面】|【页面背景】选项，打开【选项】对话框。

Step 02：单击菜单栏【位图】选项，浏览并选择配套光盘中的“CD\素材\第 2 章\素材 2－2. JPG”文件，完成后单击【确定】按钮，完成后如图 2－36 所示。

图 2－36 位图作为页面背景

【选项】对话框中，可以选择链接位图还是嵌入位图，也可以设置位图的大小。

链接是指将位图链接到绘图文件中，以使对源文件所做的更改反映到位图背景中。

嵌入是指将位图嵌入绘图文件中，以使对源文件所做的更改不会反映到位图背景中。

2.4 图层管理

CorelDRAW X4 也存在图层，使用【对象管理器】泊坞窗可以查看所有影响当前页面的图层（包括主图层），并能对这些图层排序。图层为组织和编辑复杂的图形对象提供了方便，用户可以将一个复杂图像划分成若干个图层，从而使每个图层分别包含一部分绘图内容。当图层名称显示为红色时，为可编辑的活动图层。

2.4.1 设置对象管理器

单击菜单栏中的【工具】|【对象管理器】选项，打开【对象管理器】泊坞窗显示文件图层结构，如图 2-37 所示。

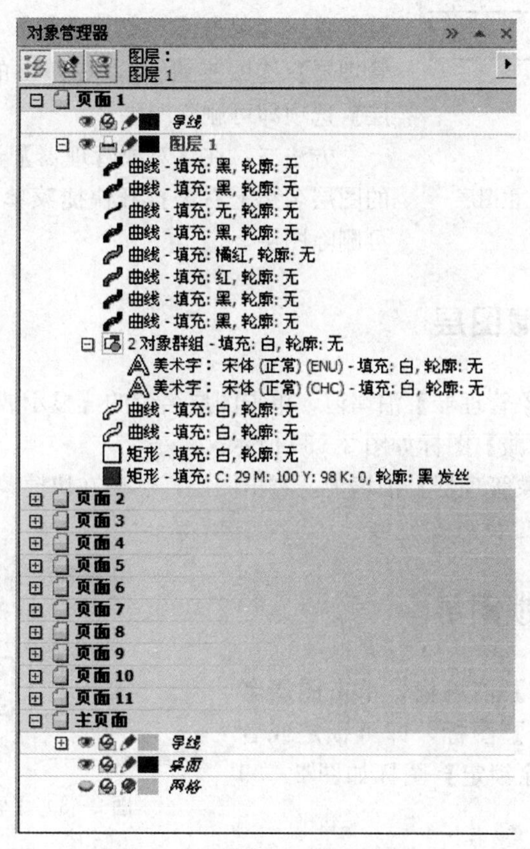

图 2-37 【对象管理器】泊坞窗

每个文件都由页面和主页面构成的。默认页面（通常为页面 1）包含导线图层和图层 1。导线图层存储着页面特定的（局部）辅助线。图层 1 是默认的局部图层，在页面上绘制对象时，必须首先选择图层，才能使对象添加到该图层上。

在默认情况下，主页面包含以下图层：导线图层、桌面图层、网格图层。主页面上的默认图层一般不能被删除或复制。

2.4.2 创建和删除图层

1. 创建图层

方法一：单击菜单栏中的【工具】|【对象管理器】选项，然后单击【对象管理器】泊坞

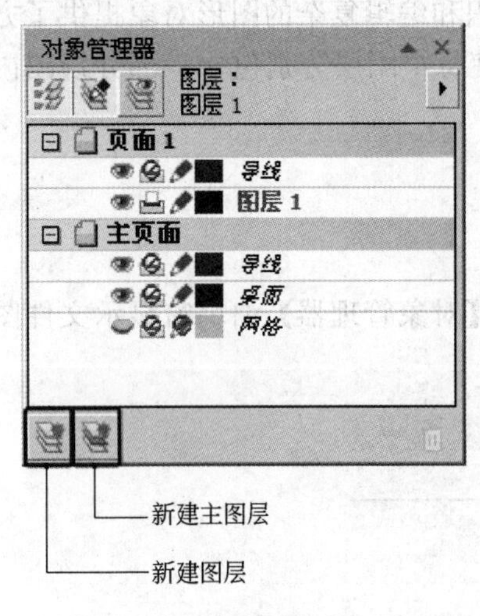

图 2-38　新建图层或主图层

窗右上角的【对象管理器选项】按钮，在菜单中选择【新建图层】或【新建主图层】选项创建图层。

方法二：通过单击【对象管理器】泊坞窗中的【新建图层】或【新建主图层】按钮，也可以添加图层，如图 2-38 所示。

2. 删除图层

方法一：单击菜单栏中的【工具】|【对象管理器】选项，然后在【对象管理器】泊坞窗中单击所要删除的图层名称，再单击【对象管理器】泊坞窗右上角的【对象管理器】选项按钮，在弹出的菜单中单击【删除图层】选项即可删除图层。

方法二：在【对象管理器】泊坞窗中在所需要删除的图层名称上右击打开快捷菜单，选择【删除图层】即可删除图层。

2.4.3　显示或隐藏图层

方法一：打开【对象管理器】泊坞窗，单击图层名旁的【显示或隐藏】图标，即可显示或隐藏图层。【显示或隐藏】图标如图 2-39 所示。

方法二：打开【对象管理器】泊坞窗，右击图层，然后在快捷菜单中单击【可见】选项来显示或隐藏图层。

2.4.4　锁定或解锁图层

打开【对象管理器】泊坞窗，单击图层名旁的【锁定或解除锁定】图标，即可锁定或者解锁对象。【锁定或解除锁定】图标如图 2-39 所示。

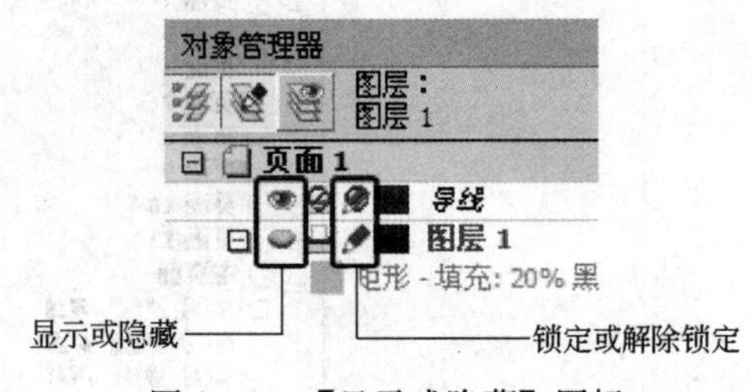

图 2-39　【显示或隐藏】图标

2.5　视 图 类 型

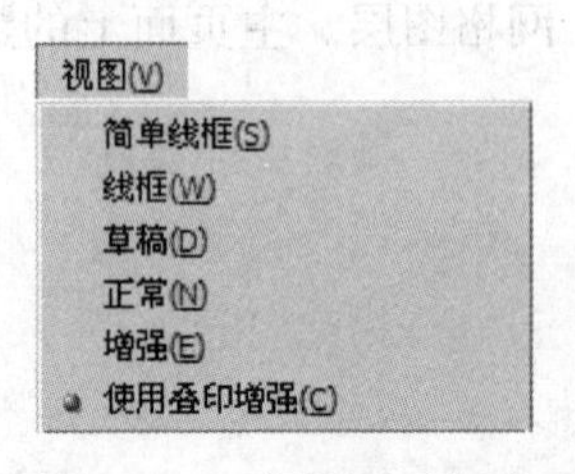

图 2-40　视图显示模式

在文件编辑过程中，为了能更好地查看图形文件的绘制内容和质量，CorelDRAW X4 充分考虑了用户的需求，提供了 6 种视图浏览方式，分别为【简单线框视图】、【线框视图】、【草稿视图】、【正常视图】、【增强视图】、【使用叠印的增强视图】。用户可在菜单栏【视图】菜单中选择所需的视图模式，如图 2-40 所示。

2.5.1 简单线框视图和线框视图

【简单线框视图】：在该显示模式下，所有矢量图形只显示图形对象的外框轮廓，不显示图形对象的色彩填充、渐变填充、立体化以及轮廓效果；位图显示为灰度图，如图 2－41 所示。

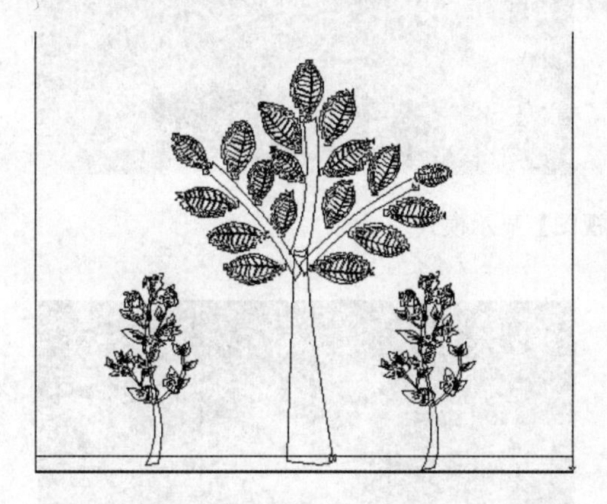

图 2－41 【简单线框视图】显示模式

【线框视图】：在该显示模式下，显示效果与【简单线框视图】相似，图像显示立体透视图、交互式调和形状效果，位图也显示为灰度图，如图 2－42 所示。

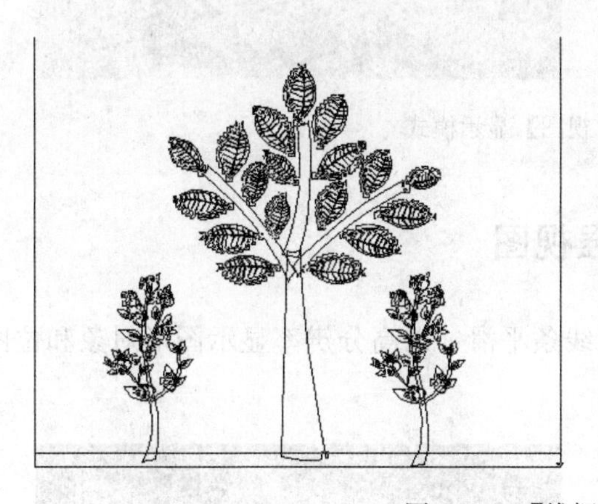

图 2－42 【线框视图】显示模式

2.5.2 草稿视图和正常视图

【草稿视图】：在该显示模式下，图像显示粗糙，渐变填充、花纹填充、图案填充等均以色块的方式显示，适合显示快速更新画面时使用；位图显示为低分辨率，如图 2－43 所示。

【正常视图】：在该显示模式下，提高刷新频率可以保证图形的显示质量，即可以显示绝大部分的填充效果以及高分辨率的位图，该模式是较为常用的显示模式，如图 2－44 所示。

图 2-43 【草稿视图】显示模式

图 2-44 【正常视图】显示模式

2.5.3 增强视图和使用叠印的增强视图

【增强视图】：在该显示模式下，图形对象线条平滑，以高分辨率显示图形对象和位图，显示效果最好，如图 2-45 所示。

图 2-45 【增强视图】显示模式

【使用叠印的增强视图】：在该显示模式下，优化图形对象，显示叠印效果，是视图的最佳显示模式。如果计算机硬件配置较高，可以采用叠印增强型视图，如图 2－46 所示。

图 2－46 【使用叠印的增强视图】显示模式

2.5.4 视图预览

CorelDRAW X4 提供不同的视图预览功能，用户可以根据需要设置文件的【视图】预览模式，以方便进行图形对象的编辑，如图 2－47 所示。

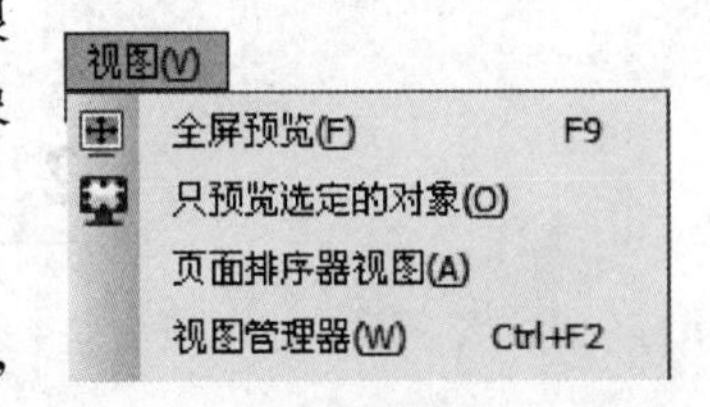

图 2－47 【视图】预览模式

1. 全屏预览

单击菜单栏中的【视图】|【全屏预览】选项或者按 F9 键，即可打开全屏预览模式，单击鼠标或按键盘上任意键即可退出全屏预览模式。【全屏预览】模式如图 2－48 所示。

2. 只预览选定的对象

单击菜单栏中的【视图】|【只预览选定的对象】选项，即可精确地预览所选定的对象。【只预览选定的对象】模式如图 2－49 所示。

图 2－48 【全屏预览】模式

图 2－49 【只预览选定的对象】模式

3. 视图页面排序器

单击菜单栏中的【视图】|【页面排序器】选项，即可查看一个文档中的所有页面，如图 2－50 所示。

页1

页2

页3
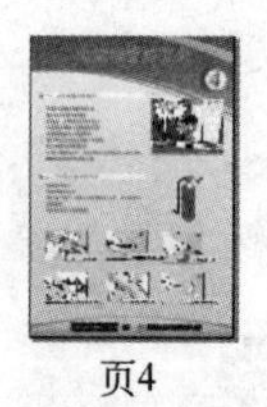
页4

页5

页6

图 2－50 【页面排序器】模式

4. 视图管理器

单击菜单栏中的【视图】|【视图管理器】选项，即可通过【视图管理器】泊坞窗上的【缩放】工具来设置视图，如图 2－51 所示。

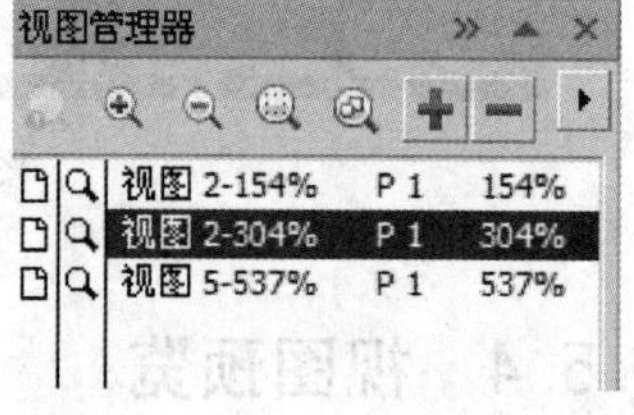

图 2－51 【视图管理器】泊坞窗

单击 + 按钮即可添加当前视图，如果单击某个视图后，再单击 − 按钮即可删除所选择的视图。

2.6 辅助工具的设置

CorelDRAW X4 提供了标尺、网格、辅助线等辅助绘图工具，以帮助用户对正在编辑的图形对象进行精准的控制，为绘图带来方便。在默认状态下，系统显示标尺和辅助线，打印输出的时候，所设置的标尺、网格、辅助线不会被打印出来。

2.6.1 标尺

标尺，可以帮助精确地绘制、调整大小和对齐对象。用户可以根据需要隐藏标尺或将标尺移动到绘图窗口的指定位置，还可以根据需要来自定义标尺的设置。

1. 显示或隐藏标尺

单击菜单栏中的【视图】|【标尺】选项，即可显示或隐藏标尺。【标尺】前出现复选标记 ✓ 表示显示标尺，反之，则不显示标尺。

2. 移动标尺

按住 Shift 键，同时将标尺拖至绘图窗口中的新位置，如图 2－52 所示。

3. 自定义标尺

CorelDRAW X4 提供了两种方式，皆可打开【标尺】设置选项卡，对标尺的单位、原点等进行设置，如图 2－53 所示。

方法一：单击菜单栏中的【视图】|【设置】|【网格和标尺设置】选项。

方法二：单击菜单栏中的【工具】|【选项】选项，在打开的对话框中选择【标尺】选项。

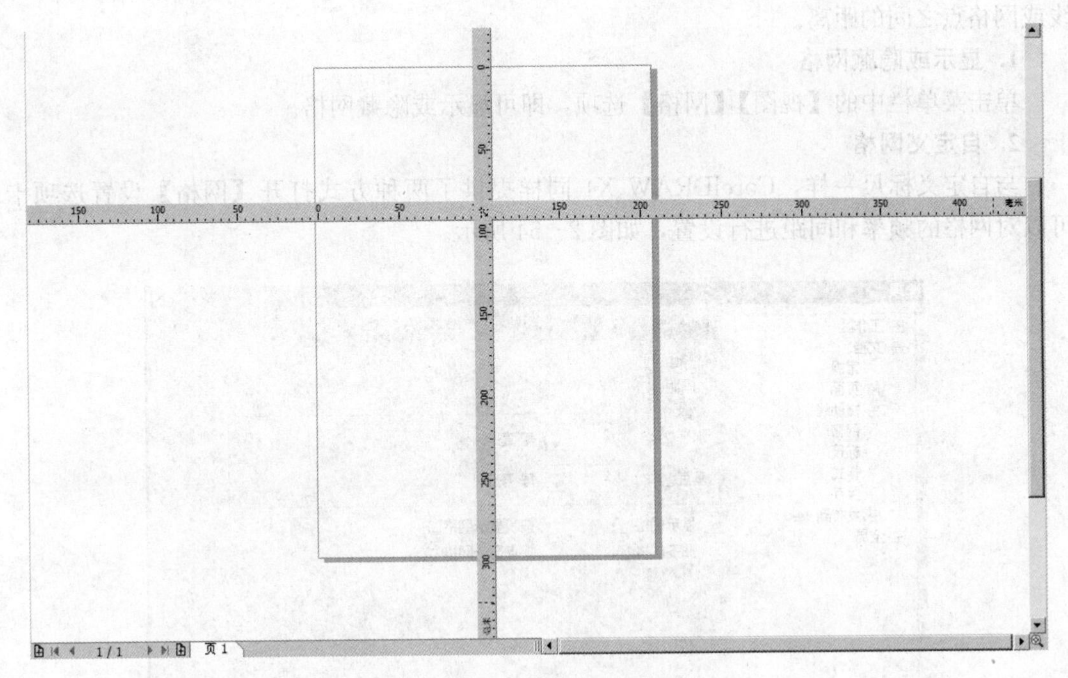

图 2－52　移动标尺

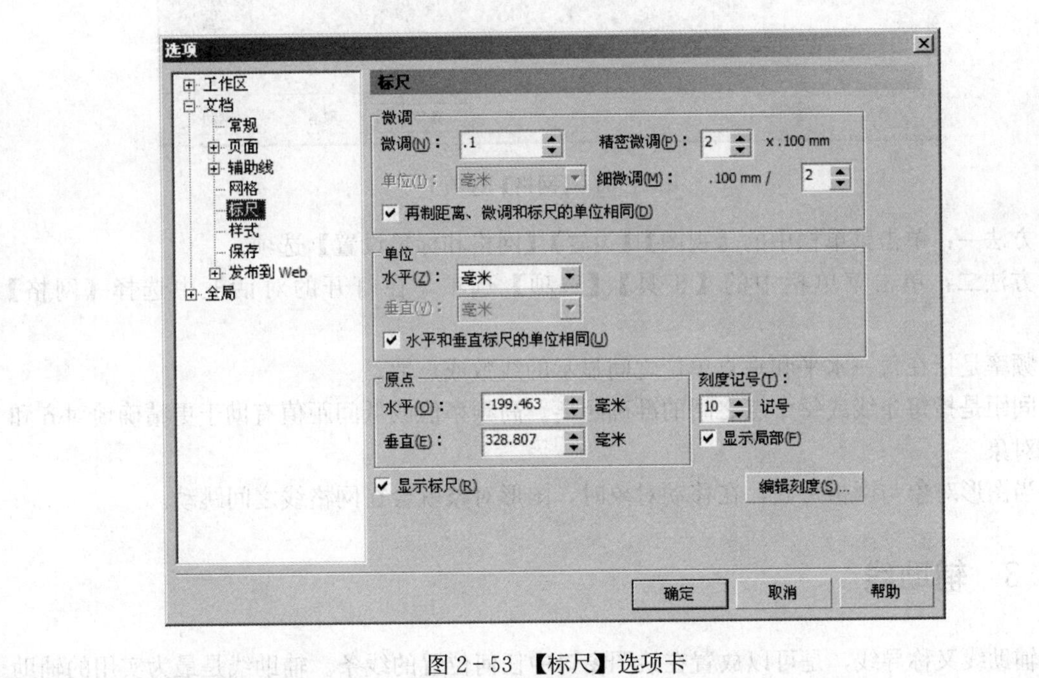

图 2－53　【标尺】选项卡

2.6.2　网格

网格就是一系列交叉的虚线或点，可以在绘图窗口中精确地对齐和定位对象，方便用户绘制精确度较高的图形，如标志、包装盒尺寸打样等。通过指定频率或间距，可以设置网格线或网格点之间的距离。

1. 显示或隐藏网格

单击菜单栏中的【视图】|【网格】选项，即可显示或隐藏网格。

2. 自定义网格

与自定义标尺一样，CorelDRAW X4 同样提供了两种方式打开【网格】设置选项卡，可以对网格的频率和间距进行设置，如图 2-54 所示。

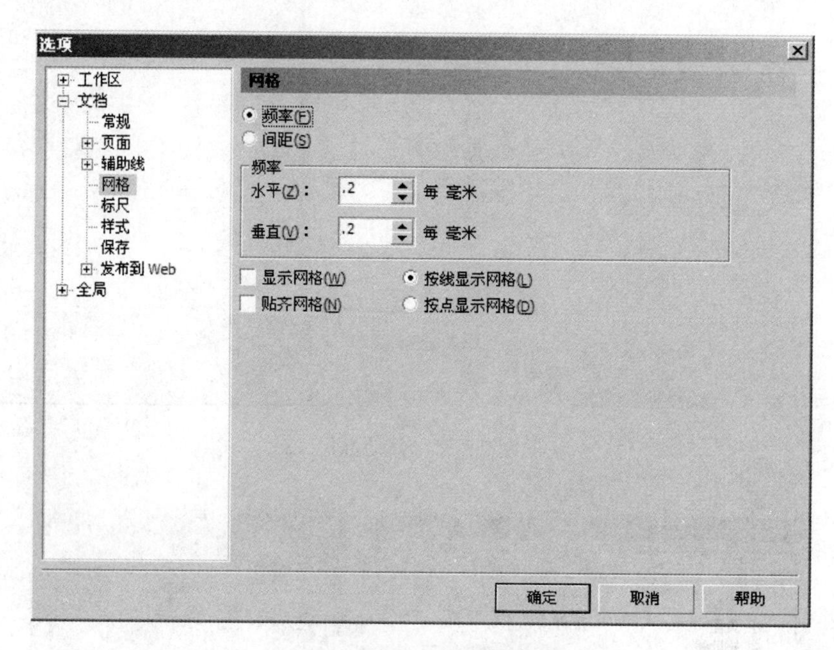

图 2-54 【网格】选项卡

方法一：单击菜单栏中的【视图】|【设置】|【网格和标尺设置】选项。

方法二：单击菜单栏中的【工具】|【选项】选项，在打开的对话框中选择【网格】选项。

频率是指在每一水平和垂直单位之间显示的线数或点数。

间距是指每条线或每个点之间的准确距离。高频率值或低间距值有助于更精确地对齐和定位对象。

当图形对象与网格贴齐，在移动对象时，图形对象就会在网格线之间跳动。

2.6.3 辅助线

辅助线又称导线，是可以放置在绘图窗口中任何位置的线条。辅助线是最为实用的辅助绘图工具之一，用户可以利用辅助线来对齐图形对象。

在 CorelDRAW X4 中辅助线分为 3 种类型：水平、垂直和倾斜。

1. 显示或隐藏辅助线

默认情况下，以标尺为起始点拖动鼠标即可将辅助线添加到绘图窗口，再单击菜单栏中的【视图】|【辅助线】选项，即可显示或隐藏辅助线。

2. 局部辅助线和主辅助线

CorelDRAW X4 中可以为各个页面设置辅助线或为整个文档设置辅助线。

单击菜单栏中的【工具】|【对象管理器】选项，在【对象管理器】泊坞窗中，单击主页面中的导线，即可为整个文档设置辅导线；单击每个页面中的导线，则可以为单个页面设置辅助线，如图 2－55 所示。

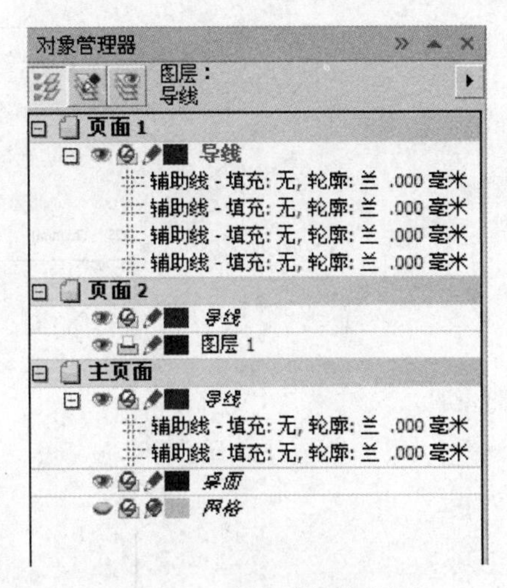

图 2－55 在【对象管理器】泊坞窗中设置导线

3. 自定义辅助线

单击菜单栏中的【视图】|【设置】|【辅助线设置】选项，弹出【选项】对话框，在【辅助线】选项卡中可以调整辅助线的显示颜色，设置水平、垂直等参数，还可以预设辅助线，如图 2－56 所示。

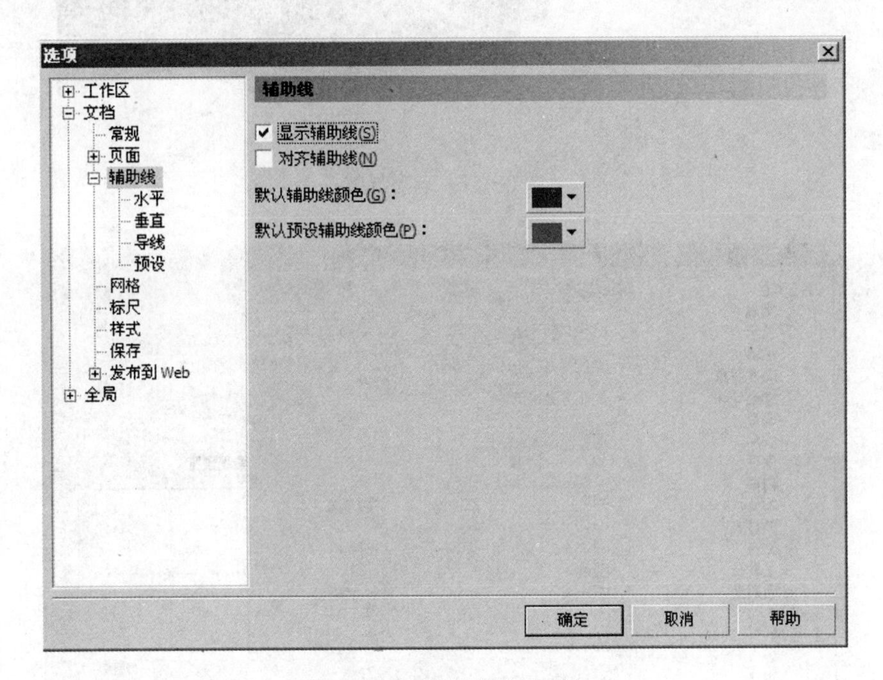

图 2－56 【辅助线】选项卡

2.6.4 动态导线

动态导线又称临时辅助线，沿动态导线拖动对象时，可以查看对象与动态导线贴齐点之间的距离，帮助用户精确地移动、对齐和绘制对象，如图 2－57 所示。

单击菜单栏中的【视图】|【动态导线】选项，即可使用动态导线。

单击菜单栏中的【视图】|【设置】|【动态导线设置】选项，即可设置动态导线的各项参数，如图 2－58 所示。

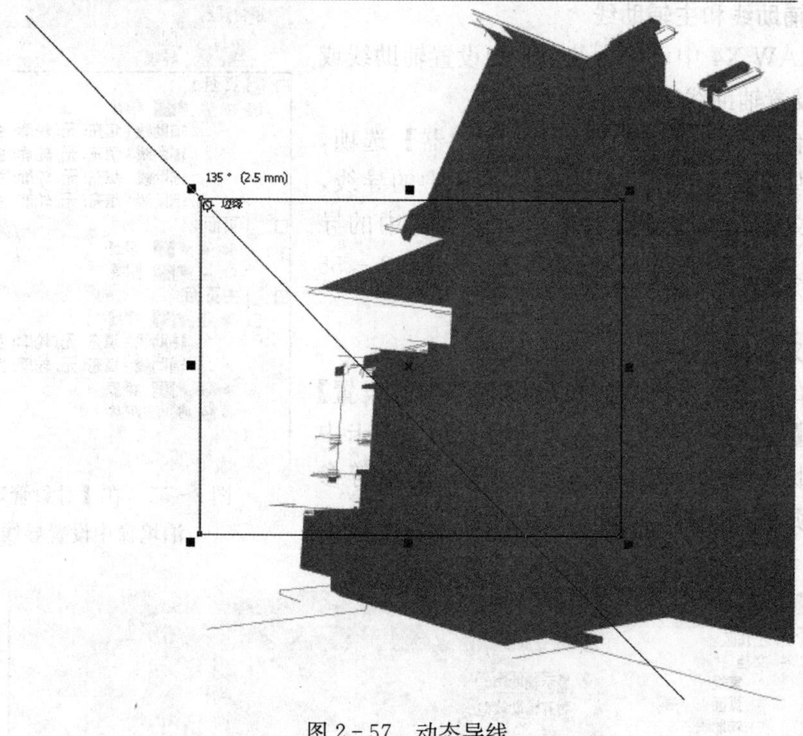

图 2－57　动态导线

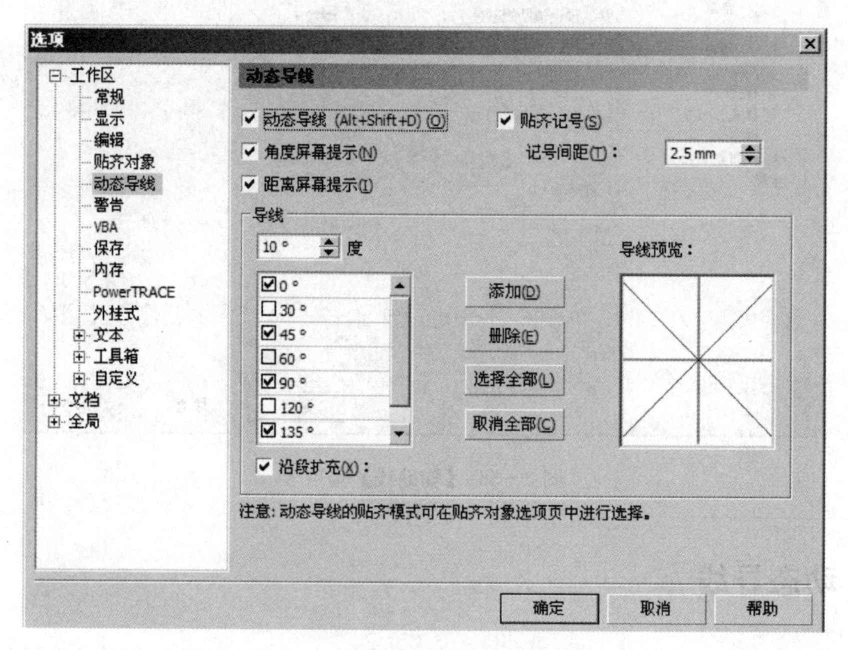

图 2－58　【动态导线】选项卡

2.6.5　贴齐网格、辅助线、对象、动态导线

单击菜单栏中的【视图】，在菜单中选择【贴齐网格】、【贴齐辅助线】、【贴齐对象】、

【动态导线】选项，即能对图形对象进行更加精确的操作，如图 2-59 所示。

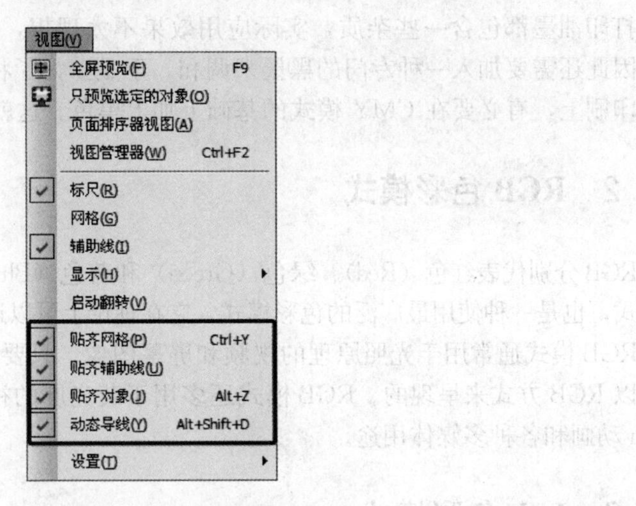

图 2-59 贴齐网格、辅助线、对象、动态导线

2.6.6 缩放工具

运用工具箱中的【缩放工具】，用户可以更改绘图的视图：单击【缩放工具】属性栏中的【放大】按钮，可以更清晰地查看绘图；单击【缩放工具】属性栏中的【缩小】按钮，可以查看绘图的更多区域。

单击工具箱中的【缩放工具】按钮，其属性栏如图 2-60 所示。

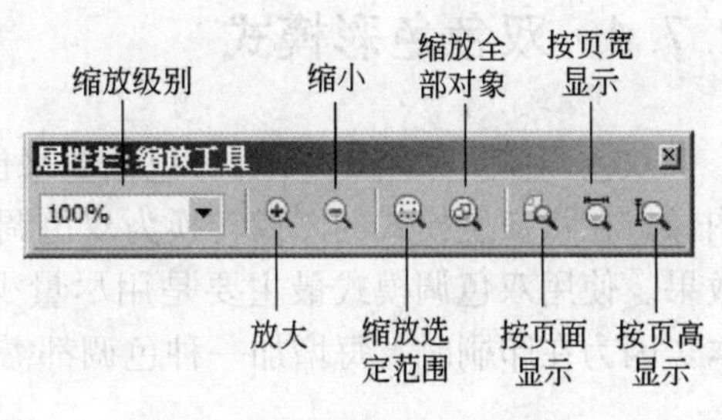

图 2-60 【缩放工具】属性栏

单击工具箱中的【手形工具】按钮，在绘图窗口中拖动鼠标，放大或缩小显示要查看的区域。利用鼠标滚轮也可以任意缩放绘图窗口。

2.7 常用色彩模式

2.7.1 CMYK 色彩模式

CMYK 色彩是一种以色料三原色为基础的减光混色系统，由青（Cyan）、洋红（Magenta）、黄（Yellow）及黑色（Black）所组成。CMYK 色彩模式是目前彩色印刷的首选模式。

CMYK 色彩模式以打印在纸上的油墨的光线吸收特性为基础。当白光照射到半透明油墨上时，某些可见光波长被吸收，而其他波长则被反射回眼睛。从理论上来说，只需要将相同比例的CMY（青、洋红及黄色）混合，三个加在一起就应该得到黑色。但事实上，由于所有打印油墨都包含一些杂质，实际应用效果不太理想，令最终颜色变为深灰，而不是黑色。因此还需要加入一种专门的黑墨来调和，于是，为了将CMYK色彩模式有效地运用于彩色印刷上，有必要在CMY模式的基础上加上黑色。这就是所谓CMYK色彩模式。

2.7.2 RGB色彩模式

RGB分别代表红色（Red）、绿色（Green）和蓝色（Blue）。RGB色彩模式是最基础的色彩模式，也是一种使用最广泛的色彩模式。它在理论上可以还原自然界中存在的任何颜色。

RGB模式通常用于光照原理的视频和屏幕图像。只要是在显示器上显示的图像，最终还是以RGB方式来呈现的。RGB模式还多用于荧光屏的视觉效果呈现，比如电子幻灯片、Flash动画和各种多媒体用途。

2.7.3 Lab色彩模式

Lab色彩模式是以一个亮度通道L及两个色彩通道a和b来表示颜色，L的取值范围是0～100，a通道代表由绿色到红色的光谱变化，而b通道代表由蓝色到黄色的光谱变化。

这种色彩模式通常运用于处理图像，单独编辑图像中的亮度和颜色值，在不同系统中转移图像。

2.7.4 双色色彩模式

双色调模式采用2～4种彩色油墨来创建由双色调、三色调和四色调混合其色阶来组成图像。在将灰度模式的图像转换为双色调模式的过程中，可以对色调进行编辑，产生特殊的效果。使用双色调模式最主要是用尽量少的颜色表现尽量多的颜色层次，从而减少印刷成本，因为在印刷时，每增加一种色调都需要投入更大的成本。

2.7.5 灰度模式

灰度模式最多使用256级灰度来表现图像，图像中的每个像素有一个0～255之间的亮度值。灰度值可以用黑色油墨覆盖的百分比来表示。

在将色彩模式的图像转换为灰度模式时，会丢掉原图像中所有的色彩信息。但与位图模式相比，灰度模式能够更好地表现高品质的图像效果。

需要注意的是，尽管一些图像处理软件可以将一个灰度模式的图像重新转换成彩色模式的图像，但转换后就无法完全恢复图像先前的颜色。所以，在将彩色图像转换为灰度模式的图像时，请先保存好原件。

2.7.6 黑白模式

黑白模式是将默认的RGB色彩模式图像转换为两种纯色（黑色和白色）的图像，常用效果有两种：半色调和线条模式。黑白颜色模式对于线条图形和简单图形很有用。

2.8 CorelDRAW 常用术语

对象：绘图中的一个元素，如图像、形状、线条、文本、曲线、符号或图层。

绘图：在 CorelDRAW 中创建的作品，例如，自定义作品、徽标、海报。

矢量图形：由所绘制线条的位置、长度和方向的数学描述生成的图形。

泊坞窗：包含与特定工具或任务相关的可用和设置的窗口。

美术字文本：可以应用阴影等特殊效果的一种文本类型。

段落文本：可以应用格式化选项并可以在大块文本中编辑的一种文本类型。

2.9 小　　结

本章主要介绍了 CorelDRAW X4 的工作环境以及 CorelDRAW X4 的基本操作，包括新建文件、保存文件、文件的储存、文件窗口管理、页面设置，并对图层管理、视图浏览、辅助工具以及常用的色彩模式、CorelDRAW 常用术语介绍等内容进行了简单讲解。

掌握 CorelDRAW X4 的基本操作是熟练使用 CorelDRAW X4 绘图软件的前提，可帮助用户积累经验以达到得心应手地掌握 CorelDRAW X4 绘图软件。

第2篇

功能篇

第3章 CorelDRAW X4 图形绘制

本章导读：

CorelDRAW X4 提供了强大的绘图工具，如【直线工具】、【矩形工具】、【椭圆形工具】、【多边形工具】等几何图形绘制工具；【手绘工具】、【贝塞尔工具】等曲线图形绘制工具，特别是操作灵活的【贝塞尔工具】是制作矢量图形的重要工具。通过本章的学习，掌握各种绘图工具的使用方法和操作技巧，能熟练绘制矢量图形创意作品。

重点关注：

矩形工具、椭圆形工具、多边形工具

贝塞尔工具

智能绘图工具

3.1 几何图形绘制

CorelDRAW X4 基本图形绘制工具包括【矩形工具】、【椭圆形工具】、【多边形工具】、【螺纹工具】、【图纸工具】、【基本形状工具】、【智能绘图工具】等，使用这些工具可以轻松地绘制出多种创意图形，如背景底纹、平面构成、标志、简单的插画等图形作品。

3.1.1 矩形工具和椭圆形工具

1. 矩形工具

【矩形工具】是绘制矢量图形过程中最为常用的工具，使用【矩形工具】可以绘制基本几何图形，如矩形、圆角矩形、任意倾斜角度的矩形。在【矩形工具】属性栏中设置所需数值就可轻松地绘制出特定尺寸的矩形。【矩形工具】属性栏如图 3-1 所示。

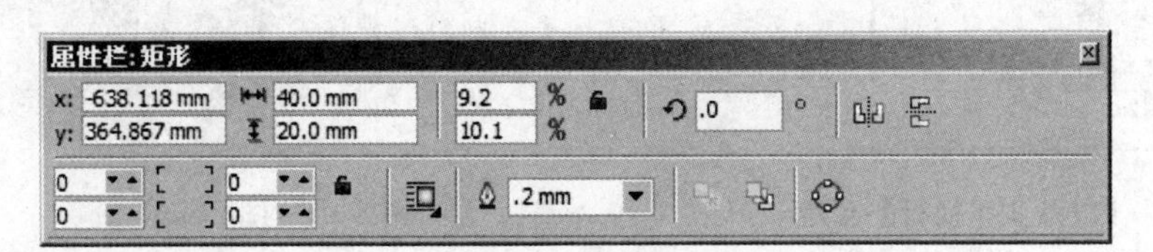

图 3-1 【矩形工具】属性栏

【对象位置】 x: -518.598 mm y: 459.182 mm ：当 X 和 Y 都设置为【0 mm】的时候，图形对象的中心点位于绘图页面的左下角。在 X、Y 文本框输入数值可以调整图形对象的位置。

【对象大小】 40.0 mm 20.0 mm ：文本框内设置图形对象的宽度和高度。

【旋转角度】 .0 ° ：在文本框内输入数值，可以改变图形对象的角度。

【水平镜像】和【垂直镜像】：单击这两个按钮，可以对图形对象进行水平镜像翻转和垂直镜像翻转，如图 3-2 所示。

图 3-2　水平镜像翻转和垂直镜像翻转

【轮廓宽度】 .1 mm ：在文本框内输入数值，可以自定义图形对象的轮廓线宽度。

【到图层前面】和【到图层后面】：单击这两个按钮，可以切换图层顺序，将图层移动至最前面或底层。

【转为曲线】：单击该按钮，将图形对象转换为曲线。图形转为曲线后可以随意移动节点进行编辑。

【段落文本换行】：当需要对图形和文字进行编排时，单击此按钮，在下拉菜单中选择相应样式进行图文编排，【段落文本换行】菜单如图 3-3 所示。

Step 01：打开配套光盘中的“CD\素材\第 3 章\素材 3-5. cdr”文件。

Step 02：选中手表图形后，单击属性栏中的【段落文本换行】按钮，在下拉菜单中选择【跨式文本】样式，将手表图形拖动到文字段落中，完成后如图 3-4 所示。

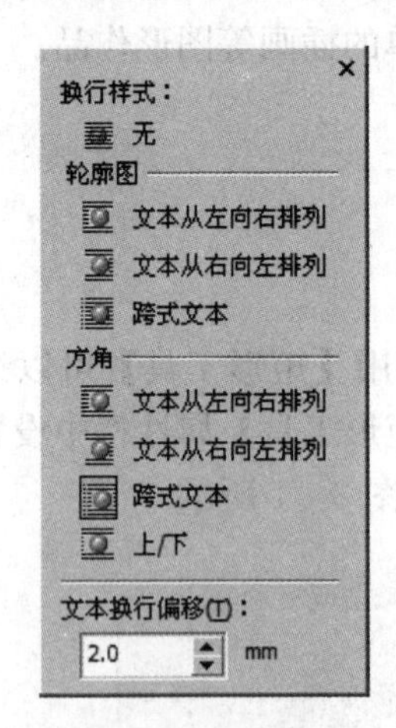

图 3-3　【段落文本换行】菜单

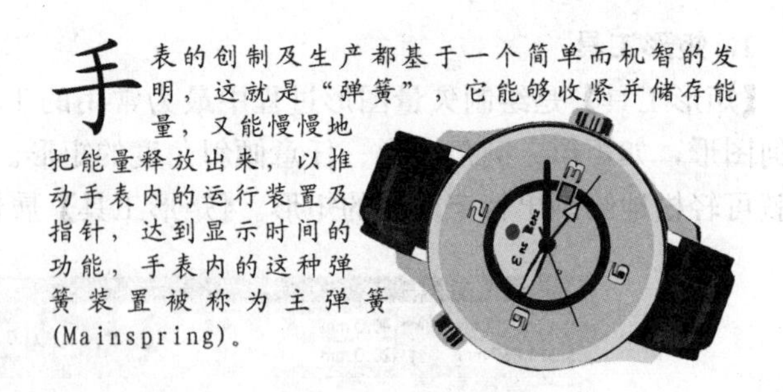

图 3-4　图文编排

矩形绘制方法如下。

方法一：单击工具箱中的【矩形工具】按钮，光标变成形状，在绘图页面的任意位置拖动鼠标即可绘制出矩形。

方法二：双击工具箱中的【矩形工具】按钮，即可绘制出与绘图页面等大的矩形。

方法三：选中绘制的矩形，在绘图工具上方属性栏中设置边角圆滑度都为【30】，再按 Enter 键，即可得到圆角矩形，如图 3－5 所示。

单击属性栏中的【锁定】按钮，解除锁定状态，可任意设定矩形四个角的圆角度，如图 3－6 所示。

方法四：单击工具箱中的【3 点矩形工具】按钮，从起点处拖动鼠标绘制斜线，然后拖动鼠标，最后单击即可绘制任意角度的矩形，如图 3－7 所示。

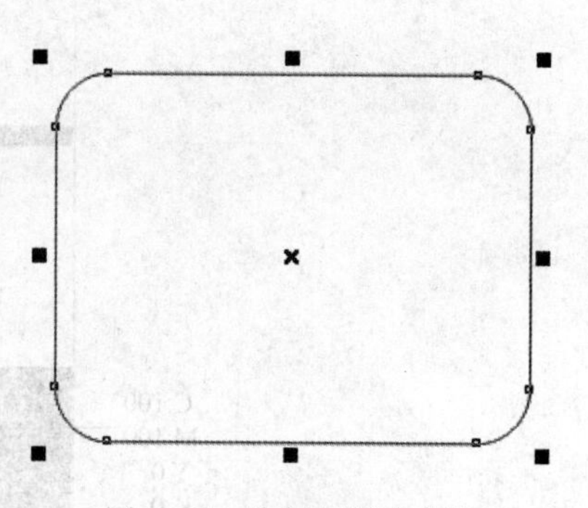

图 3－5　绘制圆滑度参数相等的圆角矩形

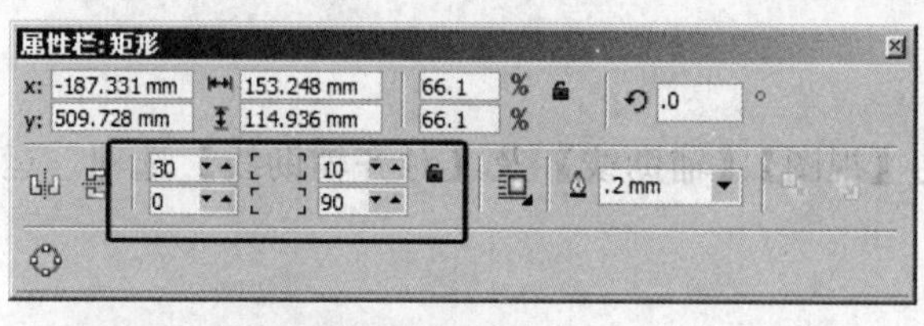

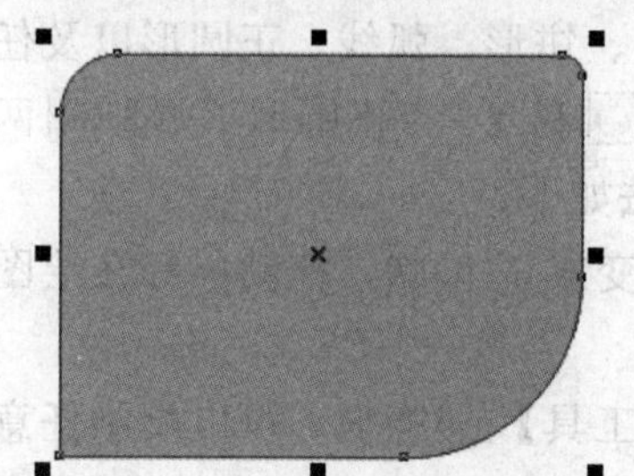

图 3－6　绘制圆滑度不相等的圆角矩形

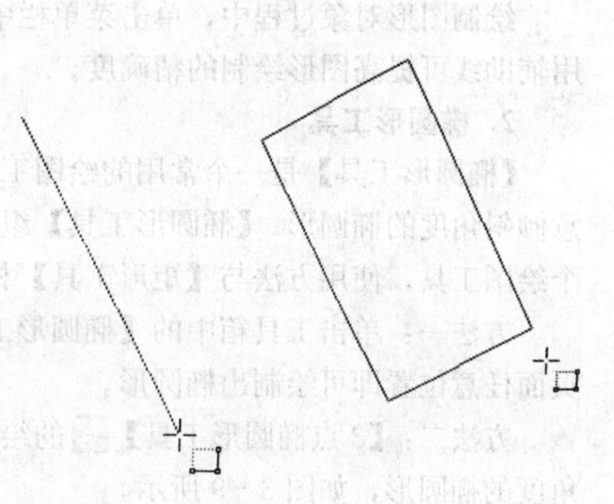

图 3－7　使用【3 点矩形工具】绘制矩形

技巧提示

矩形工具的快捷键为 F6。

正方形的绘制：绘制矩形时，拖动鼠标并同时按 Ctrl 键，从起始点开始绘制正方形，同时按 Ctrl＋Shift 键，以起点为中心绘制正方形。

小试身手

运用工具箱中的【矩形工具】绘制蒙德里安风格派作品。

Step 01：打开 CorelDRAW X4，然后按 Ctrl＋N 键新建空白 CorelDRAW X4 文档。

Step 02：单击工具箱中的【矩形工具】按钮，按 Ctrl 键拖动鼠标在绘图窗口中绘制正方形，在调色板中选择填充颜色为红色 CMYK（0、100、100、0）。

Step 03：重复步骤 02，绘制长宽不同的矩形，填充白色、黑色以及图中所指定的颜色，最终效果如图 3－8 所示。

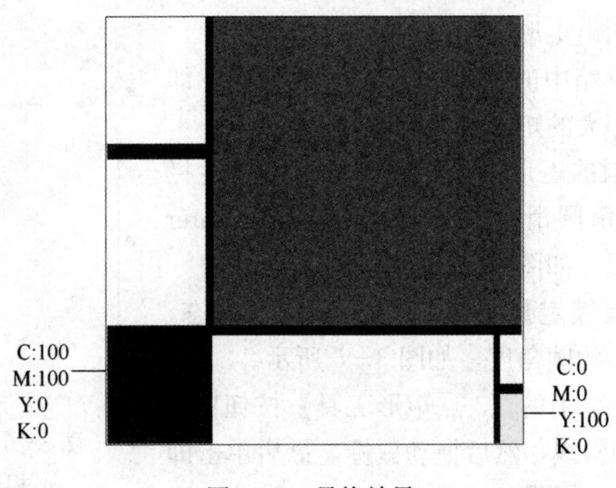

图 3－8　最终效果

技巧提示

绘制图形对象过程中，单击菜单栏中的【视图】|【辅助线】及【对齐辅助线】选项，运用辅助线可提高图形绘制的精确度。

2. 椭圆形工具

【椭圆形工具】是一个常用的绘图工具，可以绘制椭圆形、饼形、弧线、正圆形以及任意倾斜角度的椭圆形。【椭圆形工具】组内有【椭圆形工具】和【3点椭圆形工具】两个绘图工具，使用方法与【矩形工具】相似。椭圆形绘制方法如下。

方法一：单击工具箱中的【椭圆形工具】按钮，光标变成形状，拖动鼠标在绘图页面任意位置即可绘制出椭圆形。

方法二：【3点椭圆形工具】的绘制方法与【3点矩形工具】类似，可以绘制任意角度的椭圆形，如图3－9所示。

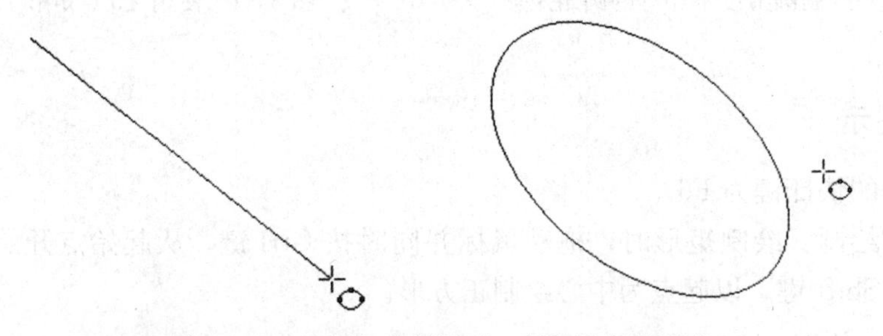

图 3－9　运用【3点椭圆形工具】绘制椭圆形

绘图窗口【椭圆形工具】属性栏如图3－10所示，其中部分选项与【矩形工具】属性栏选项相同，其他选项功能介绍如下。

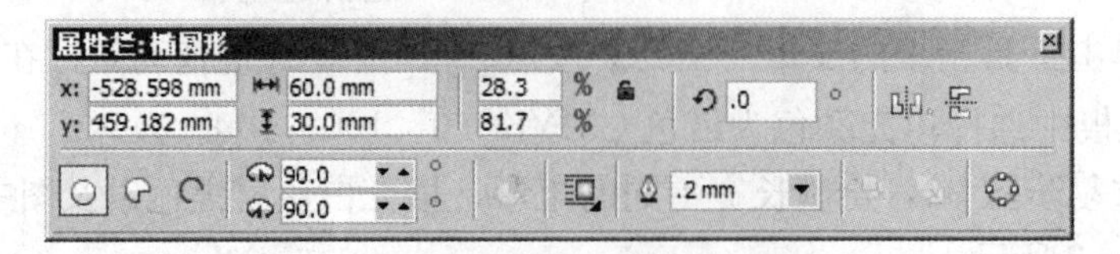

图 3－10　【椭圆形工具】属性栏

【饼形】：选中绘制的椭圆形，单击属性栏中的【饼形】按钮，可以将椭圆形转换为饼形。

【弧形】：选中绘制的椭圆形，单击属性栏中的【弧形】按钮，可以将椭圆形转换为弧形。

【起始和结束角度】：在文本框内可以输入精确的数值，自定义饼形和弧形的起始和结束角度。

【顺时针/逆时针定义弧形或饼形】：改变所选弧形或饼形的方向。在使用该按钮时，拖动鼠标并按 Ctrl 键，则可以强制节点以每次 15 度增量移动。

技巧提示

椭圆形工具的快捷键为 F7。

绘制正圆形：拖动鼠标并按 Ctrl 键，从起始点开始绘制正圆形；同样拖动鼠标并按 Ctrl＋Shift 键，可以绘制以起点为中心的正圆形。

小试身手

Step 01：新建空白 CorelDRAW X4 文档，运用工具箱中的【3 点椭圆形工具】绘制椭圆形，填充白色。单击工具箱中的【轮廓笔工具】按钮，在【轮廓笔】对话框中，设置椭圆形轮廓线【宽度】为【6 mm】，轮廓颜色为黑色。

Step 02：在椭圆形周边绘制大小不一的圆形，填充颜色为白色或黑色，如图 3－11 所示。

Step 03：单击工具箱中的【挑选工具】按钮，选中上一步骤所绘制的所有圆形，按 Shift＋PgDn 键，将所选中的圆形置于椭圆形下方，完成后如图 3－12 所示。

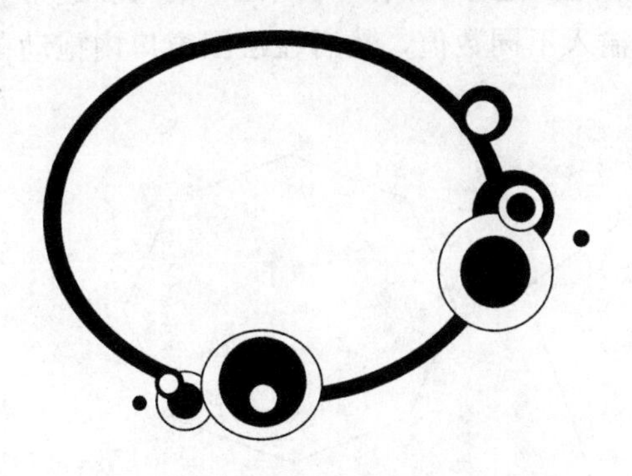

图 3－11　绘制大小不一的椭圆形

图 3－12　调整图形位置

Step 04：打开配套光盘中的“CD\素材\第 3 章\素材 3－1. cdr”文件，选中所提供的素材，将素材拖至椭圆形对象旁边。

Step 05：移动并旋转所给的花草纹样，使之围绕在椭圆形周围，文字部分放置在椭圆形中间，最终效果如图 3－13 所示。

图 3－13 最终效果

3.1.2 多边形工具

多边形工具也是 CorelDRAW X4 常用绘图工具之一，使用工具箱中的【多边形工具】、【星形工具】、【复杂星形工具】，可以轻松绘制多边形和星形。是制作时尚流行元素图形常用的工具。多边形、星形、复杂星形工具绘制方法如下。

1. 绘制多边形

单击工具箱中的【多边形工具】按钮，在【多边形工具】属性栏中的【多边形、星形、复杂星形的点数或边数】文本框 5 内输入不同数值，然后在绘图窗口内拖动鼠标即可绘制边数不同的多边形，如图 3－14 所示。

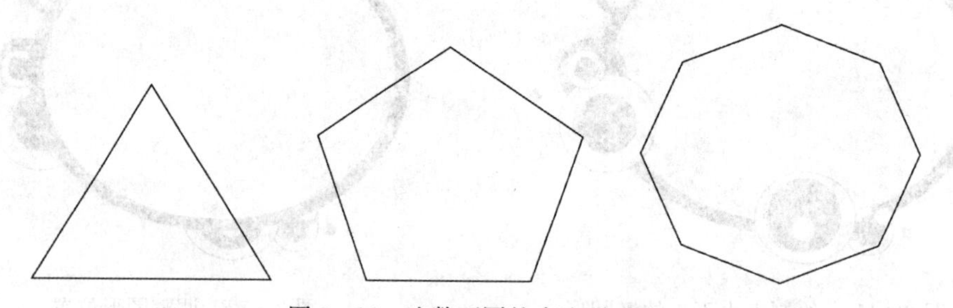

图 3－14 边数不同的多边形对比

2. 绘制星形

单击工具箱中的【星形工具】按钮，在【多边形工具】属性栏中的【多边形、星形、复杂星形的点数或边数】文本框 3 以及【星形和复杂星形的锐度】文本框 53 内输入不同数值，在绘图窗口内拖动鼠标即可绘制不同边数和锐度的星形，如图 3－15 所示。

3. 绘制复杂星形

单击工具箱中的【复杂星形工具】按钮，在【多边形工具】属性栏中的【多边形、星

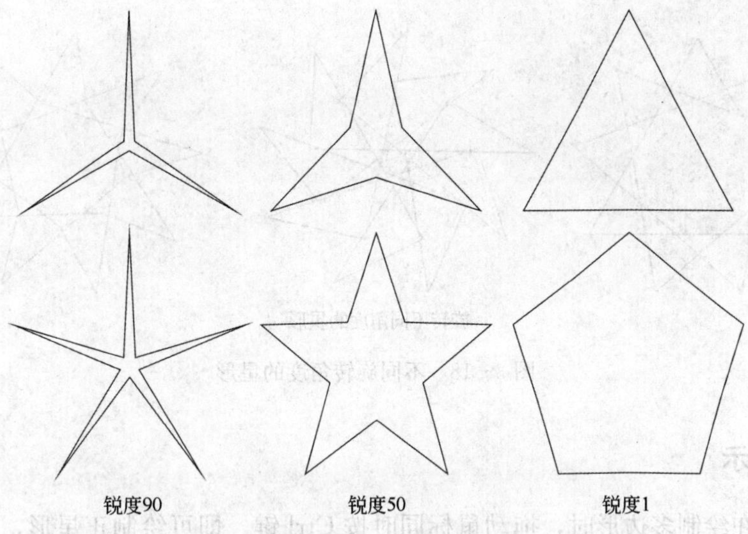

图 3－15　边度不同、锐度不同的星形对比

形、复杂星形的点数或边数】文本框 9 以及【星形和复杂星形的锐度】文本框 2 内输入不同数值，然后在绘图窗口内拖动鼠标即可绘制边数不同的复杂星形，如图 3－16 所示。

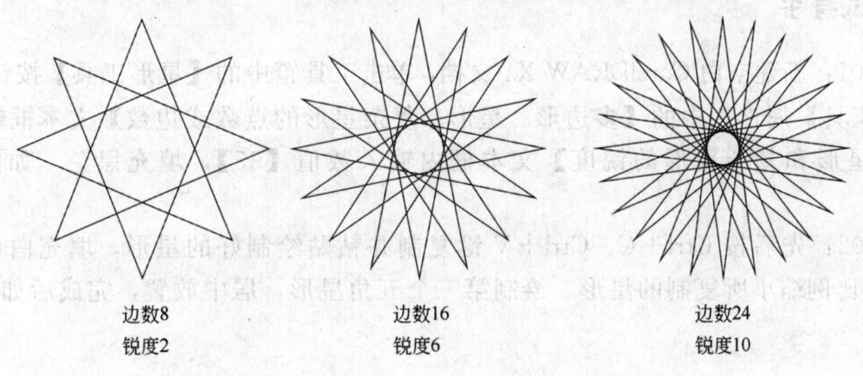

图 3－16　边度不同、锐度不同的复杂星形对比

4. 多边形和星形之间的转换

多变形和星形可以通过工具箱中的【形状工具】按钮 进行转换。单击工具箱中的【形状工具】按钮 ，旋转多边形的节点，将节点向边缘处拖动，可以将星形改变成多边形；将节点向不同的方向拖动，可绘制出不同效果的复杂星形，如图 3－17 和图 3－18 所示。

图 3－17　多边形与星形转换

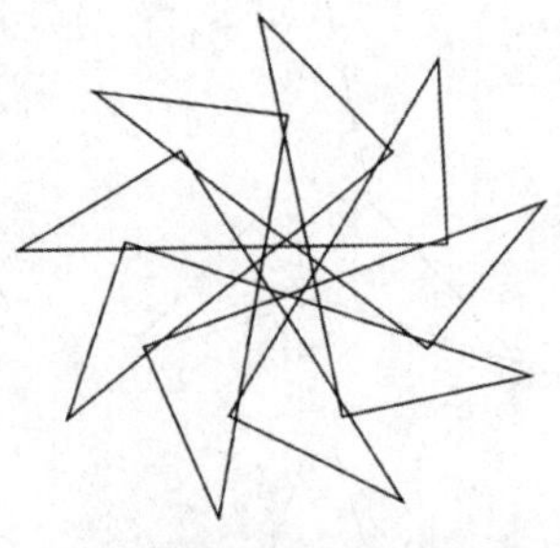
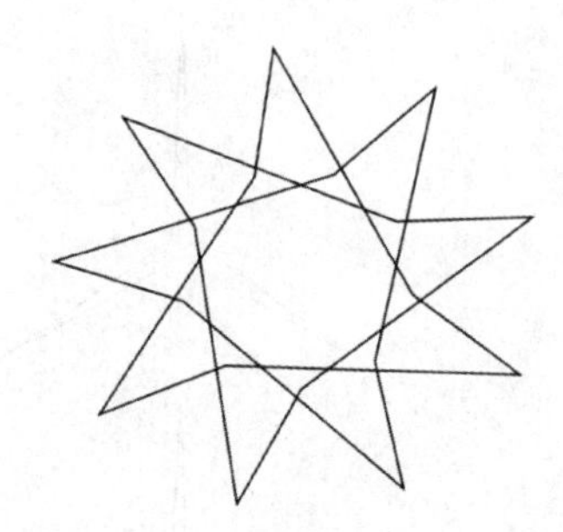

旋转不同角度的星形

图 3-18 不同旋转角度的星形

技巧提示

正星形：在绘制多边形时，拖动鼠标同时按 Ctrl 键，即可绘制正星形，当边数为【5】时，则绘制出正五角星形。若拖动鼠标同时按 Ctrl＋Shift 键，则以起点为中心绘制多边形或星形。

小试身手

Step 01：新建空白 CorelDRAW X4 文档，单击工具箱中的【星形工具】按钮，在【多边形工具】属性栏中的【多边形、星形、复杂星形的点数或边数】文本框输入数值【5】，【星形和复杂星形的锐度】文本框内输入数值【35】，填充黑色，如图 3-19 所示。

Step 02：先后按 Ctrl＋C、Ctrl＋V 键复制并粘贴绘制好的星形，填充白色，再按 Shift 键等比例缩小所复制的星形。绘制第三个五角星形，居中放置，完成后如图 3-20 所示。

图 3-19 绘制星形

图 3-20 再次复制并缩小星形

Step 03：绘制圆形、圆角矩形、星形，填充黑色或白色，完成后如图 3-21 所示。

Step 04：单击工具箱中的【贝塞尔工具】按钮，绘制速度线，最终效果如图 3-22 所示。

图3-21 绘制圆形、圆角矩形、星形

图3-22 最终效果

3.1.3 图纸工具

在工具箱中的【多边形工具】下拉列表中，单击【图纸工具】按钮，在绘图页面中拖动鼠标即可绘制出网格状图形，常用于底纹制作、标志制作当中。【图纸工具】属性栏如图 3-23 所示。

图 3-23 【图纸工具】属性栏

一学就会

Step 01：打开配套光盘中的“CD\素材\第 3 章\素材 3-2.cdr”文件。

Step 02：选择【图纸工具】按钮，在【图纸工具】属性栏中调整行数和列数，然后与在空白绘图区域按 Ctrl 键同时拖动鼠标即可绘制正方形小方格网格，如图 3-24 所示。

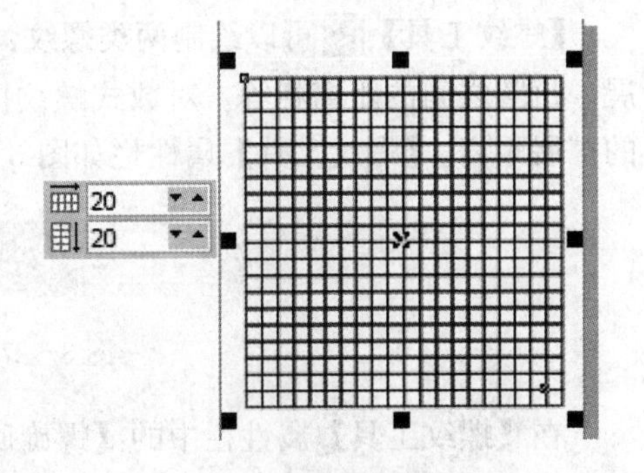

图 3-24 使用【图纸工具】绘制正方形小方格网格

Step 03：调整标志和网格的前后位置，将标志居中置于网格内，完成后如图 3-25 所示。

选中所绘制网格，右击鼠标，在弹出的菜单栏中选择【取消群组】按钮，即可将网格拆分为一个个可以独立操作的方格图形，再通过删除或旋转方格图形，可制作出各式各样的纹样和图形。

小试身手

运用【图纸工具】绘制如图 3-26 所示的动物图形。

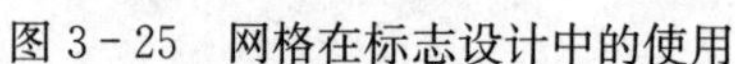
图 3－25　网格在标志设计中的使用

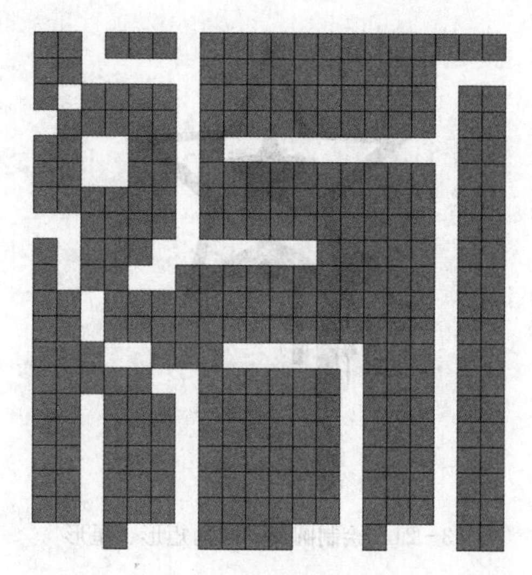

图 3－26　网格图形

Step 01：新建空白 CorelDRAW X4 文档。

Step 02：单击工具箱中的【图纸工具】按钮，绘制正方形小方格网格。

Step 03：选中所绘制网格，右击鼠标在弹出的菜单中选择【取消群组】选项，使单个方格可以独立操作。

Step 04：删除部分网格绘制可爱小狗网格图形。

技巧提示

绘制正方形小方格网格，应在图纸行和列数当中输入同一数值，然后按 Ctrl 键同时拖动鼠标，即可在绘图页面中绘制出正方形小方格网格。

3.1.4　螺纹工具

【螺纹工具】可以绘制两类螺纹：对称式螺纹和对数式螺纹。对称式螺纹均匀向外扩展，每圈之间的距离相等。对数式螺纹扩展时，可以通过设置向外扩展的比率控制每圈之间的扩展距离。【螺纹工具】属性栏如图 3－27 所示。

图 3－27　【螺纹工具】属性栏

在【螺纹工具】属性栏中的【螺旋回圈】文本框内可以设置螺纹线圈数。单击【对称式螺纹】按钮，即可绘制出每圈距离都相等的对称式螺纹。单击【对数式螺纹】按钮，即可绘制出每圈距离按一定规律扩展的对数式螺纹，两者对比如图 3－28 所示。

在【螺纹扩展参数】文本框内输入数值，可以设置对数式螺纹的扩展程度，扩展参数分别为【15】和【90】的对数式螺纹对比如图 3－29 所示。

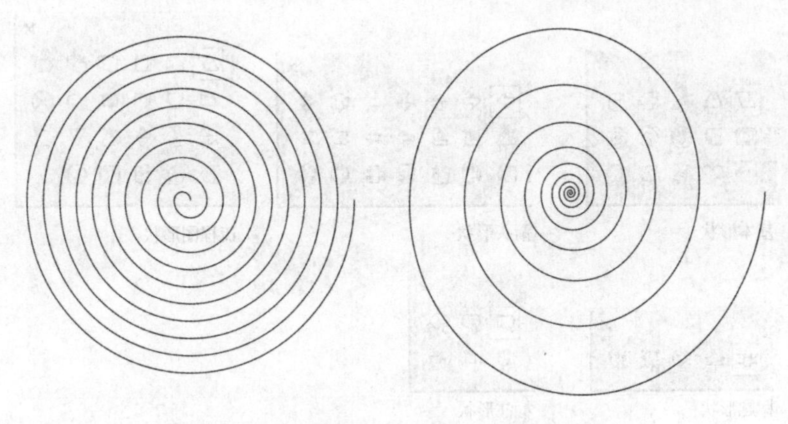

图 3－28 对称式螺纹和对数式螺纹对比

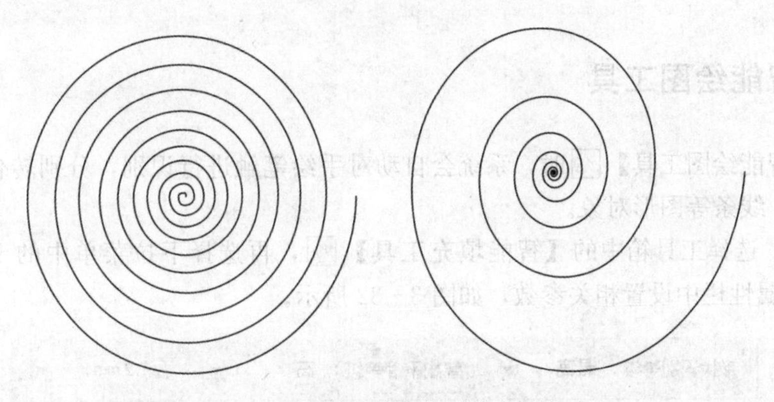

图 3－29 不同扩展参数的对数式螺纹对比

技巧提示

拖动鼠标时按 Shift 键，可从中心向外绘制螺纹。

拖动鼠标时按 Ctrl 键，可以绘制出具有均匀水平尺度和垂直尺度的螺纹。

3.1.5 基本形状工具

【基本形状工具】组内有【基本形状工具】、【箭头形状工具】、【流程图形状工具】、【标题形状工具】、【标注形状工具】五种工具，在绘制图形时可以根据需要选择使用。【基本形状工具】属性栏如图 3－30 所示。

图 3－30 【基本形状工具】属性栏

选择不同工具，单击属性栏中的【完美形状】按钮，下拉列表框分别如图 3－31 所示。利用这些工具可以方便快捷地绘制系统所提供的图形。

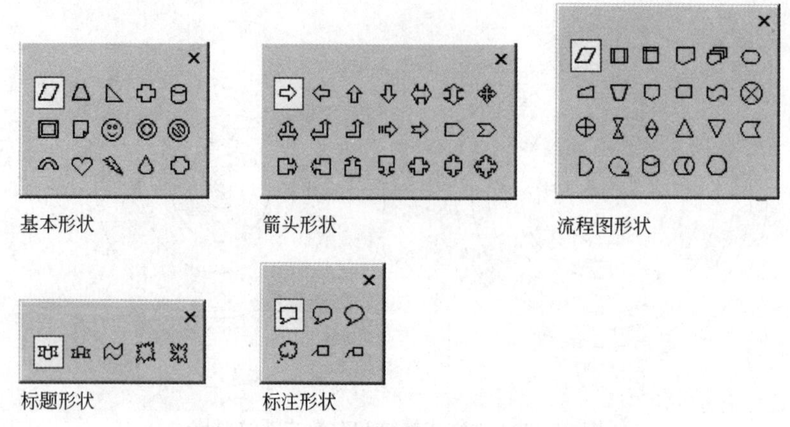

图 3-31 【完美形状】按钮下拉列表框

3.1.6 智能绘图工具

使用【智能绘图工具】时，系统会自动对手绘笔触进行识别，分别转化为图形、几何形、箭头、线条等图形对象。

Step 01：选择工具箱中的【智能填充工具】，再选择下拉菜单中的【智能绘图工具】，在属性栏中设置相关参数，如图 3-32 所示。

图 3-32 【智能绘图工具】属性栏

Step 02：在绘图窗口中拖动鼠标至绘图区域任意位置，绘制图形，手绘图形将自动转变为较平滑的图形，如图 3-33 所示。

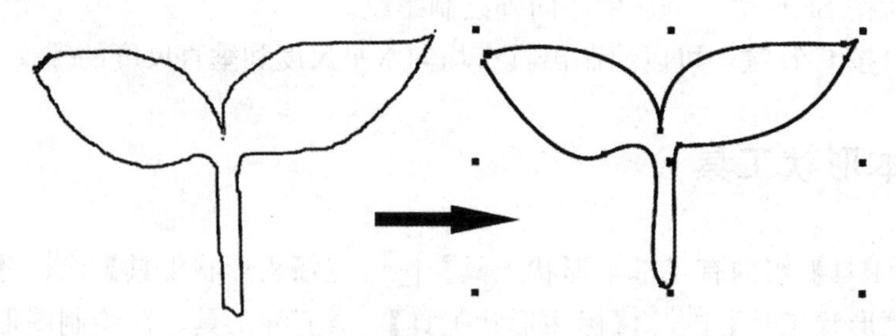

图 3-33 使用【智能绘图工具】绘制图形

3.2 曲线图形绘制

使用 CorelDRAW X4 中的【手绘工具】组，可以轻松地绘制出自由曲线、折线和不规则线条等曲线图形，【手绘工具】组内有【手绘工具】、【贝塞尔工具】、【艺术笔工具】、【钢笔工具】、【折线工具】、【3 点曲线工具】、【交互式连线工具】、【度量工具】八种工具。

3.2.1 手绘工具

单击工具箱中的【手绘工具】按钮，在绘图窗口中拖动鼠标即可绘制出直线、斜线以及曲线。

小试身手

运用工具箱中的【手绘工具】，绘制如图 3－34 所示的曲线图形。

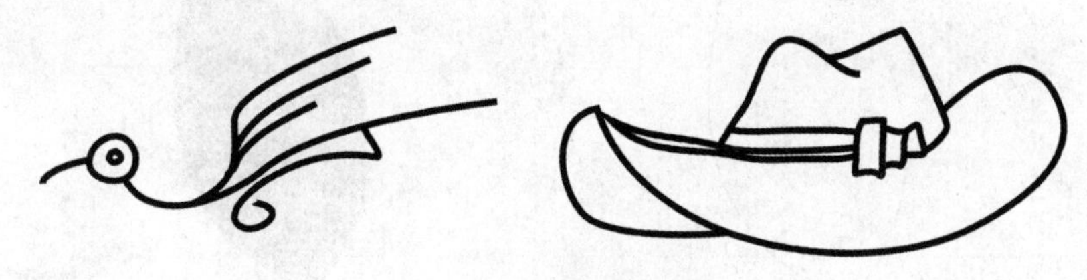

图 3－34 曲线图形练习

技巧提示

按 Ctrl 键同时拖动鼠标，即可绘制出垂直直线和水平直线。

按 Ctrl 键同时向上或向下拖动鼠标，可以绘制 CorelDRAW 程序预设角度的斜线，如 15 度斜线。

在使用工具箱中的【形状工具】的情况下，按 Shift 键同时沿线条向后拖放鼠标，即可除去部分手绘曲线。

3.2.2 贝塞尔工具

【贝塞尔工具】是一个功能强大，用途广泛，且最为常用的重要手绘工具。【贝塞尔工具】一般用来绘制曲线以及较为复杂和精细的曲线图形。

【贝塞尔工具】所绘制的曲线都是由路径组成的，路径由节点和线段组成，曲线弧度可以通过控制手柄和控制点进行调整。节点、控制手柄、控制点如图 3－35 所示。

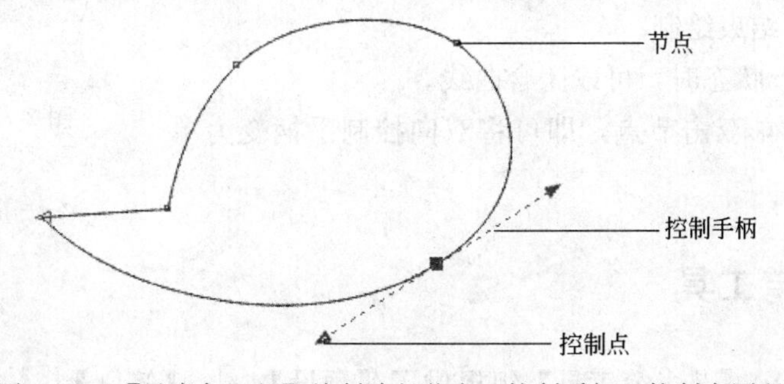

图 3－35 【贝塞尔工具】绘制路径节点、控制手柄、控制点图释

一学就会

Step 01：新建空白CorelDRAW X4文档。

Step 02：单击工具箱中的【贝塞尔工具】按钮，在绘图窗口内，单击要放置第一个节点的位置，然后在放置第二个节点的位置拖动鼠标出现控制手柄，操作控制手柄创建曲线，绘制出叶子的形状，如图3-36所示。

Step 03：单击属性栏中的【自动闭合曲线】按钮，即可闭合曲线，填充任意绿色，如图3-37所示。

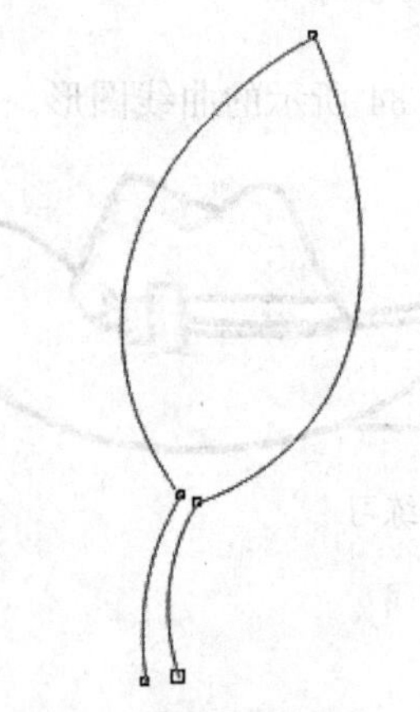

图3-36　未闭合路径的叶子图形

图3-37　闭合路径的叶子图形

小试身手

Step 01：新建空白CorelDRAW X4文档，按Ctrl+I键，导入打开配套光盘中的“CD\素材\第3章\素材3-6.jpg”文件。

Step 02：描摹椅子的外轮廓，单击放置第一个节点的位置，然后在放置第二个节点的位置拖动鼠标出现控制手柄，操作控制手柄创建曲线，绘制出椅子的外轮廓。

Step 03：绘制完成效果如图3-38所示。

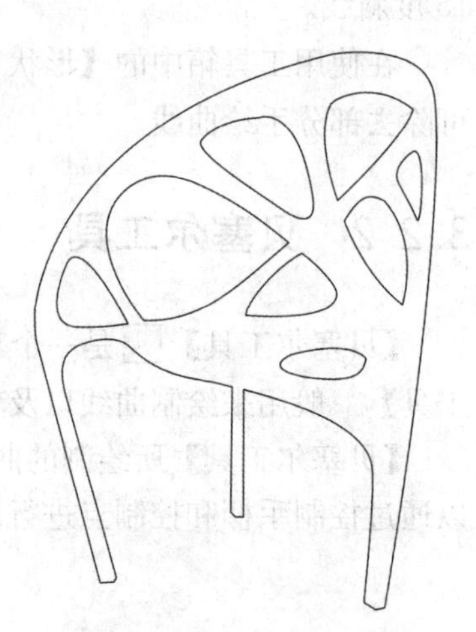

图3-38　最终效果

技巧提示

按空格键，可结束绘制。

当鼠标变为 ⊹ 状态时，可以闭合曲线。

在绘制曲线时，双击节点，即可将双向控制手柄变为单向控制手柄。

3.2.3　艺术笔工具

CorelDRAW X4【艺术笔工具】组提供了【预设】、【笔刷】、【喷雾】、【书法】、【压力】五种笔触工具。通过这些笔触工具，可以绘制出程序中预设的图形，还可以模拟绘制书法笔、画笔等特殊效果，创作出不同风格的作品。

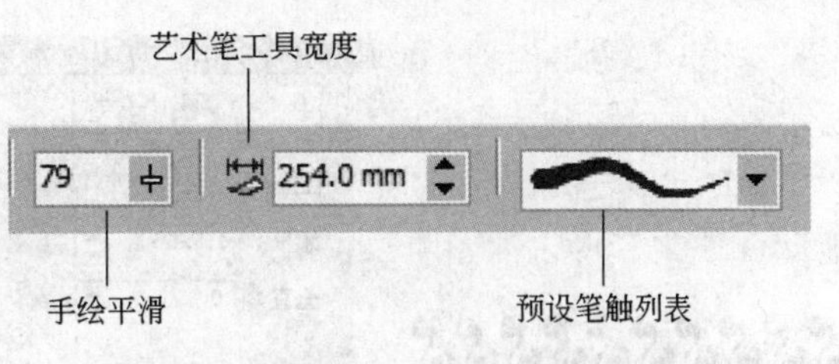

图 3－39　艺术笔【预设】笔触属性栏

1. 预设

艺术笔【预设】笔触属性栏如图 3－39 所示。

小试身手

Step 01：新建空白 CorelDRAW X4 文档。然后单击工具箱中的【艺术笔工具】按钮，在属性栏中单击【预设】笔触，设置【手绘平滑】为【100】，【宽度】为【250】，选择默认的预设笔触，绘制曲线，如图 3－40 所示。

Step 02：复制曲线并将其水平翻转 180 度，移动位置，如图 3－41 所示。

图 3－40　绘制曲线　图 3－41　复制并翻转曲线

Step 03：单击菜单栏中的【排列】|【变换】选项，打开【变换】泊坞窗，在【位置】选项卡中设置【相对位置】的方向，然后单击【应用到再制】按钮，完成后如图 3－42 所示。

Step 04：复制曲线段，将其向下拖动到适当位置，重复数次，如图 3－43 所示。

Step 05：绘制矩形，调整曲线图形与矩形的上下位置，如图 3－44 所示。

Step 06：选中曲线部分后，单击工具箱中的【剪裁工具】按钮，拖动鼠标框选需要的部分，然后在选区内双击鼠标，即可减去多余部分，最后调整颜色、底纹。最终效果如图 3－45 所示。

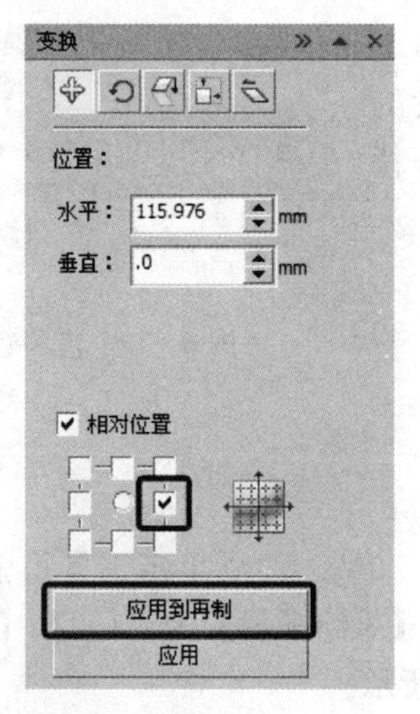

图 3 - 42　复制曲线

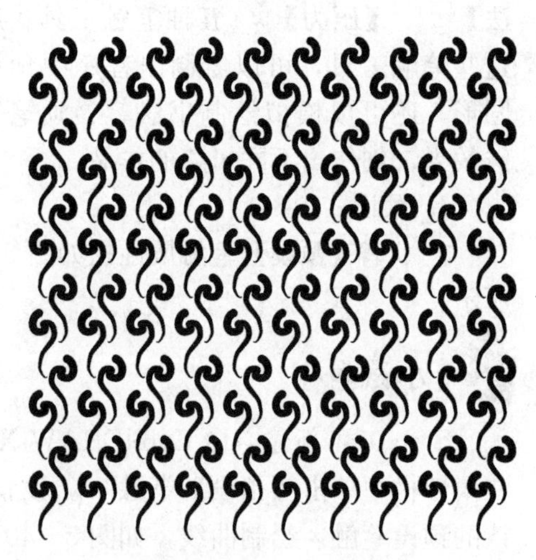

图 3 - 43　复制曲线段

图 3 - 44　绘制矩形

图 3 - 45　最终效果

2. 笔刷

【笔刷】笔触与【预设】笔触相似，只是艺术笔触列表中的笔触有所不同。在【笔刷】笔触属性栏中可以改变笔触的宽度以及平滑度，还能创建自定义【笔刷】笔触。

一学就会

Step 01：新建空白 CorelDRAW X4 文档，单击工具箱中的【艺术笔工具】按钮，在属性栏中选择【笔刷】笔触，在笔刷列表中选择，绘制英文字母 ART，如图 3 - 46 所示。

图 3 - 46　绘制英文字母

3. 喷罐

【喷罐】笔触可以在线条上喷涂一系列对象，还可在导入的位图和符号上沿线条喷涂。

【喷罐】笔触工具属性栏如图 3－47 所示。

图 3－47 【喷罐】笔触工具属性栏

通过属性栏可以调整对象之间的间距，控制喷涂线条的显示方式，使相互之间距离更近或更远；还可以沿路径旋转对象或沿列表中的（替换、左、随机、右）四个不同的方向偏移对象，从而改变对象在喷涂线条中的位置。

一学就会

Step 01：新建空白 CorelDRAW X4 文档。

Step 02：单击工具箱中的【艺术笔工具】按钮，再单击属性栏中的【喷罐】笔触，在【喷涂列表文件】列表框中选择“花朵”喷涂列表。

Step 03：拖动鼠标以绘制花朵，如图 3－48 所示。

4. 书法

【书法】笔触可以模仿书法笔触，其使用方法与其他艺术笔笔触使用方法类似。绘制英文字母 ART，效果图及【书法】笔触属性栏设置如图 3－49 所示。

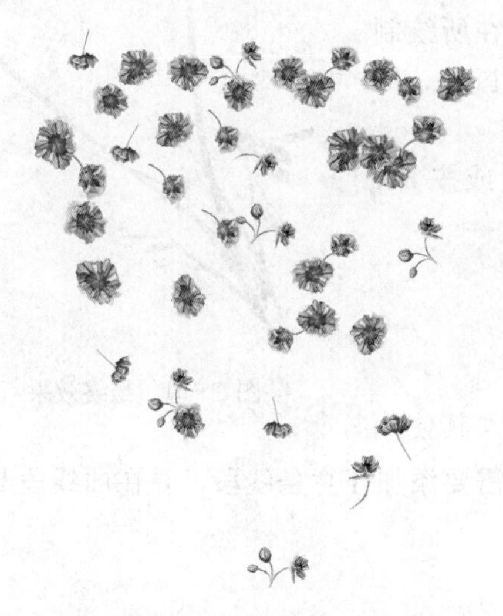

图 3－48 使用【喷罐】工具绘制花朵

图 3－49 绘制英文字母

5. 压力

【压力】笔触与【预设】、【书法】笔触类似，不再赘述。

3.2.4 钢笔工具

【钢笔工具】的用法与【贝塞尔工具】的用法类似，也可以绘制各种直线、曲线、折线和复杂图形。

一学就会

用【钢笔工具】绘制国画风格的兰花。

Step 01：新建空白 CorelDRAW X4 文档。

Step 02：单击工具箱中的【钢笔工具】按钮，按所给的顺序绘制国画风格的兰花，如图 3－50 所示。

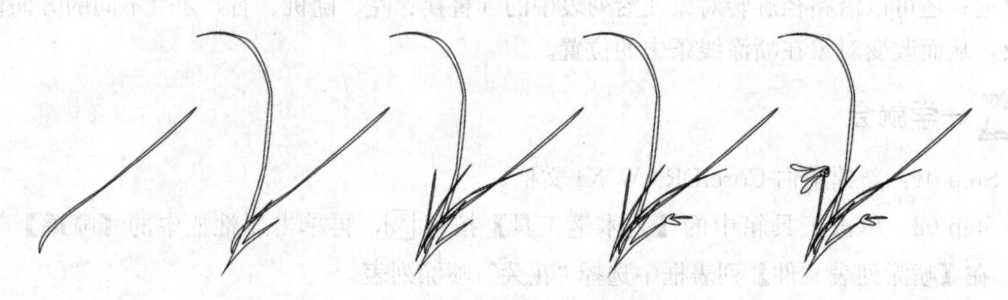

图 3－50　绘制兰花的过程

Step 03：填充黑色，最终效果如图 3－51 所示。

图 3－51　最终效果

技巧提示

运用工具箱中的【钢笔工具】绘制线条时，在所绘制的节点处按 Alt 键同时单击鼠标，然后继续拖动鼠标，即可实现曲线和直线的交替。

在节点处按 Ctrl 键同时单击鼠标或双击鼠标或按 Esc 键都可结束绘制。

3.2.5　折线工具

【折线工具】可以绘制折线、直线、曲线。其使用方法与【钢笔工具】相同。【折线工具】可以根据需要添加任意条线段，并在曲线段与直线段之间进行交替，且具有自动闭合曲线功能。

一学就会

Step 01：新建空白 CorelDRAW X4 文档，单击工具箱中的【折线工具】按钮。

Step 02：单击线段的开始位置，然后再单击线段的结束位置即可绘制直线。如果要绘制曲线段，单击线段的起始点，并拖动鼠标绘制曲线，双击结束绘制。完成效果如图 3－52 所示。

技巧提示

可在起始点双击鼠标或按 Enter 键即可闭合图形。

双击鼠标或单击空格键即可停止绘制。

图 3-52 最终效果

3.2.6 3点曲线工具

【3点曲线工具】通过定位起点、结束点以及抛物线顶点来绘制所需的曲线。

一学就会

Step 01：新建空白 CorelDRAW X4 文档，单击工具箱中的【3点曲线工具】按钮，单击线段的起始点，然后拖动鼠标至该线段的结束点，再向上拖动鼠标至所需位置，最后单击鼠标，如图 3-53 所示。

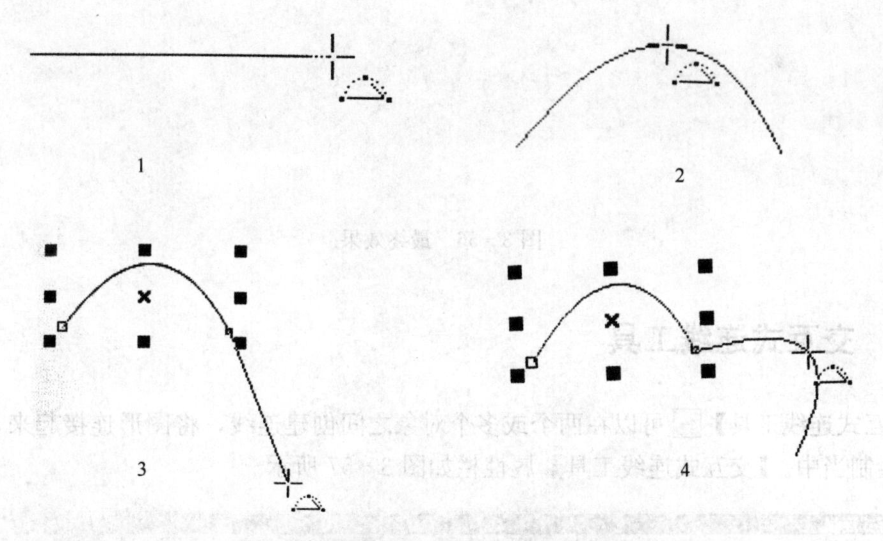

图 3-53 使用【3点曲线工具】绘制曲线

Step 02：以第一个结束点为开始点，重复上一步骤，直至绘制成星形，如图 3-54 所示。

Step 03：复制星形并缩小，分别在两个星形中填充黄色、白色，如图 3-55 所示。

Step 04：绘制不同大小的多个星形，填充颜色并调整位置，最终效果如图 3-56 所示。

图 3－54　绘制星形

图 3－55　复制星形并填充颜色

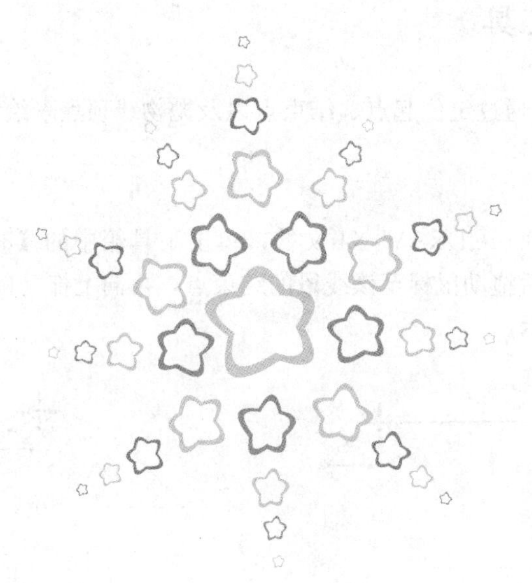

图 3－56　最终效果

3.2.7　交互式连线工具

【交互式连线工具】可以在两个或多个对象之间创建连线，将图形连接起来，常用于流程图绘制当中。【交互式连线工具】属性栏如图 3－57 所示。

图 3－57　【交互式连线工具】属性栏

单击属性栏中的【直线连接器】按钮，可绘制任意角度的交互式直线；单击属性栏中的【成角连接器】按钮，不仅可以绘制含直角的交互式连线，还可以绘制一系列垂直线段或水平线段，或两者皆有的线段。

一学就会

Step 01：打开配套光盘中的“CD\素材\第 3 章\素材 3-3.cdr”文件。

Step 02：单击工具箱中的【交互式连线工具】中的【成角连接器】按钮或【直线连接器】按钮，选择所需的连接图形对象，从一个对象边缘处拖动鼠标至另一个对象边缘处，即可将两个对象连接在一起，效果如图 3-58 所示。

图 3-58 使用【交互式连线工具】连接图形对象

3.2.8 度量工具

【度量工具】提供了六种绘制标注线工具，可以自动度量对象，进行水平、垂直、斜向等尺寸标注。【度量工具】属性栏如图 3-59 所示。

图 3-59 【度量工具】属性栏

【自动度量工具】：用于标注垂直方向尺寸和水平方向尺寸。

【垂直度量工具】：用于标注垂直方向（沿 y 轴）尺寸。

【水平度量工具】：用于标注水平方向（沿 x 轴）尺寸。

【倾斜度量工具】：用于标注倾斜线段的长度。

【标注工具】：用于标注说明性文字。

【角度量工具】：用于标注角度尺寸。

一学就会

Step 01：打开配套光盘中的“CD\素材\第 3 章\素材 3-4.cdr”文件。

Step 02：单击工具箱中的【度量工具】按钮，然后单击属性栏中的【自动度量工具】按钮。

Step 03：选择包装盒结构图的任意一边线的端点为起始点，拖动鼠标至结束点的线段另一端，然后单击鼠标，再拖动鼠标至需要放置标注的位置，再次单击鼠标，即可完成垂直或水平标注。也可以用【垂直度量工具】或【水平度量工具】来完成。

Step 04：单击【倾斜度量工具】按钮，参照【自动度量工具】的绘制方法绘制倾斜标注。

Step 05：单击【标注工具】按钮，找到圆形中心，单击鼠标后按 Alt 键并向外拖动鼠标至包装结构图外，绘制出水平短线段，在光标处输入文字。

Step 06：单击【角度量工具】按钮，以需要标注的角的顶点为起始点，在起始点处单击鼠标，然后沿着角斜线方向拖动鼠标，在转折点处单击鼠标，再向下拖动鼠标直至与起始点处于水平位置，再次单击鼠标，然后在要放置标注的位置单击鼠标。最后效果如图 3－60 所示。在绘制过程中要注意的是图中黑点处都需要单击鼠标。

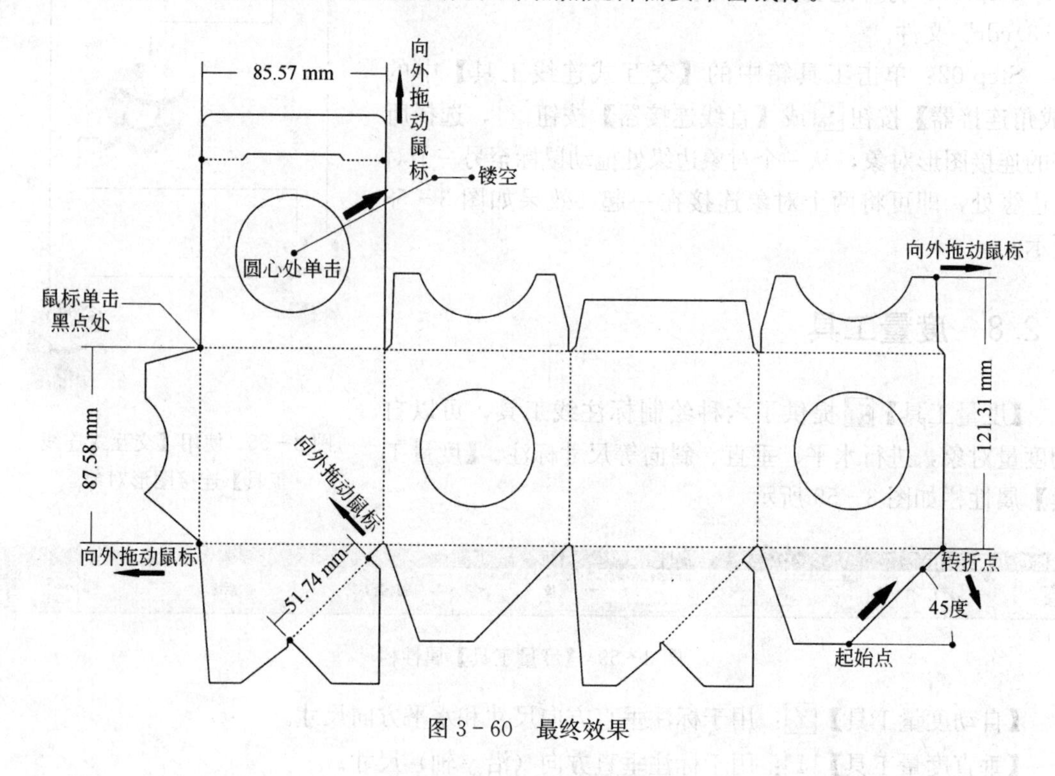

图 3－60　最终效果

3.3 实　例

结合实例介绍酒瓶造型设计，打开“CD\源文件\第 3 章\道窖酒瓶造型设计 .cdr”，如图 3－61 所示。产品造型设计是包装设计的重要一部分，绘制酒瓶造型，主要是先运用【矩形工具】、【3 点椭圆形工具】几何图形绘制工具以及【贝塞尔工具】曲线图形绘制工具绘制酒瓶造型轮廓，然后为所绘制的酒瓶造型填充颜色并设置轮廓为无，最后输入文本。在制作过程中，应注意的是注意左右对称以达到精确绘制的目的。

Step 01：新建空白 CorelDRAW X4 文档。单击菜单栏中【视图】|【贴齐辅助线】、【贴齐对象】选项，然后从标尺处拖出垂直辅助线。

Step 02：单击工具箱中的【3 点椭圆形工具】按钮，沿着垂直辅助线绘制椭圆形，然后从标尺处拖出水平辅助线，放置在椭圆形上，如图 3－62 所示。

Step 03：单击工具箱中的【矩形工具】按钮，沿着垂直辅助线绘制矩形。然后同时选中所绘制的椭圆形和矩形，单击属性栏中的【修剪】按钮，修剪成半圆形，接着删除矩形，完成后如图 3－63 所示。

图 3-61　最终效果

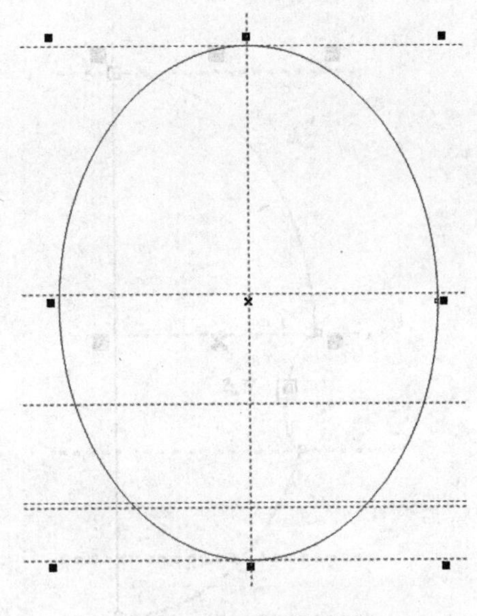

图 3-62　绘制椭圆形

Step 04：单击工具箱中的【3 点椭圆形工具】按钮，在辅助线与半圆形边缘交会处绘制小椭圆形，如图 3-64 所示。

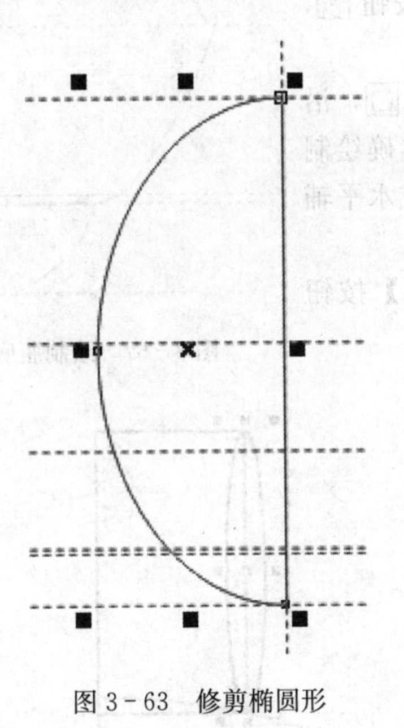

图 3-63　修剪椭圆形

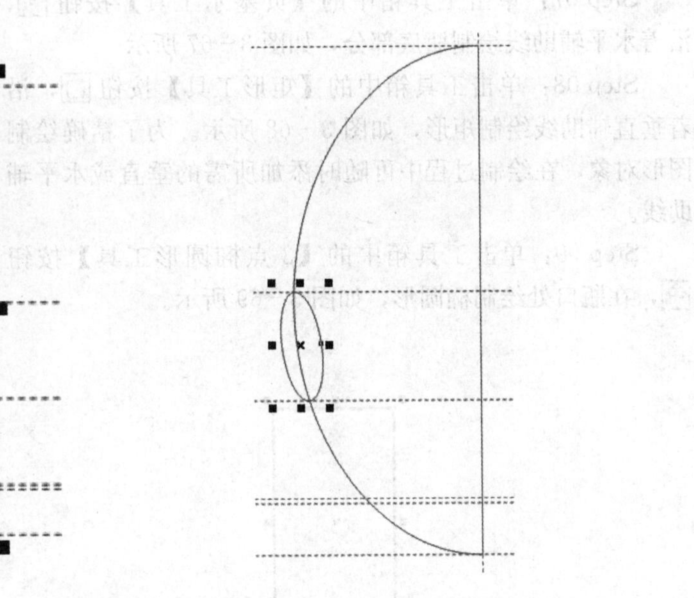

图 3-64　沿曲线绘制椭圆形

Step 05：同时选中所绘制的半圆形和椭圆形，单击属性栏中的【修剪】按钮，修剪半圆形，然后删除椭圆形，完成后如图 3-65 所示。

Step 06：单击工具箱中的【矩形工具】按钮，在半圆形的下半部分沿着水平辅助线绘制矩形，同时选中所绘制的椭圆形和矩形，单击属性栏中的【修剪】按钮，再次修剪半圆形，然后删除矩形，完成后如图 3-66 所示。

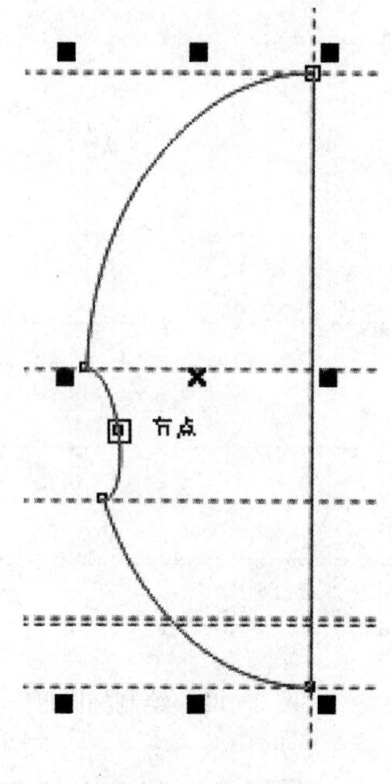

图 3－65　修剪圆形

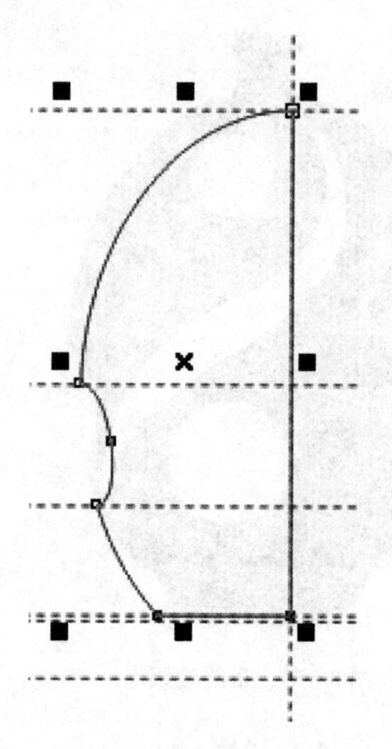

图 3－66　修剪半圆形

Step 07：单击工具箱中的【贝塞尔工具】按钮，沿着水平辅助线绘制瓶底部分，如图 3－67 所示。

Step 08：单击工具箱中的【矩形工具】按钮，沿着垂直辅助线绘制矩形，如图 3－68 所示。为了精确绘制图形对象，在绘制过程中可随时添加所需的垂直或水平辅助线。

Step 09：单击工具箱中的【3 点椭圆形工具】按钮，在瓶口处绘制椭圆形，如图 3－69 所示。

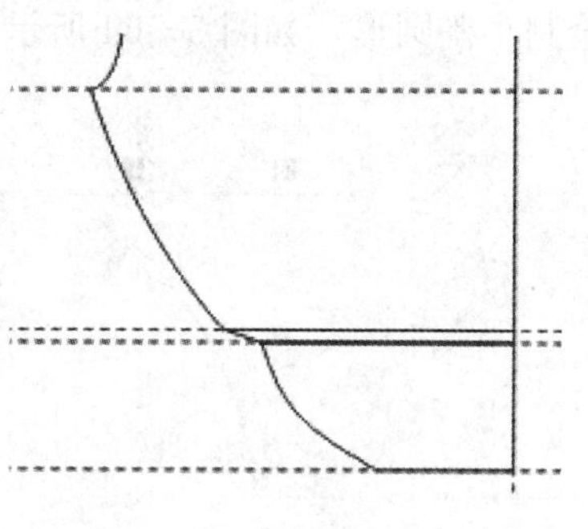

图 3－67　绘制瓶底部分

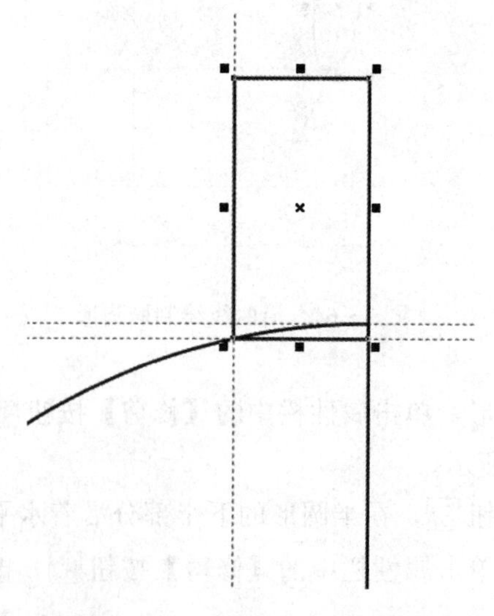

图 3－68　在瓶口处绘制矩形

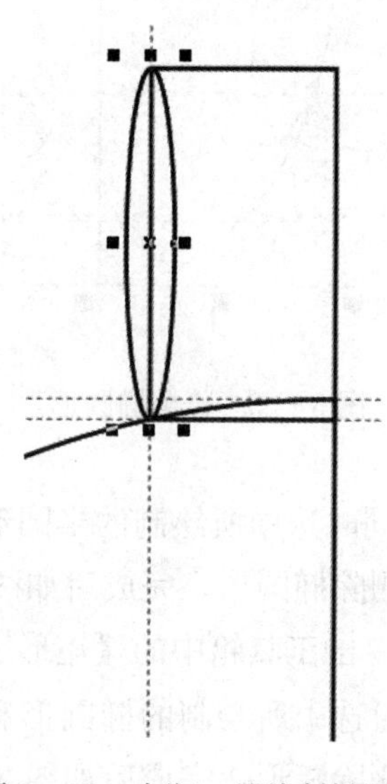

图 3－69　在瓶口处绘制椭圆形

Step 10：同时选中所绘制的椭圆形和矩形，单击属性栏中的【修剪】按钮，修剪矩形，然后删除椭圆形，完成后如图 3－70 所示。

Step 11：选中所绘制的所有图形对象，单击菜单栏中的【排列】|【变换】|【位置】选项，打开【变换】泊坞窗中的【位置】选项卡，设置参数，如图 3－71 所示。然后单击【应用到再制】按钮，完成后如图 3－72 所示。

Step 12：单击属性栏中的【水平镜像】按钮，将上一步所复制的图形对象水平翻转，然后将酒瓶各个部分进行焊接，完成后如图 3－73 所示。

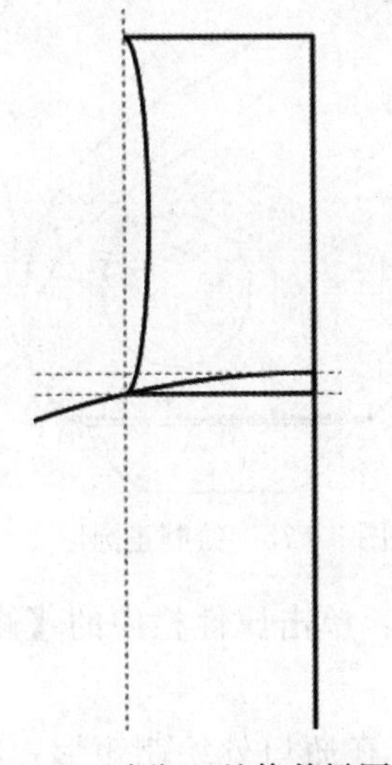

图 3－70　在瓶口处修剪椭圆形

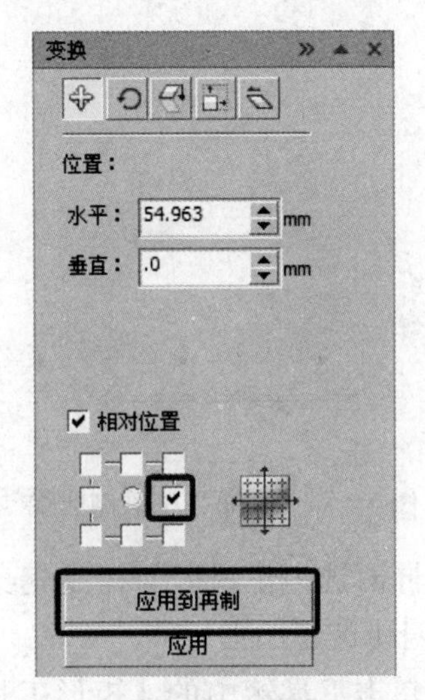

图 3－71　设置【位置】选项卡

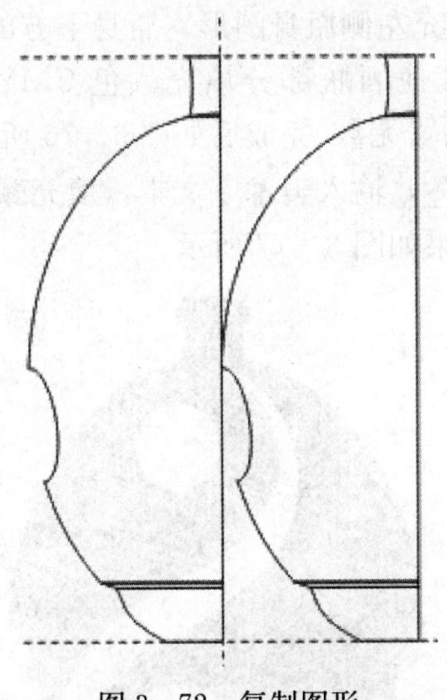

图 3－72　复制图形

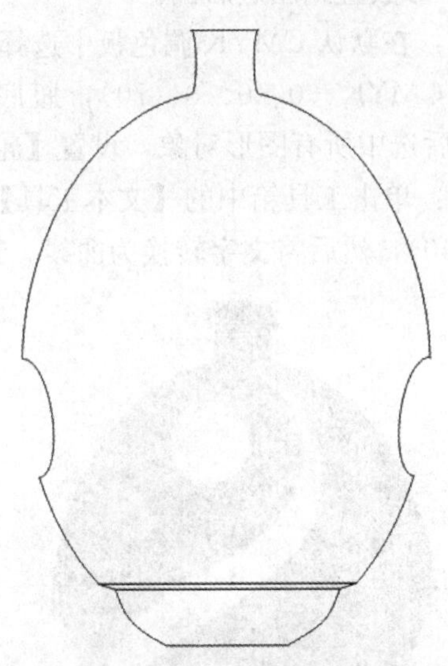

图 3－73　焊接图形

Step 13：单击工具箱中的【贝塞尔工具】按钮，在瓶身中绘制曲线，注意曲线两端点必须与瓶身边缘处贴齐，如图 3－74 所示。

Step 14：同时选中上一步所绘制的曲线和瓶身部分，单击属性栏中的【简化】按钮，修剪瓶身，然后再单击属性栏中的【打散】按钮，将瓶身拆分成独立的两个图形对象，最后删除上一步所绘制的曲线。

Step 15：单击工具箱中的【椭圆形】按钮，按 Ctrl 键绘制正圆形，放在瓶身适当位置，如图 3－75 所示。

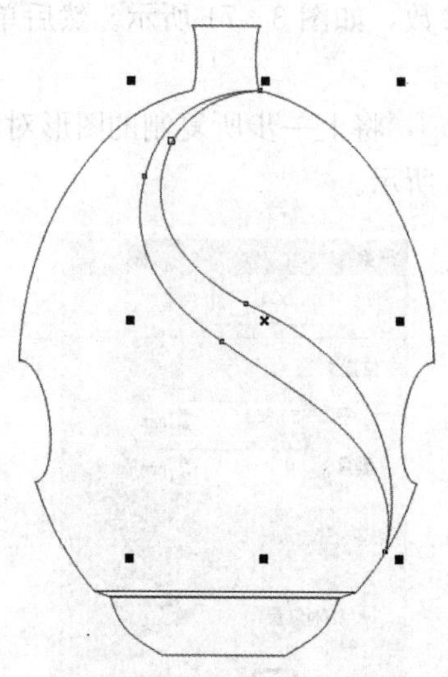

图 3－74　在瓶身中绘制曲线

图 3－75　绘制正圆形

Step 16：同时选中正圆形与构成瓶身的图形对象，单击属性栏中的【修剪】按钮，分两次修剪瓶身中的正圆形。

Step 17：单击工具箱中的【矩形工具】按钮，在瓶口处绘制矩形，然后按 Shift＋PgDn 键将矩形放置到图层后面。

Step 18：在默认 CMYK 调色板中选择黑色填充左侧瓶身图形，瓶身下方的细条状矩形填充颜色为 CMYK（0、0、0、70），瓶底以及其他酒瓶部分填充颜色 CMYK（40、98、94、3），最后选中所有图形对象，设置【轮廓】为【无】，完成后如图 3－76 所示。

Step 19：单击工具箱中的【文本工具】按钮，输入美术字文本，填充颜色为 CMYK（0、0、0、40），然后将文字转换为曲线，最终效果如图 3－77 所示。

图 3－76　填充颜色

图 3－77　最终效果

3.4 小　　结

本章主要介绍了如何运用 CorelDRAW X4 中的绘图工具绘制图形，如【直线工具】、【矩形工具】、【椭圆形工具】、【多边形工具】等几何图形绘制工具以及【手绘工具】、【贝塞尔工具】等曲线图形绘制工具，并结合实例详细介绍了各种绘图工具的使用方法。另外，本章还简单介绍了【折线工具】、【3 点曲线工具】、【交互式连线工具】等绘图工具，为下面学习包装设计图制作打下基础。

第4章 CorelDRAW X4 对象修改与填充

本章导读：

本章主要介绍如何运用 CorelDRAW X4 中的【自由变换工具】、【裁剪工具】、【刻刀工具】、【橡皮擦工具】、【虚拟段删除工具】等图形编辑工具调整对象，如何运用【轮廓工具】、【填充工具】、【智能填充工具】、【交互式网状填充工具】、【滴管和颜料桶工具】等工具填充颜色和轮廓，进一步的完善设计作品。

重点关注：

轮廓工具

形状工具

四种对象填充工具

4.1 对象调整

利用 CorelDRAW X4 中的对象编辑工具，可以对所绘制的曲线、图形作进一步的编辑和调整，以达到理想的效果。

4.1.1 轮廓笔工具

使用工具箱中的【轮廓笔工具】对话框、【对象属性】泊坞窗中的【轮廓】以及【轮廓】属性栏，可以更改线条和轮廓的外观。如调整指定线条和轮廓的颜色以及宽度和样式，清除轮廓等。其【轮廓笔】对话框如图 4-1 所示。

【轮廓笔】对话框还可以自定义线条样式。单击【编辑样式】，在弹出的【编辑线条样式】对话框中编辑新的线条样式，如图 4-2 所示。编辑完成后，单击【添加】按钮，即可将新编辑的线条添加到【样式】列表中。

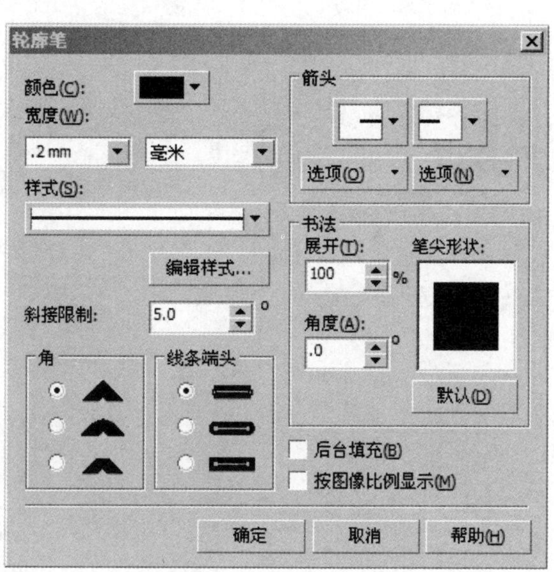

图 4-1 【轮廓笔】对话框

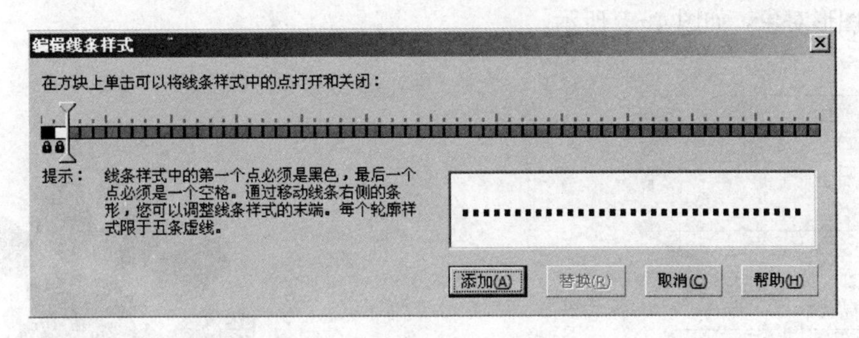

图 4 - 2 【编辑线条样式】对话框

技巧提示

右击绘图窗口调色板顶端的按钮，可清除轮廓线。

4.1.2 将轮廓转换为对象

单击菜单栏中的【排列】|【将轮廓转为对象】选项，可将轮廓线转换为对象，以便单独对轮廓线进行编辑处理。

一学就会

Step 01：单击工具箱中的【复杂星形工具】按钮，设置【边数】为【12】，锐度为【4】，绘制出星形，填充蓝色，然后单击【形状工具】按钮进行调整。完成后如图 4 - 3 所示。

Step 02：单击工具箱中的【轮廓笔工具】按钮，在打开的对话框中设置参数后单击【确定】按钮，如图 4 - 4 所示。

图 4 - 3 绘制复杂星形

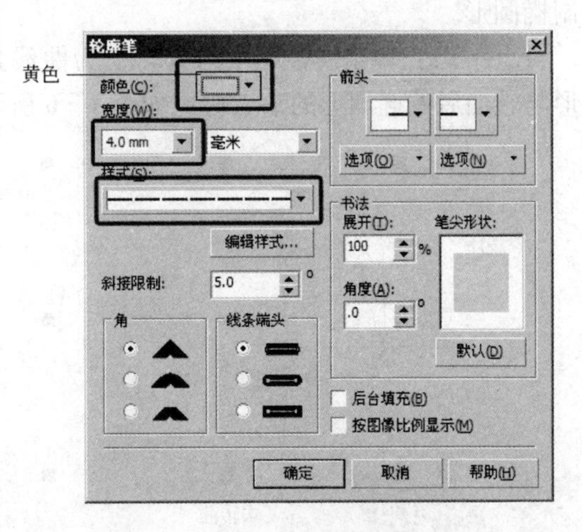

图 4 - 4 设置【轮廓笔】对话框

Step 03：单击菜单栏中的【排列】|【将轮廓转换为对象】选项，然后拖动图形，可分离

轮廓线和图形对象，如图 4－5 所示。

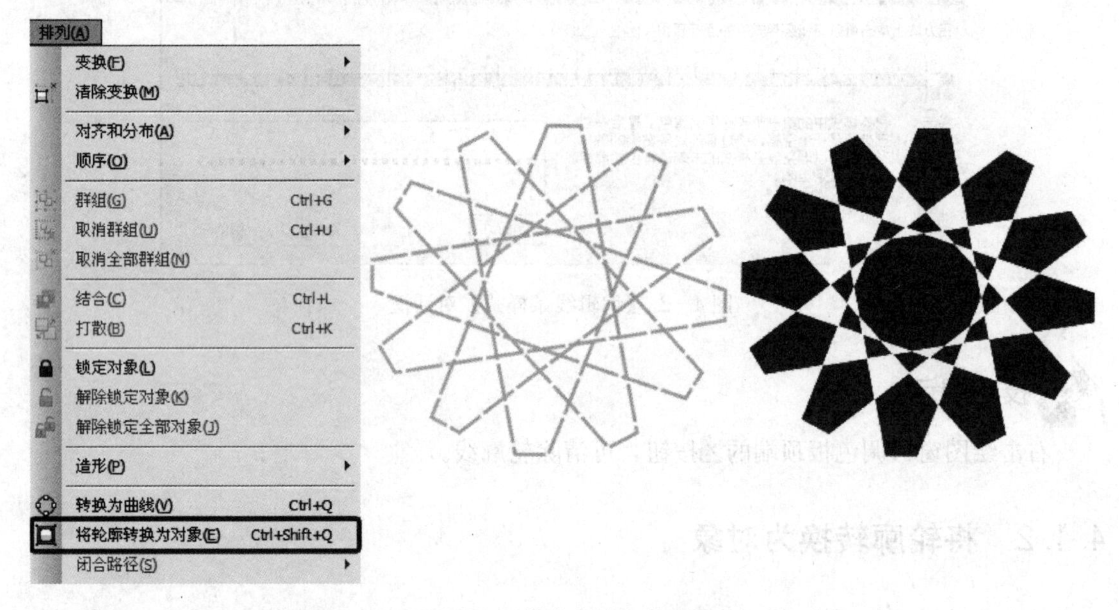

图 4－5 将轮廓转换为对象

4.1.3 将图形转换为曲线

运用【矩形工具】、【椭圆形工具】、【多边形工具】、【基本形状工具】等工具绘制的图形对象，都必须经过转曲，才能再运用【形状工具】对图形对象的节点进行自由的曲线编辑。

一学就会

Step 01：新建 CorelDRAW X4 空白文档，单击工具箱中的【椭圆形工具】按钮，绘制椭圆形。

Step 02：单击属性栏中的【转换为曲线】按钮，将轮廓线转换为曲线。未转曲椭圆形与转曲后的椭圆形的节点对比如图 4－6 所示。

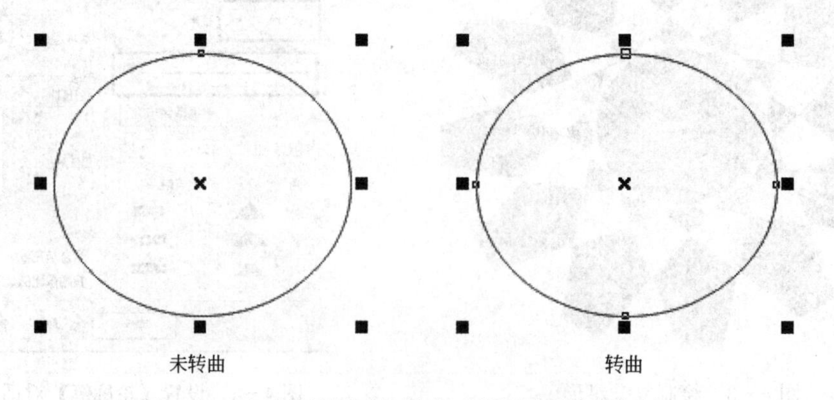

图 4－6 未转曲椭圆形与转曲后的椭圆形的节点对比

Step 03：单击工具箱中的【形状工具】按钮，可以尝试着移动转曲后的节点，这里不再演示。

4.1.4 涂抹笔刷、粗糙笔刷

1. 涂抹笔刷

使用工具箱中的【涂抹笔刷工具】可以对图形的轮廓进行任意涂抹，使对象变形，从而产生一种类似于增加节点的效果。【涂抹笔刷工具】属性栏如图 4-7 所示。

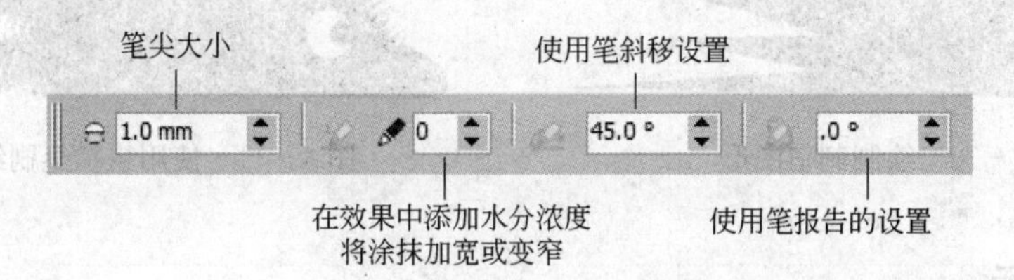

图 4-7 【涂抹笔刷工具】属性栏

一学就会

Step 01：新建空白 CorelDRAW X4 文档。单击工具箱中的【基本形状工具】按钮在属性栏中的【完美形状】下拉列表框内选择水滴状图形，在绘图窗口中绘制水滴图形。

Step 02：单击工具箱中的【涂抹笔刷工具】按钮，在属性栏设置参数，选中对象后再在图形上进行涂抹，如图 4-8 所示。

图 4-8 使用涂抹笔刷绘制图形

2. 粗糙笔刷

使用工具箱中的【粗糙笔刷工具】，可以更改路径外形，使路径产生锯齿或尖突状边缘效果，适用对象包括线条、曲线和文本。【粗糙笔刷工具】属性栏如图 4-9 所示。

图 4-9 【粗糙笔刷工具】属性栏

Step 01：新建空白CorelDRAW X4文档，使用【贝塞尔工具】绘制刺猬图形，如图4-10所示。

Step 02：选中刺猬图形，单击工具箱中的【粗糙笔刷工具】按钮，在要变粗糙的区域拖动，使之变形，如图4-11所示。

图4-10　绘制刺猬图形

图4-11　使用粗糙笔刷绘制图形

【涂抹笔刷工具】和【粗糙笔刷工具】不能将涂抹应用于互联网、嵌入对象、链接图像、网格、遮罩、网状填充对象以及具有调和效果和轮廓图效果的对象。

4.1.5　自由变换工具

使用工具箱中的【自由变换工具】，可以自由旋转、自由缩放、倾斜以及镜像图形对象，使之产生各种变形效果，其属性栏如图4-12所示。

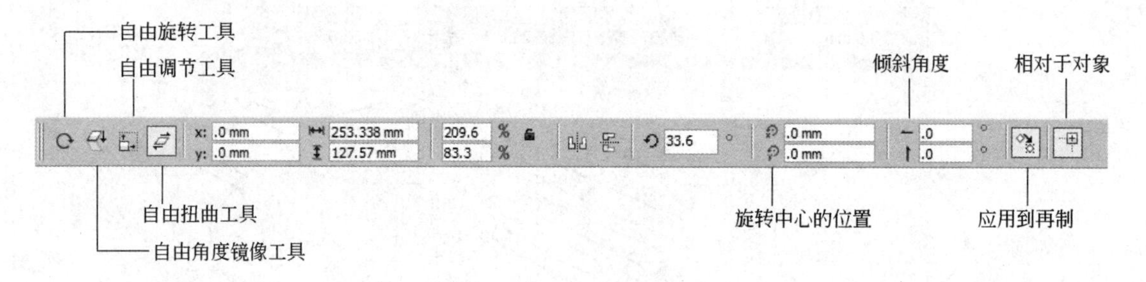

图4-12　【自由变换工具】属性栏

一学就会

Step 01：打开配套光盘中的"CD\素材\第4章\素材4-6.cdr"文件。单击工具箱中的【自由变换工具】按钮，选中所要变形的图形。

Step 02：选中属性栏中的【自由旋转工具】按钮与【应用到再制】按钮，在图像适合位置拖动鼠标，其效果如图4-13所示。

Step 03：使用上一步骤的方法，分别单击属性栏中的【自由角度镜像工具】按钮、【自由调节工具】、【自由扭曲工具】，对图形进行变换。这里不再演示。

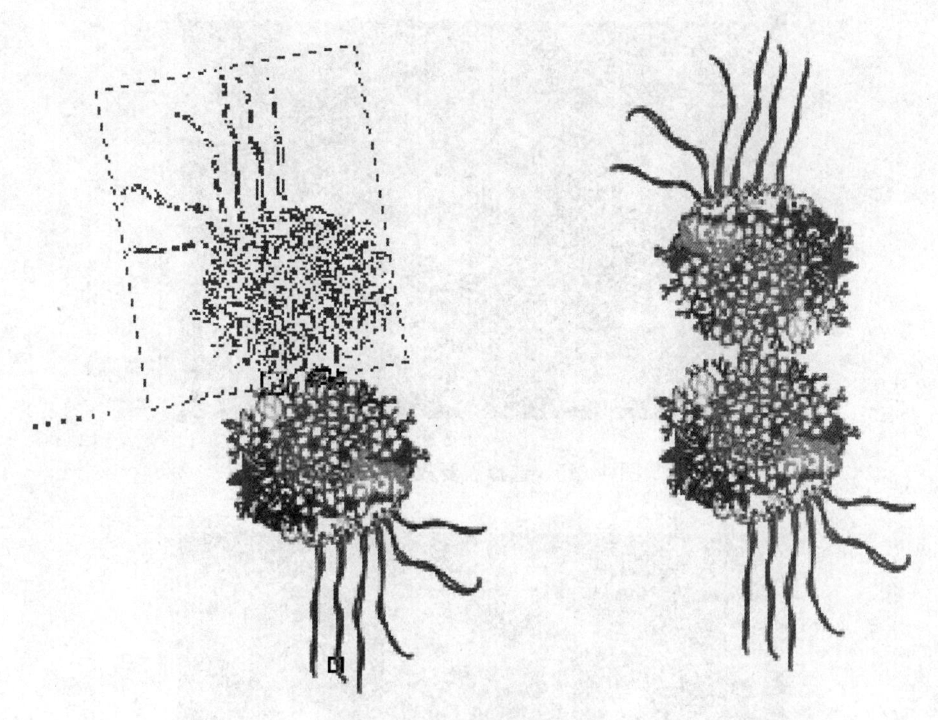

图 4-13 自由旋转图形效果

4.1.6 裁剪工具

运用 CorelDRAW X4 工具箱中的【裁剪工具】，可以裁剪矢量图形、位图以及文本。裁剪对象时，可以精确裁剪区域的位置和大小，可以通过节点旋转裁剪区域和调整裁剪区域大小，可以根据需要只裁剪选定的图形而不影响其他图形，也可以裁剪绘图窗口中的所有对象，还可以通过单击属性栏【清除裁剪选取框】移除裁剪区域。在裁剪文本和形状对象时，被裁剪的文本和图形将自动转换为曲线。【裁剪工具】属性栏如图 4-14 所示。

图 4-14 【裁剪工具】属性栏

一学就会

Step 01：导入配套光盘中的“CD\素材\第 4 章\素材 4-1.jpg”文件。

Step 02：单击工具箱中的【裁剪工具】按钮，选中需裁剪的对象，在需裁剪的区域拖动鼠标及裁剪框，保留区域将突出显示，被裁剪的区域则显示灰色，如图 4-15 所示。

Step 03：单击保留区域，裁剪框边角会出现旋转控制手柄，拖动控制手柄旋转裁剪框，如图 4-16 所示。

图 4－15　选择需要裁剪的区域

图 4－16　旋转控制手柄

Step 04：双击保留区域即可进行裁剪，最终效果如图 4－17 所示。

图 4－17　最终效果

技巧提示

如果对所绘制的裁剪框不满意，还可以按 Esc 键撤销裁剪操作。

4.1.7 刻刀工具

使用工具箱中的【刻刀工具】，可以将位图或矢量图形进行拆分，或者将其保持为一个由两个或多个子路径组成的对象，还可以根据需要决定是否自动闭合路径。【刻刀工具】属性栏如图 4-18 所示。

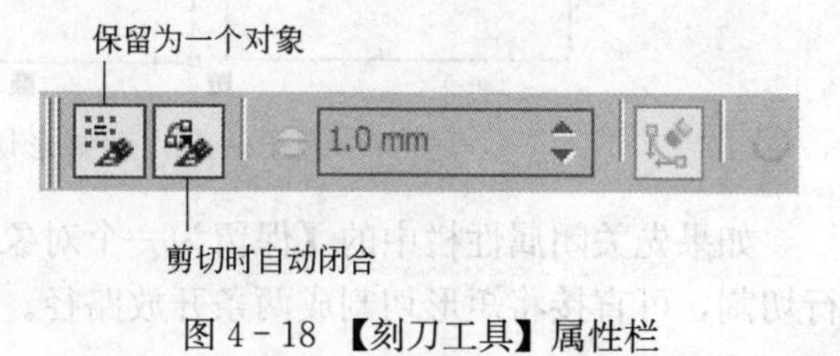

图 4-18 【刻刀工具】属性栏

一学就会

Step 01：新建空白 CorelDRAW X4 文档，单击工具箱中的【星形工具】按钮，设置【边数】为【8】，【锐度】为【53】，按 Ctrl 键绘制星形。选中绘制的星形，单击工具箱中的【刻刀工具】按钮，选择属性栏中的【剪切时自动闭合】选项，在图形边缘节点处单击鼠标，然后再到另一节点处单击鼠标即可完成切割。其绘制过程如图 4-19 所示。

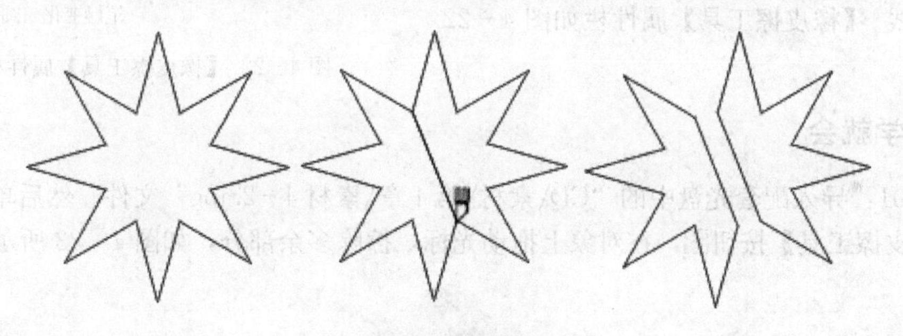
图 4-19 切割图形

Step 02：再次绘制星形图形，单击工具箱中的【刻刀工具】按钮，选择属性栏中的【剪切时自动闭合】选项，将鼠标从一个节点拖动到另一个节点，单击即可完成切割，其绘制过程如图 4-20 所示。

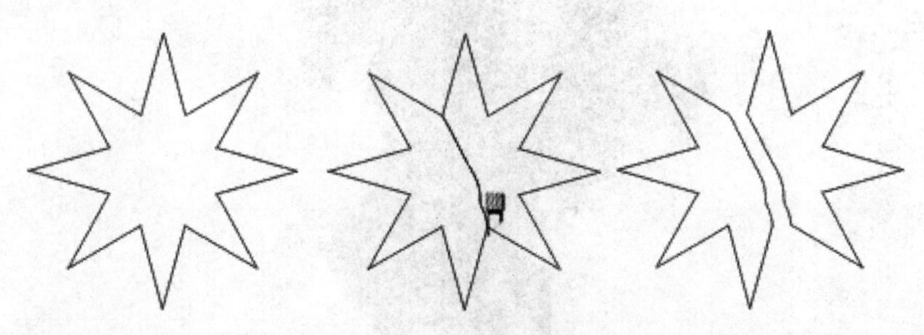
图 4-20 切割图形

Step 03：单击工具箱中的【矩形工具】按钮，绘制一个任意尺寸矩形，单击工具箱中的【刻刀工具】按钮，选择属性栏中的【保留为一个对象】选项，分别在两个节点处单击鼠标进行切割，然后按 Ctrl＋K 键打散图形对象，将矩形切割成两条开放路径，其过程如图 4－21 所示。

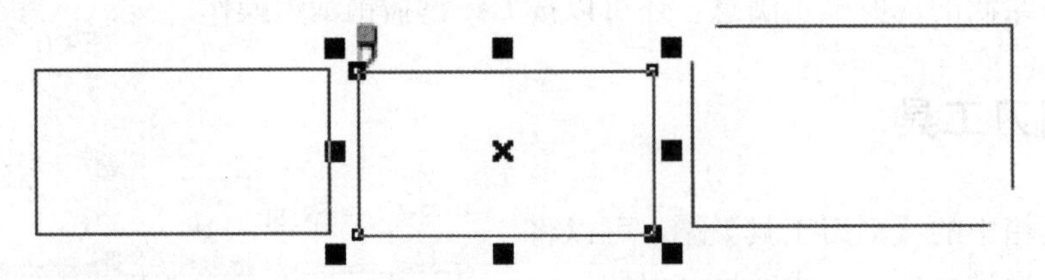

图 4－21　将矩形切割成两条开放路径

如果先关闭属性栏中的【保留为一个对象】选项与【剪切时自动闭合】选项，再进行切割，可直接将矩形切割成两条开放路径。

4.1.8　橡皮擦工具

单击工具箱中的【橡皮擦工具】按钮，可以擦除不需要的位图部分和矢量对象。自动擦除将自动闭合所有受影响的路径，并将对象转换为曲线。【橡皮擦工具】属性栏如图 4－22 所示。

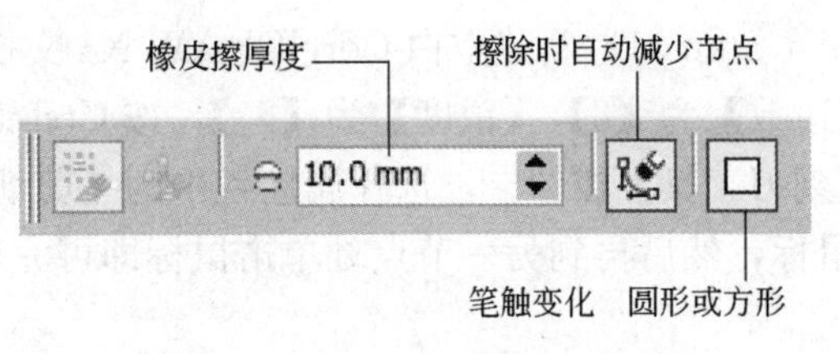

图 4－22　【橡皮擦工具】属性栏

一学就会

Step 01：导入配套光盘中的“CD\素材\第 4 章\素材 4－2.jpg”文件。然后单击工具箱中的【橡皮擦工具】按钮，在对象上拖动光标，擦除多余部分，如图 4－23 所示。

图 4－23　擦除位图多余部分

Step 02：单击工具箱中的【矩形工具】按钮，在绘图窗口空白处绘制一个矩形，设置任意颜色，然后分别使用方形、圆形橡皮擦笔触擦除部分矩形对象，如图4-24所示。

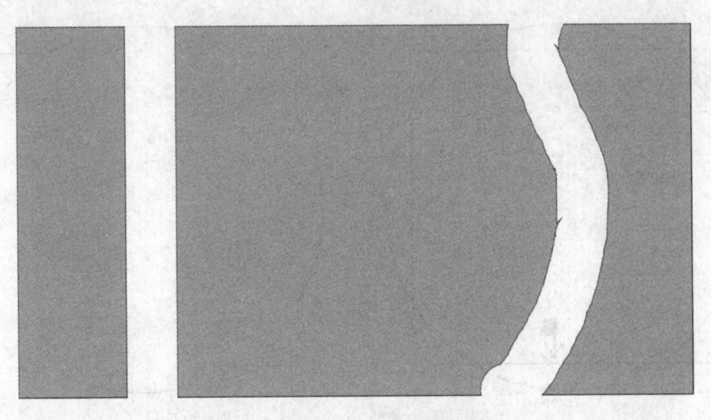

图4-24 使用方形、圆形橡皮擦笔触擦除部分矩形对象

Step 03：双击【橡皮擦工具】按钮，然后擦除矩形对象，如图4-25所示。

图4-25 双击【橡皮擦工具】擦除矩形对象

技巧提示

先单击要开始擦除的位置，再单击要结束擦除的位置，可以以直线方式擦除图形对象。按Ctrl键同时拖动鼠标，可以按一定角度擦除图形对象。

按Shift键同时拖动鼠标，可以增大或缩小橡皮擦厚度。

4.1.9 虚拟段删除工具

使用工具箱中的【虚拟段删除工具】，不仅可以删除轮廓线，还可以删除两个或多个对象的相交路径。

一学就会

Step 01：单击工具箱中的【矩形工具】按钮与【椭圆形工具】按钮，分别绘制正方形和正圆形，选中正方形和正圆形，先后按C键、E键，使两者居中对齐。

Step 02：单击工具箱中的【虚拟段删除工具】按钮，将光标移至要删除的直线线段上，当竖直地贴线段边缘时，单击鼠标即可删除该线段，最终效果如图 4-26 所示。

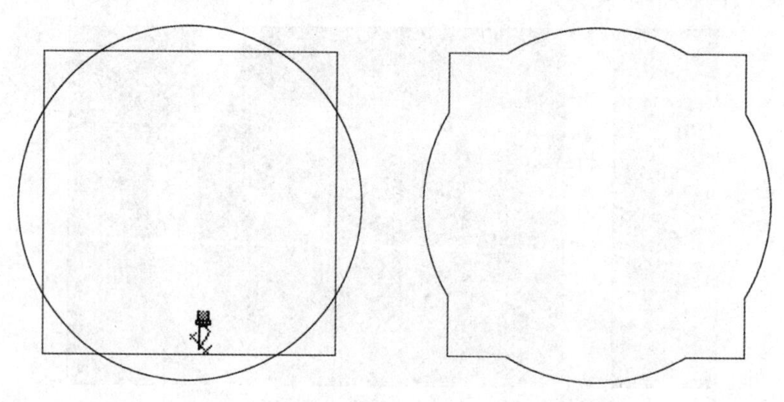

图 4-26　使用【虚拟段删除工具】删除线段

技巧提示

如果需要同时删除多个线段，拖动鼠标绘制一个选取框，即可删除选取框内的所有线段。

4.1.10　形状工具

工具箱中的【形状工具】是最为常用的曲线路径编辑工具，可以编辑路径节点来调整图形对象，【形状工具】功能强大，操作简便，熟练掌握此工具对于图形修改非常有必要，其属性栏如图 4-27 所示。

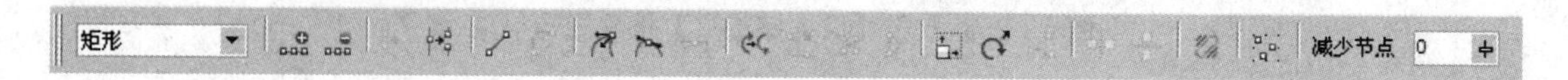

图 4-27　【形状工具】属性栏

1. 编辑路径基本操作

下面通过简单的图例来介绍【形状工具】以及其属性栏中的各个按钮，编辑曲线路径节点的方法。

一学就会

Step 01：新建空白 CorelDRAW X4 文档，运用【贝塞尔工具】绘制一条未闭合的曲线，如图 4-28 所示。

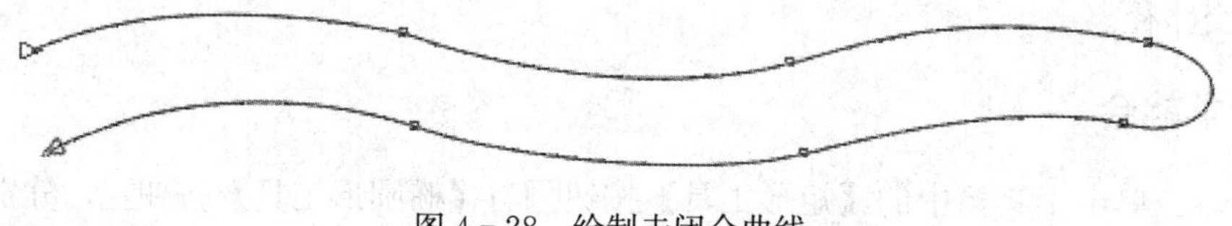

图 4-28　绘制未闭合曲线

Step 02：单击工具箱中的【形状工具】按钮，在曲线上需要添加节点处单击鼠标，出现小黑点后，再单击属性栏中的【添加节点】按钮，即可在该处增加节点。如果需要删除节点，则选择需要删除的节点，然后单击属性栏中的【删除节点】按钮，即可删除节点。双击鼠标也可快速添加或删除节点。

Step 03：同时选中曲线的起点和终点，单击属性栏中的【连接两个节点】按钮，即可闭合曲线，如图 4－29 所示。

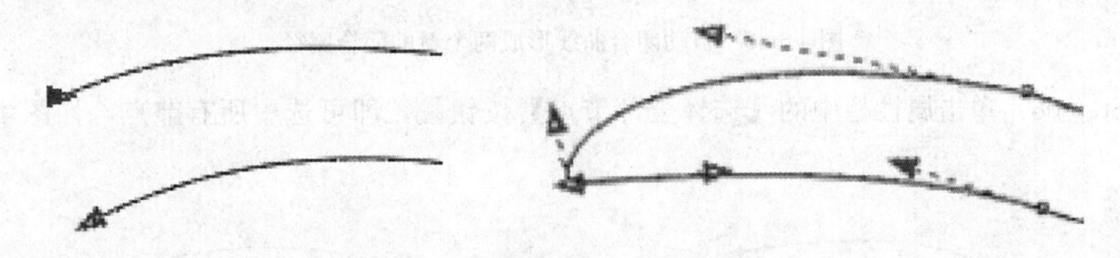

图 4－29　连接两个节点闭合曲线

Step 04：同时选中曲线中的任意两节点，单击属性栏中的【断开曲线】按钮，即可在选中节点处中断曲线，移动节点后查看断开效果，如图 4－30 所示。

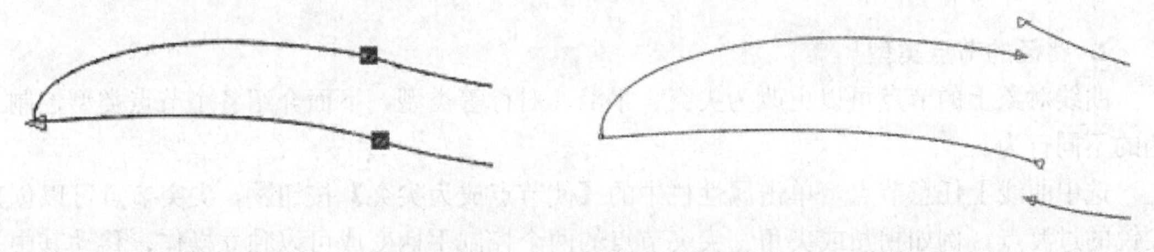

图 4－30　选中节点断开曲线

Step 05：单击工具箱中的【形状工具】按钮，在曲线上任意一点单击鼠标，再单击属性栏中的【转换曲线为直线】按钮，即可将选中节点处的曲线转换为直线。单击【转换直线为曲线】按钮，可以将选中节点处的直线转换为曲线，如图 4－31 所示。

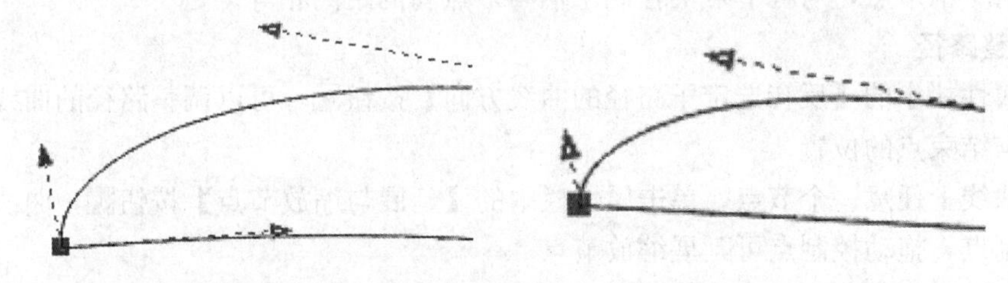

图 4－31　转换曲线为直线和转换直线为曲线

Step 06：同时选中曲线端点处的两个节点，单击属性栏中的【延长曲线使之闭合】按钮，即可闭合曲线，如图 4－32 所示。

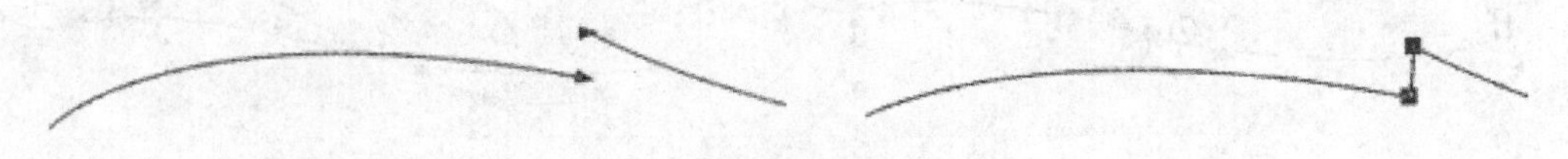

图 4－32　延长曲线使之闭合

Step 07：单击工具箱中的【形状工具】按钮，选中曲线后，单击属性栏中的【自动闭合曲线】按钮，将自动闭合曲线形成两个新的闭合路径，如图4-33所示。

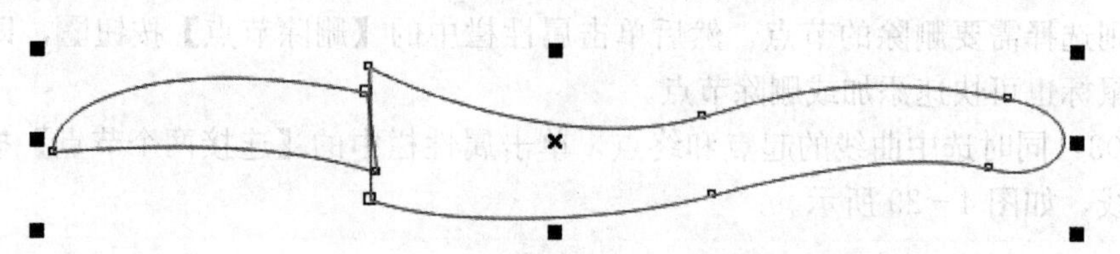

图4-33 自动闭合曲线形成两个新的闭合路径

Step 08：单击属性栏中的【选择全部节点】按钮，即可选中所有节点，如图4-34所示。

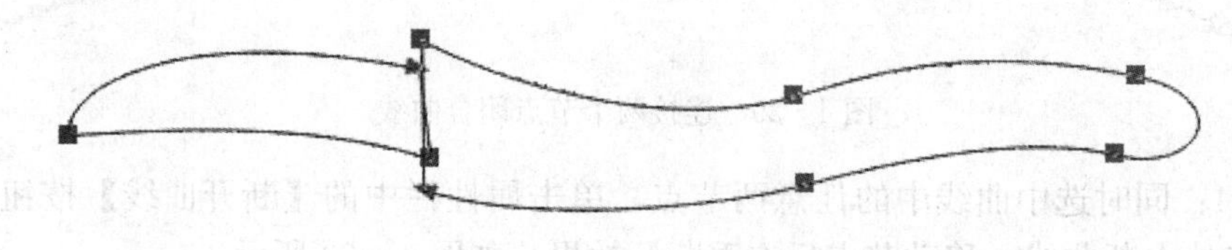

图4-34 选择全部节点

2. 路径的节点类型

曲线对象上的节点可以更改为尖突、平滑、对称等类型，下面介绍各个节点类型控制手柄的不同行为。

选中曲线上任意节点，单击属性栏中的【使节点成为尖突】按钮，尖突节点可以创建尖锐的过渡点，例如拐角或尖角。尖突节点的两个控制手柄变成可以独立操作，移动其中一个手柄，另一手柄将保持不变。

单击属性栏中的【平滑节点】按钮，可以使节点变得平滑。平滑节点处的控制手柄相互关联，移动其中一个手柄，另一个手柄随之移动。

单击属性栏中的【生成对称节点】按钮，可生成对称节点。对称节点类似于平滑节点，但相对平滑节点，对称节点的控制手柄与节点间的距离相等。

3. 调整路径

单击属性栏中的【反转选定子路径的曲线方向】按钮，可以调整路径的曲线方向，变更起始点与结束点的位置。

选中曲线上任意一个节点，单击属性栏中的【延展与缩放节点】按钮，曲线周围会出现黑色控制点，拖动控制点可延展缩放节点。

选中曲线上任意一个节点，单击属性栏中的【旋转与倾斜节点】按钮，被选中的节点周围会出现控制点和旋转手柄，可以对被选中的节点进行独立操作，如图4-35所示。

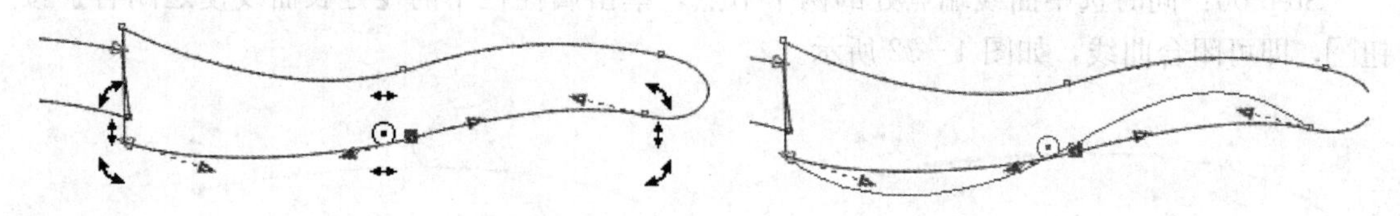

图4-35 独立旋转选中的曲线

同时选中曲线上任意两个或两个以上节点，单击属性栏中的【对齐节点】按钮，弹出【节点对齐】对话框，如图 4-36 所示。

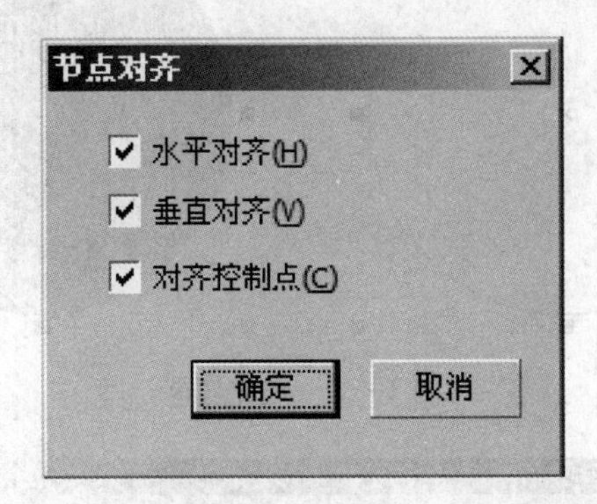

图 4-36 【节点对齐】对话框

选中曲线上任意一个节点，单击属性栏中的【弹性模式】按钮，可以独立调整所选中的节点，而不影响其他节点。

4.2 对象填充

CorelDRAW X4 提供了多种颜色填充工具，例如【填充工具】组、【智能填充工具】、【交互式网状填充工具】组以及【滴管和颜料桶工具】，下面分别介绍各种工具的使用方法，并通过适当的练习掌握颜色填充工具。

4.2.1 填充工具

工具箱中的【填充工具】是 CorelDRAW X4 中最为常用的颜色填充工具，包括有【均匀填充】、【渐变填充】、【图样填充】、【底纹填充】、【PostScript 填充】六种填充方式。利用这些工具可以对图形对象进行单色、渐变色、图案等多种填充。

1. 均匀填充

均匀填充是 CorelDRAW X4 最基本的一种单色填充方式，可以应用于任何矢量对象。

方法一：选中所要填充的图形对象，单击绘图窗口右侧【默认 CMYK 调色板】中的任意颜色，即可进行颜色填充。

方法二：从【默认 CMYK 调色板】拖动任意颜色至绘画窗口的图形对象内，即可填充颜色，如图 4-37 所示。

方法三：单击工具箱中的【均匀填充】按钮，打开【均匀填充】对话框，如图 4-38 所示。在颜色选择区选定颜色或直接输入 CMYK 数值，单击【确定】按钮即可填充颜色。

方法四：单击菜单栏中的【窗口】|【泊坞窗】|【颜色】选项，弹出【颜色】泊坞窗。泊坞窗提供了三种颜色显示模式选项卡，分别是【显示颜色滑块】、【显示颜色查看器】以及【显示调色板】，可以根据需要选择使用。三种颜色显示模式选项卡如图 4-39 所示。

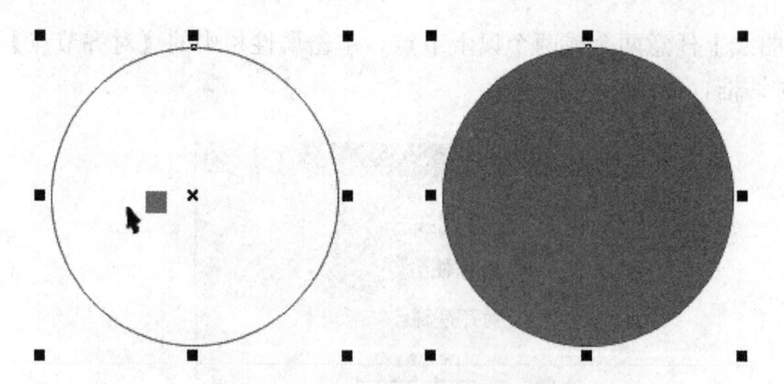

图 4－37　填充颜色

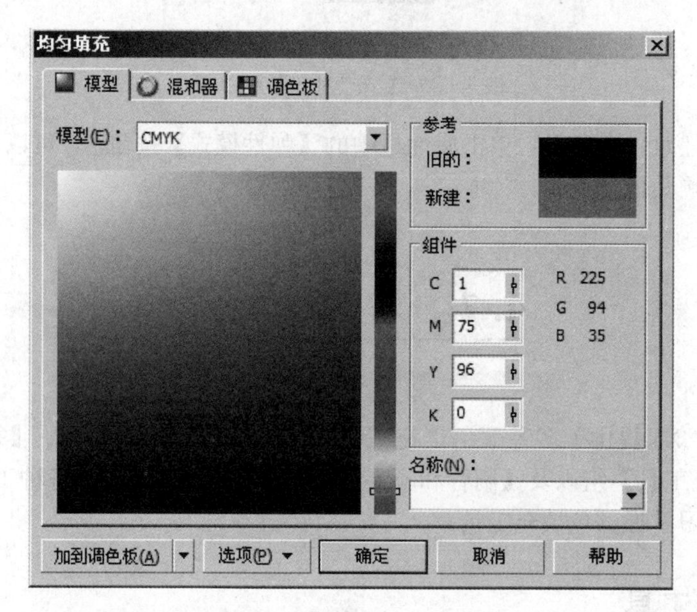

图 4－38　【均匀填充】对话框

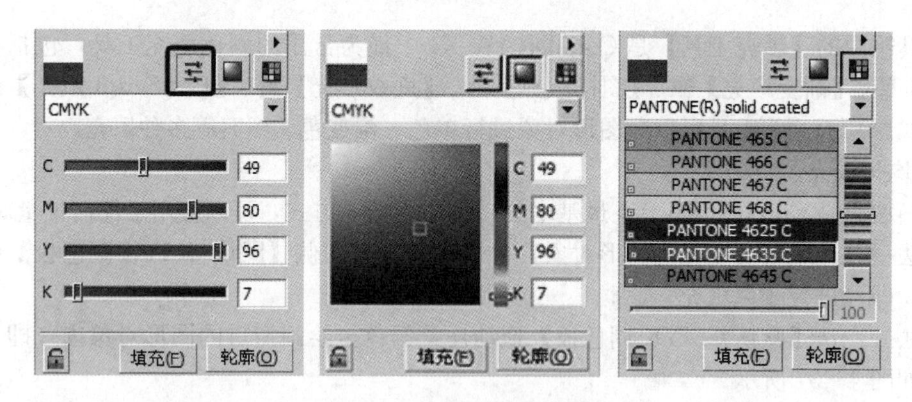

图 4－39　三种颜色显示模式选项卡

【均匀填充】对话框提供了【模型】、【混和器】、【调色板】三种颜色设置选项卡。一般情况下，CMYK 是默认的色彩模式。【调色板】选项卡如图 4－40 所示，【混和器】选项卡如图 4－41 所示。

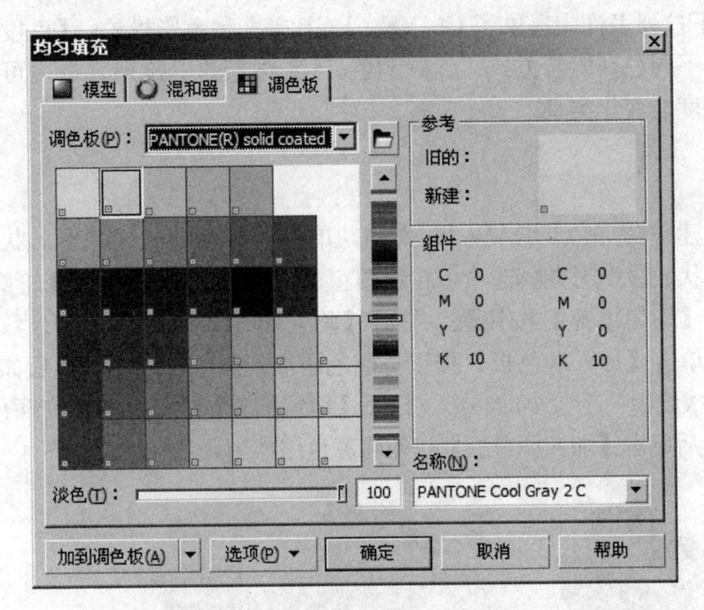

图 4 - 40 【调色板】选项卡

图 4 - 41 【混和器】选项卡

【混和器】对话框中的【模型】、【色度】、【变化】下拉列表框如图 4 - 42 所示。

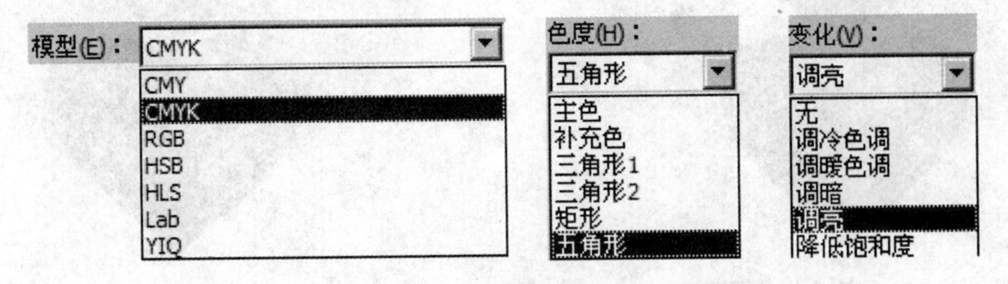

图 4 - 42 【模型】、【色度】、【变化】下拉列表框

【模型】的下拉列表框内提供了CMYK、RGB等九种色彩模式。【色度】的下拉列表框内可以选择各种不同色环旋转方式，设置颜色。【变化】的下拉列表框内可以选择不同的色调、明度、饱和度的变化类型。

小试身手

Step 01：新建空白CorelDRAW X4文档，单击工具箱中的【基本形状】按钮，在属性栏的【完美形状】中选择选项，在绘图窗口中绘制心形，设置【轮廓】为【无】，再单击工具箱中的【均匀填充】按钮，打开【均匀填充】对话框，输入数值CMYK（43、3、3、0），然后单击【加入调色板】按钮将颜色添加到调色板内，完成后如图4－43所示。

Step 02：再次绘制一个较小的心形，打开【均匀填充】对话框，填充颜色为CMYK（69、87、91、38），然后单击【加入调色板】按钮将颜色添加到调色板内，如图4－44所示。

图4－43　绘制图形并填充颜色

图4－44　复制图形并填充颜色

Step 03：按Shift键，选中所绘制的两个图形对象后，先后按B键、C键，将两个图形底部居中对齐。再次绘制两个更小的心形，选择调色板中刚添加到调色板的颜色CMYK（69、87、91、38）。单击工具箱中的【挑选工具】按钮，按Shift键选中同一颜色的三个心形图形，按C键垂直居中对齐，放置在大的心形中间，如图4－45所示。

Step 04：单击工具箱中的【挑选工具】按钮，选中最小的心形图形，按Ctrl键的同时在调色板中不断单击添加到调色板的颜色CMYK（43、3 、3、0），每单击一次，颜色逐渐变浅。选择另外一个较小的心形图形，重复这一步骤，最后效果如图4－46所示。

图4－45　垂直居中对齐图形

图4－46　填充颜色最终效果

技巧提示

【均匀填充】快捷键为 Shift＋F11 键。

如果是经常使用的颜色，单击【均匀填充】对话框底部的【加入调色板】按钮，将颜色添加到调色板，下次使用时可以直接在绘图窗口的调色板中选用。

选中的对象已在填充颜色的状态下，按 Ctrl 键并单击调色板中的任意颜色，可以将此颜色均匀混合在已填充颜色中。

2. 渐变填充

【渐变填充】又称为倾斜度填充，为图形对象增加过渡的两种或更多种颜色的平滑渐进效果。默认状态下其对话框如图 4－47 所示。

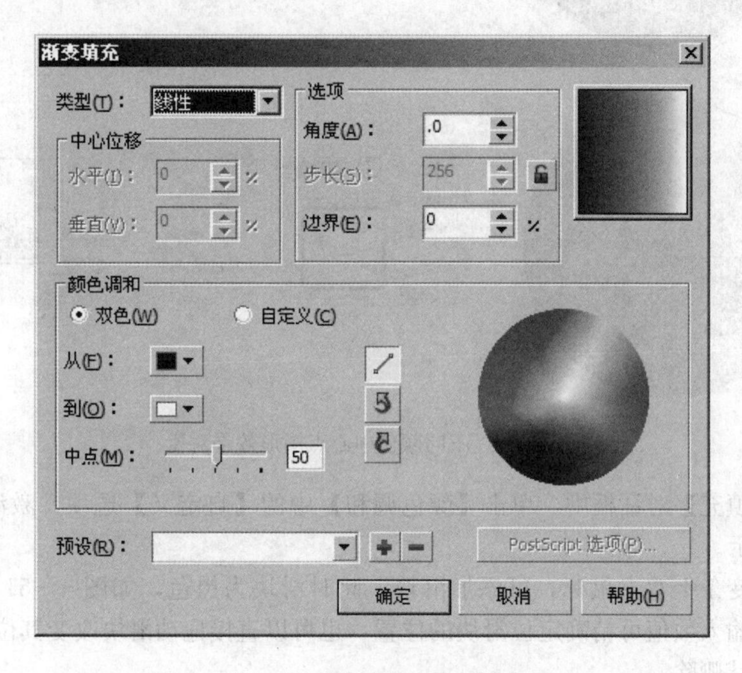

图 4－47 【渐变填充】对话框

【渐变填充】包含【线性渐变】、【射线渐变】、【圆锥渐变】和【方角渐变】四种类型，各类型渐变效果如图 4－48 所示。

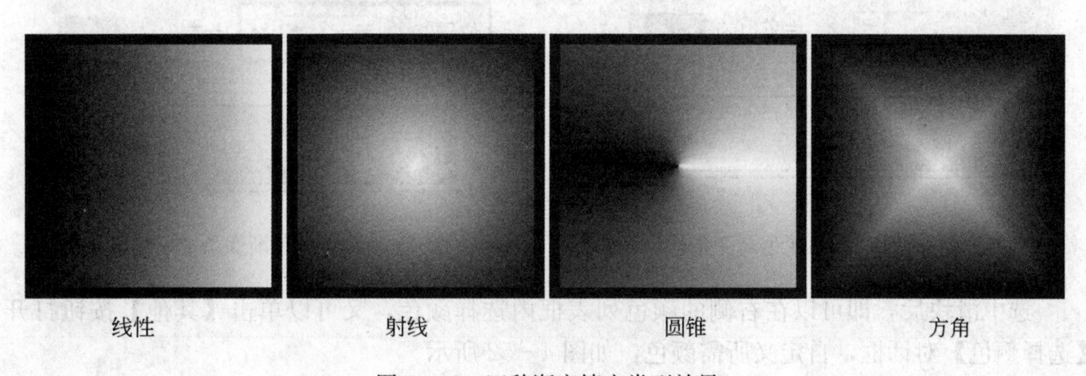

图 4－48 四种渐变填充类型效果

选择【射线渐变】、【圆锥渐变】和【方角渐变】这三种渐变类型，激活【水平】与【垂直】选项，输入数值或在预览窗口拖动鼠标可以改变颜色中心点位置。不同【中心移位】数值的图形效果对比如图 4－49 所示。

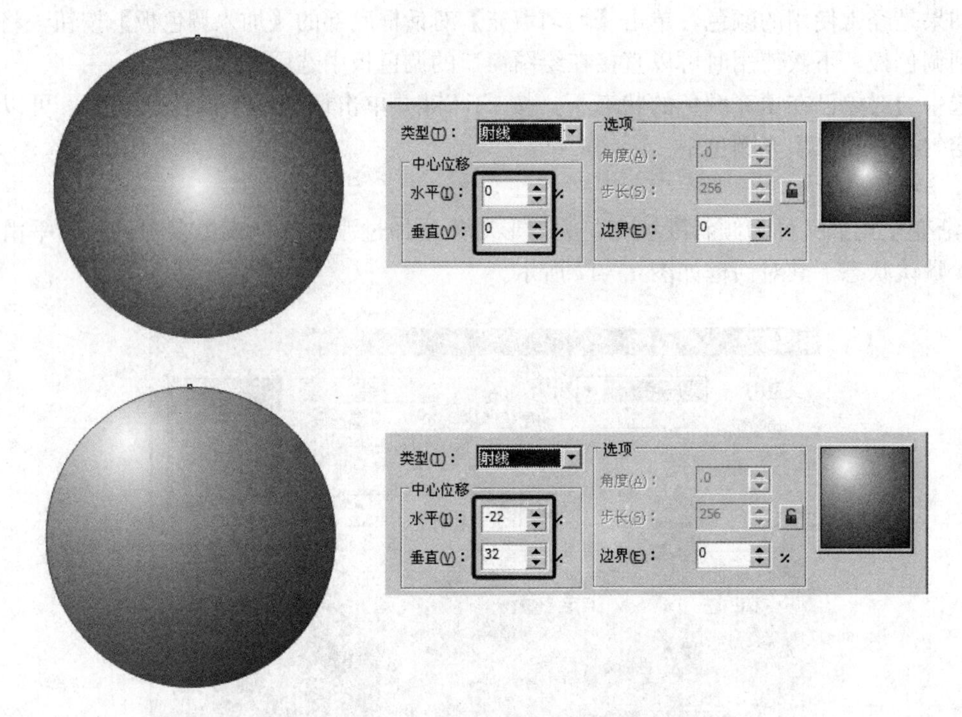

图 4－49　不同颜色中心点图形效果对比

在【渐变填充】对话框中，单击【颜色调和】中的【自定义】选项，激活颜色渐变条，如图 4－50 所示。

在颜色渐变条上双击鼠标，可添加滑块，此时滑块为黑色，如图 4－51 所示。在【位置】文本框内输入数值可精确定位滑块的位置，也可以直接拖动滑块改变其位置。双击所选中的滑块可将其删除。

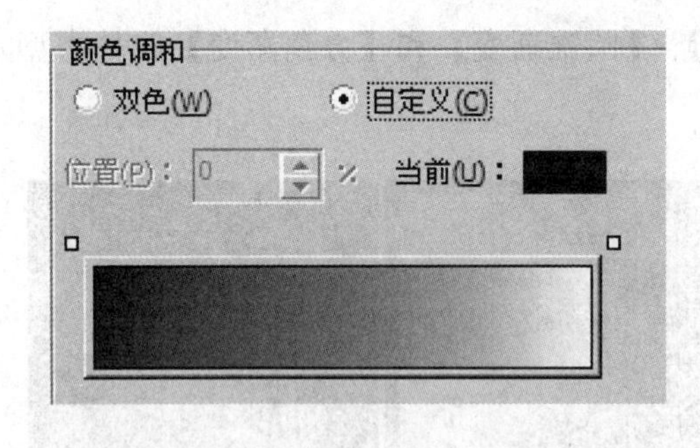

图 4－50　激活颜色渐变条

图 4－51　在颜色渐变条中添加滑块

选中滑块后，即可以在右侧的颜色列表框内选择颜色，又可以单击【其他】按钮打开【选择颜色】对话框，自定义所需颜色，如图 4－52 所示。

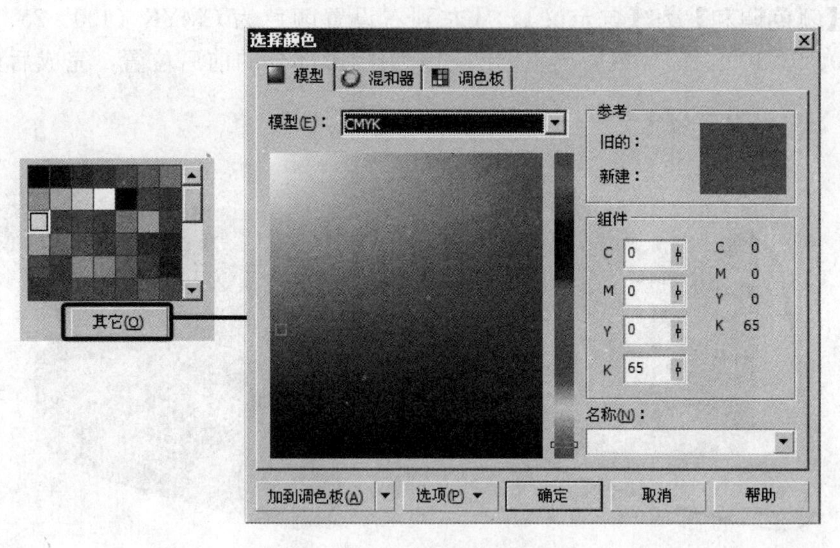

图 4-52 自定义所需颜色

小试身手

Step 01：新建空白 CorelDRAW X4 文档，单击工具箱中的【贝塞尔工具】按钮，在绘图窗口中绘制出箭头图形，如图 4-53 所示。

Step 02：单击工具箱中的【渐变填充】按钮，打开【渐变填充】对话框，设置【渐变类型】为【线性】，【角度】为【46.4】，【边界】为【28%】，【颜色调和】为【自定义】，从左到右设置颜色为 CMYK（75、0、100、25）、CMYK（50、0、100、0），完成后如图 4-54 所示。

图 4-53 绘制箭头图形

图 4-54 填充渐变色

Step 03：选中箭头图形，设置箭头图形【轮廓】为【无】。

Step 04：单击工具箱中的【贝塞尔工具】按钮，绘制箭头阴影部分轮廓线，如图 4-55 所示。

Step 05：设置箭头阴影部分【轮廓】为【无】，单击工具箱中的【渐变填充】按钮，打开【渐变填充】对话框，设置【渐变类型】为【线性】，【角度】为【46.4】，【边界】为

【35%】，【颜色调和】为【自定义】，从左到右设置颜色为CMYK（100、25、100、25）、CMYK（50、0、100、25），然后调整箭头和箭头阴影部分的前后位置，完成后如图4－56所示。

图4－55　绘制箭头阴影部分轮廓线

图4－56　设置箭头阴影效果

Step 06：单击工具箱中的【贝塞尔工具】按钮，绘制一个较小箭头图形，设置【轮廓】为【2点】，如图4－57所示。

图4－57　绘制一个较小箭头图形

Step 07：选中上一步绘制的小箭头图形，单击工具箱中的【渐变填充】按钮，打开【渐变填充】对话框，设置【渐变类型】为【射线】，中心位移中【水平】为【54%】，【垂直】为【46%】，从左到右设置颜色为CMYK（0、0、100、0）、CMYK（0、0、100、0）、CMYK（50、0、100、0），完成后如图4－58所示。

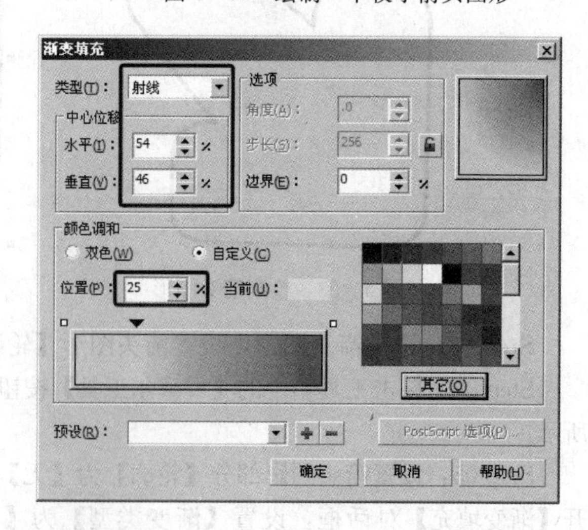

图4－58　填充渐变色

3. 图样填充

单击工具箱中的【图样填充】按钮，可以将 CorelDRAW 提供的预设图形样式直接应用于对象，也可以使用【双色】、【全色】或【位图】等填充样式以平铺的方式填充到图形对象中。【双色】填充选项卡如图 4－59 所示。

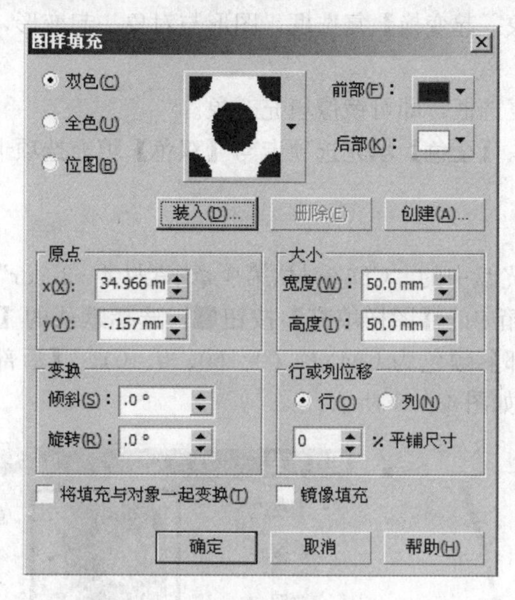

图 4－59 【双色】填充选项卡

【前部】与【后部】两个选项仅在【双色】填充样式时出现，用于调整颜色。

单击【装入】按钮，可在 CorelDRAW X4 中导入新图样进行填充。

单击【创建】按钮，在弹出的【双色图案编辑器】对话框中编辑新的图样类型，拖动鼠标绘制图形，如图 4－60 所示。单击【确定】按钮即可添加新图样。在绘制过程中，按住右键并拖动鼠标即可擦去所绘制的方格。

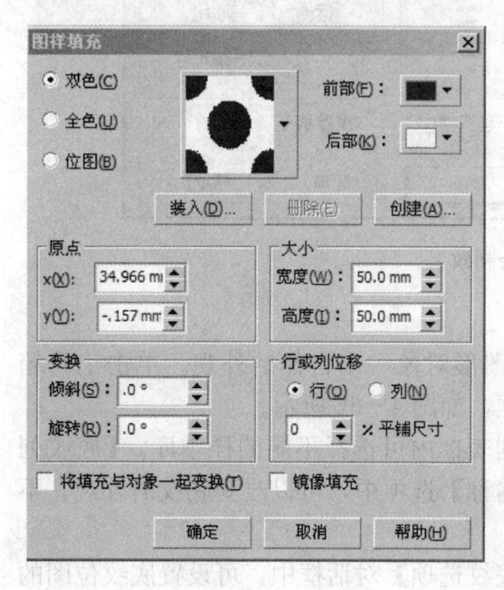

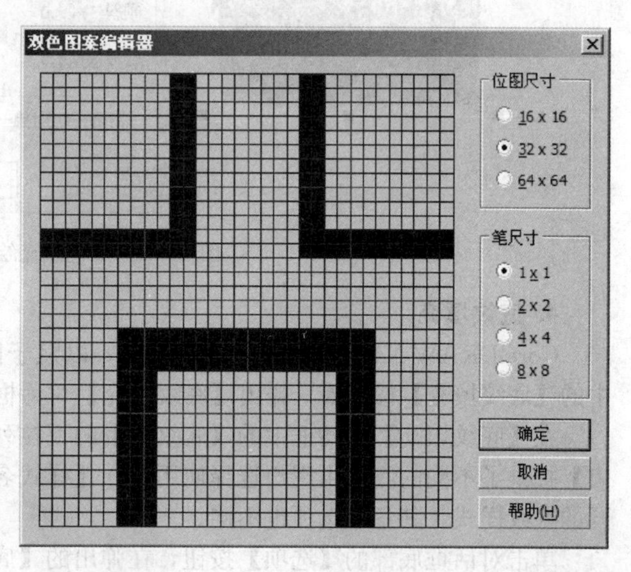

图 4－60 绘制图形

【双色图案编辑器】提供三种【位图尺寸】和四种【笔尺寸】参考标准，用户可以根据需要进行选择使用。当编辑简单图形时，可以选择【16×16】位图尺寸；编辑复杂图形时，则要相应提高位图尺寸。

在【原点】、【大小】、【变换】、【行或列移位】选项中输入参数，以达到所需效果。

勾选【将填充与对象一起变换】复选框，图形与对象一起变形，否则图形不会与对象一起变形。

勾选【镜像填充】复选框，即可镜像填充对象。

【位图】填充选项卡、【全色】填充选项卡与【双色】填充选项卡类似，不再赘述。

一学就会

Step 01：打开配套光盘中的“CD\素材\第4章\素材4-3.cdr”文件。

Step 02：单击工具箱中的【图样填充】按钮，选择默认的【双色】填充方式，在对话框中设置颜色，【前部】颜色为CMYK（0、60、0、0），【后部】颜色为CMYK（70、70、85、25）。绘制效果如图4-61所示。

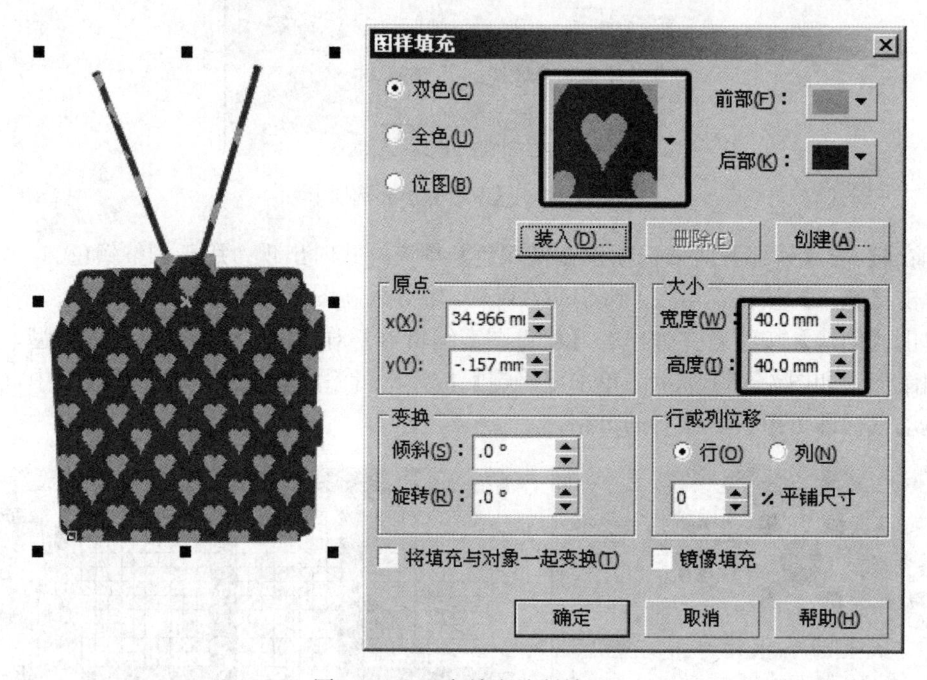

图4-61　双色填充绘制效果

4. 底纹填充

CorelDRAW X4还可以进行底纹填充，以赋予图形对象一个自然的外观。单击工具箱中的【底纹填充】按钮，弹出【底纹填充】对话框，如图4-62所示。

在【底纹填充】对话框中的【底纹库】的下拉列表框内可选择不同的样本库。【底纹列表】提供了不同的底纹供用户选择使用。在【样式名称】选项中，可以改变底纹的外观，不同的底纹样式，其各个选项也不同。

单击对话框底部的【选项】按钮，在弹出的【底纹选项】对话框中，可设置底纹位图的分辨率和尺寸；单击【平铺】按钮，在弹出的对话框中可设置【原点】、【大小】等选项。

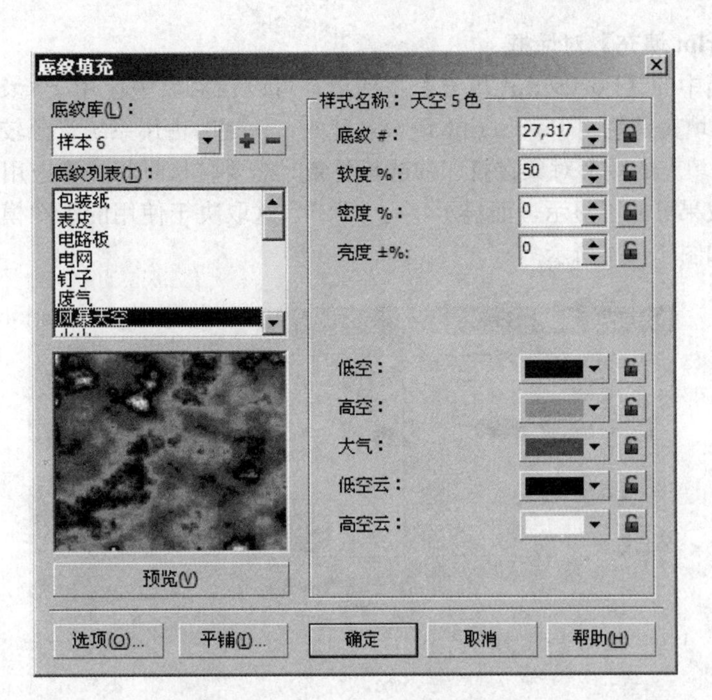

图 4-62 【底纹填充】对话框

一学就会

Step 01：打开配套光盘中的"CD\素材\第 4 章\素材 4-4.cdr"文件。

Step 02：单击工具箱中的【底纹填充】按钮，弹出【底纹填充】对话框，设置数值，填充图样，如图 4-63 所示。

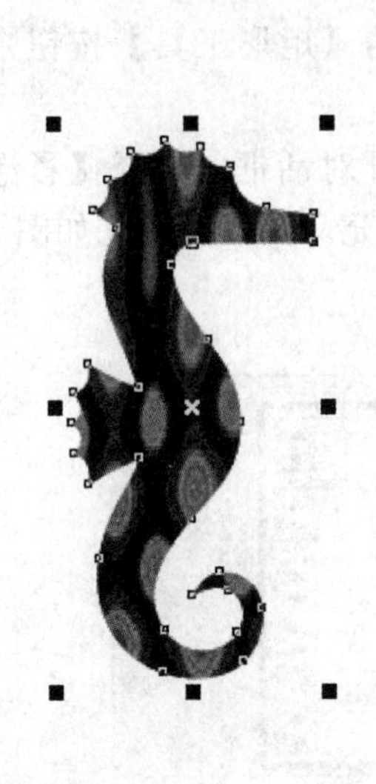

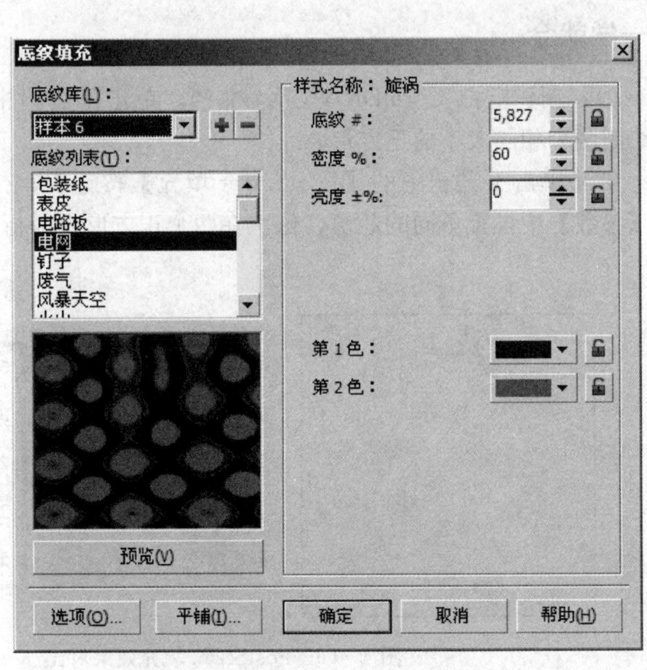

图 4-63 底纹填充

5.【PostScript 填充】对话框

单击工具箱中的【PostScript 填充】按钮▧，可以在对象中应用 PostScript 底纹填充。PostScript 底纹填充是使用 PostScript 语言创建的，使用时占用系统资源较多，因此，包含 PostScript 底纹填充的图形对象在打印或屏幕更新时需要较长时间。在应用 PostScript 底纹填充时，填充效果可能不显示，而显示字母“PS”，这取决于使用的视图模式。【PostScript 填充】对话框如图 4-64 所示。

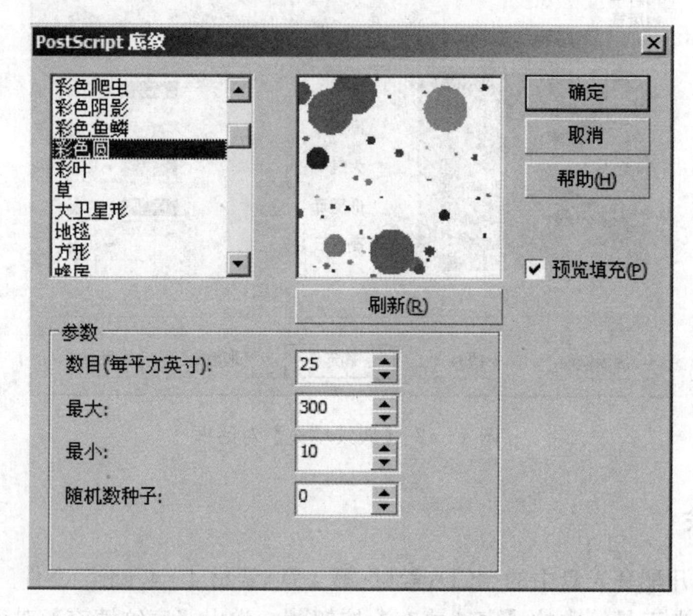

图 4-64 【PostScript 填充】对话框

一学就会

Step 01：新建空白 CorelDRAW X4 文档。单击工具箱中的【矩形工具】按钮□，按 Ctrl 键绘制两个相同大小的正方形。

Step 02：单击工具箱中的【PostScript 填充】按钮▧，打开对话框，选择【彩泡】底纹，在【参数】中设置不同的数值，依次在两个正方形内进行填充，其效果对比如图 4-65 所示。

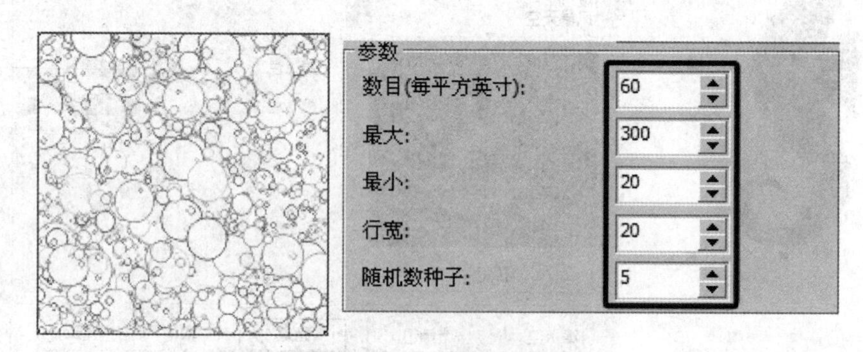

图 4-65 PostScript 填充效果对比（一）

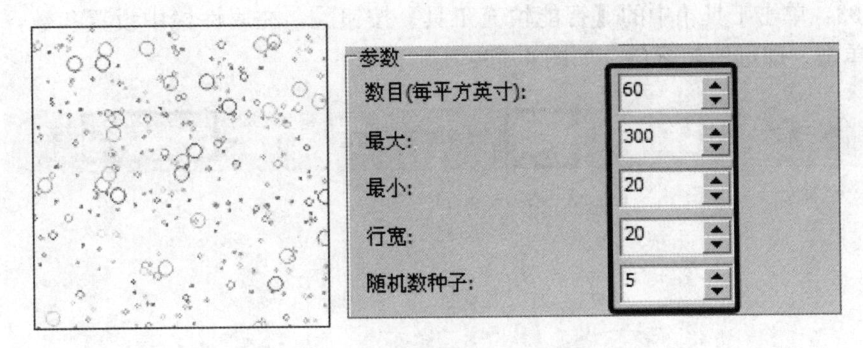

图 4－65 PostScript 填充效果对比（二）

4.2.2 智能填充工具

使用【智能填充工具】，除了可以为对象填充单一颜色，还能自动检测对象的边缘并创建一个闭合路径对两个或多个对象的重叠区域填色。此外，还能将新填充的区域分离为新的图形对象，其属性栏如图 4－66 所示。

图 4－66 【智能填充工具】属性栏

一学就会

Step 01：新建空白 CorelDRAW X4 文档，单击工具箱中的【椭圆形工具】按钮，绘制椭圆形，然后打开【变换】泊坞窗中的【旋转】选项卡，设置旋转【角度】为【90 度】，然后单击【应用到再制】按钮。其效果如图 4－67 所示。

Step 02：选中所绘制的椭圆形，单击属性栏中的【焊接】按钮，焊接图形。打开【变换】泊坞窗中的【旋转】选项卡，设置旋转【角度】为【60 度】，然后单击【应用到再制】按钮，其效果如图 4－68 所示。

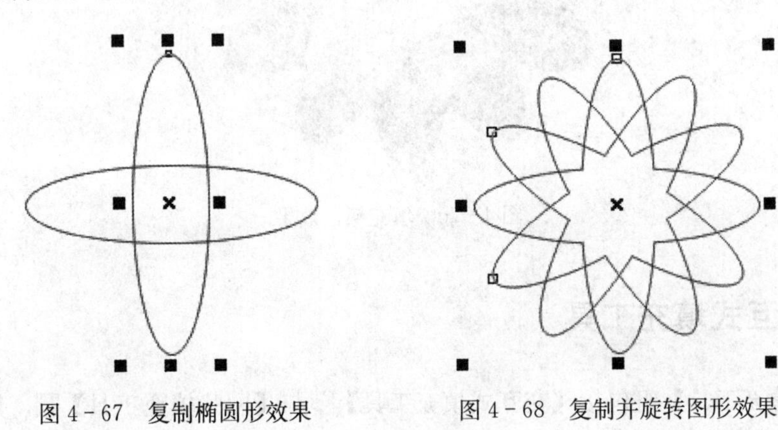

图 4－67 复制椭圆形效果　　图 4－68 复制并旋转图形效果

Step 03：单击工具箱中的【智能填充工具】按钮，在属性栏中设置参数，在需要填充的区域单击，即可填充颜色，如图 4－69 所示。

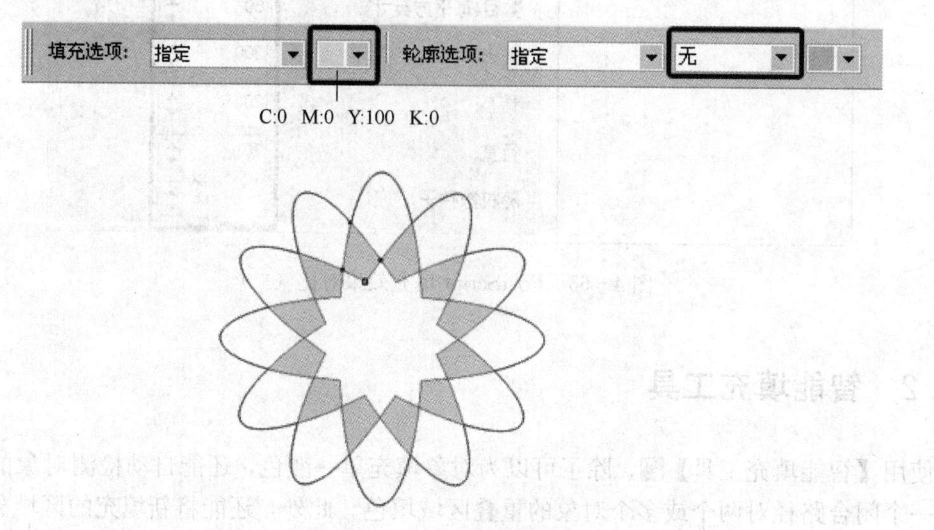

图 4－69 填充颜色

Step 04：再次在属性栏中设置参数，填充颜色。最终效果如图 4－70 所示。

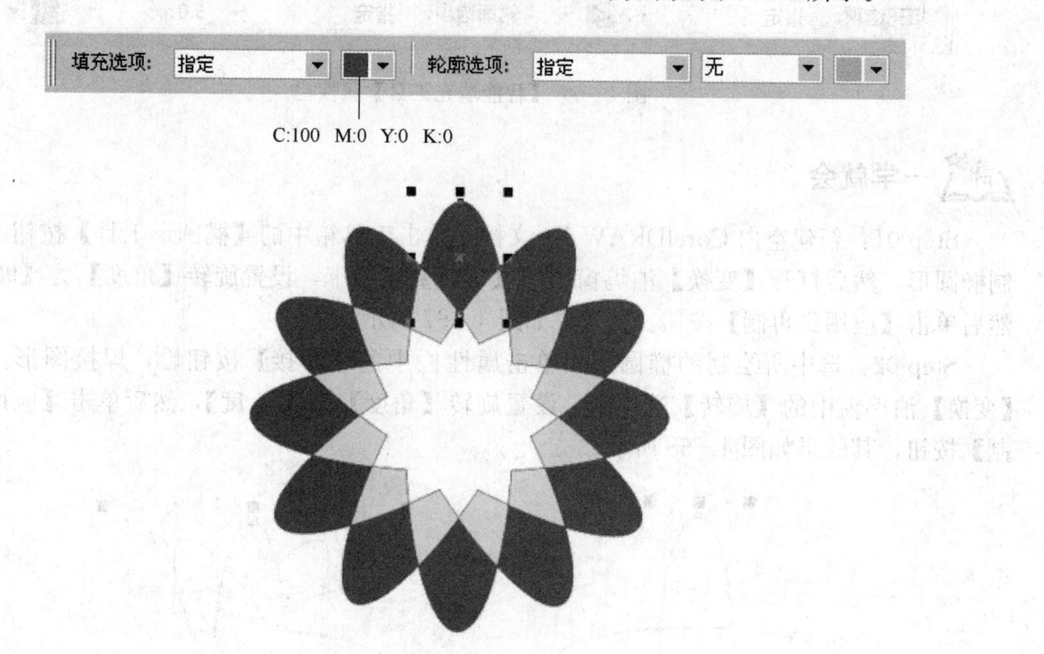

图 4－70 填充颜色效果

4.2.3 交互式填充工具

【交互式填充工具】组包括【交互式填充工具】与【网状填充工具】，其操作方便，可以直接观察应用填充后的效果。

1. 交互式填充工具

使用【交互式填充工具】，可以轻松对图形对象应用均匀填充、渐变填充、图样填充、底纹填充等效果，是所有填充工具的集合体。单击工具箱中的【交互式填充工具】按钮，在属性栏中提供了多种填充方式，其属性栏会根据所选择的填充方式而改变。选择【双色填充】时属性栏如图 4－71 所示。

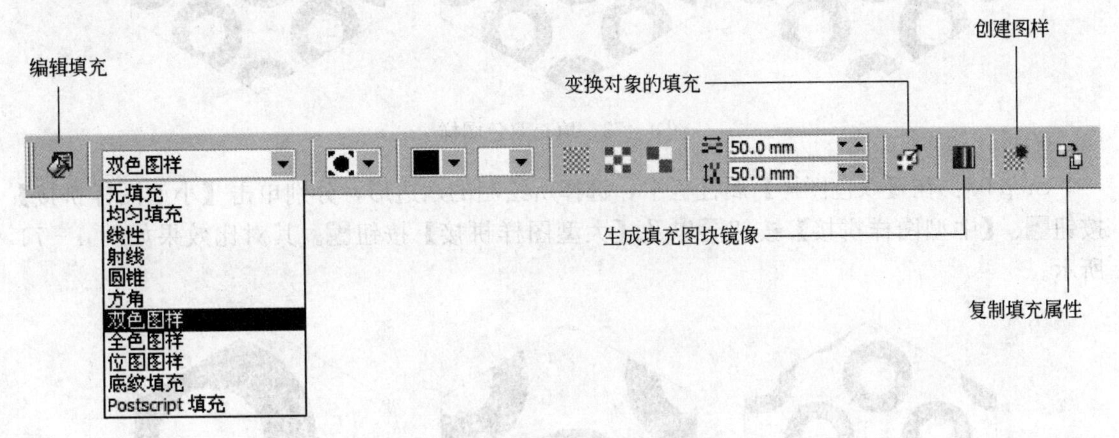

图 4－71 【双色填充】属性栏

使用【交互式填充工具】为图形对象填充【双色】、【全色】、【位图】、【底纹】图样时，图形对象中会出现控制手柄，如图 4－72 所示。

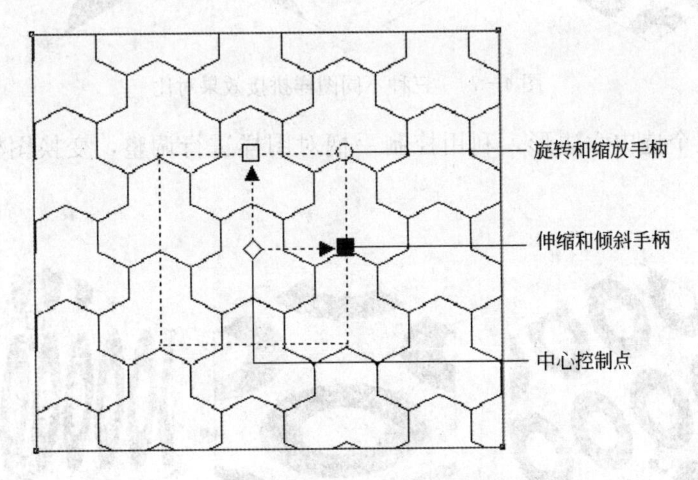

图 4－72 交互式填充时图形中出现控制手柄

一学就会

Step 01：新建空白 CorelDRAW X4 文档。单击工具箱中的【多边形工具】按钮，设置【边数】为【6】，绘制三个同等大小的六边形。

Step 02：选中要填充的第一个六边形，单击工具箱中的【交互式填充工具】按钮，在属性栏中选择【双色图样】，选择圆环图样进行填充。重复这一步骤，直至将三个六边形都进行填充，如图 4－73 所示。

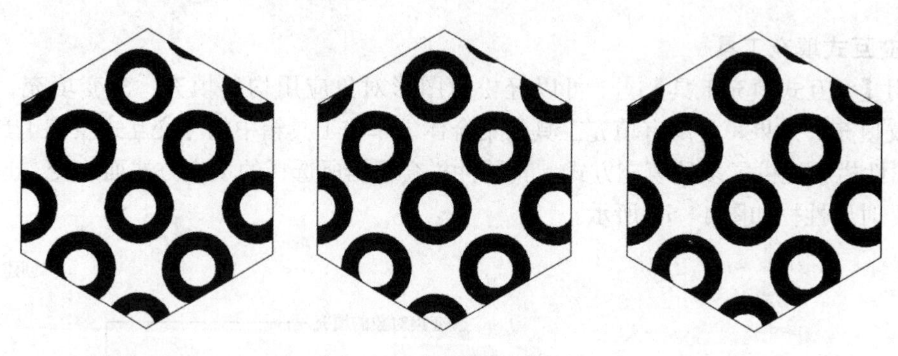

图 4－73　填充双色图样

Step 03：在【双色图样】属性栏中，选择所绘制的六边形，分别单击【小型图样拼接】按钮▩、【中型图样拼接】按钮▩以及【大型图样拼接】按钮▩。其对比效果如图 4－74 所示。

图 4－74　三种不同图样拼接效果对比

Step 04：逐个选中六边形，利用控制手柄对图样进行调整，变换图样填充。效果如图 4－75 所示。

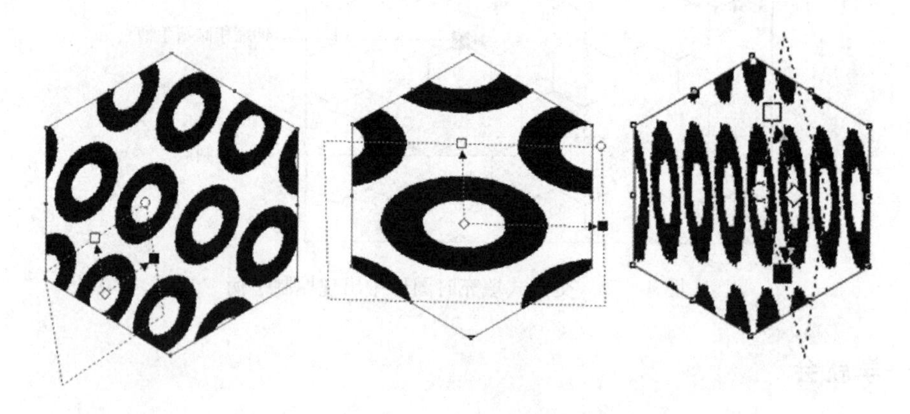

图 4－75　利用控制手柄调整图样填充效果

2. 交互式网状填充工具

使用【交互式网状填充工具】▦填充图形对象时，无须创建交互式调和轮廓图便可使颜色平滑过渡，轻松绘制独特的填充效果。在【交互式网状填充工具】属性栏中可以选择网格的列数和行数，如图 4－76 所示。

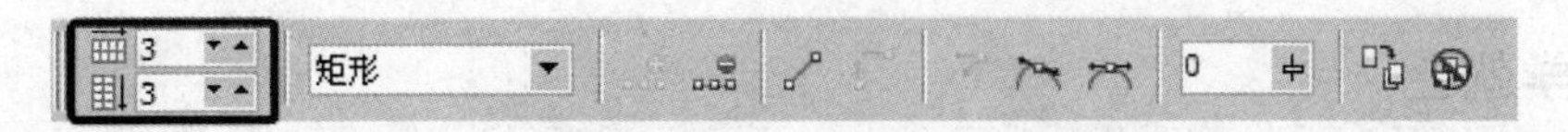

图 4-76 【交互式网状填充工具】属性栏

创建网状对象后，可以指定网格的交叉点，添加和移除节点或交点来编辑网状填充网格。通过拖动鼠标可以拖动节点向任意方向扭曲。如果不需要网状填充，可单击属性栏中的【清除网状】按钮，即可移除网状填充。

一学就会

Step 01：新建空白 CorelDRAW X4 文档。单击工具箱中的【椭圆形工具】按钮，按 Ctrl 键绘制正圆形。

Step 02：单击工具箱中的【交互式网状填充工具】按钮，在属性栏中设置【网格大小】为【4×4】，如图 4-77 所示。

Step 03：单击网格的交叉点或节点，在调色板中选择颜色进行填充，完成效果如图 4-78 所示。

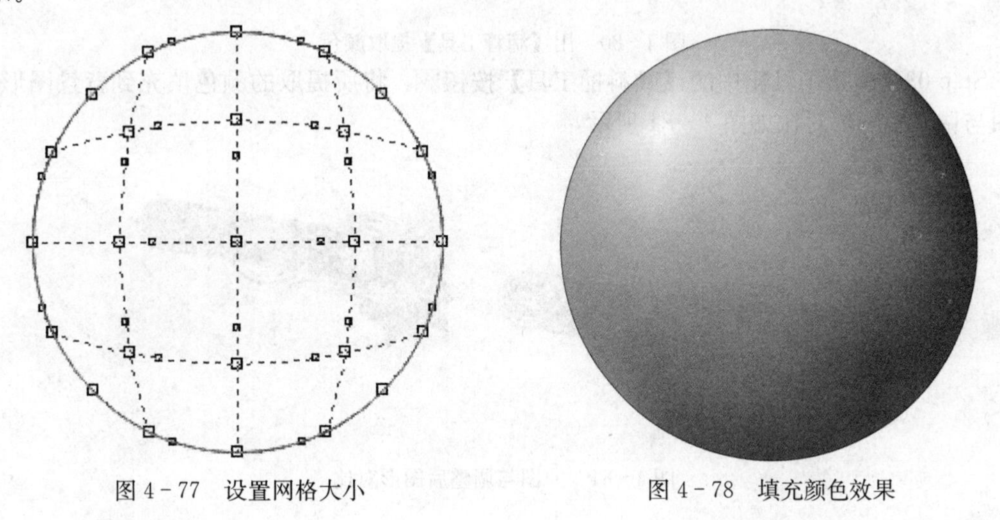

图 4-77 设置网格大小　　图 4-78 填充颜色效果

技巧提示

在对象上双击鼠标可以添加网格。在某一节点双击鼠标可删除所在网格。

4.2.4 滴管与颜料桶工具

【滴管工具】与【颜料桶工具】关系密切，经常相互配合使用。使用【滴管工具】可以快速吸取所需对象属性，如填充、轮廓、变换等，然后运用【颜料桶工具】将所吸取的对象属性复制到另一个对象当中。【滴管工具】与【颜料桶工具】的属性栏如图 4-79 所示。

图 4-79 【滴管工具】与【颜料桶工具】属性栏

一学就会

Step 01：打开配套光盘中的“CD\源文件\第4章\素材4-5.cdr”文件。

Step 02：单击工具箱中的【滴管工具】按钮，将光标移动至所需颜色上，单击鼠标提取颜色，如图4-80所示。

图4-80 用【滴管工具】提取颜色

Step 03：单击工具箱中的【颜料桶工具】按钮，将所提取的颜色填充到背景图形上。原图与调整后图形对比如图4-81所示。

图4-81 原图与调整后图形对比

技巧提示

在使用【滴管工具】按钮与【颜料桶工具】按钮时，可以按Shift键进行快速切换。

4.3 实 例

结合实例介绍以环保为主题的手提袋设计，打开“CD\源文件\第4章\环保手提袋设计.cdr”，如图4-82所示。绘制手提袋，主要运用了【矩形工具】、【贝塞尔工具】、【交互式网状填充工具】等工具。在绘制过程中，应该尽量使整个手提袋图形绘制精美，颜色搭配合理。

图 4－82 最终效果

Step 01：新建空白 CorelDRAW X4 文档，单击工具箱中的【矩形工具】按钮，属性栏中设置【宽度】为【82mm】，【高度】为【60mm】，在属性栏中使【全部圆角】呈解锁状态，然后设置矩形左边角和右边角的【边角圆滑度】为【60】，绘制矩形，接着设置矩形【轮廓】宽度为【0.25mm】，填充【轮廓】颜色为 CMYK（0、80、80、80），填充颜色为 CMYK（0、0、20、0），完成后如图 4－83 所示。

图 4－83 绘制圆角矩形

Step 02：单击工具箱中的【贝塞尔工具】按钮，绘制拎带部分，设置【轮廓】宽度为【0.25mm】，填充【轮廓】颜色为 CMYK（0、80、80、80）。选择最上面的拎带图形，填充颜色为灰色 CMYK（0、0、0、20）。分别选择左右两边的拎带图形，然后单击工具箱中的【渐变填充】按钮，打开【渐变填充】对话框，设置【渐变类型】为【线性】，【角度】为【57.4】，【边界】为【1%】，【颜色调和】为【自定义】，从左到右设置颜色为 CMYK（0、0、20、0）、CMYK（0、0、20、0）、CMYK（0、8、28、10）、CMYK（0、23、43、30）、CMYK（0、60、80、80），其他设置如图 4－84 所示。单击【确定】按钮，完成后效果如图 4－85 所示。

图 4－84 设置【渐变填充】对话框

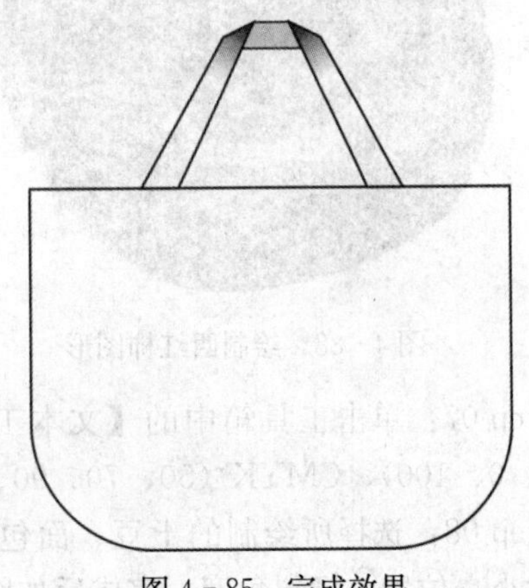

图 4－85 完成效果

Step 03：单击工具箱中的【贝塞尔工具】按钮，绘制土豆图形，设置图形【轮廓】为【无】，从深到浅填充颜色为CMYK（7、34、96、0）、CMYK（3、27、96、0）、CMYK（2、19、72、0），完成后如图4-86所示。

Step 04：单击工具箱中的【贝塞尔工具】按钮，绘制面包片图形，设置图形【轮廓】为【无】，从深到浅填充颜色为CMYK（9、34、64、0）、CMYK（0、21、48、0）。接着再运用【贝塞尔工具】绘制面包片阴影部分，设置【轮廓】为【无】，填充颜色为CMYK（4、19、29、0），完成后如图4-87所示。

图4-86 绘制土豆图形

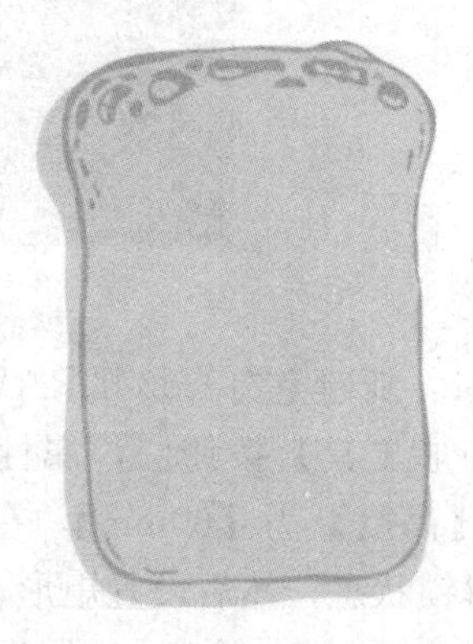

图4-87 绘制面包片图形

Step 05：单击工具箱中的【贝塞尔工具】按钮，绘制西红柿图形，设置图形【轮廓】为【无】，从深到浅填充颜色为CMYK（25、100、100、0）、CMYK（0、100、100、0）、CMYK（0、44、41、0），完成后如图4-88所示。

Step 06：单击工具箱中的【贝塞尔工具】按钮，绘制西红柿蒂部图形，设置图形【轮廓】为【无】，从深到浅填充颜色为CMYK（50、0、100、25）、CMYK（50、0、100、0）、CMYK（35、0、77、0），完成后效果如图4-89所示。

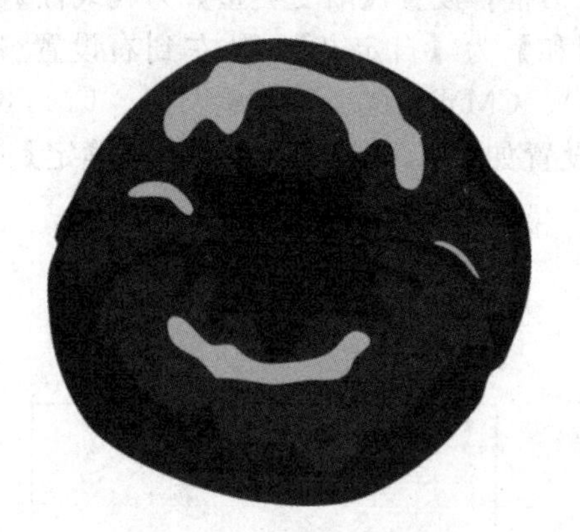

图4-88 绘制西红柿图形

图4-89 完成效果

Step 07：单击工具箱中的【文本工具】按钮，输入美术字文本，填充颜色CMYK（0、0、0、100）、CMYK（50、70、90、10），完成后如图4-90所示。

Step 08：选择所绘制的土豆、面包片、西红柿图形和文字部分，根据需要复制图形，调整大小、位置、倾斜角度，完成后如图4-91所示。然后选择这部分图形，单击菜单栏中

的【效果】|【图框精确剪裁】|【放置在容器中】选项，接着在手提袋图形内单击，适当调整内置图形的位置，完成后如图 4－92 所示。

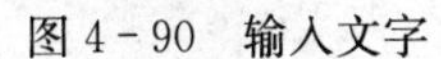

图 4－90　输入文字

图 4－91　整合所绘制的图形

图 4－92　完成效果

Step 09：单击工具箱中的【矩形工具】按钮，绘制背景矩形，填充颜色为 CMYK（100、0、100、0），然后单击工具箱中的【交互式网状填充工具】按钮，按 Shift 键依次选中矩形内位于中间的四个节点，然后填充颜色为 CMYK（0、0、100、0）。最后单击工具箱中的【文本工具】按钮，输入美术字文本，填充颜色 CMYK（0、0、0、0），最终效果如图 4－93 所示。

图 4-93　最终效果

4.4 小　　结

本章结合实例，详细介绍了在 CorelDRAW X4 中如何运用【自由变换工具】、【裁剪工具】、【刻刀工具】、【橡皮擦工具】、【虚拟段删除工具】等图形编辑工具调整所绘制的图形对象，以及如何运用【轮廓工具】、【填充工具】、【智能填充工具】、【交互式网状填充工具】、【滴管和颜料桶工具】填充颜色和轮廓。【交互式网状填充工具】对于创建三维效果的图形对象有着非常大的作用，应多加练习，熟练掌握。

第5章

CorelDRAW X4 交互式填充及其他特殊效果

本章导读：

CorelDraw X4 提供了功能强大的交互式工具，运用【交互式调和工具】、【交互式轮廓工具】、【交互式变形工具】、【交互式阴影工具】、【交互式透明工具】等特殊的图形对象编辑工具，能调和图形对象，创建过渡效果，使图形对象或颜色产生自然变化的效果，更好的表现设计思想，绘制完美作品。

重点关注：

交互式调和工具
交互式轮廓工具
交互式变形工具
交互式阴影工具
交互式立体化工具
交互式封套工具

5.1 交互式特效

CorelDRAW X4 在工具箱中提供了【交互式工具】，有【交互式调和工具】、【交互式轮廓工具】、【交互式变形工具】、【交互式阴影工具】、【交互式封套工具】、【交互式立体化工具】、【交互式透明工具】共七个特殊效果工具，可以对图形对象绘制调和、变形、立体化、变形阴影以及透明等效果。

5.1.1 交互式调和工具

运用工具栏【交互式调和工具】，可以创建直线调和、沿路径调和以及复合调和。交互式调和是指在两个或者多个图形对象之间创建颜色、轮廓、形状上平滑过渡的渐变过程，使一个图形对象逐渐变成另一个图形对象。交互式调和工具效果经常用于为对象创建真实阴影和高光效果。【交互式调和工具】属性栏如图 5－1 所示。

图 5－1 【交互式调和工具】属性栏

下面通过简单图例来学习如何利用【交互式调和工具】创建交互式调和效果。

1. 直线调和

直线调和是创建从一个对象到另一个对象的形状和大小的平滑渐变过程。

一学就会

Step 01：新建空白 CorelDRAW X4 文档，单击工具箱中的【文本工具】按钮，在绘图窗口输入美术字文本，设置填充颜色为黄色 CMYK（0、0、100、0）。复制并缩小美术字文本，填充黑色 CMYK（0、0、0、100），调整位置，完成后如图 5－2 所示。

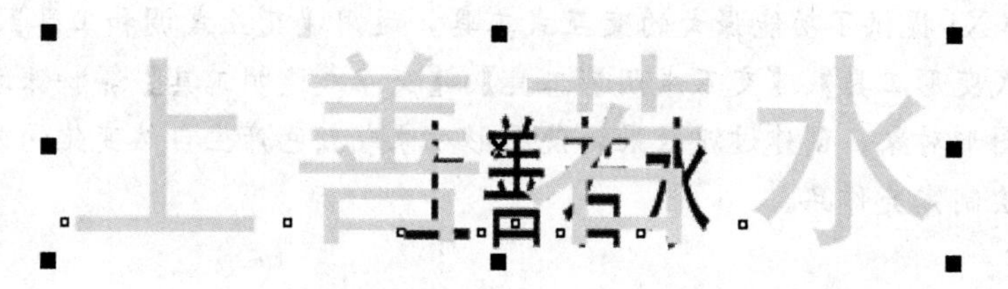

图 5－2 输入美术字文本

Step 02：同时选中所绘制的两个文本，单击工具箱中的【交互式调和工具】按钮，在属性栏设置【步长】60，然后从黄色文本上拖动光标至黑色文本，得到交互式调和效果，如图 5－3 所示。

图 5－3 使用【交互式调和工具】绘制图形效果

2. 沿路径调和

沿路径调和可以使图形对象沿着曲线路径产生调和效果。

一学就会

Step 01：新建空白 CorelDRAW X4 文档，单击工具箱中的【星形工具】按钮，绘制星形，填充颜色 CMYK（40、0、0、0）。单击工具箱中的【基本形状】按钮，在属性栏的【完美形状】中选择选项，绘制心形，填充颜色 CMYK（68、87、91、38），如图 5－4 所示。

Step 02：单击工具箱中的【椭圆形工具】按钮，按 Ctrl 键绘制正圆形，单击属性栏中的【转换为曲线】按钮，将正圆形转换为曲线，再单击工具箱中的【形状工具】按钮，选中正圆形，在属性栏中单击【断开曲线】按钮，并移动断开端口的节点，如图 5－5 所示。

图 5－4 绘制图形　　　　图 5－5 断开曲线

Step 03：将所绘制的两个图形放置在曲线端口，单击工具箱中的【交互式调和工具】按钮，在属性栏中设置【步长】10，绘制从星形到心形的直线调和，如图 5－6 所示。

图 5－6 绘制从星形到心形的直线调和

Step 04：单击【交互式调和】属性栏中的【路径属性】按钮，在下拉列表框中选择【新路径】选项，在曲线上单击鼠标，绘制完成沿路径调和效果，如图 5－7 所示。

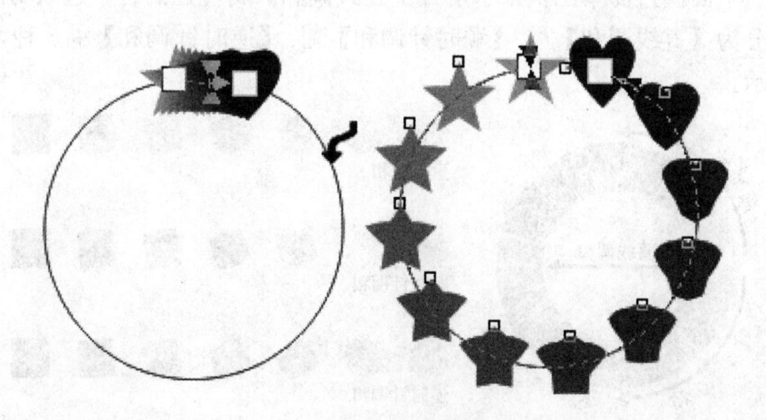

图 5－7 绘制完成沿路径调和效果

技巧提示

选择工具箱中的【交互式调和工具】按钮，按 Alt 键，在第一个图形对象上拖动鼠标，绘制路径到第二个图形对象上，即可生成沿路径调和。

3. 复合调和

复合调和是将两个以上的图形对象相互链接构成调和组，方法与直线调和类似。

一学就会

Step 01：新建空白 CorelDRAW X4 文档，单击工具箱中的【椭圆形工具】按钮，按 Ctrl 键绘制四个正圆形，分别填充黄色、绿色、青色、橘红色，设置【轮廓】为【无】，如图 5－8 所示。

Step 02：单击工具箱中的【交互式调和工具】按钮，选择任意两个正圆形，在属性栏中设置【步长】为【5】，绘制直线调和，重复数次，完成后如图 5－9 所示。

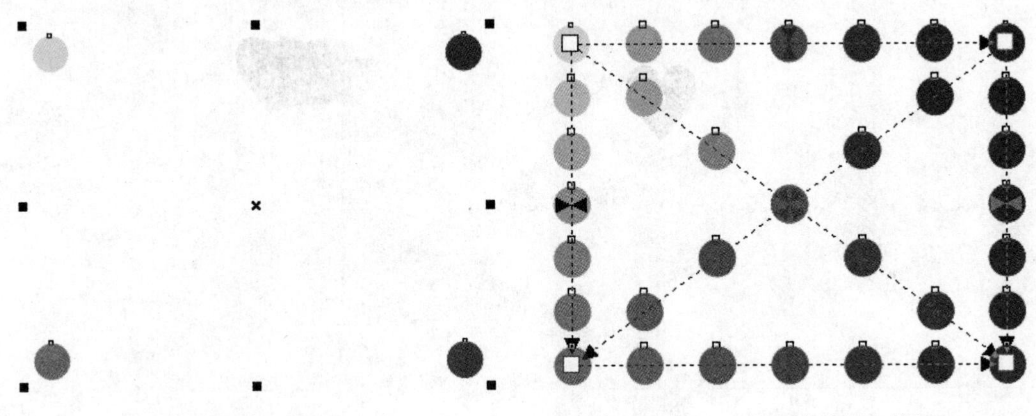

图 5－8　绘制正圆形　　　　图 5－9　绘制直线调和效果

4.【交互式调和】属性栏

在属性栏中，还有调整调和方向、调和颜色、调整路径等选项，帮助进一步的调整所绘制的调和效果。下面通过简单图例来了解【交互式调和】属性栏的各个选项功能。

调和方向分为【直线调和】、【顺时针调和】、【逆时针调和】3 种，其效果对比如图 5－10 所示。

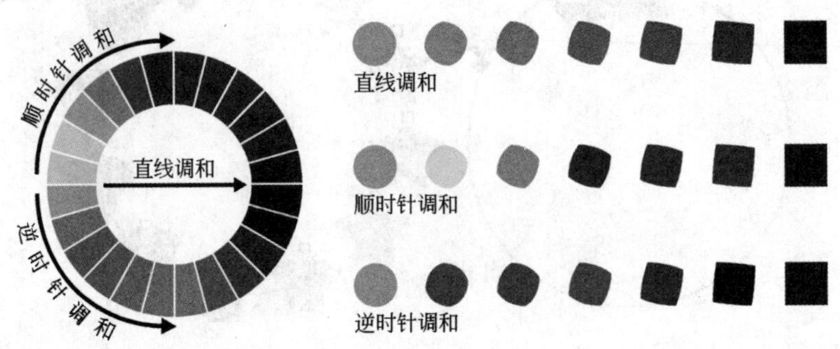

图 5－10　三种调和方向的效果对比

单击【交互式调和】属性栏中的【对象和色彩加速】按钮，在【加速】菜单中单击解锁按钮，即可单独控制对象和颜色控制滑块。拖动对象控制滑块，可单独控制调和中间对象的分布；拖动颜色控制滑块，可单独控制调和中颜色的分布。连动控制对象、颜色与独立控制对象、颜色的对比效果如图 5－11 所示。

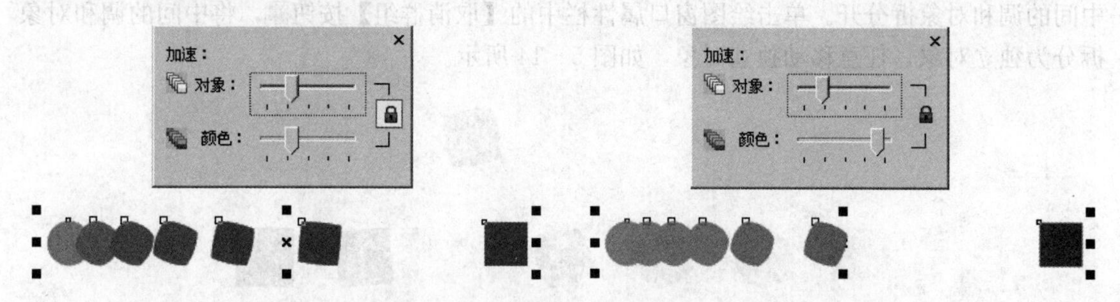

图 5－11　连动控制对象、颜色与独立控制对象、颜色的对比效果

单击【交互式调和】属性栏中的【加速调和时大小调整】按钮，可以对调和中间的对象进行大小的调整，调整前与调整后对比如图 5－12 所示。

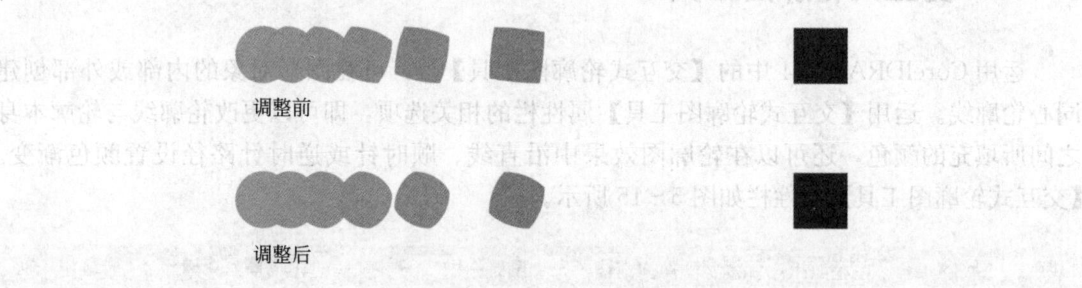

图 5－12　使用【加速调和时大小调整】前后对比效果

单击工具栏【交互式调和】属性栏中的【杂项调和选项】按钮，在下拉菜单中单击【映射节点】按钮，在起点和终点的调和对象的节点上分别单击鼠标，建立两个节点之间的映射，单击不同的节点，映射会随之发生变化，不同节点的映射效果如图 5－13 所示。图中黑点表示所选中的映射节点。

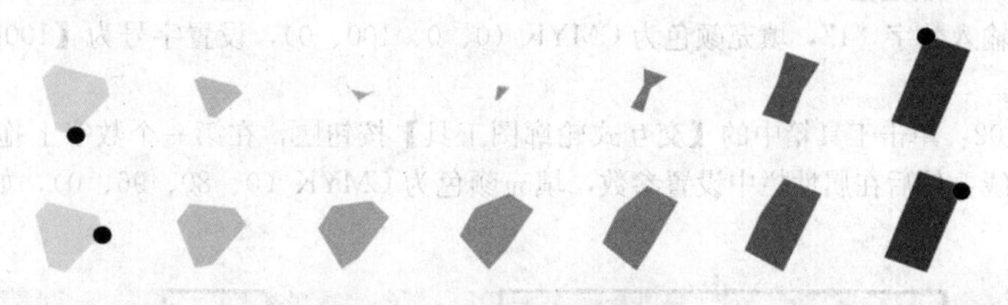

图 5－13　不同节点的映射效果

单击【杂项调和选项】下拉菜单中的【拆分】按钮，在需要拆分的调和对象上单击鼠标，可将调和对象由一组分割为两组，自由进行调和渐变。

单击【交互式调和】属性栏中的【起始和结束对象属性】按钮，在下拉菜单中可以选择调和对象的新起点和新终点。

单击【交互式调和】属性栏中的【复制调和属性】按钮，可将调和属性复制到另外一组调和对象中。单击【清除调和】按钮，可清除调和。

5. 拆分调和对象

单击菜单栏中的【排列】|【打散调和群组】选项，可将起始图形对象、终点图形对象与中间的调和对象拆分开。单击绘图窗口属性栏中的【取消群组】按钮，将中间的调和对象拆分为独立对象，任意移动独立对象，如图 5－14 所示。

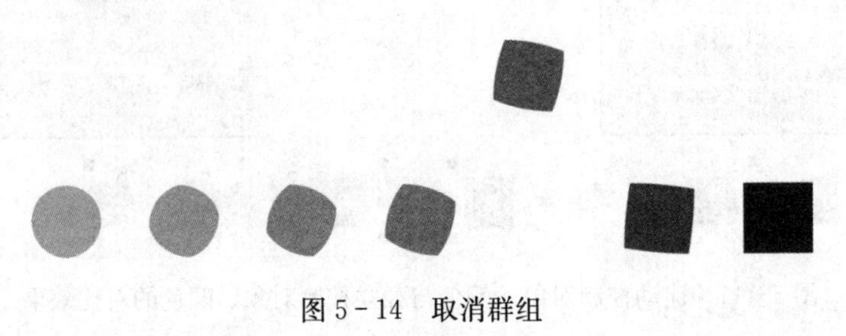

图 5－14　取消群组

5.1.2　交互式轮廓图工具

运用 CorelDRAW X4 中的【交互式轮廓图工具】，可在图形对象的内部或外部创建同心轮廓线。运用【交互式轮廓图工具】属性栏的相关选项，即可以更改轮廓线与轮廓本身之间所填充的颜色，还可以在轮廓图效果中沿直线、顺时针或逆时针路径设置颜色渐变。【交互式轮廓图工具】属性栏如图 5－15 所示。

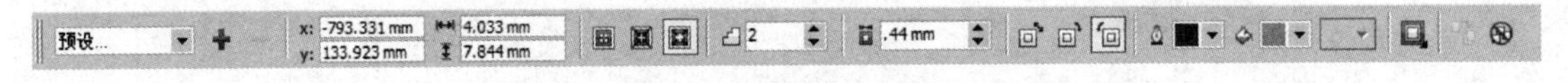

图 5－15　【交互式轮廓图工具】属性栏

下面通过简单图例来学习如何利用【交互式轮廓图工具】创建交互式轮廓效果。

一学就会

Step 01：新建空白 CorelDRAW X4 文档，单击工具箱中的【文本工具】按钮，在绘图窗口内输入数字“1”，填充颜色为 CMYK（0、0、100、0），设置字号为【100pt】，然后复制两份。

Step 02：单击工具箱中的【交互式轮廓图工具】按钮，在第一个数字上拖动鼠标绘制出轮廓线，然后在属性栏中设置参数，填充颜色为 CMYK（0、80、96、0），如图 5－16 所示。

图 5－16　在【交互式轮廓图工具】属性栏中设置参数

Step 03：选择其他数字图形对象，并在对象上拖动鼠标再次绘制出轮廓线，在属性栏中分别单击【向内】按钮、【向外】按钮，其他参数保持不变，其对比效果如图 5－17 所示。

图 5-17　不同轮廓调和方向的对比效果

Step 04：选择向外绘制轮廓线的数字“1”，复制该图形，修改属性栏中的参数，填充颜色为 CMYK（99、96、0、0），如图 5-18 所示。

图 5-18　在【交互式轮廓图工具】属性栏中设置参数

Step 05：分别单击属性栏中的【线性的轮廓图颜色】按钮、【顺时针的轮廓图颜色】按钮、【逆时针的轮廓图颜色】按钮，其对比效果如图 5-19 所示。

图 5-19　不同轮廓颜色调和方向的对比效果

【交互式轮廓图工具】其色彩渐变原理与调和方向中的【直线调和】、【顺时针调和】、【逆时针调和】类似。

小试身手

Step 01：打开配套光盘中的“CD\素材\第 5 章\素材 5-1.cdr”文件。为人物图形填充颜色为青色 CMYK（100、0、0、0）。单击工具箱中的【轮廓笔工具】按钮，在打开的【轮廓笔】对话框中设置颜色为黑色，【宽度】为【1.5 mm】。

Step 02：单击工具箱中的【交互式轮廓图工具】按钮，在属性栏中设置参数，如图 5-20 所示。

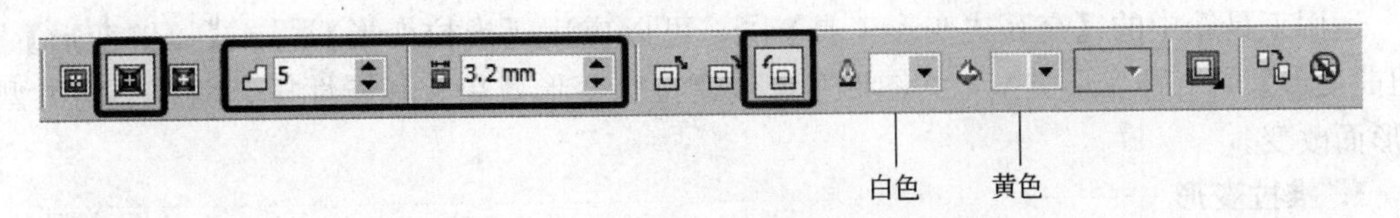

图 5-20　设置【交互式轮廓图工具】属性栏

Step 03：打开【对象和颜色加速】下拉列表框，单击🔒按钮解锁后，即可单独控制对象和颜色控制滑块。参数设置如图 5-21 所示。

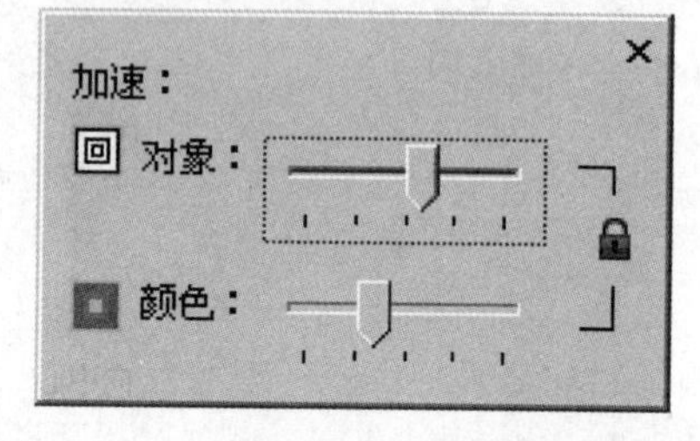

图 5-21　解锁【对象和颜色加速】滑块

Step 04：拖动鼠标绘制轮廓图，完成效果如图 5-22 所示。

Step 05：单击工具箱中的【椭圆形工具】按钮，按 Ctrl 键，在人物图形对象旁绘制正圆形。

Step 06：单击工具箱中的【滴管工具】按钮，在属性栏的【效果】下拉列表框中选择【轮廓图】复选项。然后运用【滴管工具】按钮单击人物轮廓图的最外一圈。

Step 07：单击工具箱中的【颜料桶工具】按钮，在正圆内单击鼠标，即可将人物图形对象内的轮廓图效果复制到正圆内，如图 5-23 所示。

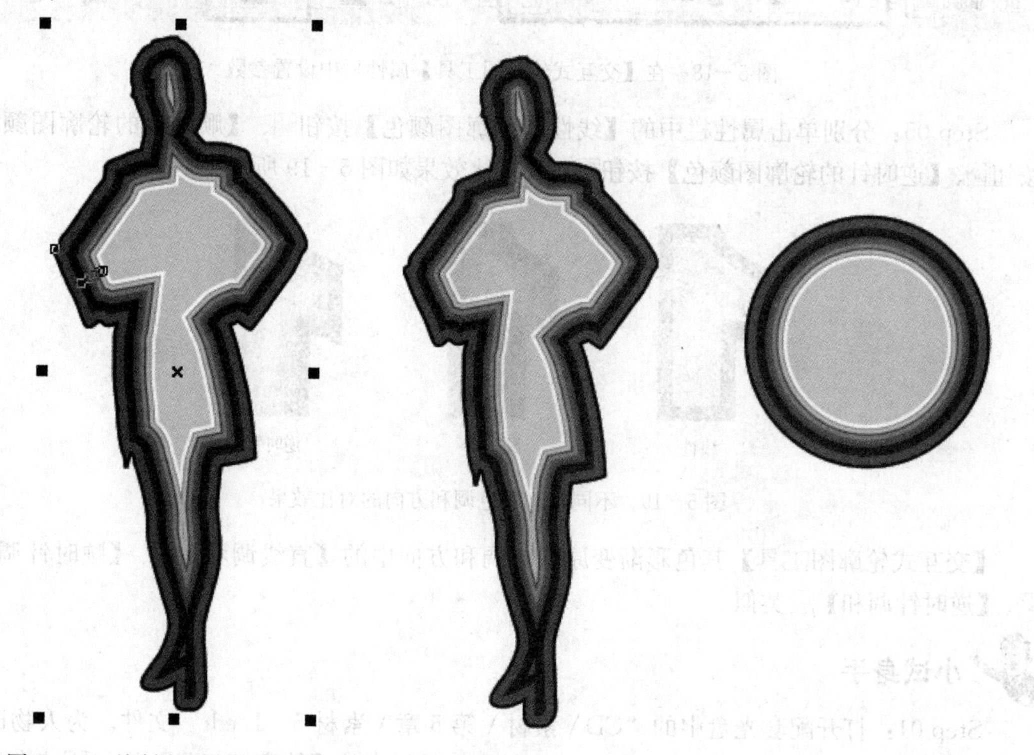

图 5-22　绘制交互式轮廓图效果　　图 5-23　使用【颜料桶工具】填充交互式轮廓效果

5.1.3　交互式变形工具

运用工具箱中的【交互式变形工具】，可以应用【推拉变形】、【拉链变形】、【扭曲变形】三种变形类型，为图形对象创建特殊变形效果。其属性栏会随着不同类型的变形而改变。

1. 推拉变形

单击【交互式变形工具】属性栏中的【推拉变形】按钮，可以向内推进对象的边缘，或向外拉出对象的边缘。其属性栏如图 5-24 所示。

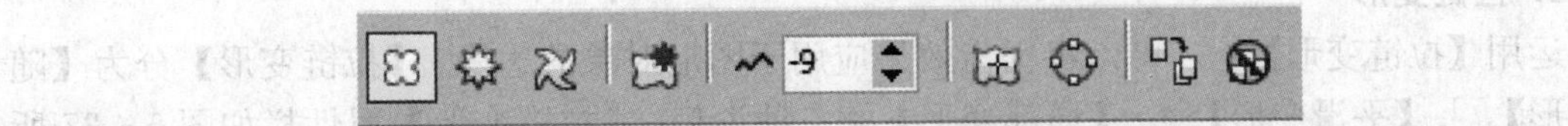

图 5 - 24 【推拉变形】属性栏

一学就会

Step 01：打开配套光盘中的“CD\素材\第 5 章\素材 5 - 2.cdr”文件。根据需要复制图形。

Step 02：选择工具箱中的【交互式变形工具】按钮，在属性栏中单击【推拉变形】按钮，在所要变形的对象上单击鼠标并向内或向外拖动鼠标，不同推拉变形效果对比如图 5 - 25 所示。

图 5 - 25 不同推拉变形效果对比

Step 03：单击【推拉变形】属性栏中的【中心变形】按钮，分别单击上一步骤所绘制的两个变形对象，对象当中会出现变形中心点，沿下图箭头所指方向拖动变形点，图形对象变形效果对比如图 5 - 26 所示。

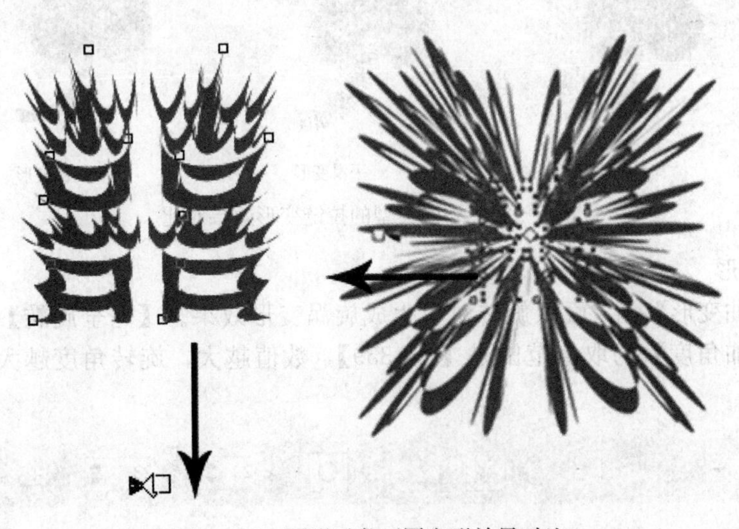

图 5 - 26 图形对象不同变形效果对比

2. 拉链变形

运用【拉链变形】，可以将锯齿效果应用于图形对象的边缘。【拉链变形】分为【随机变形】、【平滑变形】、【局部变形】三种类型。【拉链变形】属性栏如图 5-27 所示。【拉链失真振幅】和【拉链失真频率】的取值范围都是【0～100】。

图 5-27 【拉链变形】属性栏

一学就会

Step 01：打开配套光盘中的"CD\素材\第 5 章\素材 5-3.cdr"文件。复制两份图形对象。

Step 02：选择工具箱中的【交互式变形工具】按钮，在属性栏中单击【拉链变形】按钮并设置【拉链失真振幅】和【拉链失真频率】的数值，如图 5-28 所示。

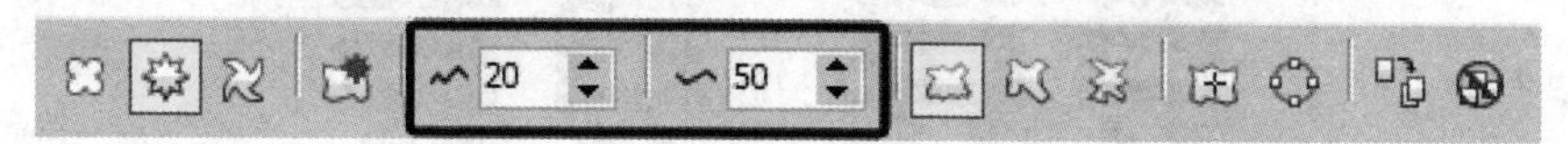

图 5-28 设置【拉链变形】属性栏

Step 03：选择所要变形的图形对象，在属性栏中设置【拉链失真振幅】和【拉链失真频率】数值后，分别单击属性栏中【随机变形】、【平滑变形】、【局部变形】，在所选择图形对象上拖动鼠标生成变形效果，三种类型的拉链变形效果对比如图 5-29 所示。

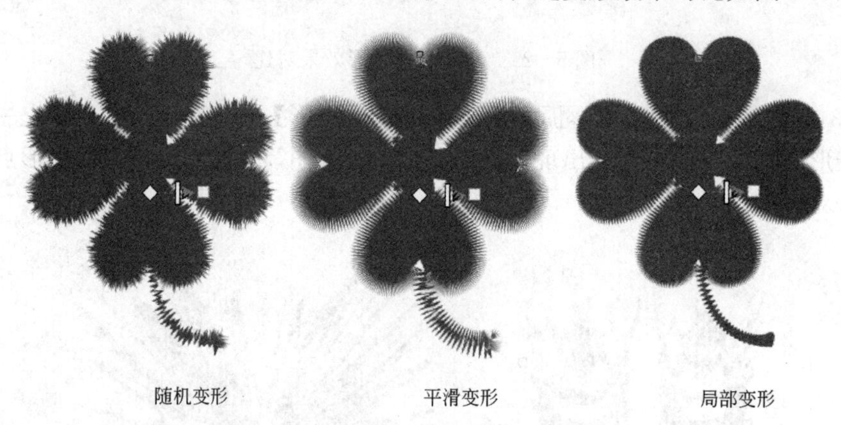

图 5-29 不同类型的拉链变形效果对比

3. 扭曲变形

运用【扭曲变形】，可以旋转对象生成旋涡变形效果。【完全旋转】的取值范围是【0～9】；【附加角度】的取值范围是【0～359】，数值越大，旋转角度越大。其属性栏如图 5-30 所示。

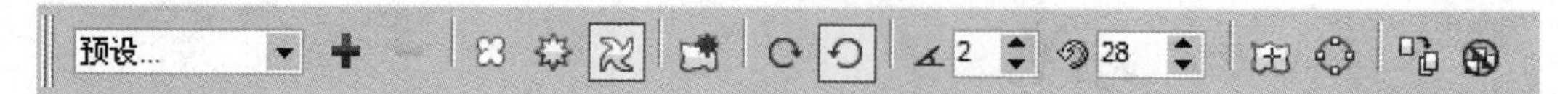

图 5-30 【扭曲变形】属性栏

一学就会

Step 01：单击工具箱中的【箭头形状工具】按钮，在属性栏中的【完美形状】下拉列表框内选择选项，绘制十字箭头图形。根据需要复制该图形。

Step 02：选择所要变形的图形对象，在属性栏中设置数值，如图 5－31 所示。在所选择箭头图形对象上拖动鼠标生成变形效果。两组数值的变形效果对比如图 5－32 所示。

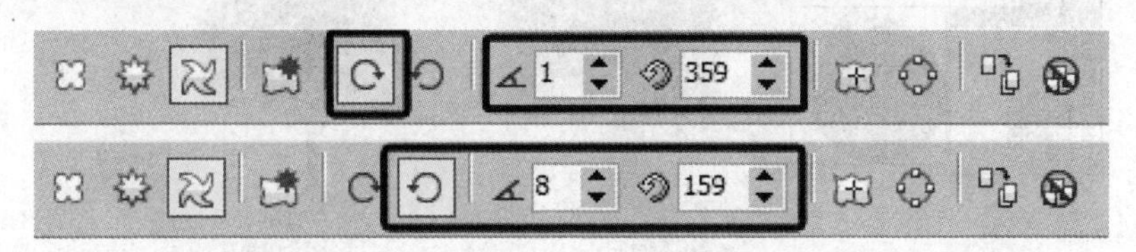

图 5－31 设置【扭曲变形】属性栏不同的参数

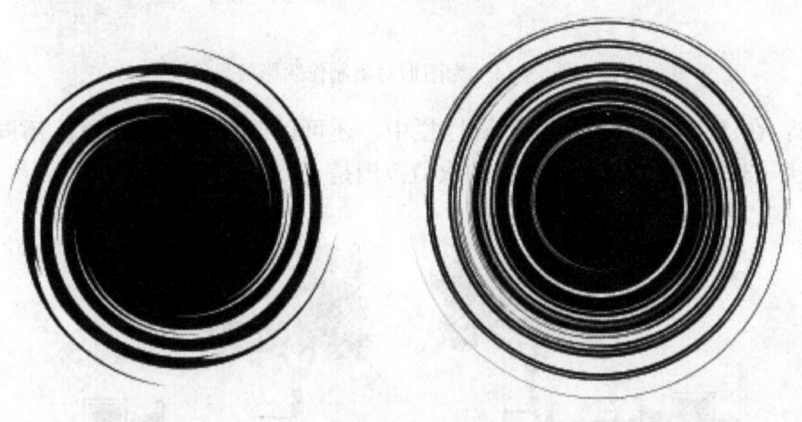

图 5－32 变形效果对比

5.1.4 交互式阴影工具

运用工具栏【交互式阴影工具】，可以为图形对象、群组图形对象、文本、位图等添加交互式阴影效果。CorelDRAW X4 提供了平面、右、左、下、上五个不同透视点，照射在对象上，可以产生不同的阴影效果。【交互式阴影工具】属性栏如图 5－33 所示。

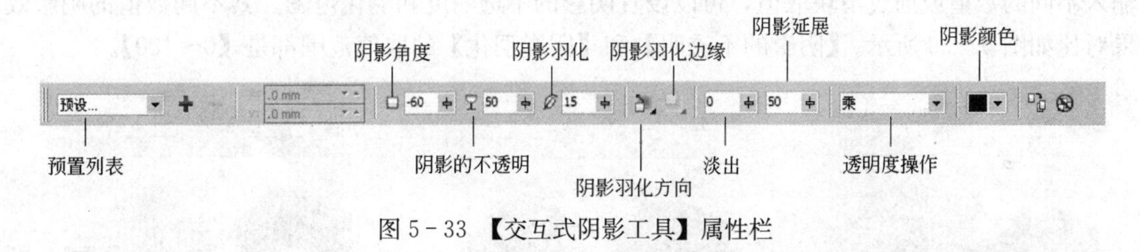

图 5－33 【交互式阴影工具】属性栏

一学就会

Step 01：打开配套光盘中的“CD\素材\第 5 章\素材 5－4.cdr”文件。按步骤需要复制图形对象。

Step 02：单击工具箱中的【交互式阴影工具】按钮，在属性栏中的【预置列表】选项的下拉列表中，提供有多种预设阴影效果，可以根据需要选择不同的预设效果应用于图形对象，如图 5-34 所示。选择需要添加阴影效果的图形对象，在【预置列表】选项中单击预设选项，即可为图形对象制作阴影效果。

图 5-34　为图形对象制作阴影效果

Step 03：在【交互式阴影工具】属性栏中，还可以调整阴影的角度。不同阴影角度效果对比如图 5-35 所示。【阴影角度】的取值范围是【-360～360】。

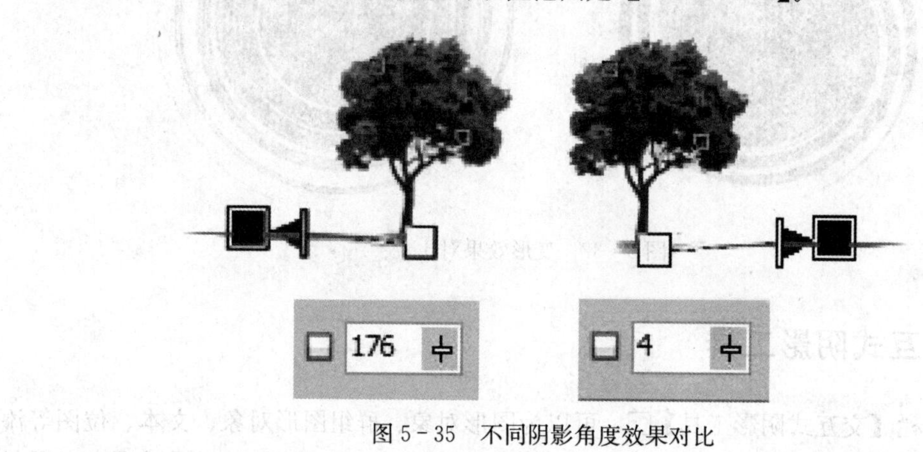

图 5-35　不同阴影角度效果对比

Step 04：在【交互式阴影工具】属性栏上，在【阴影的不透明】和【阴影羽化】文本框中输入不同的数值或通过滑块取值，可以设置阴影的不透明度和羽化范围。其不同数值的阴影效果对比如图 5-36 所示。【阴影的不透明】和【阴影羽化】的取值范围都是【0～100】。

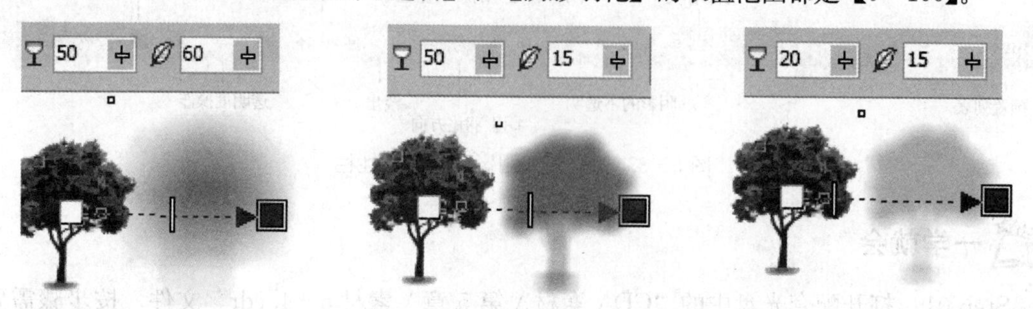

图 5-36　不同数值的阴影效果对比

Step 05：单击【交互式阴影工具】属性栏中的【羽化方向】选项，在出现的下拉列表框中可以根据需要选择【向内】、【中间】、【向外】、【平均】四个羽化方向。不同羽化方向的阴影效果如图 5－37 所示。

图 5－37 不同羽化方向的阴影效果

Step 06：单击【交互式阴影工具】属性栏中的【阴影边缘】选项，在出现的下拉列表框中可以根据需要选择【线性】、【方形】、【反白方形】、【平面】四种羽化方向。不同羽化边缘的阴影效果如图 5－38 所示。

图 5－38 不同羽化边缘的阴影效果

Step 07：在【交互式阴影工具】属性栏上，在【淡出】和【阴影延展】文本框中输入不同的数值或通过滑块取值，可以设置阴影的淡出和延展效果。不同数值的阴影效果对比如图 5－39 所示。

图 5－39 不同数值的阴影效果

Step 08：在【交互式阴影工具】属性栏上，还可以在【阴影透明操作】和【阴影颜色】选项中根据需要设置参数。【阴影透明操作】默认状态为【乘】，默认【阴影颜色】为黑色。修改【阴影颜色】默认状态后的效果如图 5－40 所示。

图 5－40　调整阴影颜色效果

5.1.5　交互式封套工具

运用【交互式封套工具】，可以为图形对象、文本创建封套造型。封套由多个节点组成，可以移动、添加、删除这些节点为封套造型，从而改变对象形状。【交互式封套工具】属性栏如图 5－41 所示。

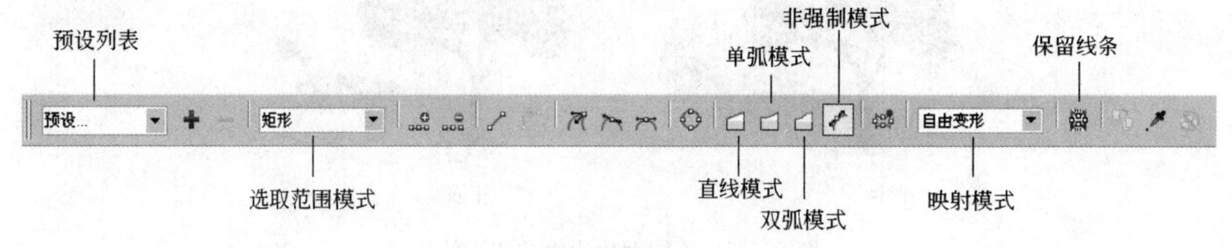

图 5－41　【交互式封套工具】属性栏

【预设列表】提供了系统设置的六种封套模式。

【选取范围模式】提供了【矩形】和【手绘】两种选取模式。

【封套的直线模式】可以创建直线封套，为对象添加透视点。

【封套的单弧模式】可以创建一边带弧形的封套，使对象的外观呈凹面结构或凸面结构。

【封套的双弧模式】可以创建一边或多边带 S 形的封套 。

【封套的非强制模式】可以创建任意模式的封套，允许改变节点的属性以及添加和删除节点。

【映射模式】提供了【水平】、【原始】、【自由变形】、【垂直】四种模式。

一学就会

Step 01：打开配套光盘中的“CD \ 素材 \ 第 5 章 \ 素材 5－5. cdr”文件。单击工具箱中的【交互式封套工具】按钮，光标发生变化。单击图形对象，对象边缘处出现控制手柄。

Step 02：任意拖动鼠标控制手柄，移动节点改变封套形状，从而改变图形对象的形状。交互式封套效果如图 5 - 42 所示。

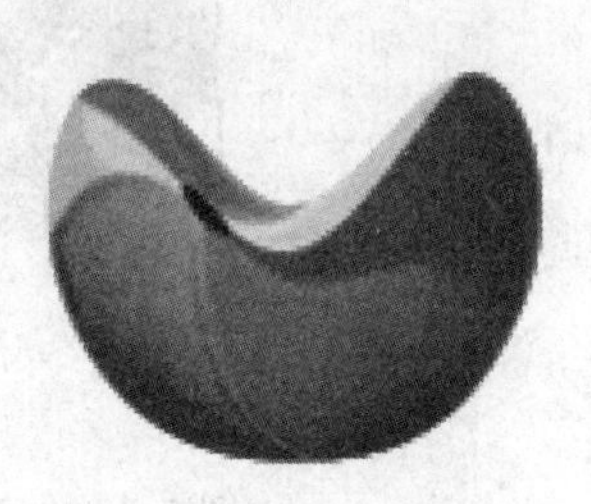

图 5 - 42　交互式封套效果

技巧提示

在【封套的直线模式】、【封套的单弧模式】、【封套的双弧模式】状态下，按 Ctrl 键同时在节点上拖动鼠标，可以使数个相关节点沿同一方向同时移动；按 Shift 键同时在节点上拖动鼠标，可以使数个相关节点沿反方向同时移动；按 Ctrl＋Shift 键同时在节点上拖动鼠标，可以同时移动四个边角或四条边上的全部节点。

5.1.6　交互式立体化工具

运用【交互式立体化工具】，可以创建立体模型，再通过投射对象上的点将它们连接起来，可使二维图形对象具有三维效果。【交互式立体化工具】属性栏如图 5 - 43 所示。

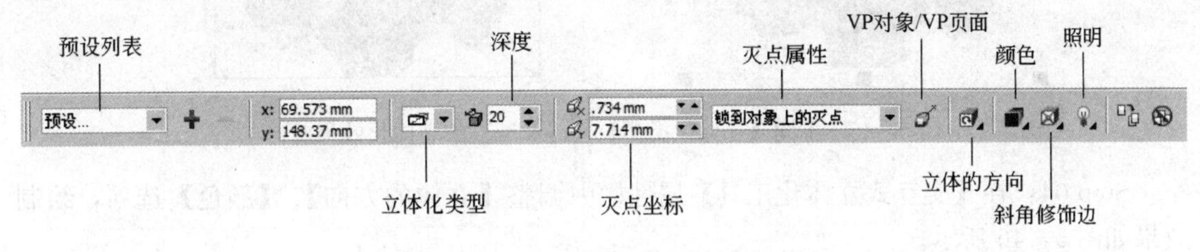

图 5 - 43　【交互式立体化工具】属性栏

一学就会

Step 01：打开配套光盘中的“CD \ 素材 \ 第 5 章 \ 素材 5 - 6. cdr”文件。根据需要复制图形。

Step 02：单击工具箱中的【交互式立体化工具】按钮，再单击需要立体化的图形对象，在【预设列表】下拉列表框中提供了六种预设的立体化类型。不同的预设立体化效果对比如图 5 - 44 所示。

Step 03：单击工具箱中的【交互式立体化工具】按钮，再单击需要立体化的图形对象，然后单击【交互式立体化工具】属性栏中的【立体化类型】选项，在下拉列表框中可以选择所需类型。在用于设置立体化效果的【深度】选项中设置参数，数值越大，拉伸效果越

图 5-44　不同的预设立体化效果对比

明显。不同【立体化类型】和【深度】数值的立体化效果对比如图 5-45 所示。【深度】的取值范围是【1～99】。

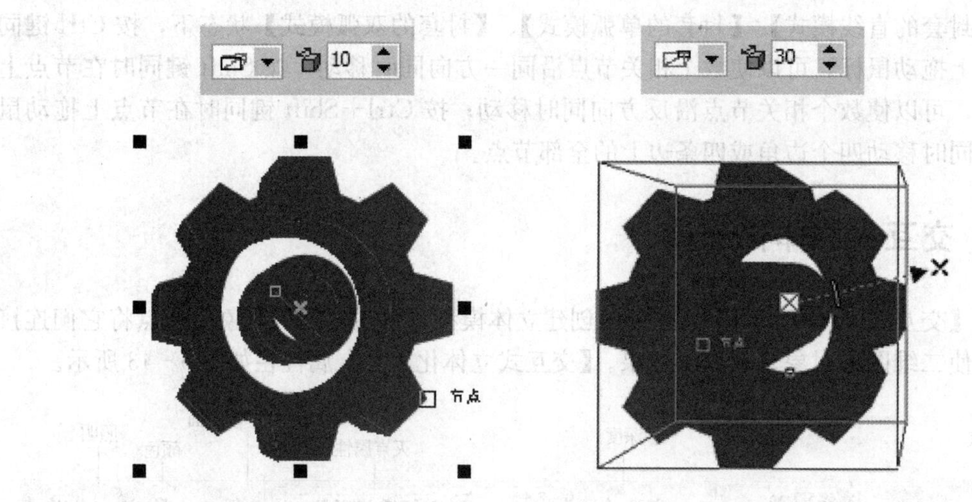

图 5-45　不同【立体化类型】和【深度】的立体化效果对比

Step 04：在【交互式立体化工具】属性栏中调整【立体的方向】、【颜色】选项，绘制效果如图 5-46 所示。

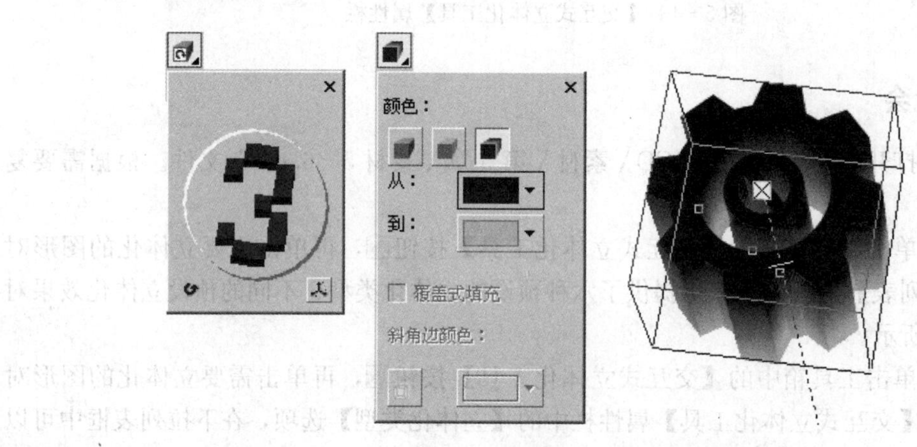

图 5-46　运用【立体的方向】和【颜色】的立体化效果

5.1.7 交互式透明工具

在 CorelDRAW X4 中，运用通过【交互式透明工具】，可以对某个对象应用透明度，从而改变图形对象的整体效果。透明度类型分为【标准】、【渐变】、【底纹】和【图样】四种类型。在默认情况下，【交互式透明工具】对图形对象的填充和轮廓全部应用透明度，也可以单独指定为对象的轮廓或填充进行透明度操作。透明效果在平面设计中应用广泛，是常用且较为流行的平面设计表现手法。【交互式透明工具】属性栏，会随着透明度类型的不同而变化。

1. 标准透明效果

【标准透明效果】是在图形对象上创建单色且透明度相同的均匀化透明度效果。【标准透明效果】属性栏如图 5-47 所示。

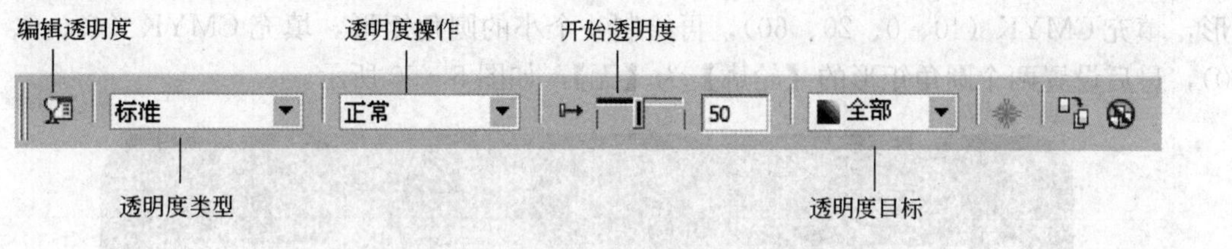

图 5-47 【标准透明效果】属性栏

一学就会

Step 01：单击工具箱中的【椭圆形工具】按钮，绘制同心正圆形，大圆填充橘红色 CMYK（0、60、100、0），小圆填充黄色 CMYK（0、0、100、0）。

Step 02：单击工具箱中的【挑选工具】按钮选择小圆，然后单击工具箱中的【交互式透明工具】按钮，在属性栏上的【透明度类型】中选择【标准】选项，并设置其他参数。两组不同参数的标准透明效果对比如图 5-48 所示。

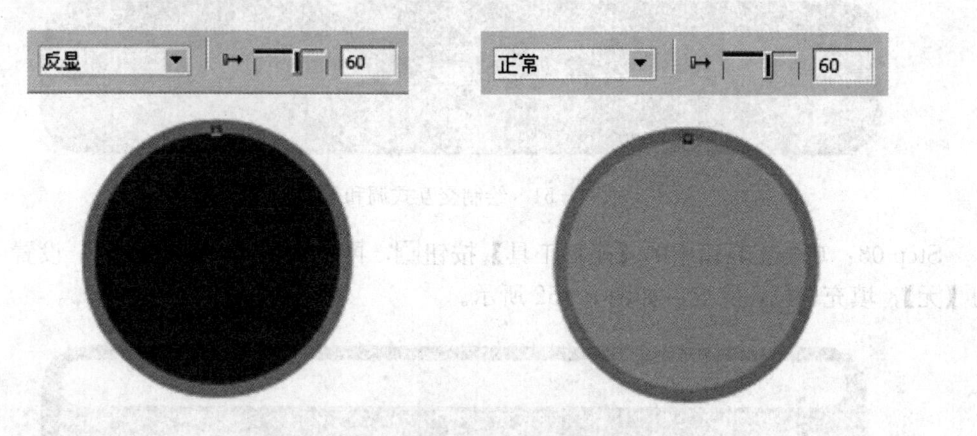

图 5-48 两组不同参数的标准透明效果对比

2. 渐变透明效果

【渐变透明效果】可以为两个重叠的图形对象创建线性透明效果。【渐变透明效果】属性栏与标准透明效果类似，只是多了【渐变透明角度和边界】选项。【透明度类型】中的【线性】、【射线】、【圆锥】、【方角】类型都可以设置渐变透明效果。【渐变透明效果】属性栏如图 5-49 所示。

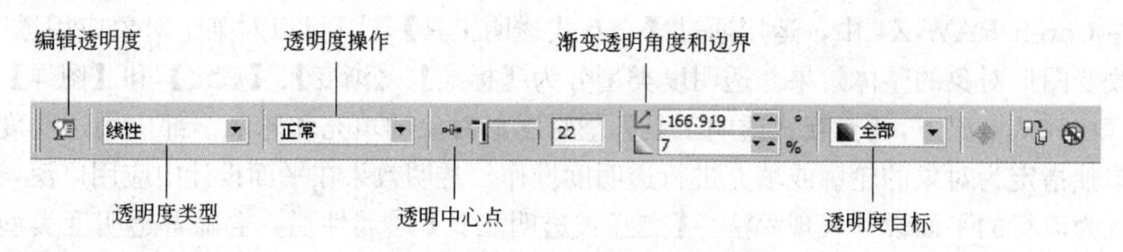

图 5-49 【渐变透明效果】属性栏

小试身手

Step 01：单击工具箱中的【矩形工具】按钮，在绘图窗口中绘制出一个大的圆角矩形，填充 CMYK（40、0、20、60），再绘制一个小的圆角矩形，填充 CMYK（40、0、40、0），最后设置两个圆角矩形的【轮廓】为【无】，如图 5-50 所示。

图 5-50 绘制圆角矩形

Step 02：单击工具箱中的【交互式调和工具】按钮，设置属性栏参数，绘制效果如图 5-51 所示。

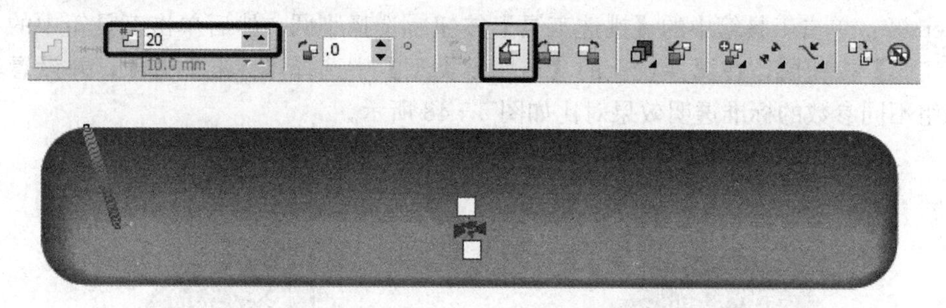

图 5-51 绘制交互式调和效果

Step 03：单击工具箱中的【矩形工具】按钮，再次绘制一个圆角矩形，设置【轮廓】为【无】，填充白色，完成后如图 5-52 所示。

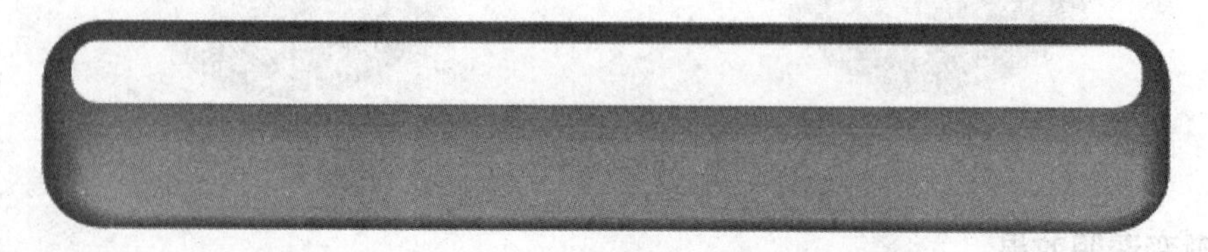

图 5-52 绘制圆角矩形

Step 04：单击工具箱中的【交互式透明工具】按钮，在属性栏上的【透明度类型】中选择【线性】，并设置参数。最后效果如图 5-53 所示。

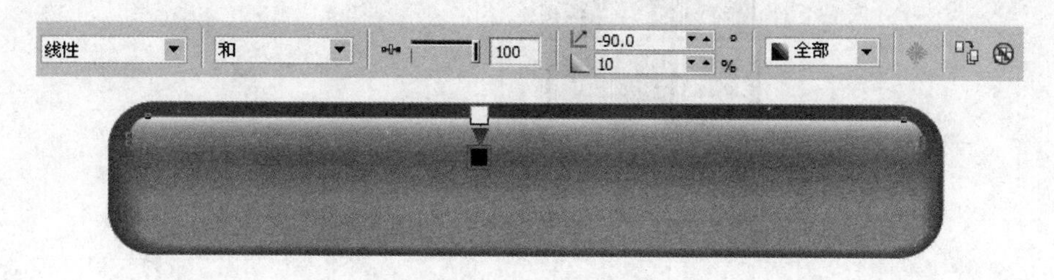

图 5-53　绘制交互式透明效果

3. 图样透明效果

【图样透明效果】类似于【图案填充】，包括【双色】、【全色】、【位图】三种透明类型。不同的透明类型，其属性栏也不同。

一学就会

Step 01：单击工具箱中的【矩形工具】按钮，在绘图窗口中绘制出一个矩形，填充橘红色 CMYK（0、60、100、0），设置【轮廓】为【无】，复制该矩形，填充黄色 CMYK（0、0、100、0），设置【轮廓】为【无】，将两个矩形完全重叠在一起，黄色矩形在前，橘红色矩形在底。

Step 02：单击工具箱中的【交互式透明工具】按钮，在属性栏上的【透明度类型】中选择【双色图样】，设置其他参数。效果如图 5-54 所示。

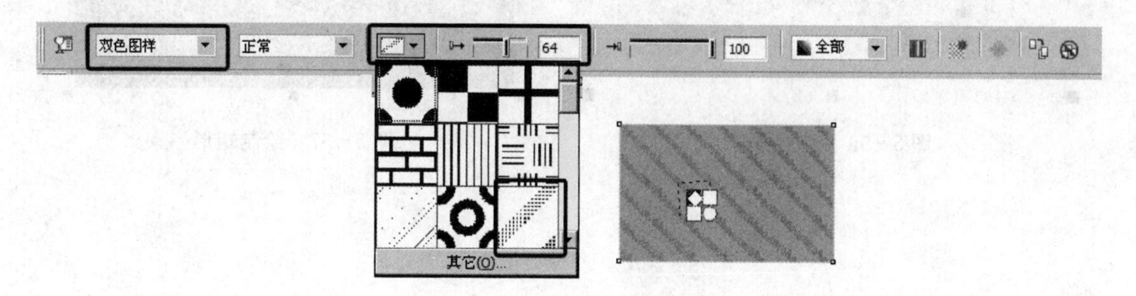

图 5-54　填充双色图样效果

Step 03：单击工具箱中的【椭圆形工具】按钮，绘制正圆形，设置【轮廓】为【无】，填充黄色 CMYK（0、0、100、0）。单击工具箱中的【交互式透明工具】按钮，在属性栏中设置参数，在正圆形上拖动鼠标绘制图样透明效果，如图 5-55 所示。复制正圆形，制作一组不同透明度和大小的正圆形，如图 5-56 所示。

Step 04：将这组圆形与之前做的矩形居中对齐。然后在矩形图形底部绘制一个小的矩形，设置【轮廓】为【无】，填充绿色 CMYK（100、0、100、0），如图 5-57 所示。

Step 05：单击工具箱中的【矩形工具】按钮与【椭圆形工具】按钮，绘制正圆形和圆角矩形，填充白色，设置【轮廓】为【无】，未去轮廓线的效果如图 5-58 所示。

Step 06：单击工具箱中的【交互式透明工具】按钮，在属性栏上的【透明度类型】中选择【位图图样】，设置其他参数。效果如图 5-59 所示。

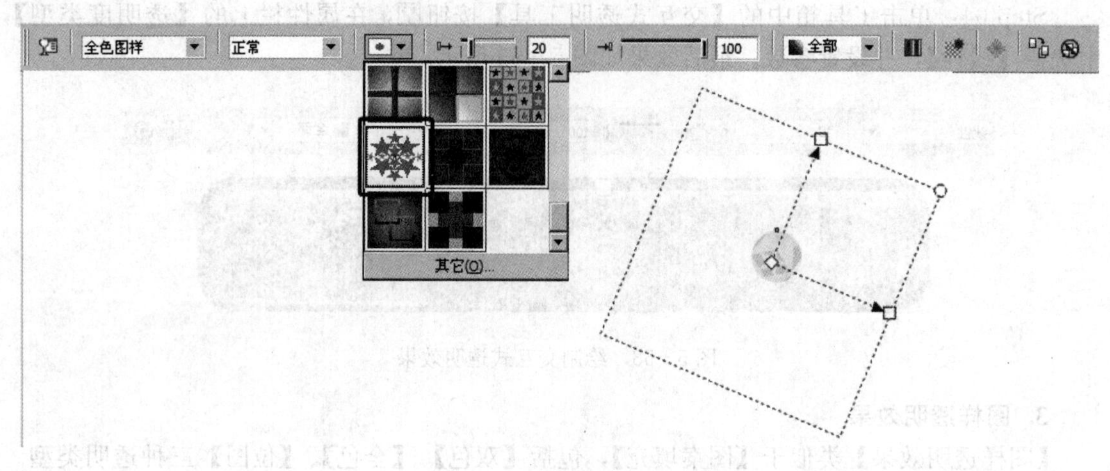

图 5－55　绘制图样透明效果

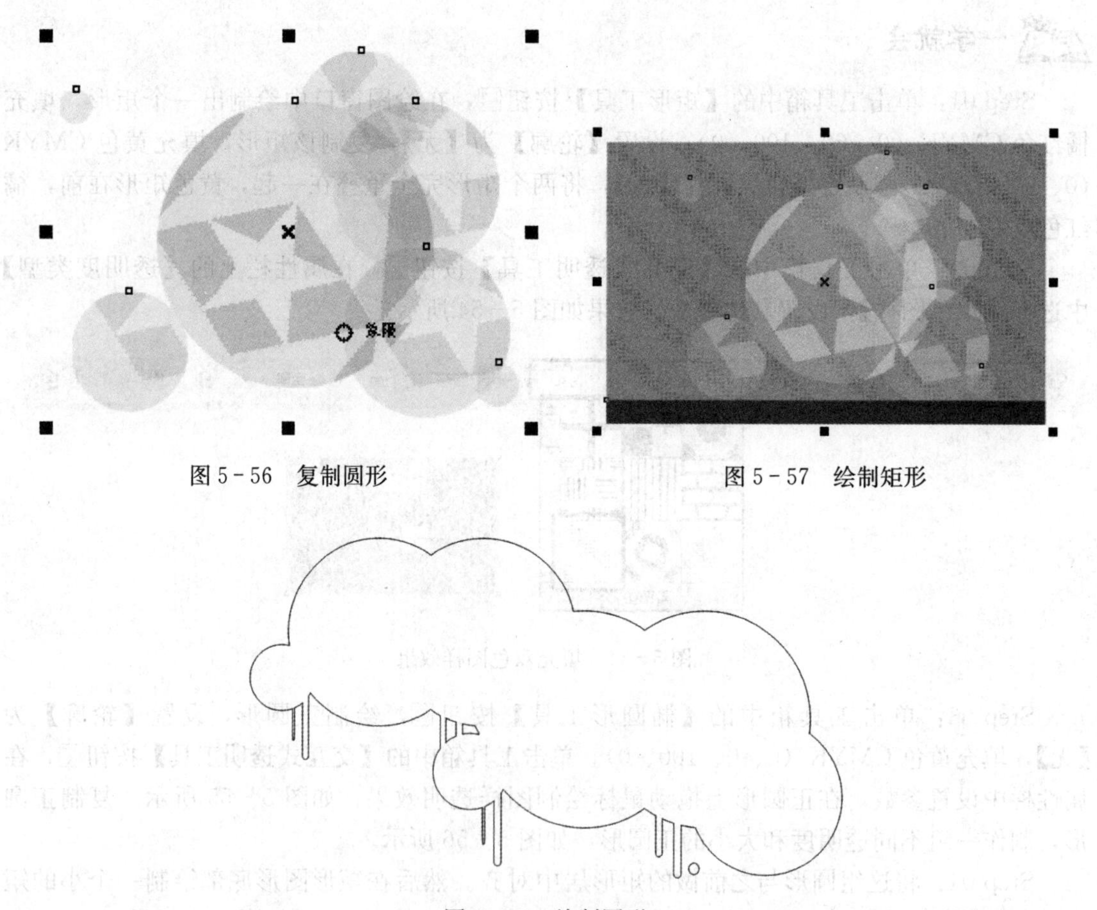

图 5－56　复制圆形

图 5－57　绘制矩形

图 5－58　绘制图形

Step 07：单击工具箱中的【折线工具】按钮，绘制树干，设置【轮廓】为【无】，填充颜色为 CMYK（49、87、98、8）。继续运用工具箱【折线工具】绘制花朵，设置【轮廓】为【无】，填充 CMYK（100、0、0、0）、CMYK（0、100、0、0），如图 5－60 所示。

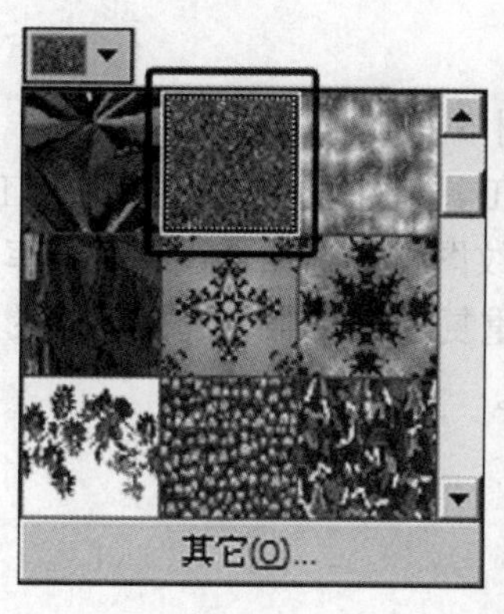

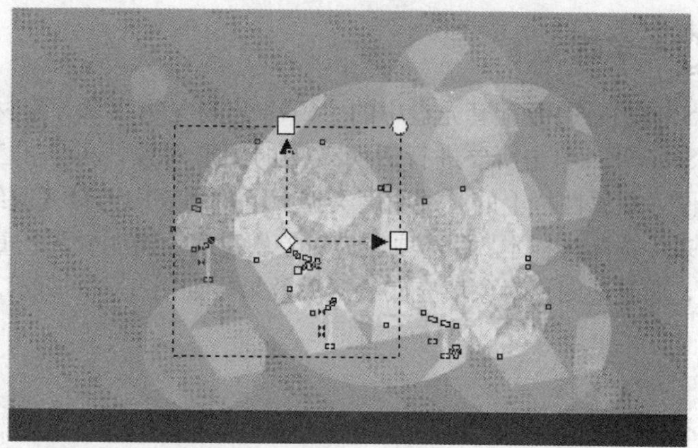

图 5-59 填充【位图图样】效果

Step 08：单击工具箱中的【文本工具】按钮，设置颜色为黑色 CMYK（0、0、0、100），在绘图窗口分别输入英文 SUNDAY 和 BOY，设置字体为粗黑体。单击工具箱中的【交互式阴影工具】按钮，为文字绘制阴影。将树和文字移入矩形图形对象当中，最终效果如图 5-61 所示。

图 5-60 绘制图形并填充颜色

图 5-61 最终效果

4. 底纹透明效果

【底纹透明效果】与【底纹填充】类似。【底纹透明效果】属性栏如图 5-62 所示。

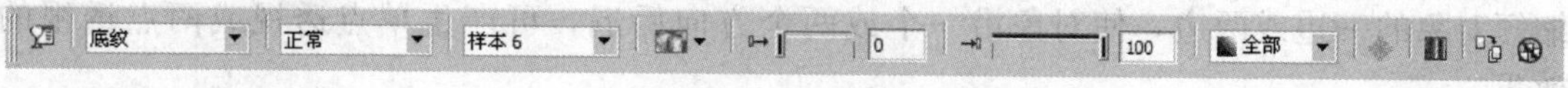

图 5-62 【底纹透明效果】属性栏

一学就会

Step 01：打开配套光盘中的“CD\素材\第5章\素材5-7.cdr”文件。

Step 02：单击所要进行透明效果的图形对象，再单击工具箱中的【交互式透明工具】按钮，在属性栏上的【透明度类型】下拉列表中选择【底纹图样】选项，在【底纹库】下拉列表中选择【样本6】选项，为对象创建底纹透明效果。重复这一步骤，选择不同的底纹样本，为其他图形对象填充底纹透明效果，如图5-63所示。

图5-63　创建底纹透明效果

5.2　其他特殊效果

CorelDRAW X4除了提供了【交互式工具】，还提供了包括【透视效果】、【透镜效果】、【斜角效果】、【克隆效果】、【画框精确剪裁】等图形对象编辑效果。下面逐个进行介绍。

5.2.1　透视效果

单击菜单栏中的【效果】|【添加透视】选项，即可为图形对象创建透视效果。透视效果可以用于图形对象，群组图形对象，但不能用于文本、位图和符号。通过拖动节点来缩短对象的一边或两边，使对象沿一个或两个方向后退，可产生单点透视或两点透视的效果。

一学就会

Step 01：打开配套光盘中的“CD\素材\第5章\素材5-8.cdr”文件。

Step 02：运用【挑选工具】单击图形对象。单击菜单栏中的【效果】|【添加透视】选项，对象周围立刻出现网格虚线与控制节点，移动左上角和右上角的节点到适合位置。效果如图5-64所示。

图5-64 【添加透视】效果

技巧提示

按Ctrl键同时拖动鼠标，可以强制节点沿水平或垂直轴移动，从而产生单点透视效果。

按Shift+Ctrl键同时拖动鼠标，可以将相对的节点沿相反的方向移动相同的距离。

5.2.2 透镜效果

运用CorelDRAW X4中的透镜，可更改任何矢量图形对象（如矩形、椭圆形、闭合路径或多边形）、文本、位图等图形对象区域的外观，而不改变图形对象的实际特性和属性。对矢量对象应用透镜时，透镜本身会变成矢量图像。透镜效果不能直接应用于群组对象、立体化对象、阴影、段落文本以及交互式轮廓图调和对象。

单击菜单栏中的【效果】|【透镜】选项，打开【透镜】泊坞窗，如图5-65所示。系统提供12种透镜类型，在默认状态下透镜类型为【无透镜效果】。

【冻结】是指冻结当前透镜视图，可以移动透镜而不改变透过透镜显示的内容。另外，对透镜下方区域所做的更改不会影响视图。

【视点】是指通过透镜可查看的内容的中心点，可以将透镜定位在绘图窗口的任意位置。

【移除表面】是指仅在透镜覆盖其他对

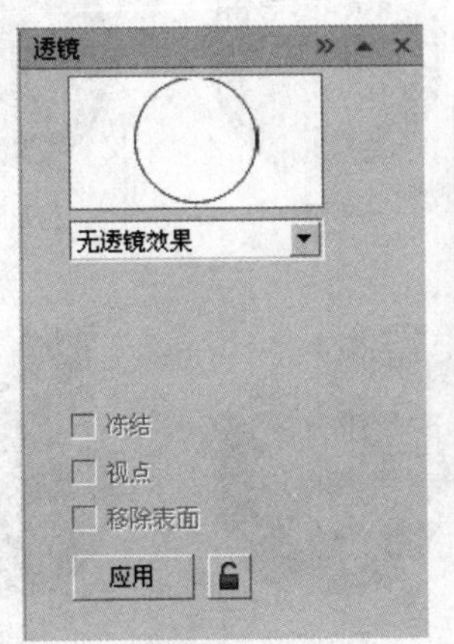

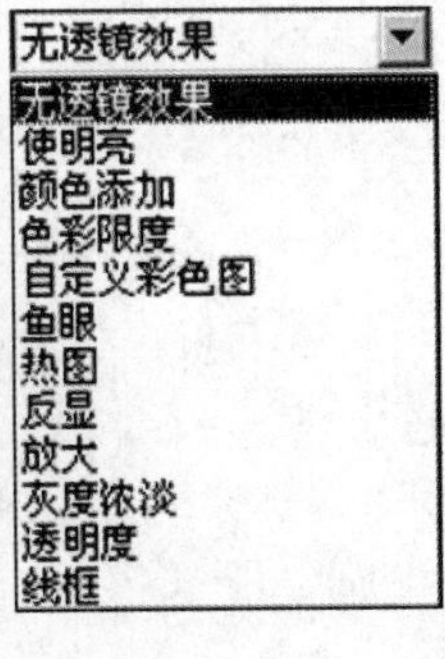

图5-65 【透镜】泊坞窗

象的区域显示透镜。

下面对各种透镜类型进行简单介绍：

【使明亮】：可以使对象区域变亮和变暗，并设置亮度与暗度的比率。

【颜色添加】：可以选择颜色和要添加的颜色量，使透镜下的对象颜色与透镜的颜色相加，模拟加色光线模型，产生像混合了光线的颜色。

【颜色限度】：仅允许用黑色和透过的透镜颜色查看对象区域。例如，如果在位图上放置绿色颜色限制透镜，则在透镜区域中，将过滤掉除了绿色和黑色以外的所有颜色。

【自定义彩色图】：可以将透镜下方对象区域的所有颜色改为介于指定的两种颜色之间的一种颜色。可以选择这个颜色范围的起始色和结束色，以及这两种颜色的渐进。在色谱中的渐变路径可以是直线、向前或向后。

【鱼眼】：可以通过指定的百分比扭曲、放大或缩小透镜下方的对象。

【热图】：可以创建红外图像的效果，通过在透镜下方的对象区域中模仿颜色的冷暖度等级。

【反显】：可以将透镜下方的颜色变为在色环上处于相对位置的互补色。

【放大】：可以按指定的量放大对象上的某个区域，使对象看起来是透明的。

【灰度浓淡】：可以将透镜下方对象区域的颜色变为其等值的灰度。

【透明度】：可以使透镜下方对象区域看起来像着色胶片或彩色玻璃。

【线框】：通过用所选的轮廓或填充色显示透镜下方的对象区域。

一学就会

Step 01：打开配套光盘中的“CD\素材\第5章\素材5-9.cdr”文件。

Step 02：单击工具箱中的【椭圆形工具】按钮，绘制正圆形，居中放在苹果图形中。

Step 03：选中所绘制的圆形图形对象，单击菜单栏中的【效果】|【透镜】选项，打开【透镜】泊坞窗，选择透镜类型，设置参数，即可完成透镜效果。6种透镜效果对比如图5-66所示。

图5-66　6种透镜效果对比

5.2.3 斜角效果

运用 CorelDRAW X4 中的斜角效果可以为对象的边缘创建三维浮雕效果。类似于 Photoshop 当中的“斜面与浮雕”图层样式。单击菜单栏中的【效果】|【斜角】选项，即可打开【斜角】泊坞窗。在【斜角】泊坞窗中，【斜角样式】有【柔和边缘】和【浮雕】两种样式，【柔和边缘】可以为对象创建阴影的斜面效果；【浮雕】可以为对象创建浮雕效果。

一学就会

Step 01：单击工具箱中的【矩形工具】按钮，绘制正方形，填充黄色 CMYK（0、0、100、0）。

Step 02：单击菜单栏中的【效果】|【斜角】选项，打开【斜角】泊坞窗，设置参数如图 5－67 所示。在泊坞窗中单击【应用】按钮，得到的斜角效果如图 5－68 所示。

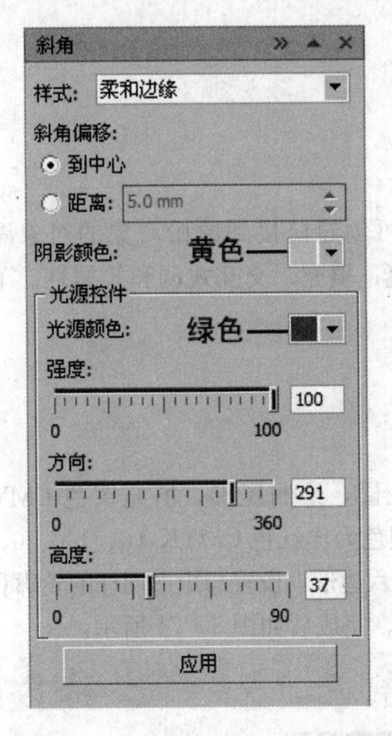

图 5－67 设置【斜角】泊坞窗参数

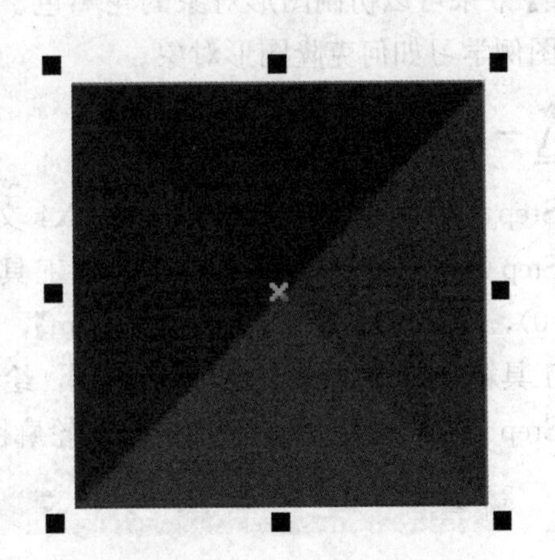

图 5－68 绘制斜角效果

Step 03：在【斜角】泊坞窗中重新设置参数，选择【样式】为【浮雕】，其他参数如图 5－69 所示。在泊坞窗中单击【应用】按钮，得到的斜角效果如图 5－70 所示。

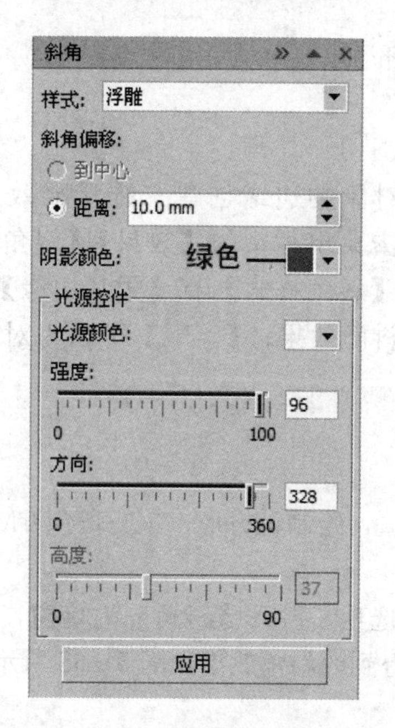

图 5-69　设置【斜角】泊坞窗参数

图 5-70　绘制斜角效果

5.2.4　克隆效果

运用 CorelDRAW X4 中的克隆图形对象，可创建链接到原始对象的对象副本。利用【克隆】效果可以仿制图形对象的轮廓色、轮廓笔、填充、交互式调和等属性。下面通过简单的图例学习如何克隆图形对象。

一学就会

Step 01：新建空白 CorelDRAW X4 文档。

Step 02：单击工具箱中的【矩形工具】按钮，绘制矩形，填充黄色 CMYK（0、0、100、0），设置轮廓【宽度】为【5.0mm】，填充颜色为洋红色 CMYK（0、100、0、0）。接着单击工具箱中的【多边形工具】按钮，绘制一个六边形，设置与矩形同样的轮廓和颜色。

Step 03：选中矩形，添加交互式轮廓图效果，完成后如图 5-71 所示。

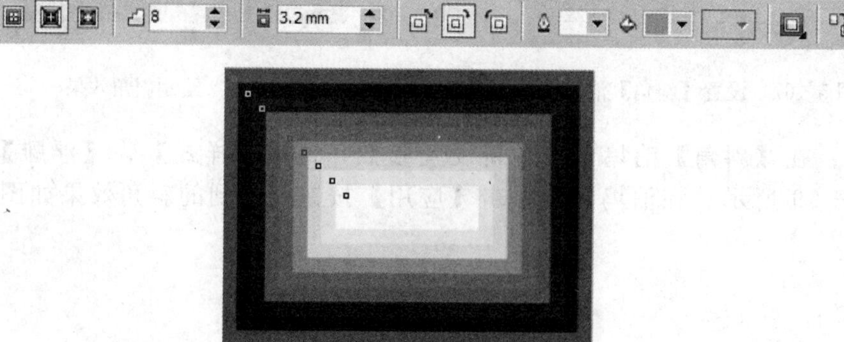

图 5-71　添加交互式轮廓图效果

Step 04：运用【挑选工具】选中六边形，单击菜单栏中的【效果】|【克隆效果】|【轮廓图自】选项。当鼠标变成黑色箭头状➡，在矩形图形对象上单击鼠标，即可完成克隆，效果如图 5－72 所示。

图 5－72 绘制克隆效果

5.2.5 画框精确剪裁

运用 CorelDRAW X4 中的【画框精确剪裁】功能，可以非常方便地将矢量或位图图形放置在“容器”当中。“容器”是指任何一个封闭的图形对象或文字对象。当图形对象放置在“容器”当中时，超出“容器”范围的图形对象就会被剪裁，从而创建画框精确剪裁效果。通过简单的图例来学习利用【画框精确剪裁】功能绘制底纹。

一学就会

Step 01：打开配套光盘中的“CD\素材\第 5 章\素材 5－10. cdr”文件。

Step 02：运用工具箱中的【挑选工具】，选择其中的一张人物图片。单击菜单栏中的【效果】|【画框精确剪裁】|【放置在容器中】选项，如图 5－73 所示。

Step 03：当鼠标变成黑色箭头状➡，在“容器”上单击鼠标。完成后效果如图 5－74 所示。

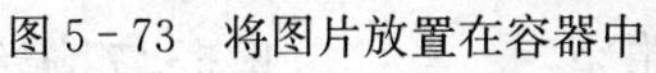

图 5－73 将图片放置在容器中

图5－74 画框精确剪裁效果

Step 04：用同样的方法将另一人物图片放置在图片下方心形“容器”中，如图 5 - 75 所示。

Step 05：运用工具箱中的【挑选工具】，选择上一步骤中的心形“容器”，右击鼠标在快捷菜单中选择【编辑内容】选项，进入“容器”内改变图片位置，将人物图片的头部移动到“容器”内，完成后右击鼠标，在快捷菜单中单击【结束编辑】选项，退出“容器”，最终效果如图 5 - 76 所示。

图 5 - 75　将图片放置在方心形容器中

图 5 - 76　最终效果

技巧提示

右键拖动鼠标，将图形对象放置到“容器”内，完成后将自动出现快捷菜单，选择【画框精确剪裁内部】选项，也可实现【画框精确剪裁】效果。

5.3 实　　例

结合实例介绍以端午为主题的宣传单页设计，打开“CD \ 源文件 \ 第 5 章 \ 粽情端午 . cdr”，如图 5 - 77 所示。在绘制过程中，主要运用了【交互式调和工具】、【交互式轮廓工具】、【交互式阴影工具】、【交互式透明工具】以及【裁剪工具】、【渐变填充】等工具。在绘制过程中，应注意【交互式调和工具】、【交互式轮廓工具】、【交互式阴影工具】、【交互式透明工具】的使用方法。

图 5 - 77　最终效果

Step 01：打开“CD \ 素材 \ 第 5 章 \ 素材 5 - 11. cdr”文件，然后导入“CD \ 素材 \ 第 5

章\素材5-12.jpg”文件。

Step 02：复制竹叶图形，放置在图片背景上，选中竹叶图形，单击工具箱中的【交互式透明工具】按钮，在属性栏中设置【透明度类型】为【标准】，透明度为【95】，完成后如图5-78所示。

Step 03：单击工具箱中的【贝塞尔工具】按钮，绘制粽子图形，设置【轮廓】为【无】，然后单击工具箱中的【渐变填充】按钮，打开【渐变填充】对话框，设置【渐变类型】为【线性】，【角度】为【349】，【边界】为【16%】，【颜色调和】为【双色】，从上到下设置颜色为CMYK（44、15、100、0）、CMYK（67、38、100、26），然后单击【确定】按钮，完成后如图5-79所示。

图5-78 绘制交互式透明效果

图5-79 绘制粽子图形对象

Step 04：单击工具箱中的【贝塞尔工具】按钮，绘制曲线，填充轮廓颜色为CMYK（0、0、0、20），如图5-80所示。然后单击工具箱中的【交互式调和工具】按钮，在属性栏中设置【步长】为【10】，在曲线之间拖动鼠标绘制图形对象，完成后如图5-81所示。

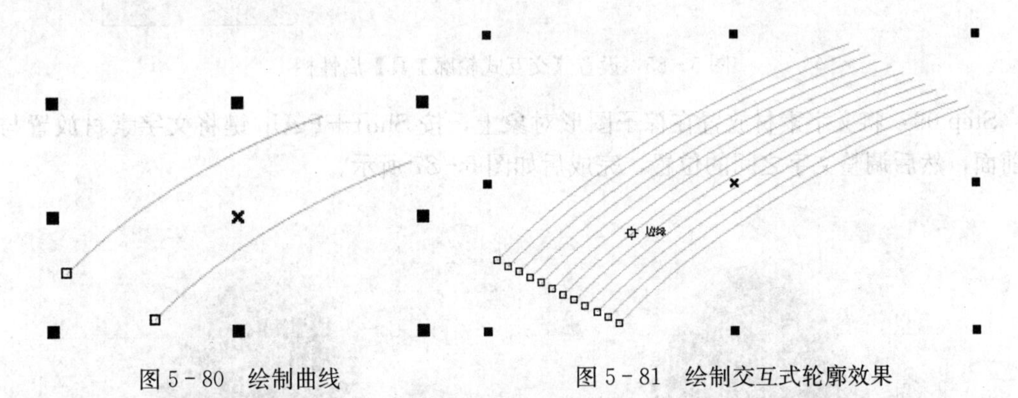

图5-80 绘制曲线　　图5-81 绘制交互式轮廓效果

Step 05：使用同样的方法，继续绘制曲线图形对象，完成后如图5-82所示。

Step 06：选中所绘制的曲线图形对象，单击菜单栏中的【效果】|【图框精确剪裁】|【放置在容器中】选项，然后在粽子图形对象内单击。完成后如图5-83所示。如果需要调整内置的图形对象，只需要右击粽子图形对象，在弹出的快捷菜单中单击【编辑内容】选项，即可对内置的图形对象进行编辑。

图 5－82　完成效果

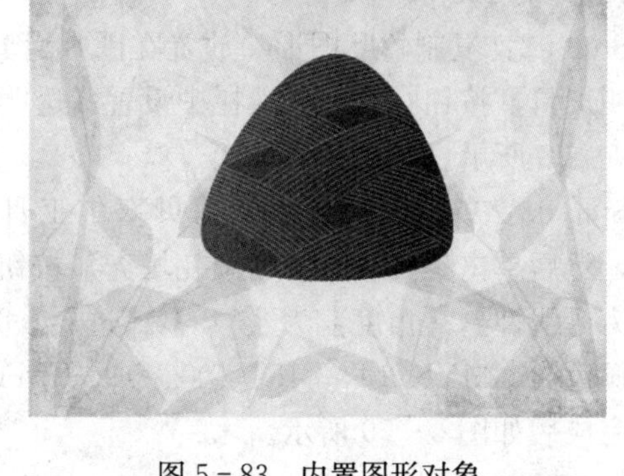

图 5－83　内置图形对象

Step 07：复制竹叶图形，按 Ctrl＋PgDn 键，将竹叶图形对象放置在粽子图形图层下方，然后单击属性栏中的【群组】按钮将竹叶、粽子图形对象群组，然后单击工具箱中的【交互式阴影工具】按钮，在属性栏中设置【预设列表】为【小型辉光】，【透明度操作】为【正常】，【阴影颜色】为 CMYK（95、56、92、34），完成后如图 5－84 所示。

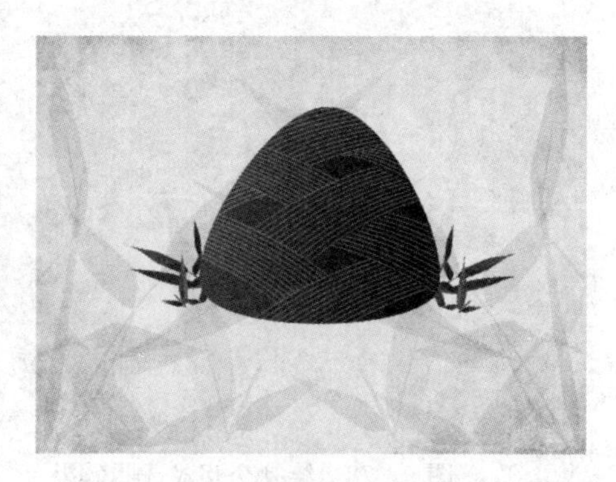

图 5－84　绘制交互式阴影效果

Step 08：绘制粽子图形对象的轮廓线，然后单击【交互式轮廓工具】，设置参数，如图 5－85 所示，交互式轮廓效果如图 5－86 所示。

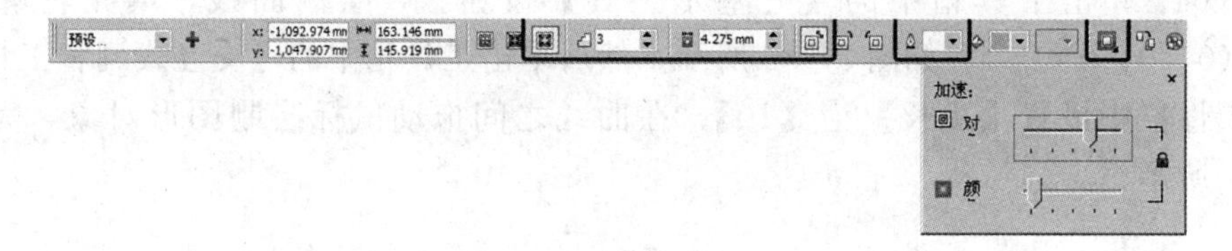

图 5－85　设置【交互式轮廓工具】属性栏

Step 09：将文字素材放置在粽子图形对象上，按 Shift＋PgUp 键将文字素材放置与图层前面，然后调整文字之间的位置，完成后如图 5－87 所示。

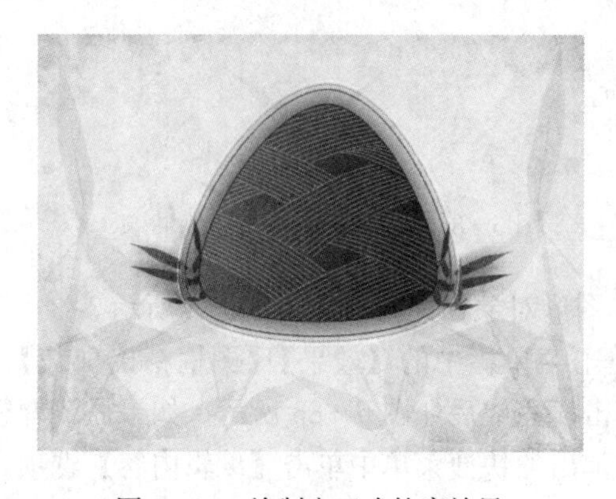

图 5－86　绘制交互式轮廓效果

图 5－87　添加文字素材

Step 10：选择并群组文字素材，单击工具箱中的【交互式立体化工具】按钮，在属性栏中设置【深度】为【18】，在颜色中选择【使用纯色】，设置颜色为CMYK（6、5、5、0），拖动鼠标为文字添加立体化效果。然后单击工具箱中的【交互式阴影工具】按钮，在属性栏中设置【预设列表】为【小型辉光】，【透明度操作】为【正常】，【阴影颜色】为CMYK（2、4、20、0），为文字添加阴影效果，完成后如图5-88所示。

Step 11：单击工具箱中的【文本工具】按钮，输入美术字文本，然后单击工具箱中的【渐变填充】按钮，打开【渐变填充】对话框，设置【渐变类型】为【线性】，【角度】为【1.3】，【边界】为【13%】，从左到右设置颜色为CMYK（58、34、90、15）、CMYK（56、23、100、5）、CMYK（56、23、100、5）、CMYK（67、34、100、20），其他设置如图5-89所示。单击【确定】按钮，完成后如图5-90所示。

图5-88 设置交互式立体化效果和交互式阴影效果

图5-89 设置【渐变填充】对话框

Step 12：单击工具箱中的【文本工具】按钮，输入美术字文本，设置【轮廓】颜色为CMYK（0、0、0、0），【宽度】为【1.1 mm】，然后单击工具箱中的【渐变填充】按钮，打开【渐变填充】对话框，设置【渐变类型】为【线性】，【颜色调和】为【双色】，从上到下设置颜色为CMYK（80、0、100、30）、CMYK（100、0、100、0），单击【确定】按钮，完成后如图5-91所示。

图5-90 设置字体渐变填充效果

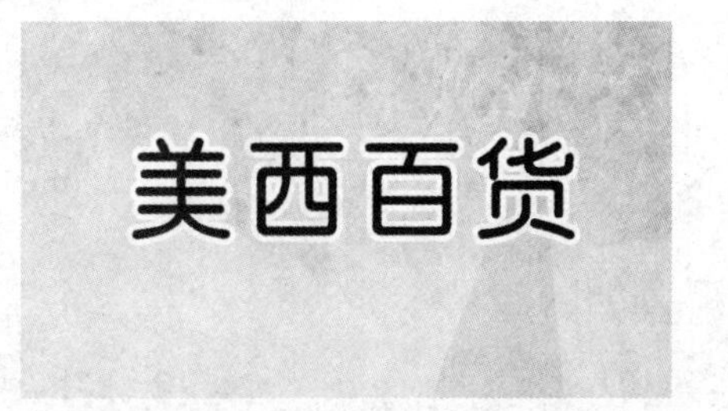

图5-91 设置文字效果

Step 13：在文字中间放入竹叶图形。最终效果如图5-92所示。

图 5-92 最终效果

5.4 小 结

本章运用小实例详细介绍了如何运用 CorelDRAW X4 提供的【交互式调和工具】、【交互式轮廓工具】、【交互式阴影工具】、【交互式透明工具】等交互式图形对象编辑工具，创建各类特殊效果。同时，结合实例简要介绍了包括【透视】、【透镜】、【斜角】、【克隆】、【画框精确剪裁】等其他特殊图形对象编辑效果。通过本章的学习，能熟练运用各种交互式工具、画框精确剪裁功能为图形对象添加特殊效果。

第 6 章 CorelDRAW X4 对象组织与管理

本章导读：

在 CorelDRAW X4 中，运用【变换】、【造型】等工具可操作和管理图形对象；运用菜单栏中的【排列】菜单可实现对象的对齐和分布以及调整对象的顺序位置；运用【变换】泊坞窗，可设置图形对象的【位置】、【变换】、【大小】、【倾斜】、【旋转】等变化；还可以运用属性栏中的【焊接】、【修剪】、【相交】、【简化】、【前剪后】、【后剪前】等工具改变图形对象的造型。掌握本章内容，对加快图形制作是非常必要的。

重点关注：

对象的变换功能
对象的群组和结合
对象的对齐与分布
对象的造型功能

6.1 对象的基本操作

在 CorelDRAW X4 中，图形对象分为可见对象、被其他对象遮挡的对象以及群组对象或嵌套群组中的单个对象。运用 CorelDRAW X4 可以轻松地实现图形对象的选取、复制、删除。掌握了对图形对象的基本操作后才能进一步对图形对象进行各种操作。

6.1.1 选择对象

运用 CorelDRAW X4 对图形对象进行各种操作，必须先选定图形对象。在选择对象时，可以按创建顺序选择对象，也可以一次选择所有对象或取消选择对象。

图形对象被选中时，对象中心会出现【×】，对象的周围还会出现八个黑色控制点。

1. 选取单个对象

方法一：

Step 01：打开配套光盘中的“CD\素材\第 6 章\素材 6-1.cdr”文件。

Step 02：选择工具箱中的【挑选工具】按钮，单击所给的图形对象，图形对象即被选中。

方法二：

Step 01：打开配套光盘中的“CD\素材\第6章\素材6-1.cdr”文件。

Step 02：按Ctrl键同时单击信封中间的圆形封印，即可选中群组中的一个对象。

方法三：

Step 01：打开配套光盘中的“CD\素材\第6章\素材6-1.cdr”文件。

Step 02：按Alt键同时单击黄色封面，可选中黄色封面下方的蓝色封面。

技巧提示

如需按照创建对象的顺序选择对象，按Shift+Tab键同时单击鼠标，即可逐个选取从第一个创建到最后一个创建的对象；按Tab键同时单击鼠标，则是最后一个创建对象到第一个创建对象逐个选取。

2. 选取多个对象

方法一：

Step 01：打开配套光盘中的“CD\素材\第6章\素材6-1.cdr”文件。

Step 02：按Shift键同时逐个单击绿树图形对象，即可选中所有的绿树图形对象，拖动鼠标至绿树图形对象的位置，如图6-1所示。

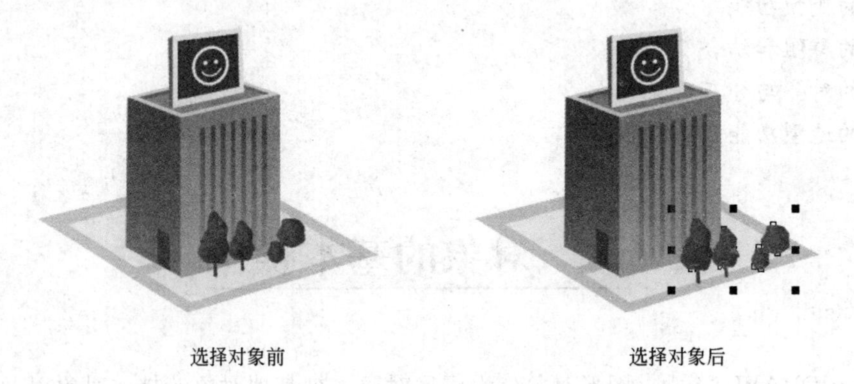

图6-1　选择多个图形对象

方法二：

Step 01：打开配套光盘中的“CD\素材\第6章\素材6-1.cdr”文件。

Step 02：围绕所有对象拖动鼠标，出现矩形虚线选框时松开鼠标即可选中所有对象。

技巧提示

全选对象：按Ctrl+A键，可以选择绘图窗口中的所有图形对象。

6.1.2　复制、删除对象

CorelDRAW提供了多种复制、删除图形对象的方法。下面逐一进行介绍。

1. 复制对象

在CorelDRAW X4中可以复制同一页或不同页之间的对象，还可以将CorelDRAW X4

当中的图形对象复制到其他绘图软件当中去，但不一定能保留其矢量文件格式。

方法一：

Step 01：打开配套光盘中的“CD\素材\第6章\素材6-2.cdr”文件。

Step 02：运用工具箱中的【挑选工具】，选择所要复制的图形对象，单击菜单栏中的【编辑】|【复制】选项，或按Ctrl+C键完成复制。也可以通单击标准菜单栏中的【复制】按钮，进行复制。

Step 03：单击菜单栏中的【编辑】|【粘贴】选项，或按Ctrl+V键，然后运用工具箱中的【挑选工具】，将复制后的图形对象拖至空白处。同样，也可以通过单击标准菜单栏中的【粘贴】按钮，粘贴图形对象。

方法二：

Step 01：打开配套光盘中的“CD\素材\第6章\素材6-3.cdr”文件。

Step 02：运用工具箱中的【挑选工具】，选择所要复制的图形对象，通过拖动鼠标将图形对象拖至空白处后迅速右击鼠标，完成复制。

方法三：

Step 01：打开配套光盘中的“CD\素材\第6章\素材6-4.cdr”文件。

Step 02：运用工具箱中的【挑选工具】，选择所要复制的图形对象，按+键即可复制图形对象。此时复制的图形对象与原图形对象是重叠在一起的，如果需要复制多个图形对象，只要再次按+键即可。

方法四：

Step 01：打开配套光盘中的“CD\素材\第6章\素材6-5.cdr”文件。

Step 02：运用工具箱中的【挑选工具】，选择所要复制的图形对象，单击菜单栏中【编辑】|【再制】选项，或按Ctrl+D键，在弹出的【再制偏移】对话框中设置参数，如图6-2所示。单击【确定】按钮即可完成复制。

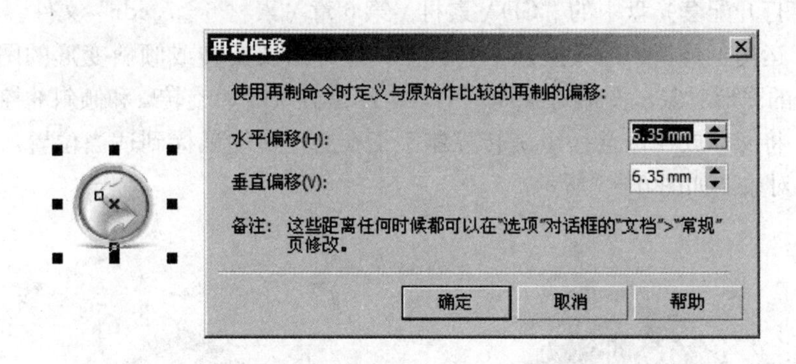

图6-2 运用【再制偏移】对话框复制对象

方法五：

Step 01：打开配套光盘中的“CD\素材\第6章\素材6-6.cdr”文件。

Step 02：运用工具箱中的【挑选工具】，选择所要复制的图形对象，单击菜单栏中【编辑】|【步长和重复】选项，或按Shift+Ctrl+D键，打开【步长和重复】泊坞窗，设置参数，如图6-3所示。

Step 03：单击【应用】按钮，最终效果如图6-4所示。

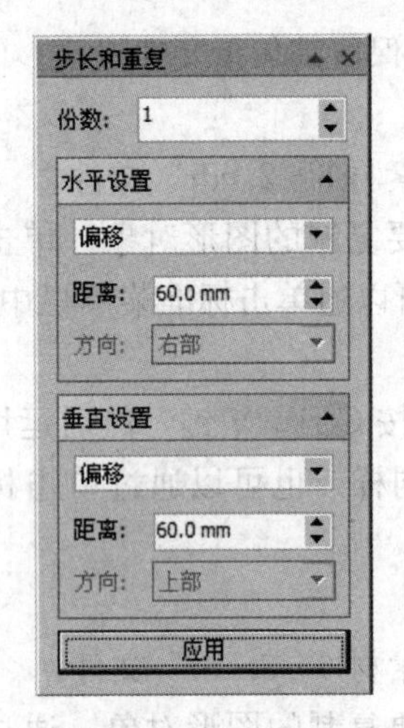

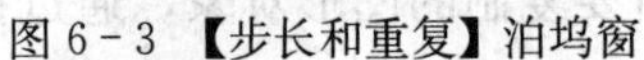
图 6－3 【步长和重复】泊坞窗

图 6－4 最终效果

2. 删除对象

选择所要删除的一个或多个对象图形对象，单击菜单栏中【编辑】|【删除】选项，或按 Delete 键，都可删除所选择的对象。

6.1.3 旋转、倾斜变形对象

在 CorelDRAW X4 中选中对象后，可以轻松地通过控制手柄，自由地旋转、倾斜对象，使对象旋转一定角度或使对象变形。下面通过简单的图例来学习这部分内容。

一学就会

Step 01：打开配套光盘中的“CD＼素材＼第 6 章＼素材 6－7. cdr”文件。

Step 02：运用工具箱中的【挑选工具】，选择所要旋转或倾斜变形的图形对象，再次单击所选择的图形对象，图形对象周围的八个小黑方块变为旋转和倾斜控制手柄。

Step 03：将光标放在任意一个旋转控制手柄上，拖动鼠标到适当位置，完成后即可自由旋转图形对象，如图 6－5 所示。

图 6－5 自由旋转图形对象

Step 04：将光标放在任意一个横向↔或者垂直↕倾斜控制手柄上，拖动鼠标，对象随即倾斜变形，如图 6-6 所示。

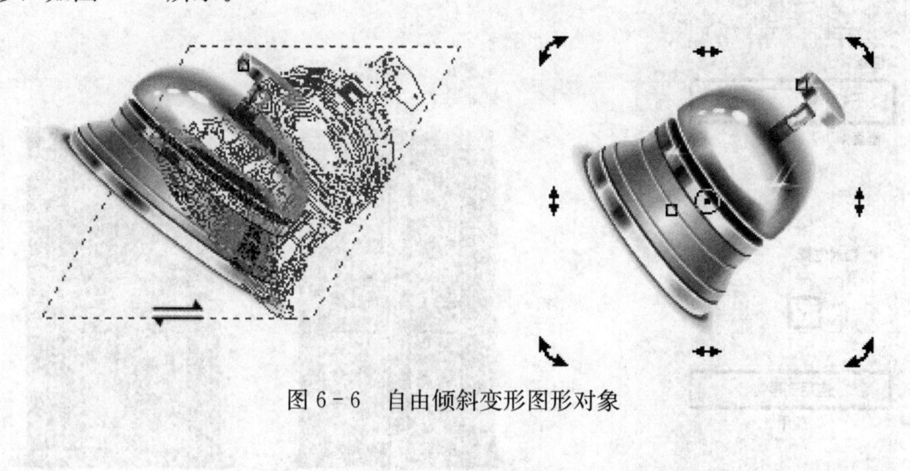

图 6-6　自由倾斜变形图形对象

6.2　对象的变换功能

单击菜单栏中的【排列】|【变换】选项，在菜单中单击任意一选项，如【位置】选项，即可打开【变换】泊坞窗。【变换】泊坞窗包括【位置】、【旋转】、【缩放和镜像】、【大小】、【倾斜】五个选项卡。运用【变换】泊坞窗可以精确地控制变换图形对象，提高工作效率，为设计带来方便。

6.2.1　对象的位置、变换、镜像

1. 位置

单击菜单栏中的【排列】|【变换】|【位置】选项，可以在【位置】选项卡中精确地移动图形对象到指定的位置。

一学就会

Step 01：打开配套光盘中的"CD\素材\第 6 章\素材 6-8. cdr"文件。

Step 02：运用工具箱中的【挑选工具】，选择图形对象，单击菜单栏中的【排列】|【变换】|【位置】选项，在【位置】选项卡中进行参数设置，如图 6-7 所示。

在【位置】选项卡中，【水平】选项可以设置水平位移的距离，【垂直】选项可以设置垂直位移的距离。勾选【相对位置】复选项后，在列阵方块中可以选择以图形对象任意位置作为基准进行移动，默认位置是图形对象的中心点。

Step 03：单击【应用到再制】按钮，最终效果如图 6-8 所示。

2. 变换

单击菜单栏中的【排列】|【变换】|【旋转】选项，可以在【旋转】选项卡中精确图形对象的旋转角度。

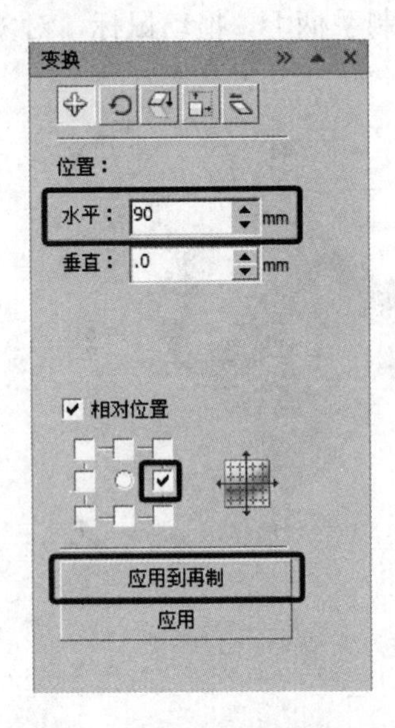

图 6－7　设置【位置】选项卡

图 6－8　最终效果

一学就会

Step 01：打开配套光盘中的“CD\素材\第 6 章\素材 6－9.cdr”文件。

Step 02：运用工具箱中的【挑选工具】，选择图形对象，单击菜单栏中的【排列】|【变换】|【旋转】选项，在【旋转】选项卡中进行参数设置，如图 6－9 所示。

在【旋转】选项卡中，【角度】选项可以精确设置旋转角度；【中心】可以设置图形对象的相对位置。【相对中心】的用法与【位置】选项卡中的【相对中心】的用法一致。

Step 03：单击【应用到再制】按钮，最终效果如图 6－10 所示。

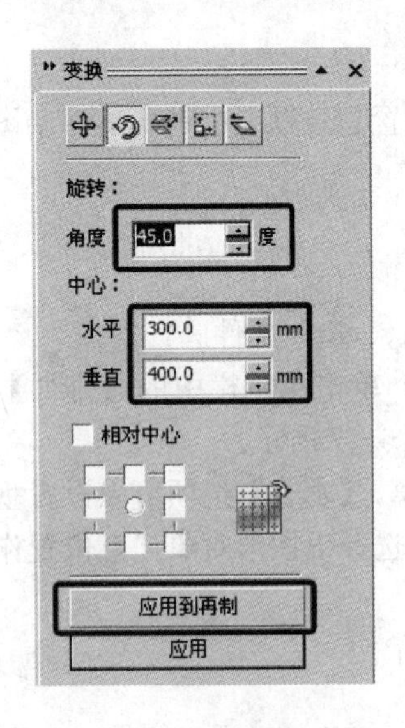

图 6－9　设置【旋转】选项卡

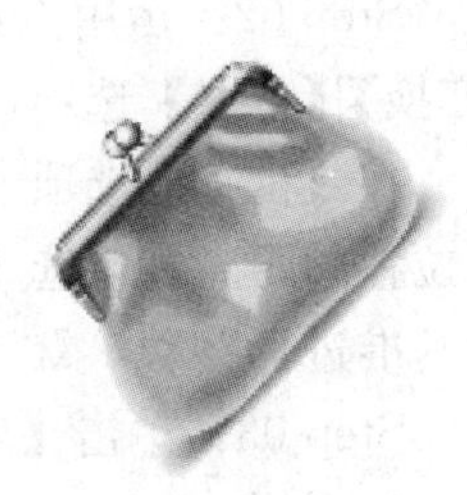

图 6－10　最终效果

3. 镜像

单击菜单栏中的【排列】|【变换】|【镜像】选项，可以在【镜像】选项卡中精确缩放并水平或垂直翻转图形对象。

一学就会

Step 01：打开配套光盘中的“CD\素材\第6章\素材6-10.cdr”文件。

Step 02：运用工具箱中的【挑选工具】，选择图形对象，单击菜单栏中的【排列】|【变换】|【镜像】选项，在【镜像】选项卡中设置参数，如图6-11所示。

Step 03：单击【应用到再制】按钮，最终效果如图6-12所示。

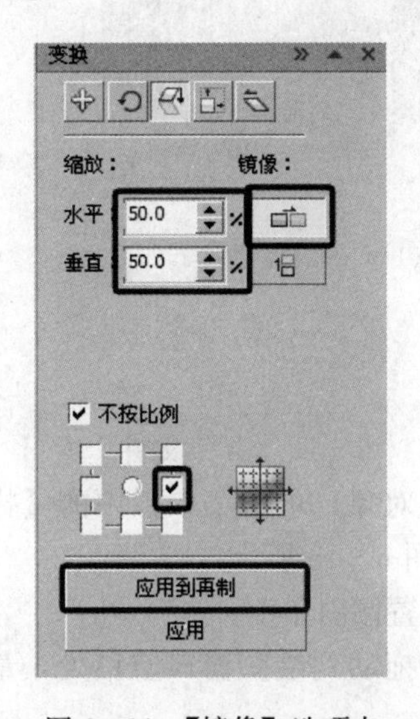

图6-11　【镜像】选项卡

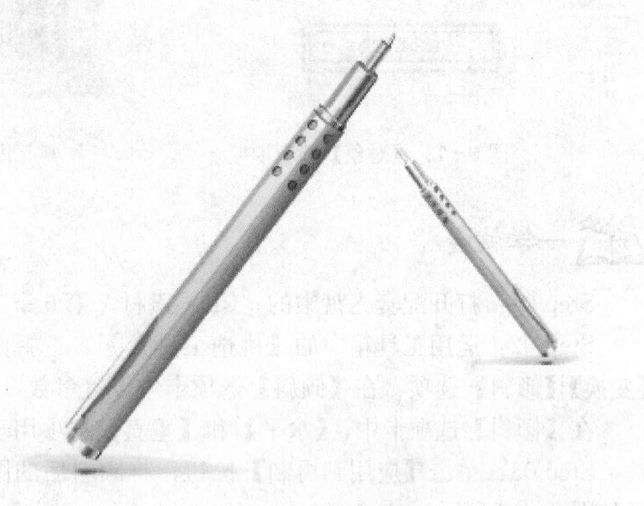

图6-12　最终效果

6.2.2　对象的大小、倾斜

1. 大小

单击菜单栏中的【排列】|【变换】|【大小】选项，可以在【大小】选项卡中精确缩放图形对象。【大小】选项与【缩放】选项的区别在于：【大小】选项根据图形对象的长宽数值缩放，【缩放】选项根据图形对象的百分比值缩放。

一学就会

Step 01：打开配套光盘中的“CD\素材\第6章\素材6-11.cdr”文件。

Step 02：运用工具箱中的【挑选工具】，选择图形对象，单击菜单栏中的【排列】|【变换】|【大小】选项，在选项卡中设置参数，如图6-13所示。

Step 03：单击【应用到再制】按钮，最终效果如图6-14所示。

2. 倾斜

单击菜单栏中的【排列】|【变换】|【倾斜】选项，可以在【倾斜】选项卡中精确缩放图形对象。

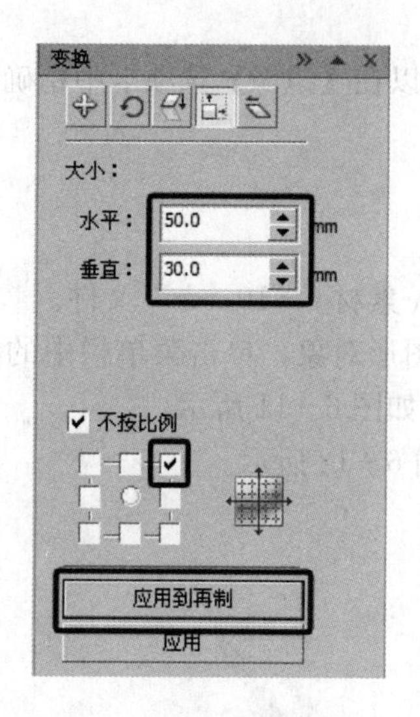

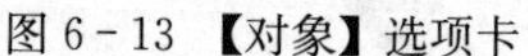
图 6-13 【对象】选项卡

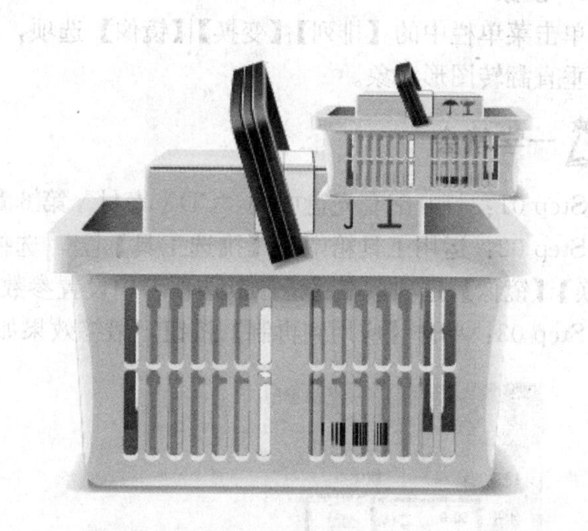
图 6-14 最终效果

一学就会

Step 01：打开配套光盘中的“CD\素材\第6章\素材6-12.cdr”文件。

Step 02：运用工具箱中的【挑选工具】，选择图形对象，单击菜单栏中的【排列】|【变换】|【倾斜】选项，在【倾斜】选项卡中设置参数，如图6-15所示。

在【倾斜】选项卡中，【水平】和【垂直】选项用于设置倾斜角度。

Step 03：单击【应用到再制】按钮，将倾斜后的图形拖动到绘图窗口空白处，最终效果如图6-16所示。

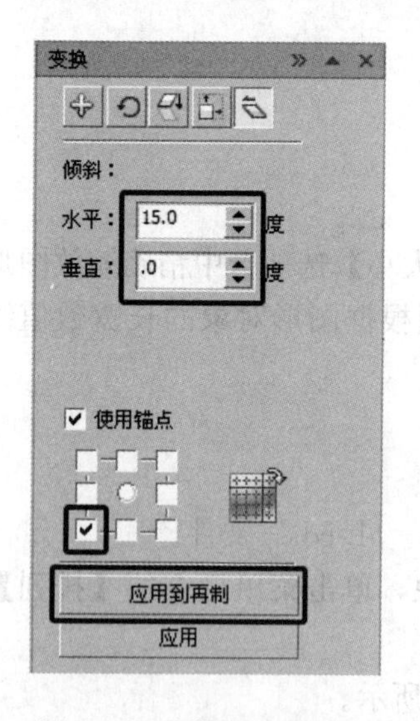

图 6-15 【倾斜】选项卡

图 6-16 最终效果

6.3 对象的对齐与分布

在图形绘制过程中，遇到需要将对象对齐或分布的时候，可以运用【对齐与分布】选项在绘图窗口中精确地对齐对象或者分布对象，从而使绘图效果更加的美观。

6.3.1 对齐对象

运用工具箱中的【挑选工具】，选择需要对齐的多个对象，单击菜单栏中的【排列】|【对齐与分布】|【对齐与分布】选项，或单击属性栏中的【对齐与分布】按钮，打开【对齐与分布】对话框，如图 6－17 所示。

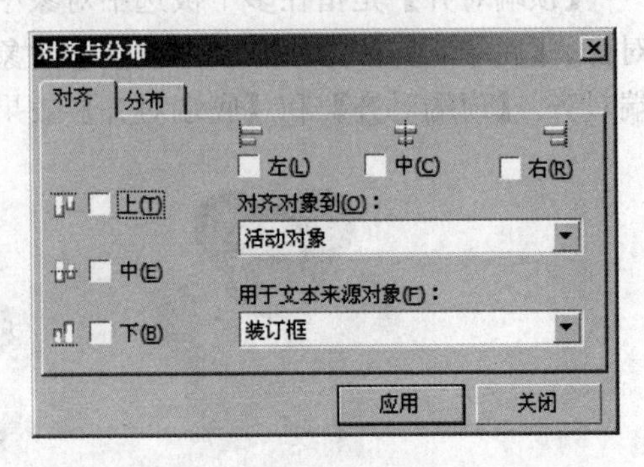

图 6－17 【对齐与分布】对话框

1. 页面居中对齐

页面居中是指将所有被选中的图形对象都放置在绘图页面的中心位置，所有被选中图形对象的中心点相叠。

方法一：选中多个对象，单击【排列】|【对齐与分布】|【在页面居中】选项，即可将被选中的对象都放置在页面的中心位置。

方法二：选中多个对象，单击【排列】|【对齐与分布】|【对齐与分布】选项，在【对齐】选项卡中选择【垂直居中】和【水平居中】选项，对齐对象到【页面中心】。单击【应用】按钮后，被选中的对象即自动放置在页面中心位置，如图 6－18 所示。

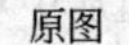

原图　　页面居中对齐

图 6－18 图形页面居中对齐效果

2. 左对齐与右对齐

【左对齐】是指在多个被选中对象中，以最后被选中对象的左边界为对齐基准进行左对齐。

【右对齐】是指在多个被选中对象中，以最后被选中对象的右边界为对齐基准进行右对齐。

在【对齐】选项卡中勾选【左】或【右】选项，其对齐效果如图 6－19 所示。

图 6－19 图形左对齐效果与右对齐效果

3. 顶端对齐与底端对齐

【顶端对齐】是指在多个被选中对象中，以最后被选中对象的顶端为对齐基准进行顶端对齐。【底端对齐】是指在多个被选中对象中，以最后被选中对象的底端为对齐基准进行底端对齐。【顶端对齐】和【底端对齐】效果如图 6－20 所示。

图 6－20 图形顶端对齐与底端对齐效果

4. 水平居中对齐和垂直居中对齐

【水平居中对齐】是指在多个被选中对象中，以最后被选中对象的水平中心点为对齐基准进行对齐。【垂直居中对齐】是指在多个被选中对象中，以最后被选中对象的垂直中心点为对齐基准进行对齐。【水平居中对齐】和【垂直居中对齐】效果如图 6－21 所示。

图 6－21 图形水平居中对齐效果和垂直居中对齐效果

技巧提示

【对齐与分布】对话框中个选项的快捷键如下：

【左对齐】：L（Left） 【右对齐】：R（Right）
【顶端对齐】：T（Top） 【底端对齐】：B（Bottom）
【水平居中对齐】：E（Level） 【垂直居中对齐】：C（Center）
【在页面居中】：P（Page）
可以根据括号里面的英文单词来熟记各快捷键。

6.3.2 分布对象

CorelDRAW X4 中可以选择多种方式等距离精确分布对象。运用工具箱中的【挑选工具】，选择需要对齐的多个对象，单击菜单栏中的【排列】|【对齐与分布】|【对齐与分布】选项，或单击属性栏中的【对齐与分布】按钮，打开【对齐与分布】对话框，切换到【分布】选项卡，如图 6-22 所示。

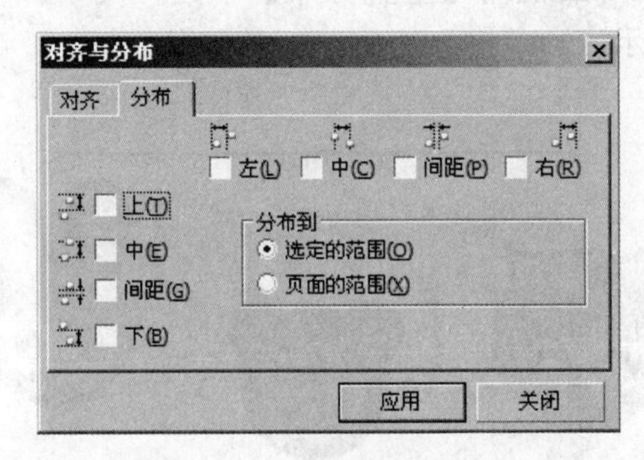

图 6-22 【分布】选项卡

一学就会

Step 01：打开配套光盘中的“CD\素材\第 6 章\素材 6-13. cdr”文件。

Step 02：单击工具箱中的【挑选工具】按钮，选中所有图形对象。

Step 03：单击属性栏中的【对齐与分布】按钮，打开【对齐与分布】对话框，切换到【分布】选项卡，在【垂直分布】中选择【上】，在【水平分布】中选择【左】。效果如图 6-23 所示。

图 6-23 图形【左】、【上】分布效果

【垂直分布】中的【上】是指在垂直方向上以某一顶端为分布基准进行等距离分布。

【水平分布】中的【左】是指在水平方向上以某一左边界为分布基准进行等距离分布。

Step 04：在【分布】对话框内的【垂直分布】中选择【间距】，在【水平分布】中选择【间距】，效果如图 6-24 所示。

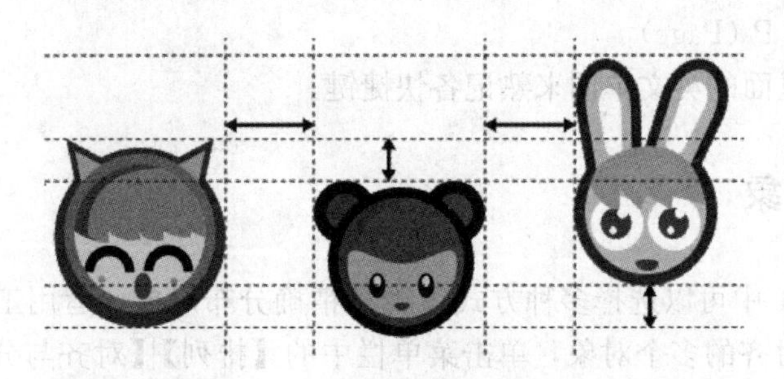

图 6-24　图形【间距】分布效果

Step 05：在【分布】对话框内【垂直分布】中选择【中】，在【水平分布】中选择【中】，效果如图 6-25 所示。

图 6-25　图形【中】分布效果

6.4　对象的顺序位置

CorelDRAW X4 在默认状态下，以绘制的先后顺序来安排对象的顺序位置，在绘制过程中，经常需要调整众多对象的叠放顺序。选中所需要调整顺序位置的对象，单击菜单栏中的【排列】|【顺序】选项，在菜单中选择所需要的选项，如图 6-26 所示。

【到页面前面】：将选定对象移到页面上所有其他对象的前面。

【到页面后面】：将选定对象移到页面上所有其他对象的后面。

【到图层前面】：将选定对象移到活动图层上所有其他对象的前面。

【到图层后面】：将选定对象移到活动图层上所有其他对象的后面。

【向前一层】：将选定的对象向前移动一个位置。

【向后一层】：将选定对象向后移动一个位置。

【置于此对象前】：光标变成➡，将选定对象移到指定对象的前面。

【置于此对象后】：光标变成➡，将选定对象移到指定对象的后面。

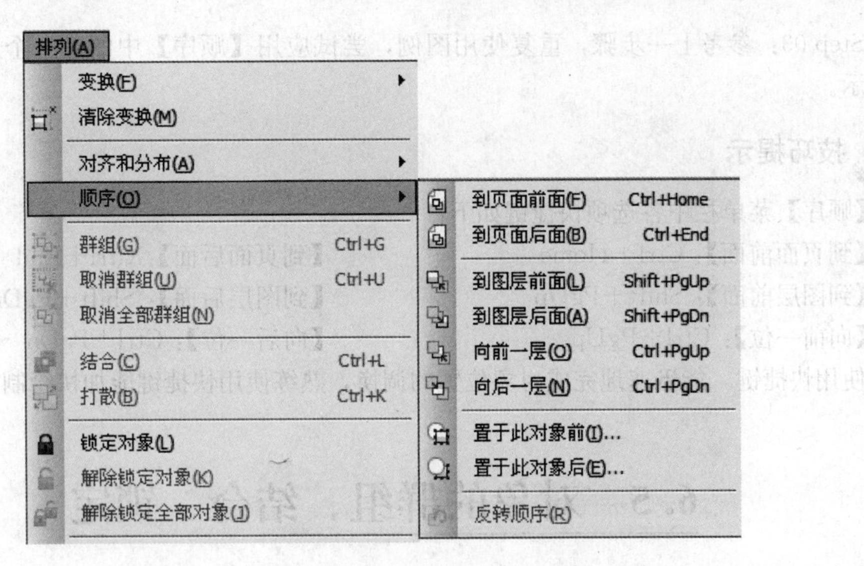

图 6-26 【顺序】菜单

【反转顺序】：按上下顺序颠倒所有选定图层的前后顺序。

一学就会

Step 01：打开配套光盘中的“CD\素材\第 6 章\素材 6-14.cdr”文件。

Step 02：运用【挑选工具】，选择一个图形对象，单击菜单栏【排列】|【到页面前面】选项，即可调整对象到页面前面，如图 6-27 所示。

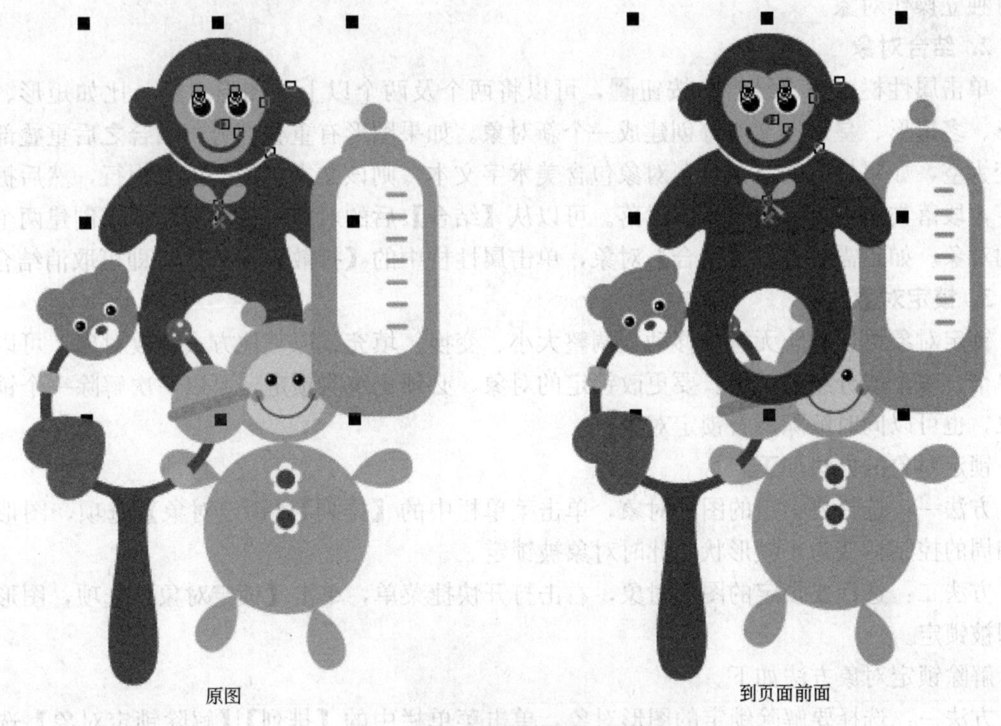

图 6-27 调整图形到页面前面

Step 03：参考上一步骤，重复使用图例，尝试应用【顺序】中的每一个选项，这里不再演示。

技巧提示

【顺序】菜单栏中各选项快捷键如下：

【到页面前面】：Ctrl＋Home　　【到页面后面】：Ctrl＋End

【到图层前面】：Shift＋PgUp　　【到图层后面】：Shift＋PgDn

【向前一位】：Ctrl＋PgUp　　【向后一位】：Ctrl＋PgDn

使用快捷键，能迅速地完成对象位置的调换，熟练使用快捷键能加快绘制速度。

6.5 对象的群组、结合、锁定

1. 群组对象

单击属性栏中的【群组】按钮，可以将多个对象绑定为一个整体，这对于复杂的图形对象操作非常有用。如果需要编辑群组图形中的单个图形对象，需要先取消群组对象。取消群组对象分为【取消群组】和【取消全部群组】。

当一个复杂图形由多个群组对象再次群组组合而成时，图形就嵌套了多个群组对象，在取消群组时，单击【取消全部群组】按钮，可以取消所有群组对象，使每个图形对象变为可独立操作对象。

2. 结合对象

单击属性栏中的【结合】按钮，可以将两个及两个以上的图形对象，比如矩形、椭圆形、多边形、星形、文本等创建成一个新对象。如果图形有重叠部分，结合之后重叠部分将变为空，如果拆分的【结合】对象包含美术字文本，则该文本首先会拆分为行，然后拆分为字，段落文本则拆分为独立的段落。可以从【结合】后的对象中提取子路径以创建两个独立的对象。如果需要拆分【结合】对象，单击属性栏中的【打散】按钮，即可取消结合。

3. 锁定对象

锁定对象可以防止无意中移动、调整大小、变换、填充或以其他方式更改对象，可以锁定单个、多个或分组的对象。要更改锁定的对象，必须先解除锁定，可以一次解除一个锁定对象，也可以同时解除所有锁定对象。

锁定对象的方法如下。

方法一：选择要锁定的图形对象，单击菜单栏中的【排列】|【锁定对象】选项，图形对象四周的控制柄变为小锁形状，此时对象被锁定。

方法二：选择要锁定的图形对象，右击打开快捷菜单，单击【锁定对象】选项，图形对象即被锁定。

解除锁定对象方法如下。

方法一：选择要解除锁定的图形对象，单击菜单栏中的【排列】|【解除锁定对象】选项或【解除锁定全部对象】选项，即可解除单个锁定对象或全被锁定对象。

方法二：选择要解除锁定的图形对象，右击打开快捷菜单，单击【解除锁定对象】选项，即可解除所选中的锁定对象。

【群组】和【取消群组】的快捷键如下：

【群组】：Ctrl+G　　　　　　　　　　【取消群组】：Ctrl+U

【结合】：Ctrl+L　　　　　　　　　　【打散】：Ctrl+K

6.6　对象的造型功能

CorelDRAW X4 提供了【焊接】、【修剪】、【相交】、【简化】、【移除前面对象】、【移除后面对象】、【创建边界】等造型功能，帮助用户快速地修改图形对象，制作出用户所需的图形效果。各个造型工具能对两个或者两个以上的图形对象的形状进行修整。文本与文本之间不能使用【造型】功能修改文本外轮廓。在文本与图形对象进行轮廓修整的过程中，文本自动以图形的方式进行编辑。

单击菜单栏中的【排列】|【造型】选项，在下拉菜单中单击任意一选项如【焊接】，即可以打开相应的选项卡。造型工具使用便捷，是常用的图形编辑工具，在标志设计、字体设计中应用广泛，应当熟练掌握。

6.6.1　焊接

单击属性栏中的【焊接】按钮，可以将选中的两个或两个以上的图形对象进行焊接，结合后所创建的新对象不能拆分还原。位图、文本、段落、尺度线等对象不能进行焊接。

同时选中两个或两个以上的图形对象，单击属性栏中的【焊接】按钮，或单击菜单栏中的【排列】|【造型】|【造型】选项，弹出【造型】泊坞窗，选择【焊接】选项卡，最后单击【焊接到】按钮，即可将选中的图形进行焊接，其【焊接】选项卡如图 6-28 所示。

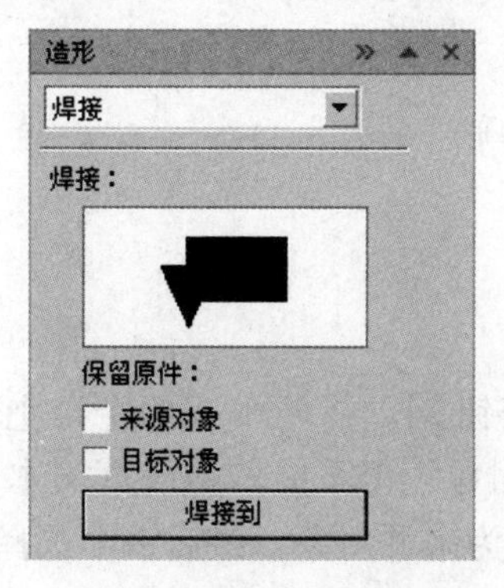

图 6-28　【焊接】选项卡

一学就会

Step 01：新建空白 CorelDRAW 文档。单击工具箱中的【文本工具】按钮，在绘制窗口中单击鼠标，出现光标后输入大写字母“A”，填充颜色为黑色。按 Ctrl+Q 键，将字母转换为曲线，如图 6-29 所示。

Step 02：分别单击菜单栏中的【视图】|【贴齐辅助线】、【简单线框】选项，从标尺处拖动辅助线，用辅助线辅助定位所要绘制的图形对象。然后单击工具箱中的【贝塞尔工具】按钮，绘制出图形，如图 6-30 所示。

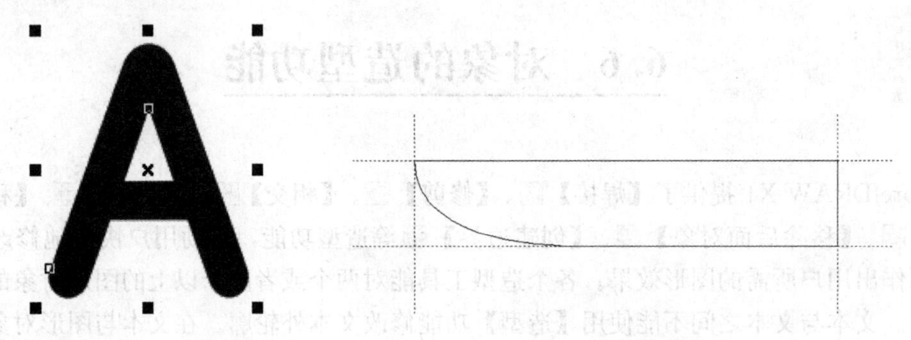

图 6-29　输入美术字文本　　图 6-30　绘制图形

Step 03：复制上一步骤所绘制的图形对象，进行适当的图形修改，将所绘制的图形对象与字母 A 交叉重叠放置。运用【对齐与分布】对话框，使图形对象和字母 A 垂直居中对齐，图形对象均匀分布在字母 A 的左右两侧，如图 6-31 所示。

Step 04：单击菜单栏【视图】|【使用增强的叠印型视图】选项，离开【简单线框】视图模式。

Step 05：单击工具箱中的【挑选工具】按钮，选中字母 A 和其他所有图形对象，单击属性栏中的【焊接】按钮，即可将选中的图形进行焊接，最终效果如图 6-32 所示。

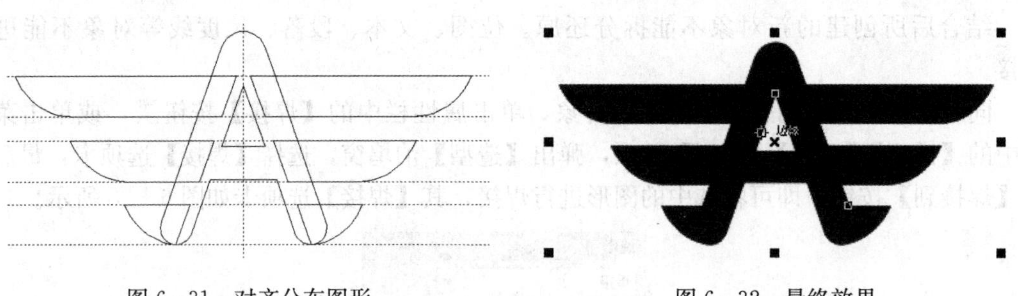

图 6-31　对齐分布图形　　图 6-32　最终效果

6.6.2　修剪

单击属性栏中的【修剪】按钮，将两个或两个以上图形对象的重叠部分进行裁剪。【修剪】工具可以修剪任何图形对象，但不能修剪段落文本、尺度线或克隆的主对象。修剪对象时，第一个选择的图形对象为来源对象，最后一个选择的图形对象为目标对象。【修剪】选项卡如图 6-33 所示。

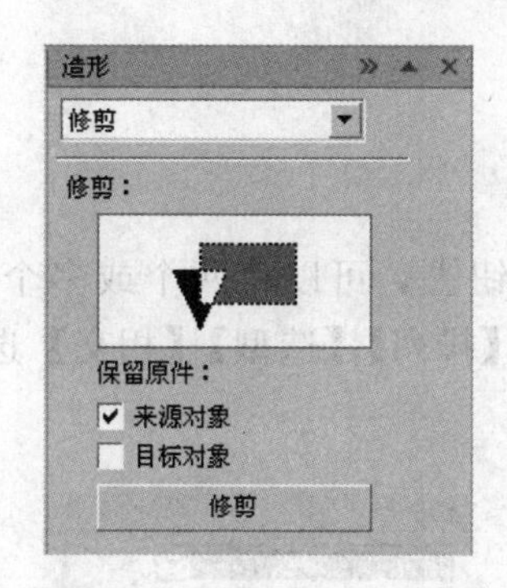

图 6－33 【修剪】选项卡

一学就会

Step 01：新建空白 CorelDRAW 文档。单击工具箱中的【文本工具】按钮，在绘制窗口中单击鼠标，出现光标后输入大写字母“D”，填充颜色为黑色，按 Ctrl+Q 键，将字母转换为曲线，如图 6－34 所示。

Step 02：单击工具箱中的【贝塞尔工具】按钮，围绕字母 D 中间的空白处绘制不规则图形，然后同时选中不规则图形和字母 D，单击属性栏中的【焊接】按钮，将这两个图形焊接在一起，完成后如图 6－35 所示。

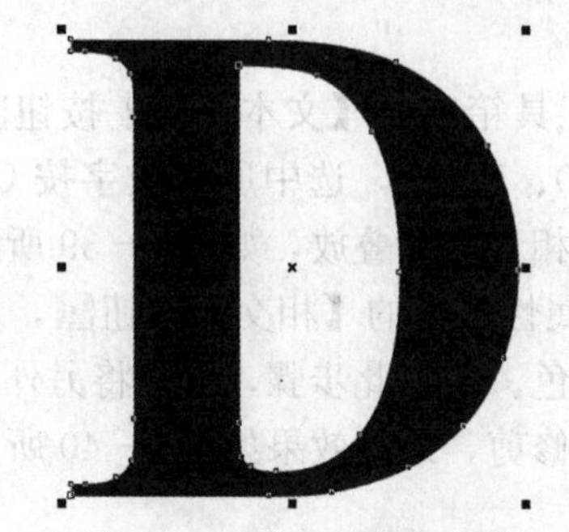

图 6－34 输入美术字文本

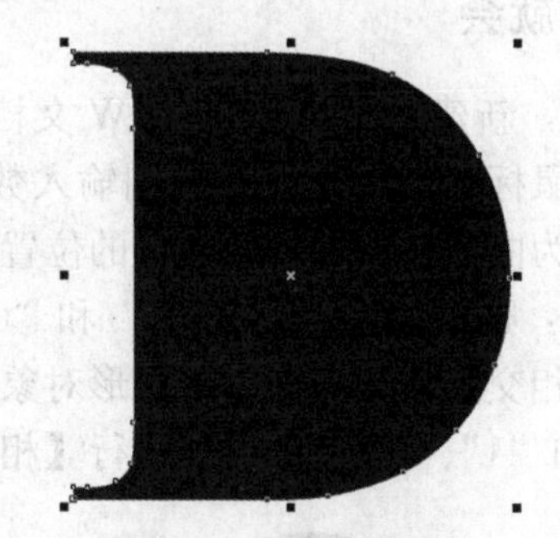

图 6－35 焊接图形

Step 03：单击工具箱中的【贝塞尔工具】按钮，绘制一个头部正侧脸图形，填充颜色为灰色 CMYK（0、0、0、20），然后将脸部图形拖放到字母 D 中，如图 6－36 所示。

Step 04：同时选中字母 D 和脸部图形对象，单击属性栏中的【修剪】按钮，修剪字母 D，完成后删除脸部图形对象，最终效果如图 6－37 所示。

图 6－36 将脸部图形对象拖放到字母 D 中

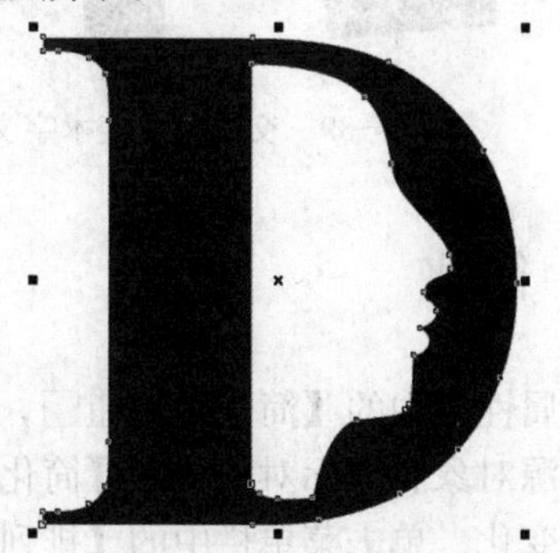

图 6－37 最终效果

6.6.3 相交

单击属性栏中的【相交】按钮，可以将两个或多个对象的重叠区域创建成新对象，并保留原对象。单击菜单栏中的【排列】|【造型】|【相交】选项，即可打开【相交】选项卡，如图 6－38 所示。

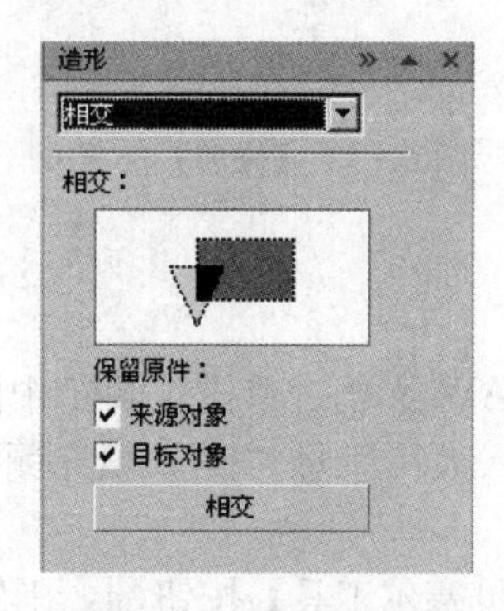

图 6－38 【相交】选项卡

一学就会

Step 01：新建空白 CorelDRAW 文档。单击工具箱中的【文本工具】按钮，在绘制窗口中单击鼠标，出现光标后分别输入数字“2、0、1、0”，选中所有数字按 Ctrl＋Q 键，将字母转换为曲线。然后调整数字的位置，把数字相互交叉叠放，如图 6－39 所示。

Step 02：选中相连的数字“2”和“0”，单击属性栏中的【相交】按钮，即可完成操作。单击【相交】按钮后出现新图形对象，填充黄色。重复此步骤，分别将另外两组相连的数字“0”和“1”、“1”和“0”进行【相交】造型修剪，最终效果如图 6－40 所示。

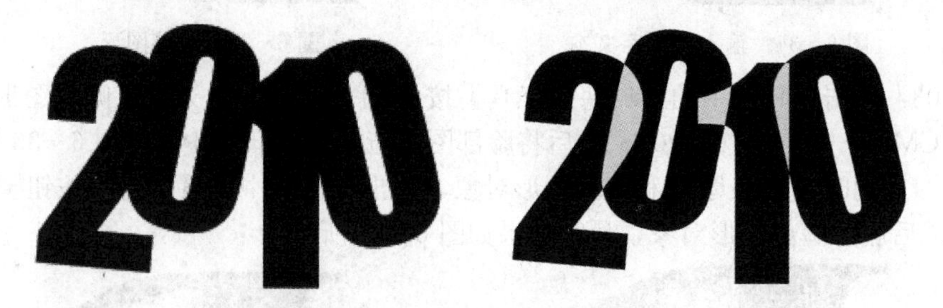

图 6－39 交叉叠放美术字文本　　　图 6－40 最终效果

6.6.4 简化

单击属性栏中的【简化】按钮，可以移除两个或者多个对象的重叠区域，【简化】功能不分来源对象和目标对象。在【简化】图形对象时，位于上方的图形对象保持不变，其他对象发生变化。单击菜单栏中的【排列】|【造型】|【简化】选项，即可打开【简化】选项卡，如图 6－41 所示。

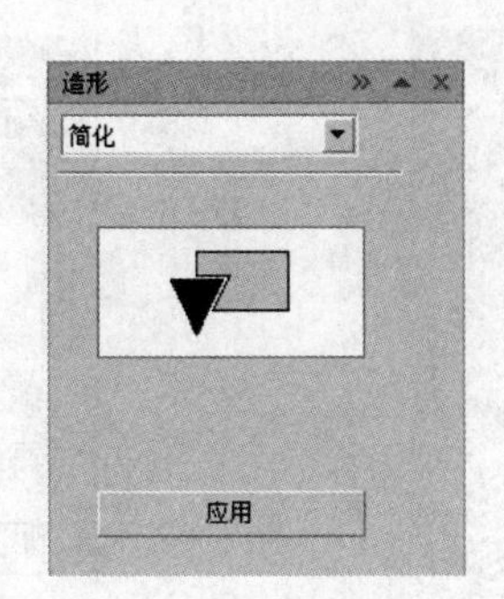

图 6-41 【简化】选项卡

一学就会

Step 01：新建空白 CorelDRAW X4 文档。单击工具箱中的【椭圆形工具】按钮，按 Ctrl 键的同时在绘图窗口拖动鼠标，绘制正圆形，填充青色 CMYK（100、0、0、0）。单击工具箱中的【星形工具】按钮，绘制五角星形，填充紫色 CMYK（40、100、0、0）。选中正圆和五角星形，先后按 C、E 键，将两者垂直居中对齐，如图 6-42 所示。

Step 02：选中正圆和五角星形，单击属性栏中的【简化】按钮，裁切掉正圆上的重叠部分。选中五角星形，按 Shift＋Alt 键同时拖动鼠标缩小星形，最终效果如图 6-43 所示。

图 6-42 图形垂直居中对齐

图 6-43 最终效果

6.6.5 前剪后、后剪前

在 CorelDRAW X4 中，单击属性栏中的【移除后面对象】按钮与【移除前面对象】按钮可改变图形对象的造型。操作方法与之前的【修剪】、【相交】等类似。

单击菜单栏中的【排列】|【造型】|【移除后面对象】选项，即可打开【移除后面对象】选项卡，如图 6-44 所示。

单击菜单栏中的【排列】|【造型】|【移除前面对象】选项，即可打开【移除前面对象】选项卡，如图 6-45 所示。

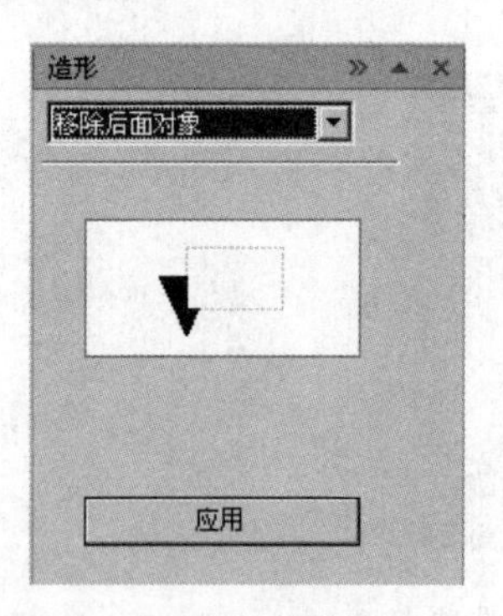

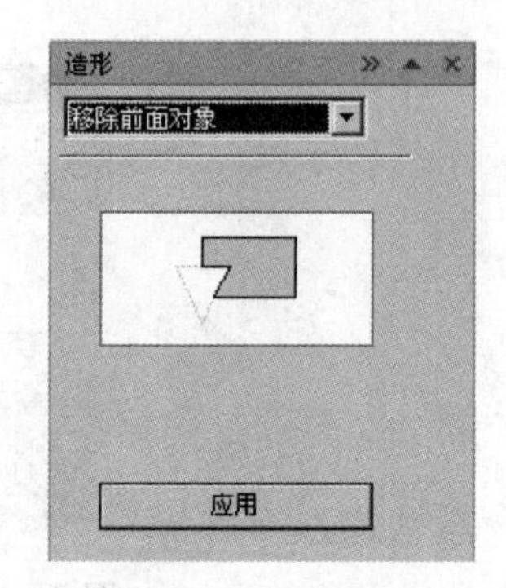

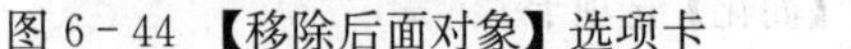
图 6-44 【移除后面对象】选项卡　　图 6-45 【移除前面对象】选项卡

一学就会

Step 01：单击工具箱中的【文本工具】按钮，在绘制窗口中单击鼠标，出现光标后输入美术字文本，填充颜色为黑色，如图 6-46 所示。

Step 02：单击工具箱中的【矩形工具】按钮，绘制矩形，设置【宽度】为【1.0 mm】，任意高度，填充灰色 CMYK（0、0、0、70）。复制所绘制的矩形，移动到其他位置，选中两个矩形，按 B 键，将两者底部对齐。然后单击工具箱中的【交互式调和工具】按钮，将鼠标从第一个矩形移动到第二个矩形上，然后在属性栏中将步长设置为【100】，单击 Enter 键，完成后如图 6-47 所示。

天空城

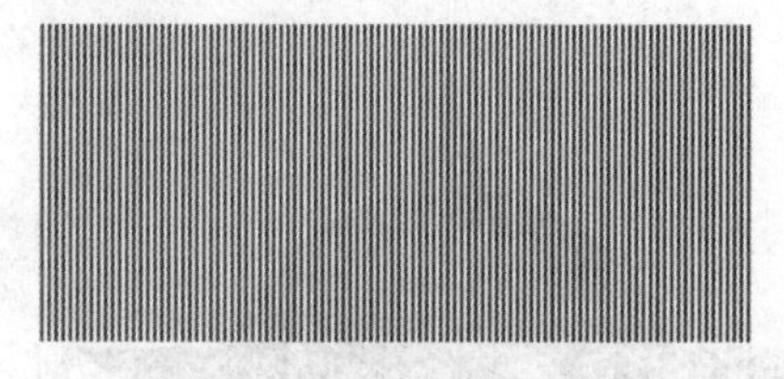

图 6-46 输入美术字文本　　图 6-47 绘制交互式调和效果

Step 03：选中上一步所绘制的图形对象，右击鼠标，在快捷菜单中选择【打散调和群组】，然后再单击属性栏中的【取消全部群组】按钮，将调和对象全部打散。选中所有矩形图形对象，单击在属性栏中的【焊接】按钮，将所有矩形对象进行焊接。

Step 04：选中文字和矩形图形对象，按 C、E 键将两者居中对齐，然后复制一份放在其他位置备用。

Step 05：选中文字和矩形图形对象，单击属性栏中的【移除后面对象】按钮，最终效果如图 6-48 所示。

Step 06：选择复制的那份文字和矩形对象，然后单击属性栏中的【移除前面对象】按钮，最终效果如图 6-49 所示。

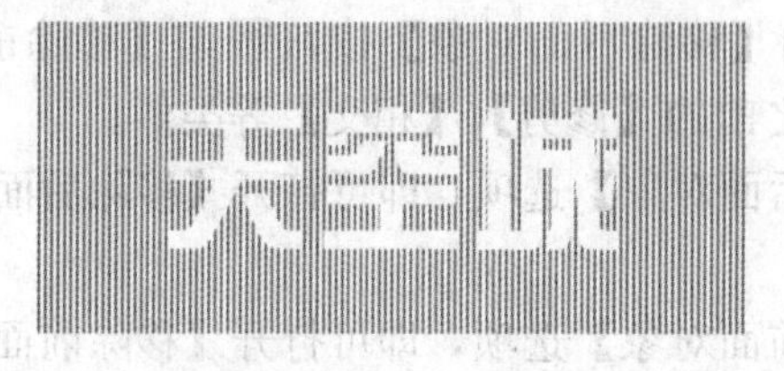

图 6-48 前剪后效果　　图 6-49 后剪前效果

6.6.6 创建对象边界

单击属性栏中的【创建围绕选定对象的新对象】按钮，可以自动在选定对象周围创建边界。

一学就会

Step 01：单击工具箱中的【星形工具】按钮，绘制多个五角星形，填充绿色 CMYK（100、0、100、0），如图 6－50 所示。

Step 02：选中所有图形对象，单击属性栏中的【创建围绕选定对象的新对象】按钮，即可创建新的图形边界。新创建的图形边界如图 6－51 所示。

图 6－50 绘制星形

图 6－51 创建图形新边界

6.7 实　　例

结合实例介绍 logo 图形绘制，打开“CD \ 源文件 \ 第 6 章 \ 标志设计 . cdr”，如图 6－52 所示。绘制标志，主要运用【矩形工具】、【3 点矩形工具】、【变换】泊坞窗、【造型】泊坞窗等工具。在绘制过程中，应多用辅助线以及【对齐与分布】选项，精确绘制图形对象。

Step 01：新建空白 CorelDRAW X4 文档。单击菜单栏中【视图】|【贴齐辅助线】选项以及【对齐对象】选项，从标尺处拖出辅助线，预设图形对象的大小、位置。

Step 02：单击工具箱中的【矩形工具】按钮，绘制矩形，如图 6－53 所示。

Step 03：从标尺处拖出垂直辅助线，在属性栏中设置【旋转角度】为【56°】，调整倾斜辅助线的位置，如图 6－54 所示。

图 6-52 最终效果

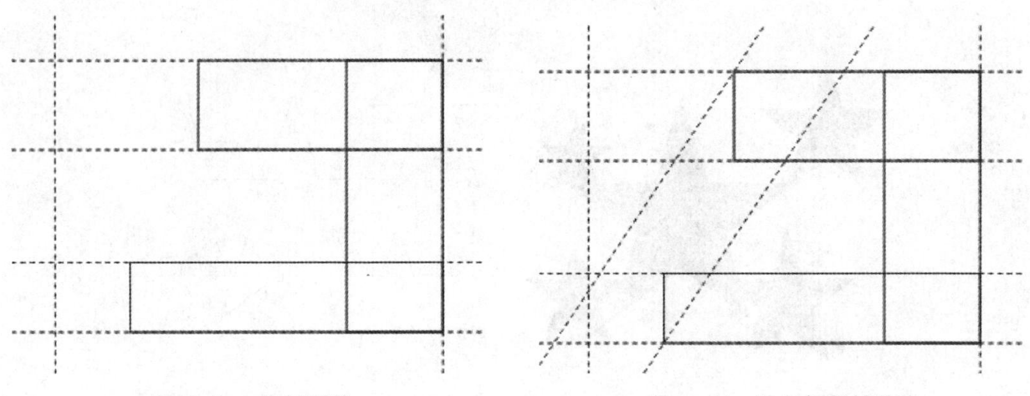

图 6-53 绘制矩形　　图 6-54 绘制倾斜辅助线

Step 04：单击工具箱中的【3 点矩形工具】按钮，在倾斜辅助线之间绘制矩形，如图 6-55 所示。

Step 05：选中所绘制的所有图形对象，单击属性栏中的【焊接】按钮，焊接图形对象。然后为图形对象填充颜色 CMYK（100、80、0、0），完成后如图 6-56 所示。

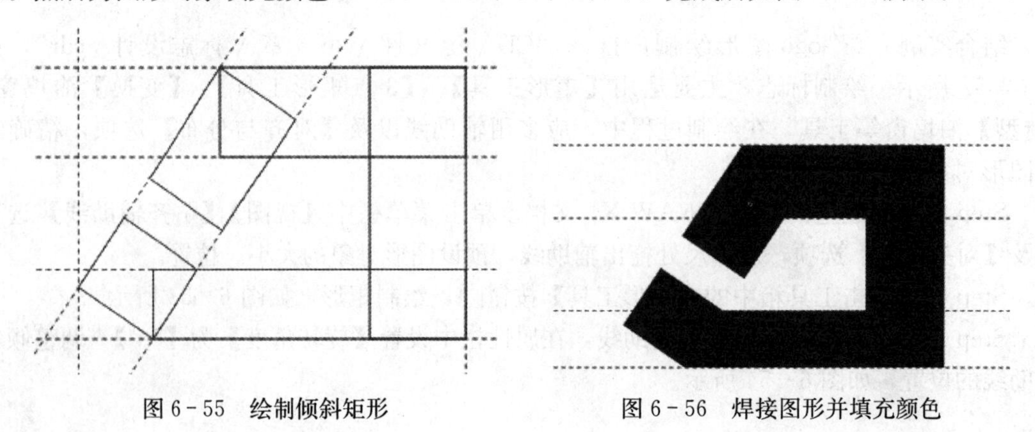

图 6-55 绘制倾斜矩形　　图 6-56 焊接图形并填充颜色

Step 06：单击菜单栏中的【排列】|【变换】|【位置】选项，打开【变换】泊坞窗中的【位置】选项卡，设置参数，如图 6－57 所示。在【水平】文本框内输入数值时，该数值在默认数值基础上加 10 mm，原默认数值为 40 mm，现为 50 mm。单击【应用到再制】按钮，完成后如图 6－58 所示。最后单击属性栏中的【群组】按钮，群组两个图形对象。

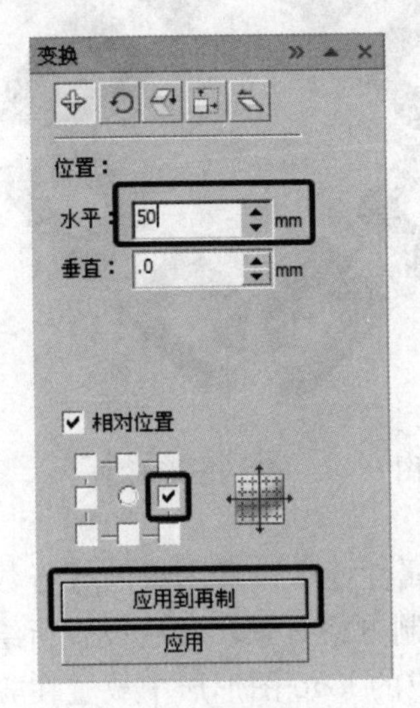

图 6－57 【位置】选项卡

图 6－58 完成效果

Step 07：单击工具箱中的【矩形工具】按钮，按 Ctrl 键绘制正方形。选中正方形和群组后的图形对象，按 C 键居中对齐。完成后如图 6－59 所示。

Step 08：复制群组图形对象，单击属性栏中的【垂直镜像】按钮，将复制的群组图形对象贴齐矩形的上方边线，同时选中两个群组图形对象，按 C 键居中对齐，如图 6－60 所示。最后删除矩形图形对象。

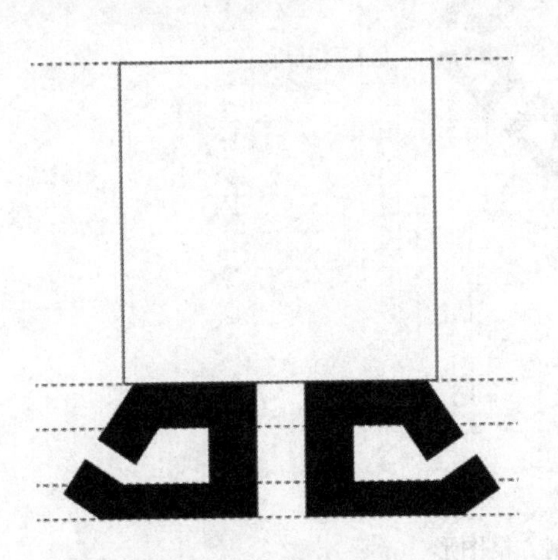

图 6－59 绘制矩形

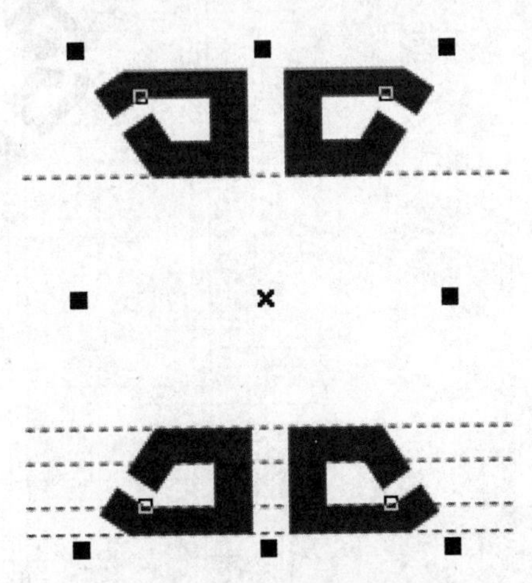

图 6－60 垂直镜像群组图形

Step 09：打开【变换】泊坞窗中的【旋转】选项卡，设置旋转的【角度】为【90°】，其他数值不变，单击【应用到复制】按钮，完成后如图 6－61 所示。

Step 10：单击属性栏中的【群组】按钮，群组所有图形对象。在属性栏中设置【旋转角度】为【45°】，按Enter键确定，完成后如图6-62所示。

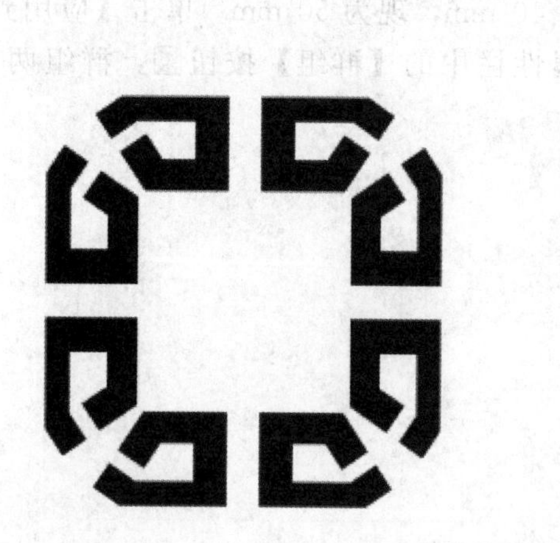

图6-61　再制图形对象

图6-62　旋转图形对象

Step 11：单击工具箱中【图纸工具】按钮，在属性栏中设置图纸的【行数】和【列数】同为【50】，按Ctrl键并拖动鼠标在绘图页面上绘制方格背景，然后设置所绘制的方格轮廓线颜色为CMYK（0、0、0、20）。将上一步骤完成的logo图形居中放置在方格图形对象内，如图6-63所示。

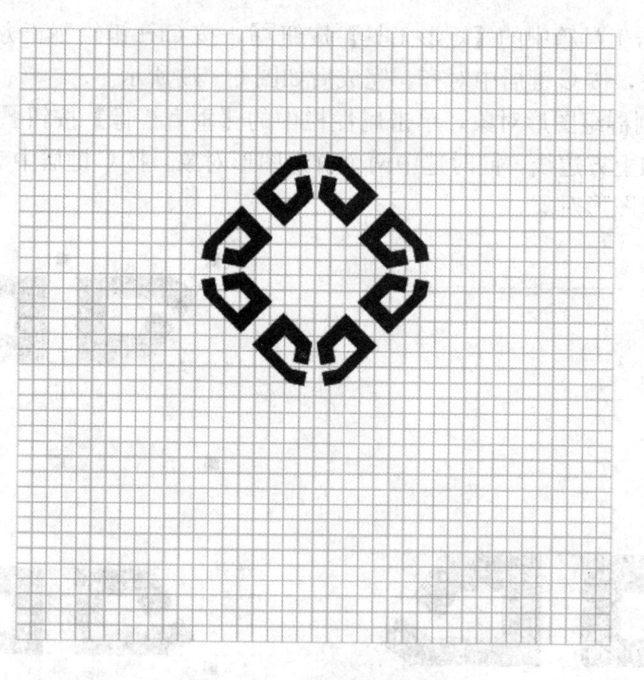

图6-63　绘制方格图形

Step 12：单击工具箱中的【文本工具】按钮，输入美术字文本，填充颜色CMYK（100、80、0、0），然后将文字转换为曲线，最终效果如图6-64所示。

图 6－64 最终效果

6.8 小 结

本章主要介绍了 CorelDRAW X4 中的图形【变换】功能、【造型】功能等工具。灵活运用【变换】功能、【造型】功能等工具不仅能节约绘图时间，还能避免因为手工拖动图形对象产生的细微误差。

第7章 CorelDRAW X4 文本编辑

本章导读：

文字设计、段落编排的好坏，直接影响其版面的视觉传达效果。因此，本章将详细介绍如何运用 CorelDRAW X4 各种强大的文字编辑工具，使大家能轻松出色地完成文字设计和文本编排，赋予作品更多的设计感，给人以艺术的享受。

重点关注：

文本基本操作

文本格式编排

文字特效

7.1 文本基本操作

在 CorelDRAW X4 中，文本分为美术字文本和段落文本两种类型。文字输入和段落编排是 CorelDRAW X4 最基本的文本处理功能。下面就着重介绍文字输入、文本编排、路径文字等文本编辑功能。

7.1.1 创建美术字文本

美术字文本是用【文本工具】字创建的一种文本类型，适合内容较少的标题性文字输入，如广告标题、广告标语、商品名称等。【文本工具】属性栏如图 7-1 所示。

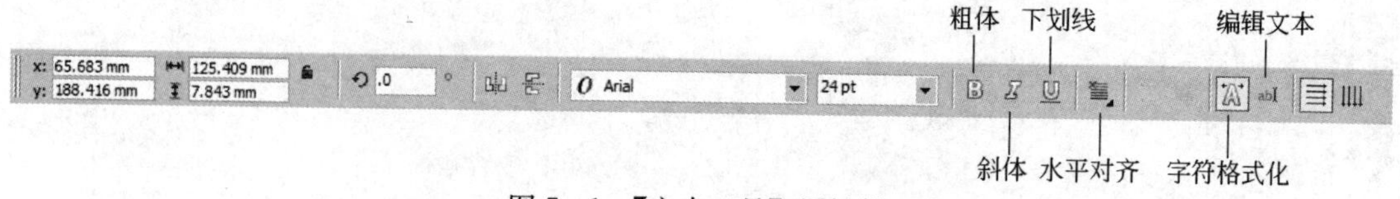

图 7-1 【文本工具】属性栏

在输入文字之前，可以在【文本工具】属性栏的【字体列表】中选择字体，如图 7-2 所示。中文输入时，【字体列表】的字体默认为宋体。在【字体列表】旁边的【字号】文本框 150 pt 内，可以选择所需的字号或者直接输入数字。不同字体的效果对比如图 7-3、图 7-4 所示。

1. 美术字文本输入

一学就会

Step 01：新建空白 CoreldRAW X4 文档。单击工具箱中的【文本工具】按钮，再在绘图窗口内单击鼠标，出现闪动的插入光标，输入美术字文本，字体为黑体，如图 7-5 所示。

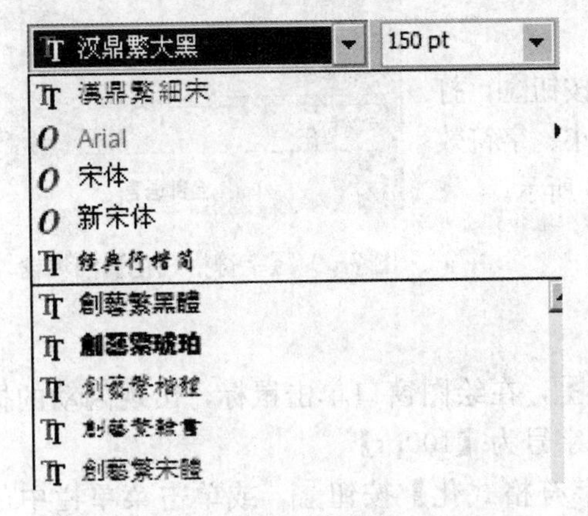

图 7-2 【字体列表】下拉列表框

真水无香

图 7-3 宋体

真水无香

图 7-4 金桥简中圆字体

all good things come to an end.

图 7-5 输入美术字文本

Step 02：单击【文本工具】属性栏中【粗体】按钮，即可将美术字文本加粗，如图 7-6所示。再次单击【粗体】按钮，即可取消选中状态，字体将被还原。

all good things come to an end.

图 7-6 加粗美术字文本

Step 03：单击【文本工具】属性栏中的【斜体】按钮，即可将美术字文本倾斜，如图 7-7所示。再次单击【斜体】按钮，即可取消选中状态，字体将被还原。

all good things come to an end.

图 7-7 倾斜美术字文本

Step 04：单击【文本工具】属性栏中的【下划线】按钮，即可为美术字文本添加下划线，如图 7-8 所示。再次单击【下划线】按钮，即可取消选中状态，字体将被还原。

all good things come to an end.

图 7-8 为美术字文本添加下划线

Step 05：在 CorelDRAW X4 中，文字输入分为横向排列和纵向排列，单击【文本工具】属性栏中的【将本文更改为水平方向】按钮和【将本文更改为垂直方向】按钮，可以转换排列方向。单击【将本文更改为垂直方向】按钮，文字变为竖排，在单词之间单击鼠标，即将单列文字变为竖排两列。

技巧提示

更改文本方向的快捷键：

【将本文更改为水平方向】：Ctrl+，

【将本文更改为垂直方向】：Ctrl+.

2. 字符格式化

单击【文本工具】属性栏中的【字符格式化】按钮，打开【字符格式化】泊坞窗，可以设置字体、字体大小、字符效果以及字符位移等。【字符格式化】泊坞窗如图 7-9 所示。

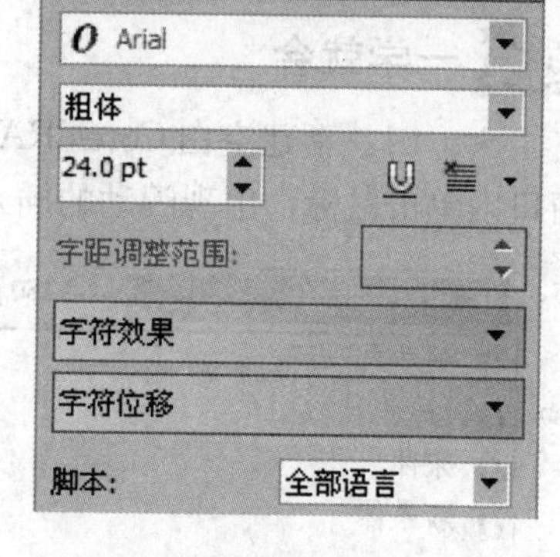

图 7-9 【字符格式化】泊坞窗

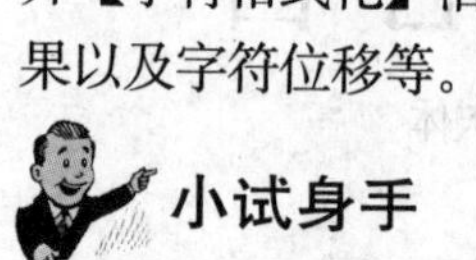

小试身手

Step 01：新建空白 CorelDRAW X4 文档。

Step 02：单击工具箱中的【文本工具】按钮，在绘图窗口单击鼠标，出现闪动的插入点光标，输入“仲夏之夜”，字体为默认宋体，字号为【100pt】。

Step 03：单击【文本工具】属性栏中的【字符格式化】按钮，或单击菜单栏中的【文本】|【字符格式化】选项，打开【字符格式化】泊坞窗。

Step 04：单击工具箱中的【文本工具】按钮，选中“仲”字。在【字符格式化】泊坞窗中设置参数（如图 7-10 所示），完成后如图 7-11 所示。

Step 05：单击工具箱中的【文本工具】按钮，用插入点光标选中“夏”字，在【字符格式化】泊坞窗的【字符移位】框内设置角度为【15°】。

Step 06：单击工具箱中的【文本工具】按钮，用插入光标选中“之”字，在【字符格式化】泊坞窗的【字符效果】框中，将位置从【无】改为【下标】，设置【字符移位】中的角度为【-10°】。

Step 07：单击工具箱中的【文本工具】按钮，用插入光标选中“夜”字，将字号改为【140pt】，在【字符格式化】泊坞窗的【字符效果】框内，将位置从【无】改为【下标】，设置【字符移位】中的水平位移为【10°】，最终效果如图 7-12 所示。

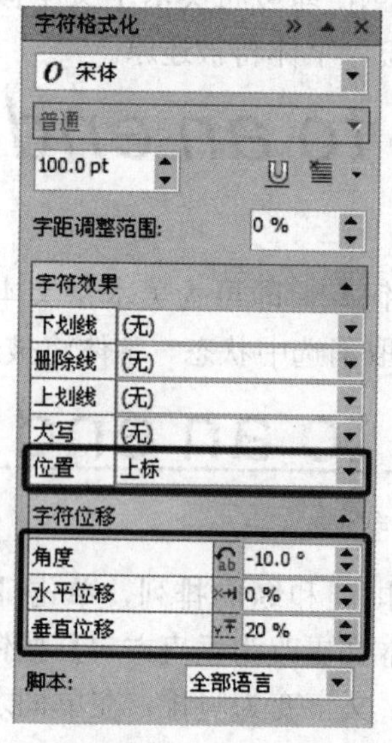

图 7-10 设置【字符格式化】泊坞窗

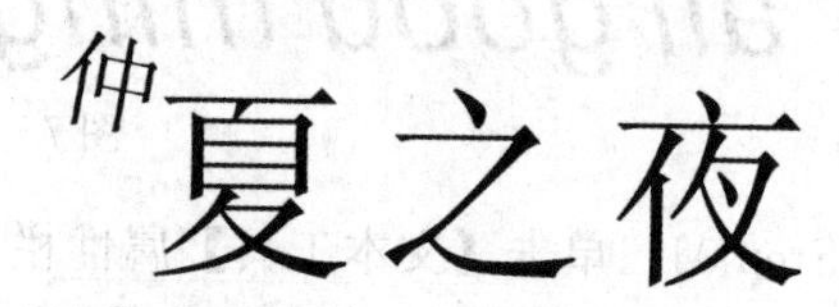

图 7-11 完成效果

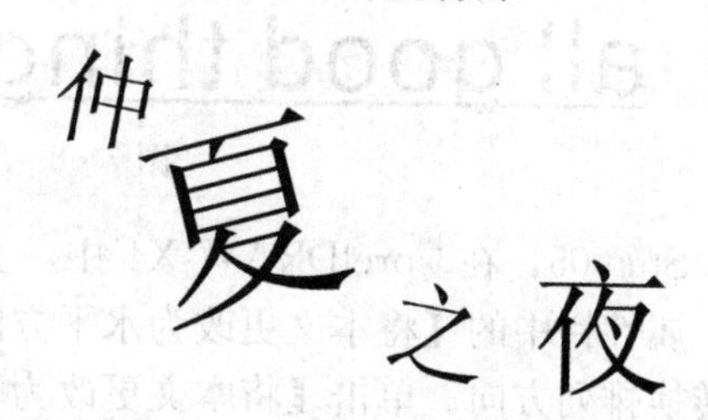

图 7-12 最终效果

7.1.2 创建段落文本

段落文本适用于以段落为单位的文字数量较多的文章，如宣传内容、产品说明等。下面通过简单的案例来介绍如何创建段落文本。

一学就会

Step 01：打开配套光盘中的“CD\素材\第7章\素材7-1.cdr”文件。

Step 02：单击工具箱中的【文本工具】按钮字，在绘图窗口单击鼠标，拖动鼠标绘制一个文本虚线框，在虚线框内输入段落文本，如图7-13所示。

Step 03：单击菜单栏中的【文本】|【段落格式化】选项，打开【段落格式化】泊坞窗，设置参数如图7-14所示，完成后如图7-15所示。

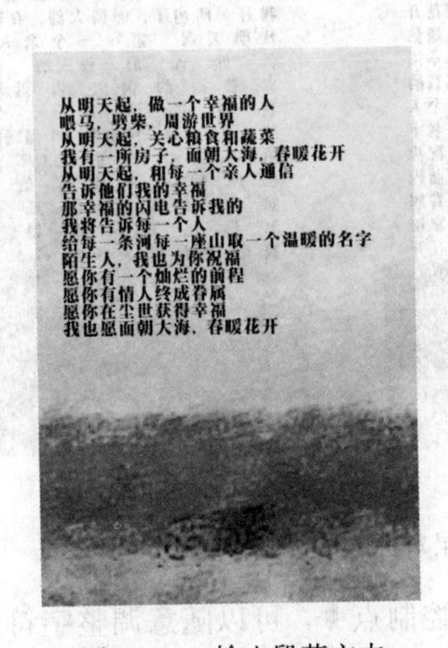

图7-13 输入段落文本

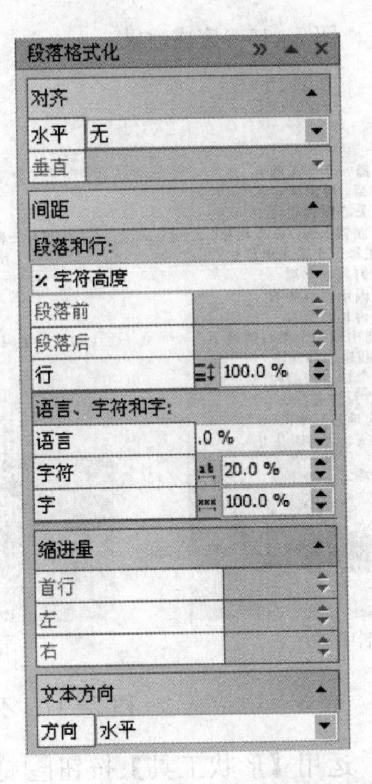

图7-14 设置【段落格式化】泊坞窗

Step 04：单击属性栏中的【将本文更改为垂直方向】按钮，或者在【段落格式化】泊坞窗中将【文本方向】设置为垂直，可以更改为竖排文本，如图7-16所示。单击【将本文更改为水平方向】按钮，即可更改为横排文本。

Step 05：选中文字后，单击属性栏中的【水平对齐】按钮，出现下拉列表框，可以选择所需的对齐方式对齐文本，不同对齐方式效果如图7-17所示。

Step 06：先单击工具箱中的【形状工具】按钮，再单击文本，文本选框将出现变化，如图7-18所示。

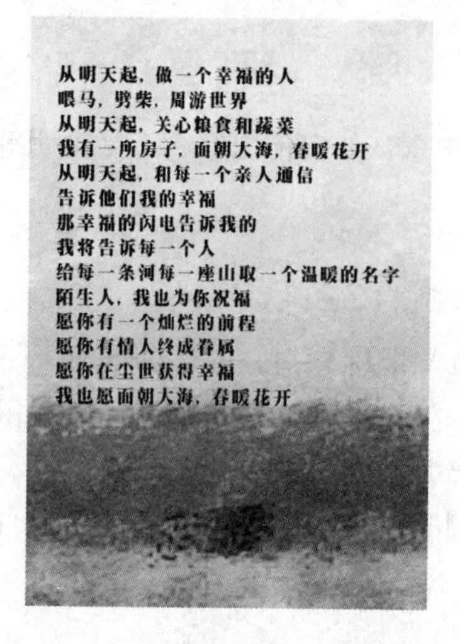

图 7－15　完成效果

图 7－16　将段落本文更改为垂直方向

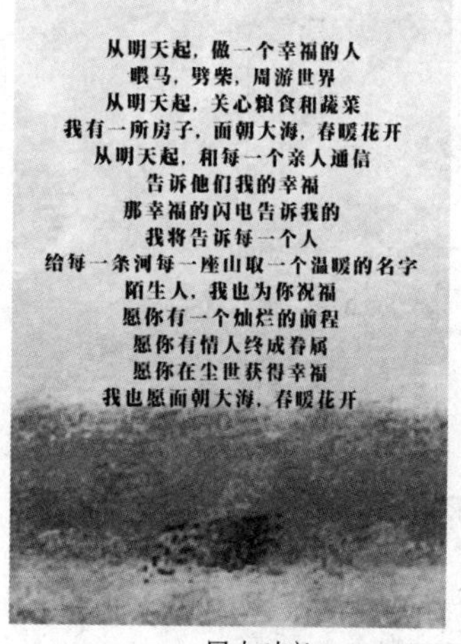

居中对齐

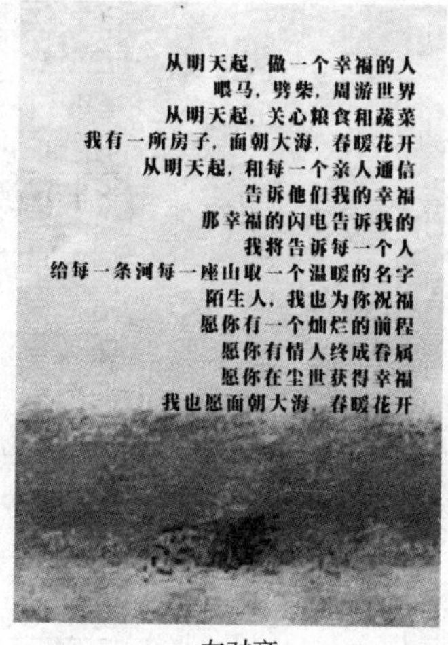

右对齐

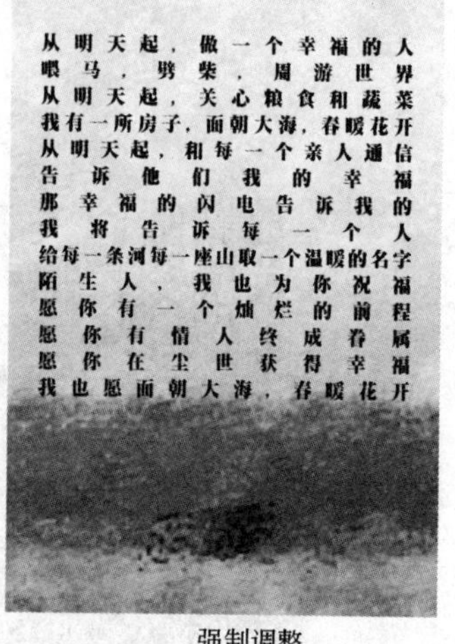

强制调整

图 7－17　不同对齐方式效果对比

Step 07：运用【形状工具】按钮拖动右下角的控制点，可以随意调整字符间距。单击【形状工具】按钮，拖动左下角的控制点，可以随意调整行间距。

Step 08：运用【形状工具】拖动鼠标，绘制虚线方框，选中部分字体，被选中的字体下方的节点变成实心黑色节点，将鼠标放置在黑色节点上，拖动文字到适当位置后松开鼠标，效果如图 7－19 所示。也可以按 Shift 键并同时运用【形状工具】按钮，逐个选择所需文字，然后整体拖动被选中的字体。

技巧提示

单击菜单栏中的【文本】|【转换到段落文本】选项，即可将美术字文本转换为段落文本，或按 Ctrl＋F8 键也可实现美术字文本和段落文本的相互转换。

从明天起，做一个幸福的人
喂马，劈柴，周游世界
从明天起，关心粮食和蔬菜
我有一所房子，面朝大海，春暖花开
从明天起，和每一个亲人通信
告诉他们我的幸福
那幸福的闪电告诉我的
我将告诉每一个人
给每一条河每一座山取一个温暖的名字
陌生人，我也为你祝福
愿你有一个灿烂的前程
愿你有情人终成眷属
愿你在尘世获得幸福
我也愿面朝大海，春暖花开

图 7－18　运用【形状工具】选择文本

图 7－19　运用【形状工具】逐个选择文字

7.1.3　路径文字

在 CorelDRAW X4 中，可以将美术字文本围绕着任意开放或者闭合的曲线路径排列，在平面广告设计、包装设计中较为常用。文字曲线路径属性栏如图 7－20 所示。

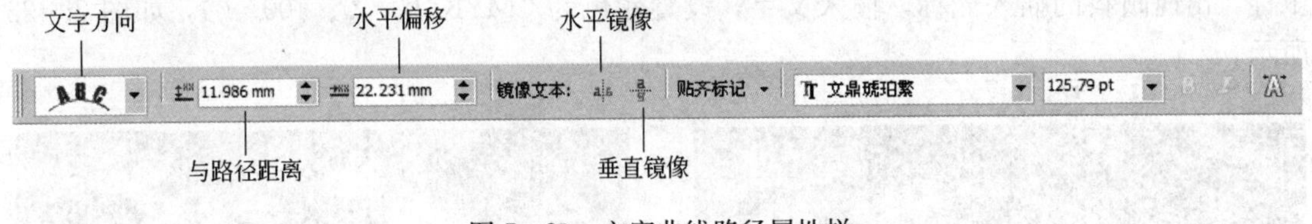

图 7－20　文字曲线路径属性栏

一学就会

Step 01：新建空白 CorelDRAW X4 文档，导入配套光盘中的“CD \ 素材 \ 第 7 章 \ 素材 7－7. jpg”文件。然后单击工具箱中的【文本工具】按钮字，在绘图窗口单击鼠标，出现闪动的插入点光标，分别输入美术字文本“开心六一”和“快乐童年”。

Step 02：单击工具箱中的【贝塞尔工具】按钮，拖动鼠标在图片上绘制曲线，如图 7－21所示。

Step 03：运用【挑选工具】选中“快乐六一”，单击菜单栏中的【文本】|【文本适合路径】选项，鼠标变为粗箭头形状，将鼠标放到曲线上，当鼠标变为时单击鼠标，文字就沿着曲线路径排列，如图 7-22 所示。

Step 04：重复上一步骤，将“快乐童年”文本也沿曲线路径排列，将文字填充颜色为 CMYK（100、100、0、0），完成后如图 7-23 所示。

图 7-21　绘制曲线

图 7-22　使文字适合路径

图 7-23　使文字适合路径

Step 05：单击工具箱中的【贝塞尔工具】按钮，沿着彩虹图形绘制曲线路径，如图 7-24 所示。

Step 06：单击工具箱中的【文本工具】按钮，将鼠标放在曲线上，当鼠标变为时单击鼠标，出现倾斜的插入光标，输入文字，设置颜色为 CMYK（0、0、100、0），如图 7-25 所示。

图 7-24　绘制曲线

图 7-25　使文字适合路径

Step 07：单击文字“快乐童年”，“快”字前面出现一小方框，拖动这个小方框，调整文字和路径的距离以及文字在路径上的位置，如图 7－26 所示。

Step 08：调整文字的位置，然后单击曲线路径，按 Ctrl＋K 键，将文字和路径拆分，然后选择曲线，按 Delete 键删除，最终效果如图 7－27 所示。

图 7－26　调整文字与路径的位置

图 7－27　最终效果

7.2　文本格式编排

运用 CorelDRAW X4，可以进行文本转换为曲线、段落文本环绕图形、内置文本、链接文本等操作，对文字做进一步的编辑。

7.2.1　将文本转为曲线

运用 CorelDRAW X4，可以将美术字文本或段落文本转换为曲线图形。在设计过程中，经常需要对文字标志或者平面广告、包装设计中的文字进行字体上的再编辑，因此需要将美术字文本转换为曲线，对文字做进一步的字形设计和调整。在完成设计后，也通常需要将文字转曲另存一份，以避免在其他计算机上打开设计文件时，因缺少设计文件当中所使用的字体，系统用默认的相近字体来代替原文本字体，而破坏设计稿的完整性。

小试身手

Step 01：打开配套光盘中的“CD\素材\第 7 章\素材 7－2. cdr”文件。

Step 02：单击工具箱中的【文本工具】按钮，在绘图窗口内输入文字“龙井”，字体为默认宋体，字号为【72pt】。

Step 03：选中文字，右击鼠标，在快捷菜单中单击【转换为曲线】选项，或单击 Ctrl＋Q 键即可将文本对象转换为曲线，文字上增加了很多节点。

Step 04：单击属性栏中的【打散】按钮，将文字打散。“井”字中间闭合部分单独生成一个图形对象，如图 7－28 所示。

Step 05：拖动鼠标绘制虚线框，框选“井”字中间的黑色方块，按 Shift 键同时单击“井”字其他部分，再单击属性栏中的【修剪】按钮进行修剪，然后选中“井”字中间的黑色方块，按 Delete 键进行删除。

Step 06：继续使用上一步骤的方法，修剪字体，在绘制过程中，可以单击菜单栏中的【视图】|【贴齐辅助线】、【贴齐对象】选项，借用辅助线调整“龙井”字体，完成后如图 7－29 所示。

图 7－28 打散文字

图 7－29 修剪图形

Step 07：单击工具箱中的【贝塞尔工具】按钮，绘制两个闭合的曲线图形，修改“龙”字图形，在【简单线框】视图模式下如图 7－30 所示。

Step 08：选中曲线图形和“龙”字图形，单击属性栏中的【焊接】按钮，将所绘制的曲线图形和“龙”字图形进行焊接。然后将文件中的云形放在“井”字图形上，效果如图 7－31 所示。

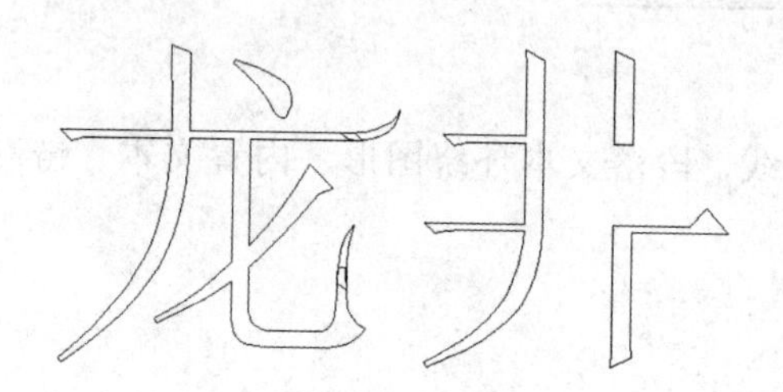

图 7－30 绘制曲线

图 7－31 将云形放置在“井”字图形上

Step 09：选中云形和“井”字图形，单击属性栏中的【修剪】按钮修剪“井”字图形。然后选中“井”字图形，单击属性栏中的【打散】按钮，拆分文字后，按 Delete 键删除云形内文字的多余部分，效果如图 7－32 所示。

Step 10：单击工具箱中的【贝塞尔工具】按钮，沿着云形绘制比其外轮廓稍大的一个闭合曲线，然后按 Shift 键并单击“井”字图形，再单击属性栏中的【修剪】按钮，修剪“井”字图形，最终效果如图 7－33 所示。

图 7－32 修剪图形

图 7－33 最终效果

7.2.2 段落文本环绕图形

运用 CorelDRAW X4，可以将段落文本环绕图形外框进行换行排列，常用于杂志、宣传册、报纸的内页编排。

一学就会

Step 01：打开配套光盘中的“CD\素材\第 7 章\素材 7-3.cdr”文件。

Step 02：单击工具箱中的【文本工具】按钮，在绘图窗口单击鼠标，拖动鼠标绘制一个文本虚线框，在虚线框内输入段落文本，放置在背景图层上。

Step 03：将段落文本拖动到咖啡壶上，即可生成段落文本环绕图形的效果，效果如图 7-34 所示。

Step 04：单击工具箱中的【挑选工具】按钮，拖动鼠标绘制虚线框，框选择咖啡壶图形对象，单击属性栏中的【段落文本换行】按钮，弹出如图 7-35 所示的下拉菜单，可以选择不同的换行样式。【轮廓图】的【文本从左向右排列】与【角度】的【上/下】两种换行样式对比如图 7-36 所示。

图 7-34 段落文本环绕图形效果

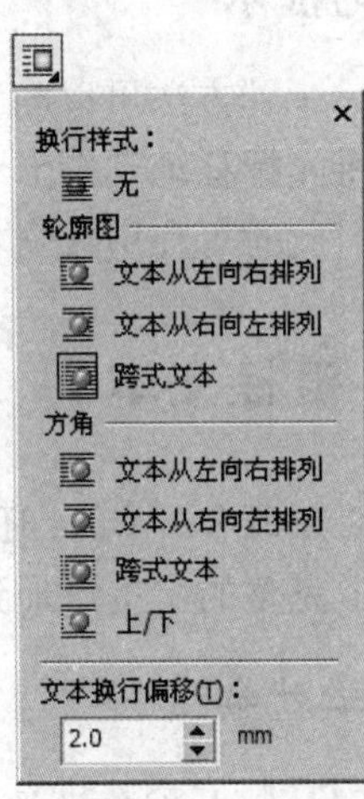

图 7-35 【段落文本换行】下拉列表框

文本从左向右排列

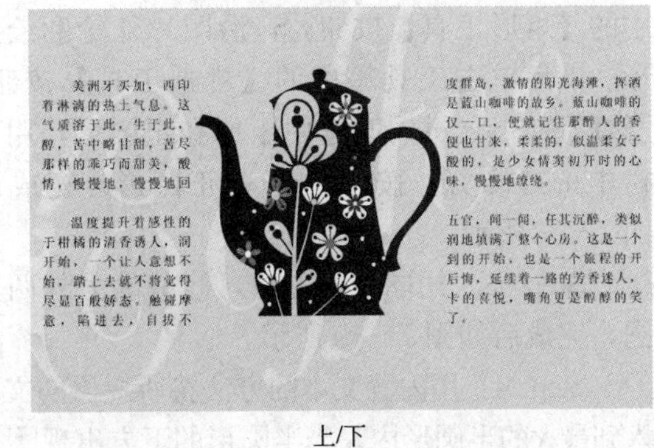

上/下

图 7-36 不同换行样式效果对比

7.2.3 内置文本

运用 CorelDRAW X4，可以将美术字文本或者段落文本放入图形对象当中。

一学就会

Step 01：打开配套光盘中的“CD\素材\第 7 章\素材 7 - 4. cdr”文件。

Step 02：选中要内置的段落文本，右键拖拽段落文本到茶壶图形对象内，光标变成带有十字形的圆环，松开鼠标，弹出快捷菜单。

Step 03：在弹出的快捷菜单中单击【内置文本】选项，段落文本即被内置在图形对象中，将文字颜色改为白色，效果如图 7 - 37 所示。

图 7 - 37　内置文本效果

技巧提示

还有另一种方法可以内置文本。先选择要内置文本的图形对象，然后单击【文本工具】按钮，将光标移动到图形对象的边缘处，当光标变为时，单击鼠标，图形对象内立刻出现虚线框，此时可在虚线文本框内输入文字，也可以粘贴复制好的文本。

7.2.4 链接文本

运用 CorelDRAW X4 还可以链接同一页面或者不同页面的多个文本框，将一个文本框中无法显示完整的文本添加到另外的文本框内，这样可以随意将链接文本框编排在版面上。

一学就会

Step 01：打开配套光盘中的“CD\素材\第 7 章\素材 7 - 5. cdr”文件。

Step 02：单击工具箱中的【椭圆形工具】按钮，在图片上绘制正圆形，然后单击工具箱中的【矩形工具】按钮，沿图片外轮廓绘制矩形。然后单击工具箱中的【挑选工具】按钮，然后按 Shift 键同时选中矩形和正圆形，用属性栏中的【修剪】按钮修剪正圆形，完成后如图 7 - 38 所示。

图 7 - 38　修剪正圆形

Step 03：用同样的方法，修剪出另外两个半圆，完成后如图 7 - 39 所示。

Step 04：用内置文本的方法将所提供的文本置入到最大的半圆形内，当半圆形的下方出现图标时，表明还有未显示的文本内容，如图 7 - 40 所示。

图 7－39 修剪后图形效果

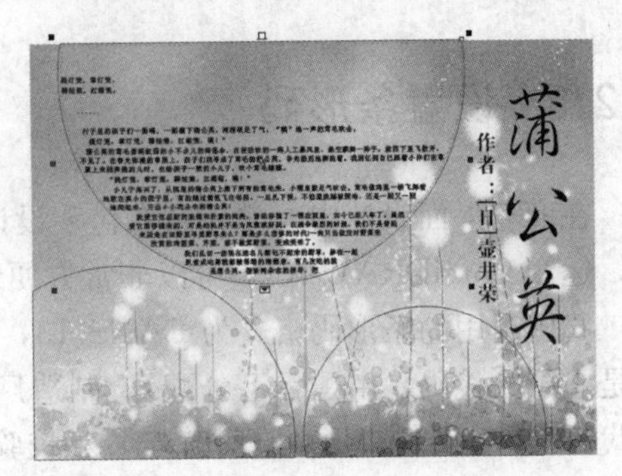

图 7－40 内置文本

Step 05：运用【文本工具】单击半圆形虚线框内的文字部分，然后再单击半圆形下方的图标，将光标移动到左下角的半圆形内，当光标呈➡状态时，单击鼠标，即可将此文本框与上一个文本框链接，上一个文本框内未能显示的文本将显示在新的文本框内，完成后如图 7－41 所示。

Step 06：重复上一步骤，链接另一个图形进行文本，完成后如图 7－42 所示。

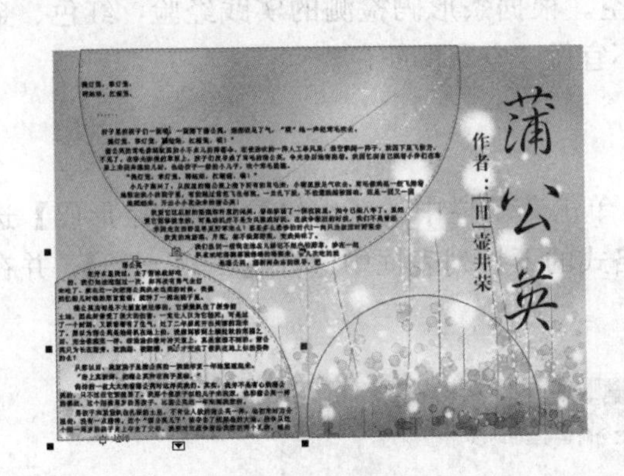

图 7－41 链接文本

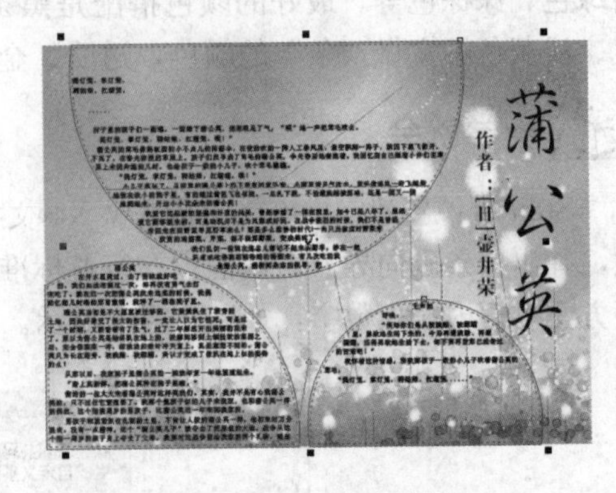

图 7－42 完成效果

Step 07：选择所有链接文本，单击菜单栏中的【文本】|【段落文本框】|【断开链接】选项，即可解除文本链接。

Step 08：如果需要将文本与半圆形图形对象分离，可先选中需要分离的文本框，再单击菜单栏中的【排列】|【打散路径内的段落文本】选项，即可将段落文本与图形对象分离，效果如图 7－43 所示。

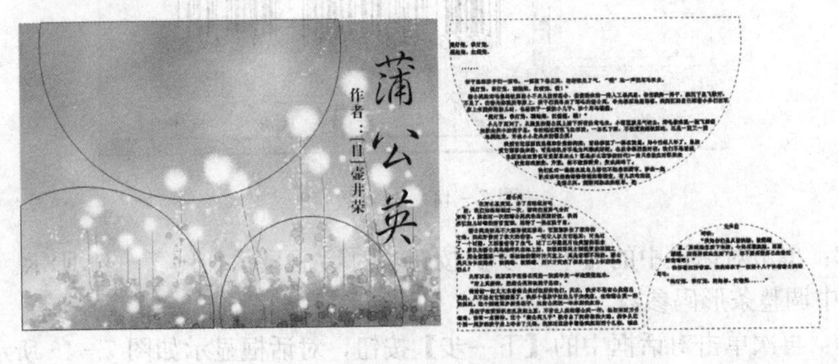

图 7－43 段落文本与图形对象分离效果

7.2.5 设置条形码

在商业平面设计中，尤其是在包装设计、书籍装帧设计当中，设计稿中必定要放置条形码，运用 CorelDRAW X4，可以非常方便地制作商品的条形码。

我国通用的条形码格式为 EAN—13，商品条形码一般由国家代码（1～3 位，690～695 都是中国的代码，由国际上分配）、制造厂商代码（4～8 位，由厂商申请，国家分配）、商品代码（9～12 位，厂商自行确定）和校验码（第 13 位，由前面 12 位数字计算而得到）组成。商品条形码的标准尺寸是 37.29 mm×26.26 mm，放大倍率是 0.8～2.0。条形码的数字字体是 OCR-B-10 BT 字体。放大倍数越小的条形码，印刷精度要求越高，当印刷精度不能满足要求时，易造成条形码识读困难。如印刷面积允许，应选择 1.0 倍率以上的条形码，以满足识读要求。

由于条形码的识读是通过条形码的条和空的颜色对比度来实现的，一般情况下，通常采用浅色做“空”的颜色，如白色、橙色、黄色等，同时采用深色做“条”的颜色，如黑色、暗绿色、深棕色等。最好的颜色搭配是黑条白空。根据条形码检测的实践经验，红色、金色、浅黄色不宜做“条”的颜色，透明、金色不宜做“空”的颜色。

一学就会

Step 01：新建空白 CorelDRAW X4 文档。单击菜单栏中的【编辑】|【插入条形码】选项，弹出【条码向导】对话框。在行业标准中格式的下拉列表框中选择【EAN-13】，并在下方文本框内输入数字，如图 7-44 所示。

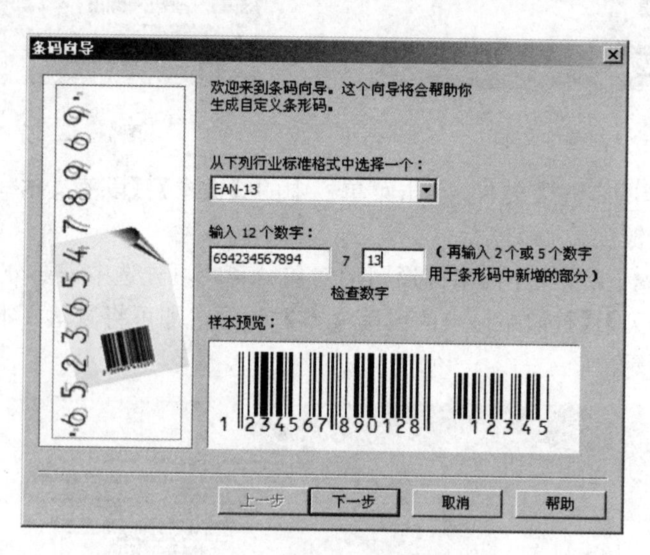

图 7-44 输入数字

Step 02：单击对话框中的【下一步】按钮，对话框显示如图 7-45 所示。可以根据需要在对话框中调整条形码参数。

Step 03：再次单击对话框中的【下一步】按钮，对话框显示如图 7-46 所示。

图 7 - 45　调整条形码参数

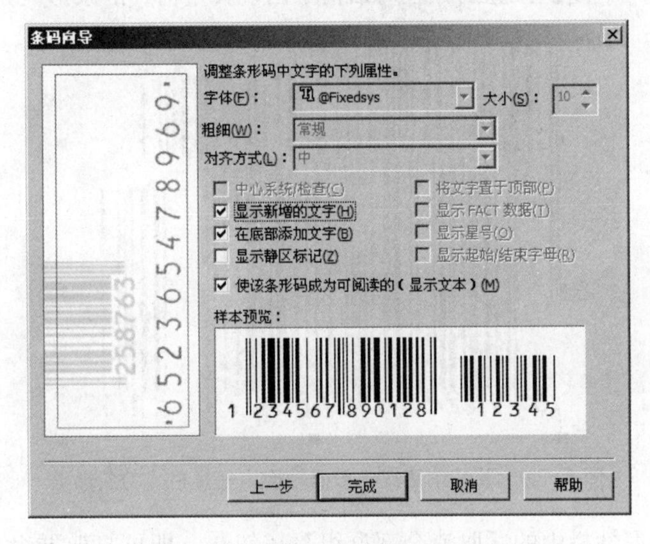

图 7 - 46　设置【条码向导】对话框

Step 04：单击【完成】按钮，即在绘图页面上显示图片格式的条形码，如图 7 - 47 所示。

图 7 - 47　条形码完成效果

Step 05：选中条形码，按 Ctrl+C 键进行复制，然后单击菜单栏中的【编辑】|【选择性粘贴】选项，弹出【选择性粘贴】对话框，在对话框中选择粘贴【图片（元文件）】选项，如图 7-48 所示。

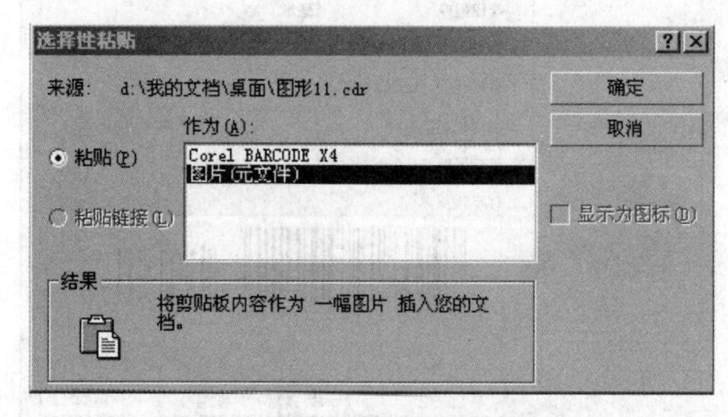

图 7-48 【选择性粘贴】对话框

Step 06：单击【确定】按钮后，在对话框中出现矢量格式的条形码，如图 7-49 所示。

图 7-49 将位图格式条形码转换为矢量格式的条形码

Step 07：单击属性栏中的【取消全部群组】按钮，即可打散群组，这时可以根据需要，使用工具箱中的【文本工具】修改数字部分。

7.3 表　　格

【表格工具】是 CorelDRAW X4 新增的绘图工具，与 Excel 表格的基本功能类似，既可以在所绘制的表格中输入文字和插入图片，又可以随意拆分、合并、均匀分布表格中的行和列，还可以将文本和表格进行互换。【表格工具】属性栏如图 7-50 所示。

图 7-50 【表格工具】属性栏

7.3.1 创建表格

运用CorelDRAW X4，可以非常方便地创建表格，修改表格的线框和背景颜色，具体方法如下。

一学就会

Step 01：新建空白CorelDRAW X4文档。单击工具箱中的【表格工具】按钮，在属性栏中设置相关参数，其中背景色为灰色，边框线为棕色，其他参数如图7-51所示。然后在绘图页面上拖动鼠标，即可绘制表格。

图7-51 【表格工具】属性栏

Step 02：单击【表格工具】按钮，然后按Ctrl键并单击所需要选择的单元格，选中不相邻的单元格，如图7-52所示。按Ctrl键再次单击所选择的单元格，即可取消选中状态。

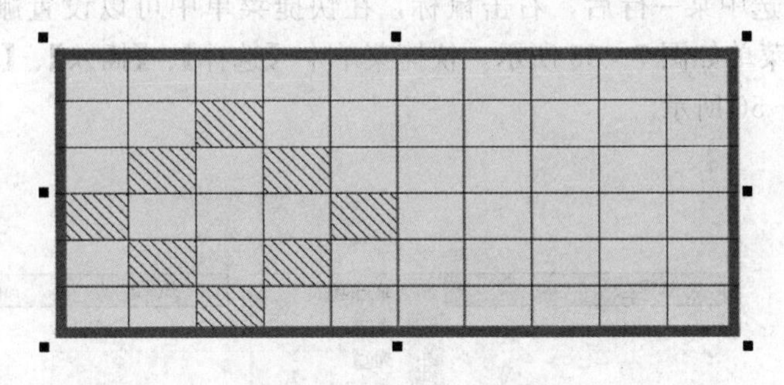

图7-52 选择单元格

Step 03：在【表格工具】处于使用状态下，将鼠标放在表格边缘处，当鼠标呈现➡时单击鼠标，可以选中某一行或某一列，如图7-53所示。

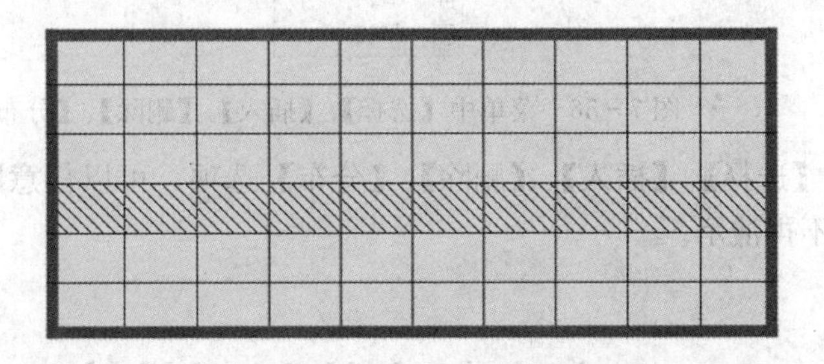

图7-53 选择某一行

Step 04：运用【文本工具】单击单元格，即可出现插入光标，即可在其单元格内输入文字，效果如图7-54所示。

图 7－54　输入美术字文本

7.3.2　删除、添加、合并行与列

运用 CorelDRAW X4，可以很方便地删除、添加、合并行与列，下面简单介绍操作方法。

一学就会

Step 01：新建空白 CorelDRAW X4 文档。

Step 02：单击工具箱中的【表格工具】按钮，任意绘制一个表格。

Step 03：任意选中某一行后，右击鼠标，在快捷菜单中可以设置删除、添加、合并、拆分行与列。快捷菜单如图 7－55 所示。快捷菜单中【选择】、【插入】、【删除】、【分布】选项的子菜单如图 7－56 所示。

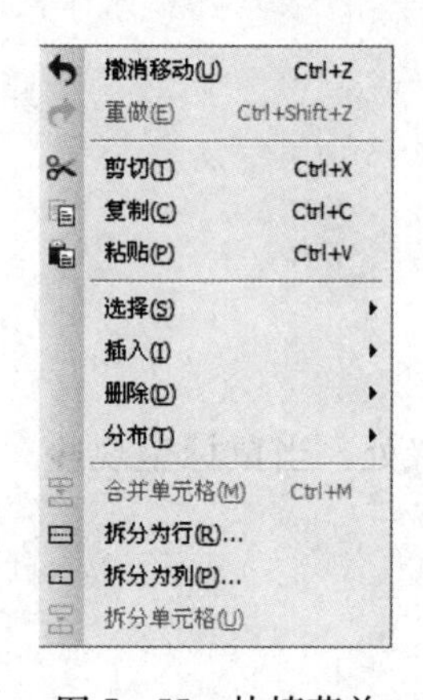

图 7－55　快捷菜单

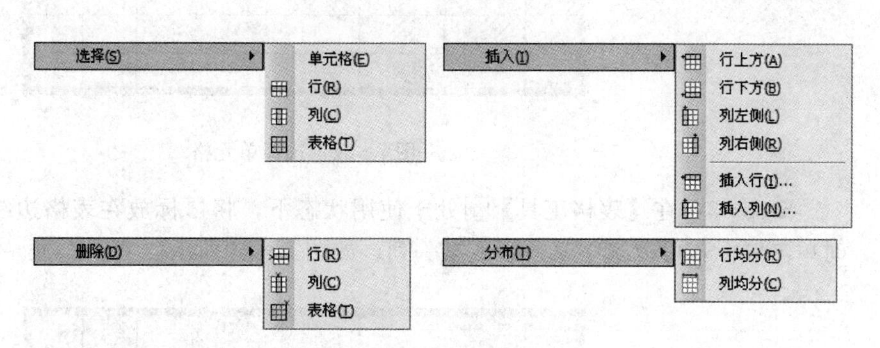

图 7－56　菜单中【选择】、【插入】、【删除】、【分布】选项的子菜单

Step 04：运用【选择】、【插入】、【删除】、【分布】选项，可以任意删除、添加、合并、拆分行与列，这里不再演示。

7.4　文本与表格相互转换

运用 CorelDRAW X4，既可以将表格转换为文本，也可以将文本转换为表格。

1. 将表格转换为文字

一学就会

Step 01：新建空白 CorelDRAW X4 文档。单击工具箱中的【表格工具】按钮，任意绘制一个表格，在单元格内输入美术字文本，如图 7 - 57 所示。

北方有佳人	李延年
北方有佳人，绝世而独立。	一顾倾人城，再顾倾人国。
宁不知倾城与倾国？佳人难再得！	

图 7 - 57 在表格内输入美术字文本

Step 02：运用工具箱中的【挑选工具】选中表格，单击菜单栏中的【表格】|【将表格转换为文本】选项，弹出【将表格转换为文本】对话框，如图 7 - 58 所示。

Step 03：单击【确定】按钮，表格即转换为文本，完成后效果如图 7 - 59 所示。

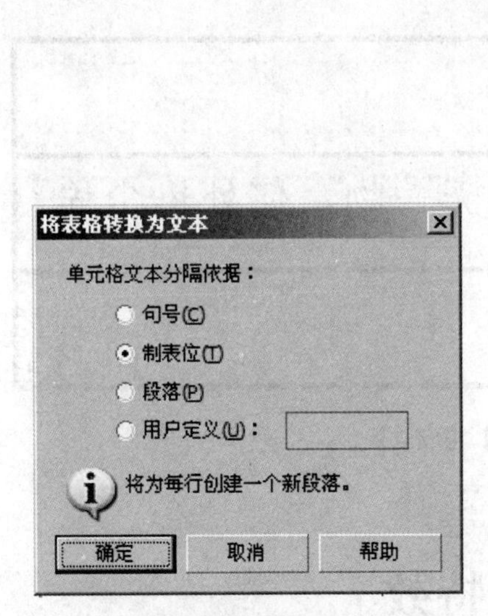

图 7 - 58 【将表格转换为文本】对话框

北方有佳人李延年
北方有佳人，绝世而独立。一顾倾人城，再顾倾人国。
宁不知倾城与倾国？佳人难再得！

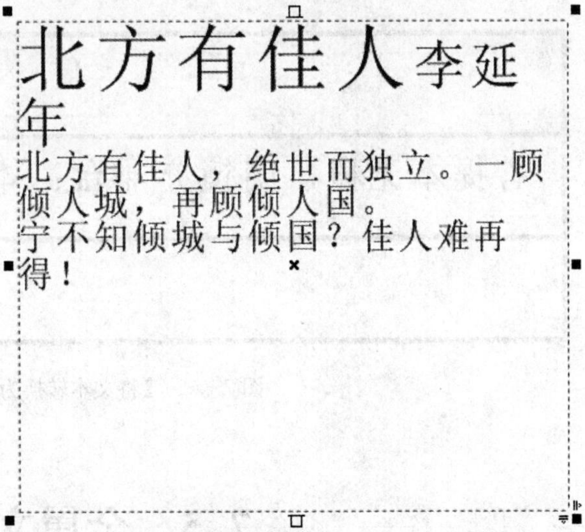

图 7 - 59 【将表格转换为文本】完成效果

2. 将文字转换为表格

一学就会

Step 01：新建空白 CorelDRAW X4 文档。

Step 02：单击工具箱中的【文本格工具】按钮，输入美术字文本，如图 7-60 所示。

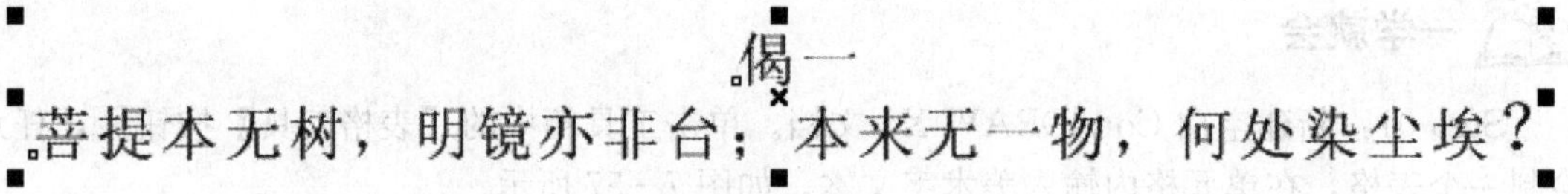

偈一

菩提本无树，明镜亦非台；本来无一物，何处染尘埃？

图 7-60 输入美术字文本

Step 03：运用工具箱中的【挑选工具】选中文本，单击菜单栏中的【表格】|【将文本转换为表格】选项，弹出【将文本转换为表格】对话框，如图 7-61 所示。

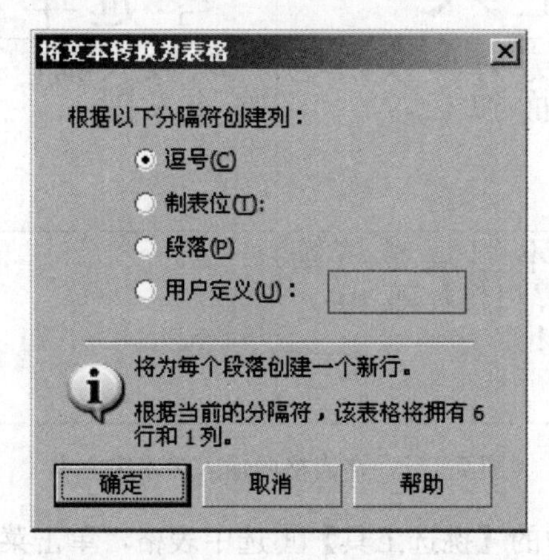

图 7-61 【将文本转换为表格】对话框

Step 04：单击【确定】按钮，文本即转换为表格，完成后效果如图 7-62 所示。

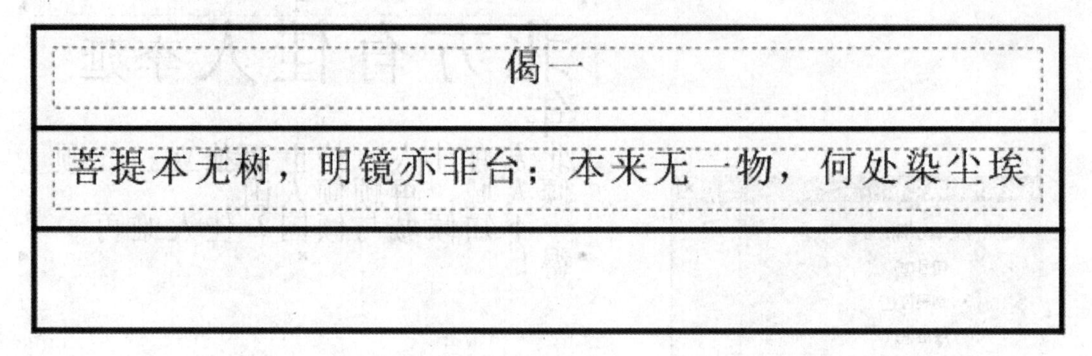

图 7-62 【将文本转换为表格】完成效果

7.5 金属文字特效

Step 01：新建空白 CorelDRAW X4 文档。单击工具箱中的【文本工具】按钮，在绘图页面上输入美术字文本，如图 7-63 所示。

图 7-63 输入美术字文本

Step 02：选择文字部分，单击工具箱中的【渐变填充】按钮，弹出【渐变填充】对话框，设置【渐变类型】为【线性】，【角度】为【90】，【颜色调和】为【自定义】，从左到右设置填充颜色依次为 CMYK（0、35、95、0）、CMYK（25、65、100、0）、CMYK（5、35、95、0）、CMYK（5、5、90、0）、CMYK（2、4、48、0），其他参数设置如图 7-64 所示，单击【确定】按钮后效果如图 7-65 所示。

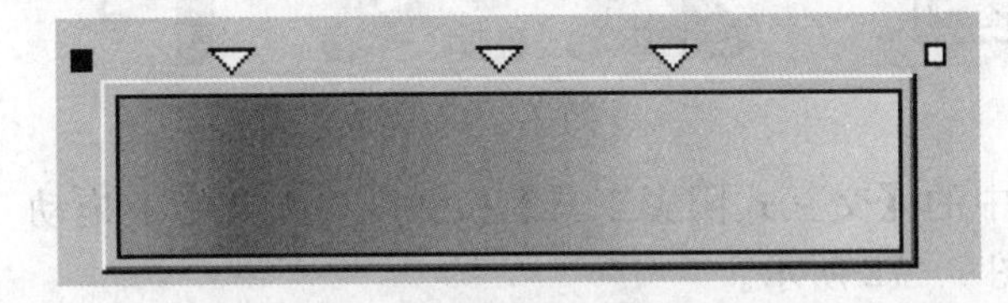
图 7-64 设置【渐变填充】对话框

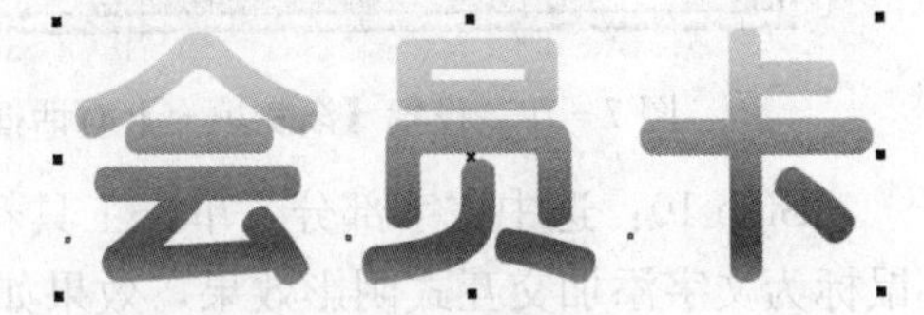

图 7-65 完成效果

Step 03：单击工具箱中的【轮廓工具】按钮，在【轮廓笔】对话框中设置轮廓宽度为【8 点】，完成后如图 7-66 所示。

Step 04：单击菜单栏中的【排列】|【转换为曲线】选项，将文字转换为曲线。

Step 05：单击工具箱中的【贝塞尔工具】按钮，绘制图形，填充颜色为白色，如图 7-67 所示。

图 7-66 设置文字轮廓线效果

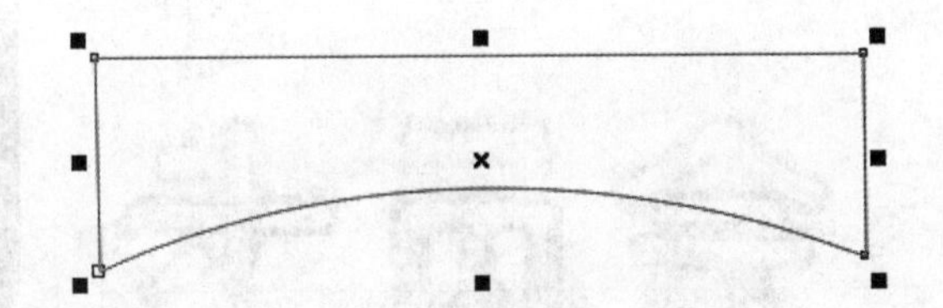
图 7-67 绘制图形

Step 06：单击工具箱中的【交互式透明度工具】按钮，在属性栏上的【透明度类型】中选择【线性】，效果如图 7-68 所示。

Step 07：设置所绘制的图形【轮廓】为【无】，在选中所绘制的图形对象的状态下，单击【效果】|【画框精确剪裁】|【放置在容器中】，将图形放置在文字当中，完成后如图 7-69 所示。

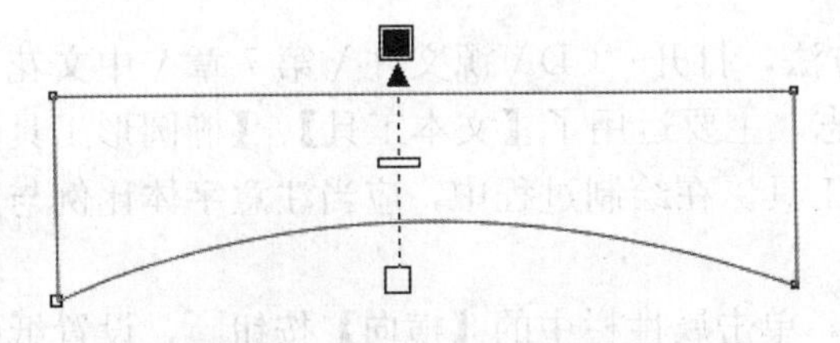
图 7-68 绘制交互式透明效果

图 7-69 画框精确剪裁效果

Step 08：选中文字部分，单击菜单栏中的【排列】|【将轮廓转换为对象】选项，将黑色的轮廓线部分转为图形对象。

Step 09：选择轮廓线图形，单击工具箱中的【渐变填充】按钮，弹出【渐变填充】

对话框，设置【渐变类型】为【线性】，【角度】为【90】，【颜色调和】为【自定义】，从左到右设置填充颜色依次为 CMYK（65、95 、95、20）、CMYK（0、20、100、0）、CMYK（65、95 、95、20）、CMYK（65、95 、95、20）、CMYK（0、20、100、0）、CMYK（65、95 、95、20），其他参数设置如图 7－70 所示，单击【确定】按钮后效果如图 7－71 所示。

图 7－70　设置【渐变填充】对话框

图 7－71　完成效果

Step 10：选中文字部分，单击工具箱中的【交互式阴影工具】按钮，在文字上拖动鼠标为文字添加交互式阴影效果，效果如图 7－72 所示。

Step 11：打开配套光盘中的“CD\素材\第 7 章\素材 7－6. cdr”文件。

Step 12：选择文字部分，按 Shift＋PgUp 键，将文字移到背景图形上，适当调整背景和文字大小比例，最终效果如图 7－73 所示。

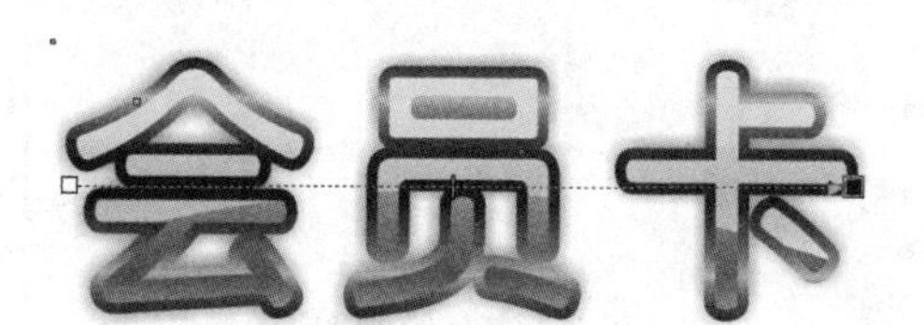

图 7－72　为文字添加交互式阴影效果

图 7－73　最终效果

7.6　实　　例

结合实例介绍装饰性较强的字效的绘制方法，打开“CD\源文件\第 7 章\中文花草纹立体字效. cdr”，如图 7－74 所示。绘制标志，主要运用了【文本工具】、【椭圆形工具】、【贝塞尔工具】、【交互式立体化工具】等绘图工具。在绘制过程中，应当注意字体比例与画面整体效果。

Step 01：新建空白 CorelDRAW X4 文档，单击属性栏中的【横向】按钮，设置纸张方向为横向。

Step 02：单击工具箱中的【文本工具】按钮，输入美术字文本，设置字号为【100pt】，填充颜色为默认黑色。然后按 Ctrl＋Q 键将字体转换为曲线，完成后如图 7－75 所示。

图 7－74 最终效果

图 7－75 字体转换为曲线效果

Step 03：选中文字部分，单击菜单栏中的【排列】|【变换】|【倾斜】选项，在【倾斜】选项卡中设置【水平】为【－10.0 度】。然后单击工具箱中的【贝塞尔工具】按钮，绘制圆润的曲线图形，完成后如图 7－76 所示。

图 7－76 完成效果

Step 04：选择工具箱中的形状工具，调整图形和文字的位置，完成后如图 7－77 所示。

图 7－77 调整字体位置

Step 05：利用【相交】、【修剪】、【焊接】等工具修改字体造型，然后设置【轮廓】为【无】，填充颜色为 CMYK（0、0、100、0），完成后效果如图 7－78 所示。

Step 06：单击工具箱中的【交互式立体化工具】按钮，在文字上拖动鼠标，完成后如图 7－79 所示。

图 7-78　修改字体造型并填充颜色

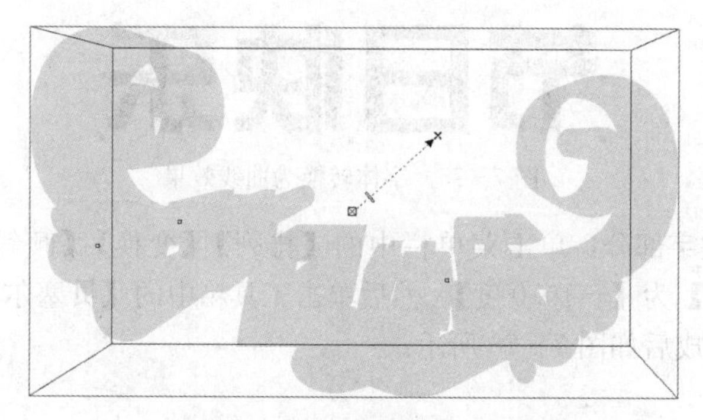

图 7-79　绘制交互式立体化效果

Step 07：在【交互式立体化工具】属性栏中设置【颜色】为【使用递减的颜色】，从上到下设置阴影颜色为 CMYK（0、100、100、0）、CMYK（0、0、0、0），最终效果如图 7-80 所示。

图 7-80　最终效果

7.7　小　　结

本章主要运用实例详细介绍了在 CorelDraw X4 中如何通过文本工具创建各种文本，进行轻松有效的图文编排，同时还结合实例简单介绍了制作特效文字的方法，为进一步的学习打下基础。

第 8 章 CorelDRAW X4 位图处理和滤镜特效

本章导读：

运用 CorelDRAW X4，不仅可以绘制各种效果的矢量图形，处理各种位图，还可以将矢量图形和文本等对象转换成位图格式，并对位图进行裁剪、重新取样等操作。为了设计的需要，可以利用 CorelDRAW X4 预设的多款滤镜，为位图添加各种特殊效果。

8.1 图像类型

要学习编辑位图，首先要了解图像的类型和图形图像概念。

8.1.1 位图

位图又称为点阵图，它是由很多像素点组成的图形，这些像素点按照一定的顺序结合在一起就形成了图像，位图有固定的分辨率，组成图像的像素点越密，图像就越清晰、精细，反之就越粗糙。当放大位图时，可以看见赖以构成整个图像的无数单个方块。扩大位图尺寸可以增多单个像素，从而使线条和形状显得参差不齐，但是如果从稍远的位置观看位图图像，其颜色和形状又显得十分连续。分辨率越大打印效果越好，文件大小也会随之增大，操作文件的速度会明显减慢。JPG、TIF、GIF、BMP 这些文件后缀名的都是位图文件。如图 8-1 和图 8-2 所示。

图 8-1　图像原图

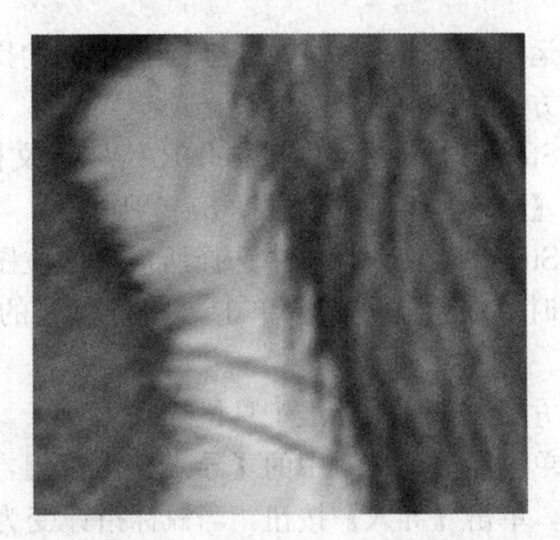

图 8-2　图像放大不清晰效果

8.1.2　矢量图形

矢量图形是以数学的方式记录图像内容，内容以线条和色块为主。矢量文件中的图形元素称为对象，每个对象都是一个自成一体的实体，具有颜色、形状、轮廓、大小和屏幕位置等属性。可以在维持对象原有清晰度和弯曲度的同时，多次移动和改变它的属性，而不会影响图例中的其他对象。这些特征使矢量图形不受分辨率的影响，无论放大、缩小或旋转等均不会失真。矢量图形文件所占的容量较小，且矢量图形绘制速度快，修改方便，对计算机要求相对较低。如图 8-3 和图 8-4 所示。

图 8-3　矢量图形原图

图 8-4　放大局部矢量图形

8.2　位图的基本编辑操作

8.2.1　导入位图

运用 CorelDRAW X4，有三种不同的操作方法可以导入位图，具体方法如下。

方法一：使用【导入】选项导入

Step 01：新建空白 CorelDRAW X4 文档，然后单击菜单栏中的【文件】|【导入】选项，弹出【导入】对话框，如图 8-5 所示。

Step 02：在对话框中选择所需要的位图文件，然后单击【导入】按钮，当鼠标指针变为 时，在绘制页面上单击，即将所选的位图文件导入到页面中。如图 8-6 和图 8-7 所示。

方法二：使用标准工具栏导入

单击标准工具栏中的【导入】按钮，在弹出的【导入】对话框中选择所需要的位图文件，单击【导入】按钮，当鼠标指针变为 时，在绘图区域单击即可将所选的位图文件导入到页面中。

图 8-5 【导入】对话框

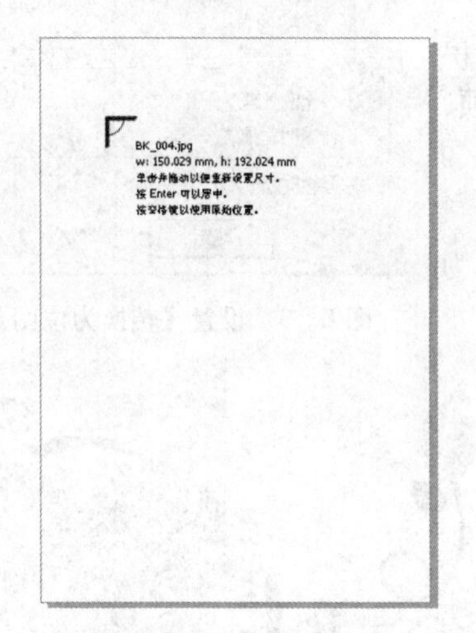

图 8-6 鼠标处于导入状态

图 8-7 导入位图效果

方法三：使用快捷键导入

按 Ctrl+I 键，在弹出的【导入】对话框中选择所需要的位图文件，再次单击【导入】按钮，当鼠标指针变为⌜时，单击页面或在页面中拖动鼠标，即可将所选的位图文件导入到页面中。

8.2.2 将矢量图转换为位图

矢量图形在操作时不能运用一些特殊的滤镜效果，因此需把矢量图形转换为位图。

选择矢量图形，然后单击菜单栏中的【位图】|【转换为位图】选项，弹出【转换为位图】对话框，如图 8－8 所示。

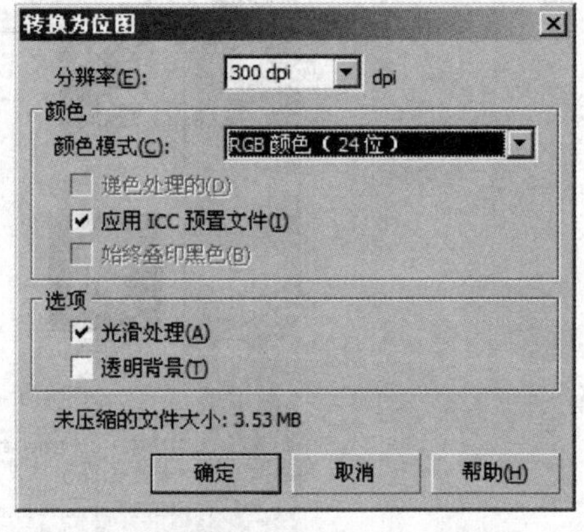

图 8－8 【转换为位图】对话框

在【分辨率】下拉列表框内可以选择所需要的分辨率，也可以在下拉列表框内双击鼠标，然后输入所需分辨率的数值。

在【颜色模式】下拉列表框内可以选择所需要的颜色模式。

勾选【透明背景】复选项，可以使所转换位图的背景完全透明。

勾选【光滑处理】复选项，可以平滑位图的边缘。

勾选【应用 ICC 预置文件】复选项，可以应用国际颜色委员会预置文件，使设备与色彩空间的颜色标准化。

小试身手

将矢量图形转换为位图图像。

Step 01：打开配套光盘中的“CD\素材\第 8 章\素材 8－6. cdr”文件。

Step 02：选择绘图页面内的矢量图形，然后单击单击菜单栏中的【位图】|【转换为位图】选项，弹出【转换为位图】对话框。设置参数，如图 8－9 所示。

Step 03：单击【确定】按钮，矢量图形转换为位图文件。效果对比如图 8－10 所示。

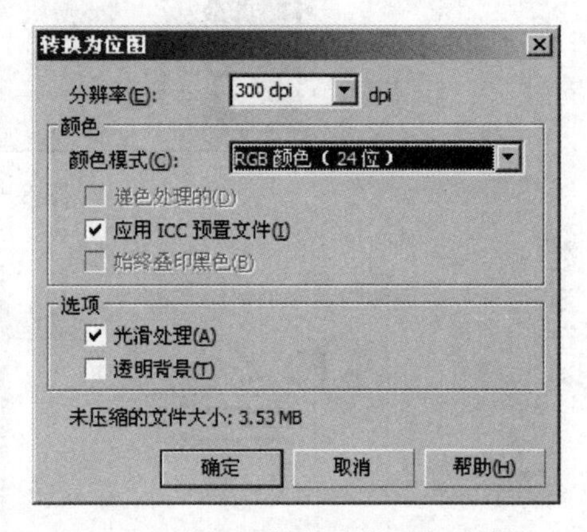

图 8－9 设置【转换为位图】对话框

图 8－10 矢量格式与位图格式效果对比

8.2.3 编辑位图

将矢量图形转换为位图或者导入位图后，可以根据需要对位图进行编辑和修改。

1. 重新取样位图

重新取样位图，可以改变位图大小、分辨率等内容。重新取样的位图在大小或者分辨率上将会发生变化，但可以消除位图中锯齿状的边缘，使图像变得更平滑、清晰。

选择一个位图，然后单击菜单栏中的【位图】|【重新取样】选项，弹出【重新取样】对话框，如图8-11所示。

在该对话框中，可以根据需要重新设置图像大小和图像分辨率。根据需要可以勾选【光滑处理】等复选项，完成设置后，单击【确定】按钮，即可重新取样位图。

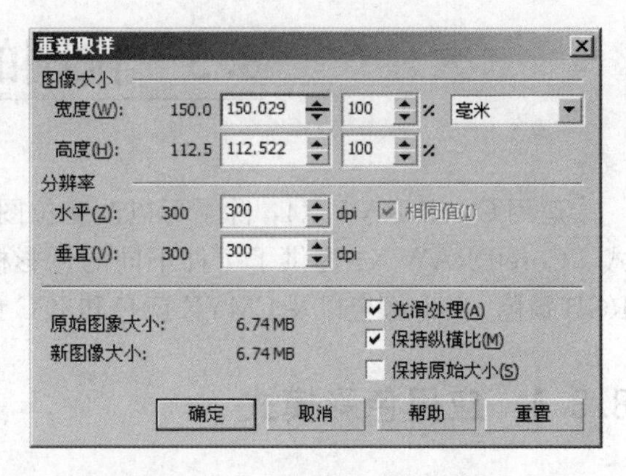

图8-11 【重新取样】对话框

2. 扩充位图边框

在CorelDRAW X4中编辑图形时，可以根据需要手动设定位图边框。

单击菜单栏中的【位图】|【扩充位图边框】|【手动扩充位图边框】选项，弹出【位图边框扩充】对话框，如图8-12所示。

在【位图边框扩充】对话框中，可以设置扩充边框的大小以及扩大方式，完成设置后，单击【确定】按钮即可设定位图边框。自动扩充位图边框与手动扩充位图边框对比如图8-13和图8-14所示。

使用扩充位图边框效果后，再为位图添加特殊效果时，位图显示效果会有所变化。如图8-15所示。

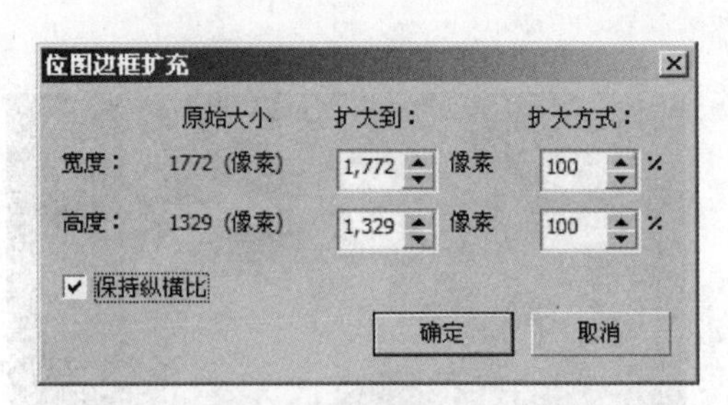

图8-12 【位图边框扩充】对话框

图8-13 自动扩充位图边框效果

图8-14 手动扩充位图边框效果

图8-15 使用扩充边框后添加扭曲旋涡效果

8.3 位图的色彩调整

运用CorelDRAW X4，除了可以改变位图的大小、形状外，还可以调整位图的色彩模式。CorelDRAW X4提供了7种不同的色彩模式，分别为：黑白、灰度、双色、调色板、RGB颜色、Lab颜色以及CMYK颜色和ICC预置文件。

8.3.1 应用色彩模式

单击菜单栏中的【位图】|【模式】选项，在【模式】菜单中可以选择所需色彩模式，【模式】菜单如图8-16所示。

【黑白】模式：只有黑白两色的颜色模式。

【灰度】模式：由256级灰度值构成的色彩模式。

【双色】模式：混合两个以上色调的颜色模式。

【调色板】模式：调和该图像的8位位图模式。

【RGB颜色】模式：可以转换为RGB色彩模式。

【Lab颜色】模式：可以转换为Lab色彩模式。

【CMYK颜色】模式：适用于需要印刷的文件。

【ICC预置文件】应用所需色彩空间的ICC预置文件。

黑白(1位)(B)…
灰度(8位)(G)
双色(8位)(D)…
调色板(8位)(P)…
RGB颜色(24位)(R)
Lab颜色(24位)(L)
CMYK颜色(32位)(C)
应用ICC预置文件(A)…

图8-16 【模式】菜单

【RGB颜色】模式、【灰度】模式下位图效果对比如图8-17和图8-18所示。

图8-17 RGB模式

图8-18 灰度模式

小试身手

调整图像模式为双色调模式。

Step 01：导入配套光盘中的“CD\素材\第8章\素材8-8.jpg”文件。

Step 02：运用工具箱中的【挑选工具】按钮，选中上一步骤导入的位图图像。

Step 03：单击菜单栏中的【位图】|【模式】|【双色】选项，弹出【双色调】对话框，设置参数，然后单击【预览】按钮，可以预览图像调整后效果，如图8-19所示。

Step 04：单击【确定】按钮，即可将RGB模式转换为双色调模式，如图8-20所示。

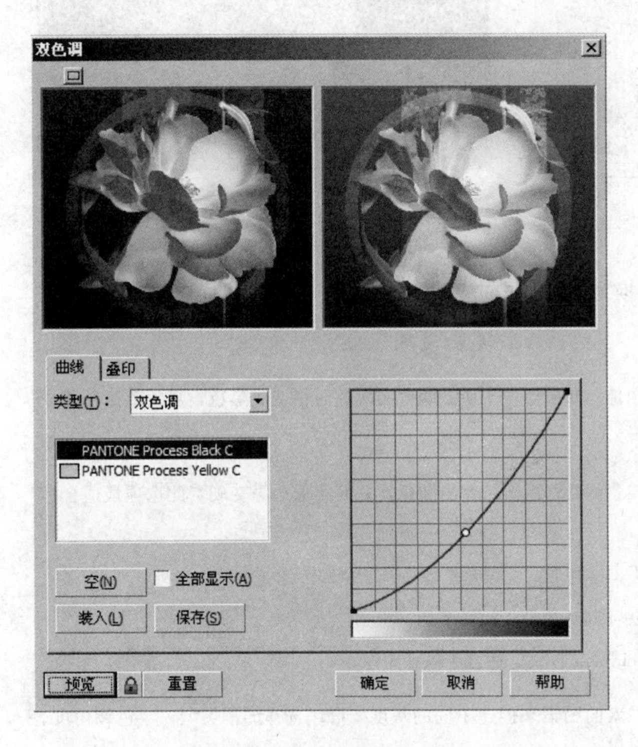

图8-19 【双色调】对话框

图8-20 双色调模式

小试身手

将位图转换为黑白模式。

Step 01：导入配套光盘中的“CD\素材\第8章\素材8-8.jpg”文件。

Step 02：单击菜单栏中的【位图】|【模式】|【黑白（1位）】选项，弹出【转换为1位】对话框，打开【转换方法】下拉列表框并选择【半色调】。

Step 03：单击【屏幕类型】下拉列表框，从弹出的下拉列表中选择【线条】，设置【度】为【60】，【线数】为【9】，如图8-21所示。

Step 04：单击【预览】按钮，在预览窗口查看转换效果。然后单击【确定】按钮，所选位图就转换为黑白图像，如图8-22所示。

相关知识：将位图转换为黑白模式的7种转换方法（如表8-1所示）。

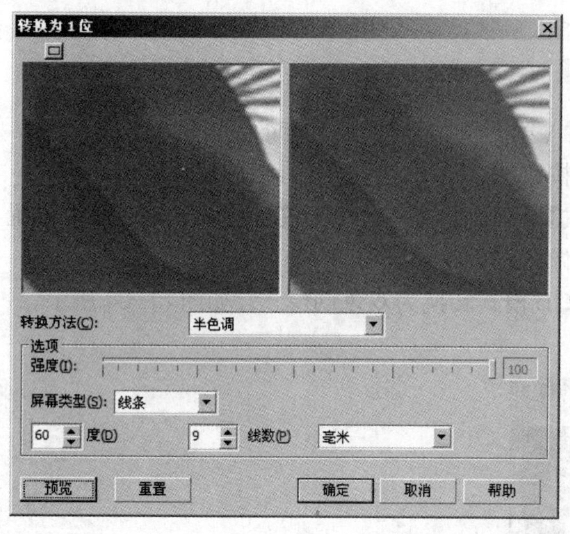

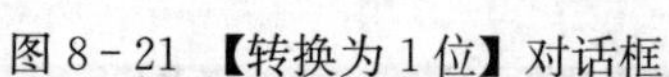
图8-21 【转换为1位】对话框

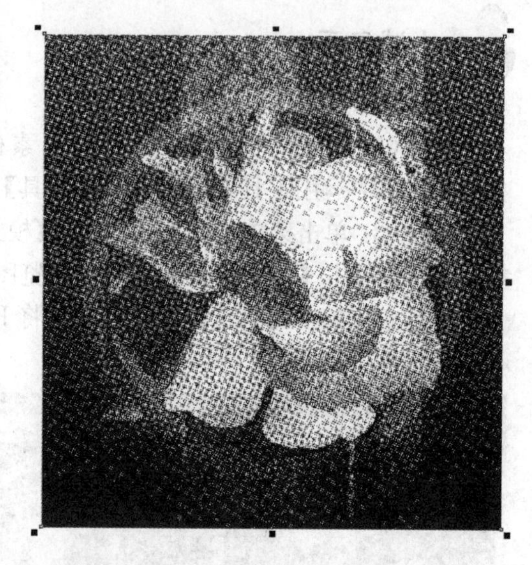
图8-22 位图转换为黑白模式效果

表8-1 位图转换为黑白模式的7种转换方法

转换方法	转换说明
线条图	产生高对比度的黑白图像。灰阶值低于所设阈值的颜色时将变成黑色，灰阶值高于所设阈值的颜色时将变成白色。
顺序	组织灰阶，重复黑白像素的几何图案，突出纯色，并使图像边缘变硬，此选项最适合标准色。
Jarvis	对屏幕应用Jarvis算法。这种形式的偏差扩散适合于摄影图像。
Stucki	对屏幕应用Stucki算法。同样适合于摄影图像。
Floyd-Steinberg	对屏幕应用Floyd-Steinberg算法。适合于摄影图像。
半色调	通过改变图像中黑白像素的图案来创建不同的灰度，可以选择屏幕类型、半色调角度、每单位线条数以及测量单位。
基数-分布	应用计算并将结果分布到屏幕上，从而创建带底纹的外观。

8.3.2 图像调整实验室

单击菜单栏中的【位图】|【图像调整实验室】选项，可以快速、轻松地校正位图的颜色和色调。其对话框如图8-23所示。

【图像调整实验室】对话框内可自动调整位图，也可根据需要手动调整位图，调整各个控件中滑块的位置，即可手动调整位图的各项参数。

单击【创建快照】按钮，可以随时捕获调整后的位图，方便地对比调整后的位图。

单击【撤销】、【重做】、【重置为原始值】按钮，可以撤销上一步骤或重做最后撤销的一步或重新开始。

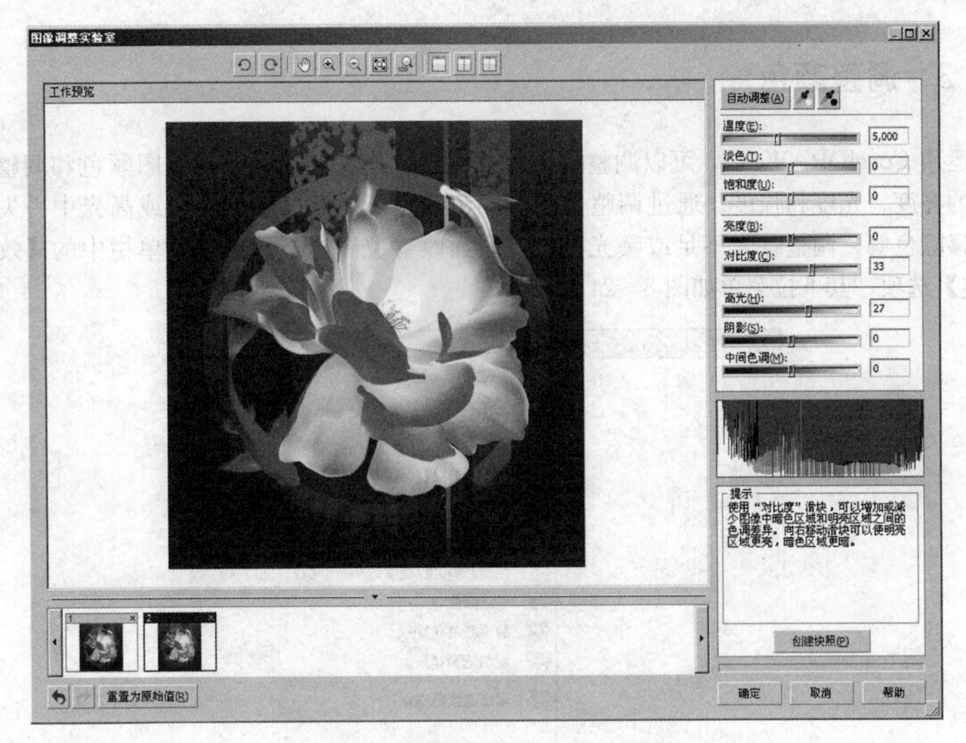

图 8-23 【图像调整实验室】对话框

单击【自动调整】按钮，软件自动调整图像的对比度和颜色。

单击【选择白点】按钮，可以依据设置的白点自动调整图像的对比度。例如，可以使用【选择白点】工具使暗的图像变亮。

单击【选择黑点】按钮，可以依据设置的黑点自动调整图像的对比度。例如，可以使用【选择黑点】工具使亮的图像变暗。

各手动控件介绍如下。

【温度】控件：允许通过提高图像中颜色的暖色或冷色来校正颜色转换，从而补偿拍摄图像时的照明条件。

【淡色】控件：可以通过调整图像中的绿色或品红色来校正色偏。

【饱和度】控件：可以调整颜色的鲜明程度。调整图像的亮度和对比度。

【亮度】控件：可以使整个图像变亮或变暗。

【对比度】控件：可以增加或减少图像中暗色区域与明亮区域之间的色调差异。

【高光】控件：可以调整图像中最亮区域的亮度。

【阴影】控件：可以调整图像中最暗区域中的亮度。

【中间色调】控件：可以调整图像中的中间色的亮度。

在【图像调整实验室】中，可以以不同方式查看图像，例如，可以旋转、平移、放大或缩小图像，也可以在预览窗口中显示调整后的位图。

尽管使用【图像调整实验室】可以校正大多数图像的颜色和色调，但有时需要专门的调整过滤器。运用 CorelDRAW 中其他功能强大的调整过滤器，也可以对图像进行精确调整。例如，使用调合曲线来调整图像。

8.3.3 调整颜色

运用 CorelDRAW X4，可以调整位图的颜色和色调。例如，替换位图颜色和调整位图颜色的亮度、光度和强度。通过调整位图的颜色和色调，可以恢复阴影或高光中丢失的细节，移除色偏，调整曝光不足或曝光过度，全面改善位图质量。单击菜单栏中的【效果】|【调整】选项，其下拉菜单如图 8-24 所示。

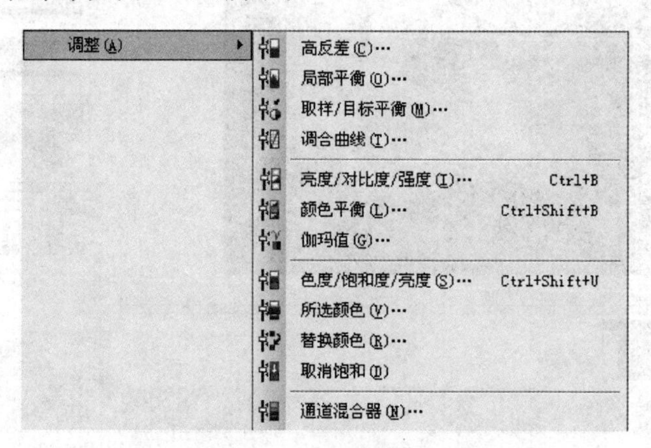

图 8-24 【调整】菜单

【高反差】：可以在保留阴影与高亮度显示细节的同时，调整色调、颜色和位图对比度。

【局部平衡】：用来提高边缘附近的对比度，以显示明亮区域和暗色区域中的细节。可以在此区域周围设置高度和宽度来强化对比度。

【取样/目标平衡】：可以使用从图像中选取的色样来调整位图中的颜色值，还可以从图像的黑色、中间色调以及亮色部分选取色样，并将目标颜色应用于每个色样。

【调合曲线】：可以通过控制各个像素值来精确地校正颜色。

【亮度/对比度/强度】：可以调整位图的亮度、对比度、强度。

【颜色平衡】：可以通过【色频通道】调整位图的色彩。

【伽玛值】：可以通过调整【伽玛值】在较低对比度区域强化细节，而不会影响阴影或高光。

【色度/饱和度/亮度】：可以通过【色频通道】、【色度】、【饱和度】、【亮度】选项调整颜色与颜色浓度，以及图像中白色所占的百分比。

【所选颜色】：可以通过【颜色】、【颜色谱】等选项调整颜色。

【替换颜色】：可以将一种位图颜色替换成另一种位图颜色或将整个位图从一个颜色范围变换到另一颜色范围，还可以创建一个颜色遮罩来定义要替换的颜色。

【取消饱和】：可以将位图中每种颜色的饱和度降到零，创建类似于灰度黑白图像效果，而不会更改颜色模型。

【通道混合器】：可以混合【色频通道】以平衡位图的颜色。

8.3.4 变换颜色

单击菜单栏中的【效果】|【变换】选项，可以变换位图的颜色与色调使之产生特殊效果。

【变换】菜单如图 8－25 所示。

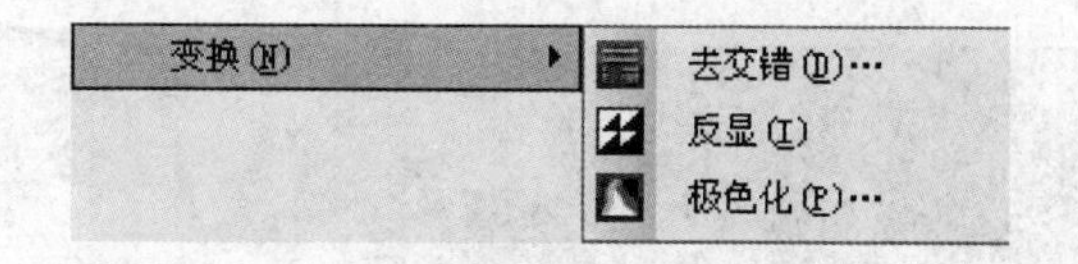

图 8－25 【变换】菜单

【去交错】：可以从扫描或隔行显示的图像中移除线条。

【反显】：可以反显图像的颜色，创建类似于摄影负片的效果。

【极色化】：可以减少图像中的色调值数量。极色化可以去除颜色层次并产生大面积缺乏层次感的颜色。

8.3.5 校正位图

单击菜单栏中的【效果】|【校正】|【尘埃与刮痕】选项，弹出【尘埃与刮痕】对话框。如图 8－26 所示。在【尘埃与刮痕】对话框中，可以快速改进位图的外观。通过调整【阈值】滑块调整像素之间的对比度。通过调整【半径】滑块调整像素数量。

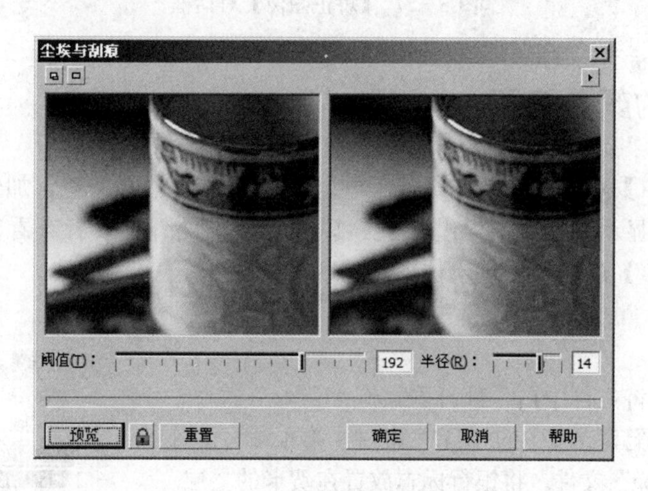

图 8－26 【尘埃与刮痕】对话框

8.3.6 矫正图像

单击菜单栏中的【位图】|【矫正图像】选项，弹出【矫正图像】对话框，如图 8－27 所示。运用【矫正图像】对话框，可以快速矫正位图图像，对于矫正以某个角度获取或扫描的图像时，该功能非常有用。

在【矫正图像】对话框中，可以根据需要设置【旋转图像】滑块和【网格】滑块来调整位图的网格单元格的位置和大小，还可以根据需要裁剪图像或重新取样图像。

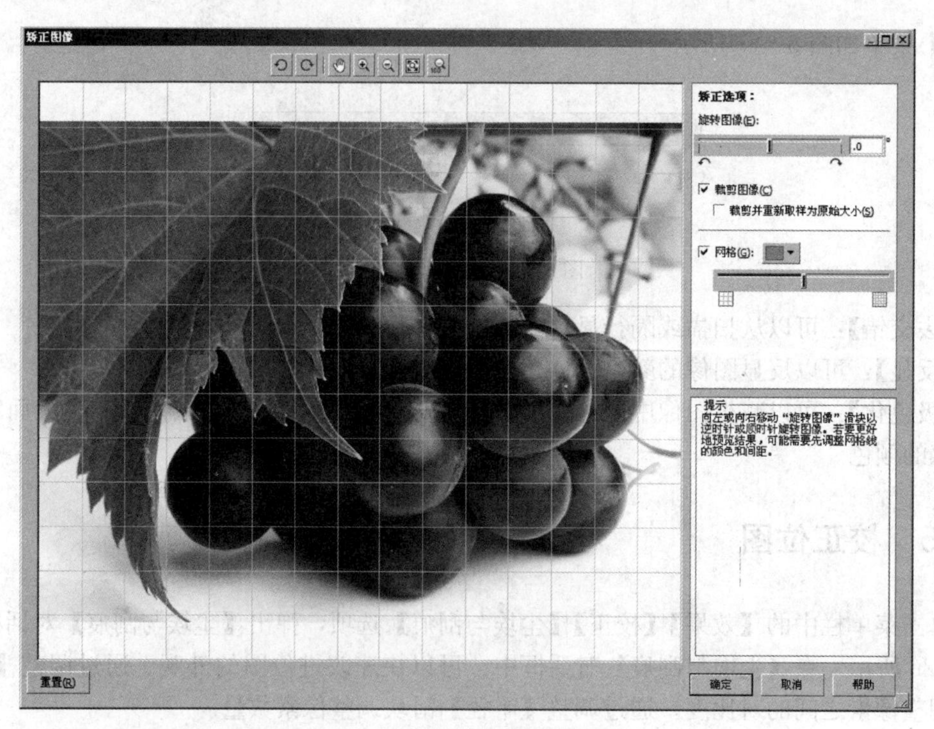

图 8-27 【矫正图像】对话框

8.3.7 位图的颜色遮罩

【位图颜色遮罩】可以在图像编辑过程中隐藏位图中的某些颜色，加快在屏幕上渲染对象的速度。也可以显示位图中的某些颜色，以改变图像的外观或者查看某种颜色应用的位置。【位图颜色遮罩】最多可以遮罩位图中的 10 种颜色。

小试身手

利用遮罩功能将文件中白色部分隐藏起来。

Step 01：导入配套光盘中的“CD\素材\第 4 章\素材 8-9.jpg、8-10.jpg”文件。将银行标志放置在贺卡的上层。

Step 02：选中银行标志图片，单击菜单栏中的【位图】|【位图颜色遮罩】选项，弹出【位图颜色遮罩】泊坞窗。在【位图颜色遮罩】泊坞窗中单击【隐藏颜色】选项，如图 8-28 所示。

Step 03：单击【位图颜色遮罩】泊坞窗中的【颜色选择】按钮，然后在银行标志图片的白色区域内单击鼠标，此时泊坞窗列表中的复选框色条就变成白色，表示白色为隐藏色，如图 8-29 所示。

Step 04：在【位图颜色遮罩】泊坞窗设置【容限】为【40】。

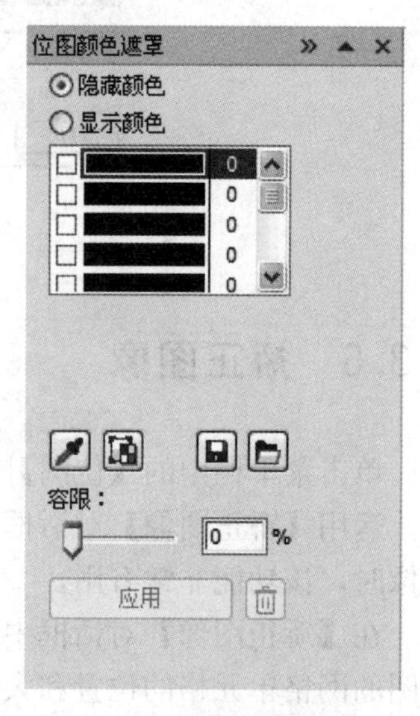

图 8-28 【位图颜色遮罩】泊坞窗

图 8-29　选择隐藏色

Step 05：单击【应用】按钮，所选图片中白色部分即被隐藏，如图 8-30 所示。如果对隐藏的效果不满意可以再次调整容限值。

图 8-30　隐藏图片中的白色

Step 06：缩小银行标志，放置在合适位置，最终效果如图 8-31 所示。

图 8-31　最终效果

8.4　使用滤镜特效

CorelDRAW X4 提供了 10 组共 70 多种用于处理位图的滤镜，每一组滤镜各自包括多个不同效果的滤镜。利用这些滤镜，可以对位图应用于三维效果、艺术效果、颜色变换等特殊效果。单击菜单栏中的【位图】选项，可以查看不同滤镜，如图 8-32 所示。

各式滤镜的使用方法大同小异，方法如下：

Step 01：选中需要应用滤镜的位图。

Step 02：选择所需的滤镜样式，打开相应滤镜对话框。

Step 03：设置滤镜对话框各选项，单击【确定】按钮完成对位图应用滤镜效果。

各式滤镜对话框的结构大致相同，以【单色蜡笔画滤镜】对话框为例，如图 8－33 所示，介绍一下滤镜对话框的大致结构。

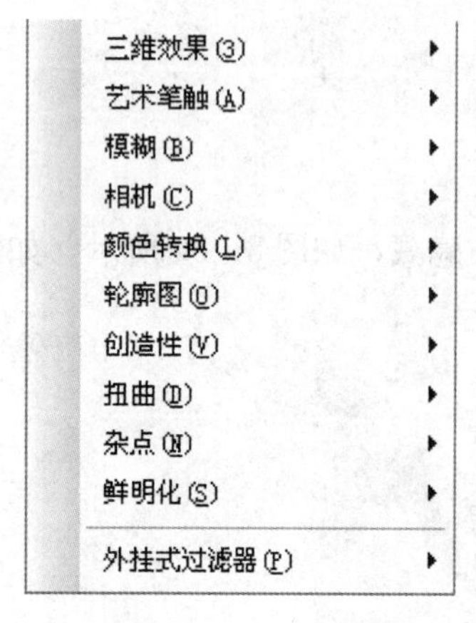

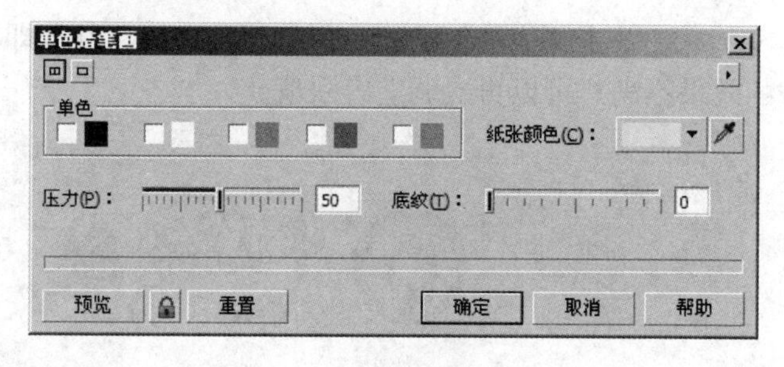

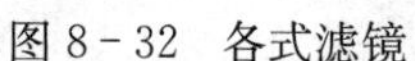
图 8－32　各式滤镜

图 8－33　【单色蜡笔画】滤镜对话框

【双窗口】：在【双窗口】显示模式下，可以预览滤镜效果。单击【双窗口】按钮，打开【双窗口】显示模式，然后单击【预览】按钮，左边窗口显示原图，右边窗口显示滤镜效果后的位图效果，双窗口显示模式如图 8－34 所示。

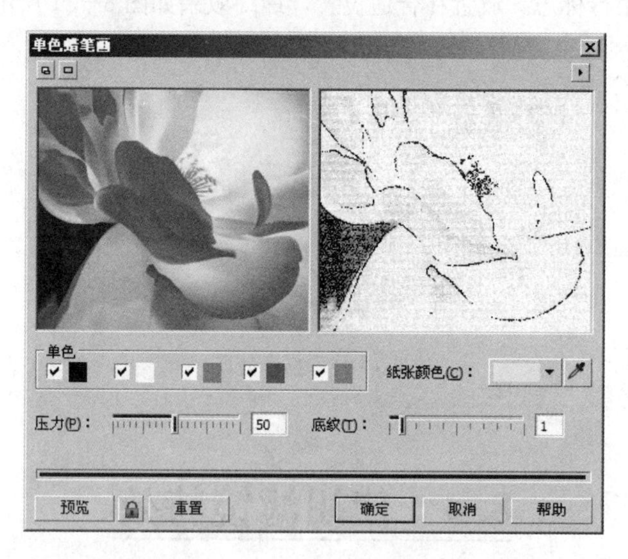

图 8－34　双窗口显示模式

【单窗口】：单窗口显示模式如图 8－35 所示。单击【预览】按钮后，才可以在窗口内预览滤镜效果。

【重置】：单击【重置】按钮后，当前对话框内所有调整过的参数都会恢复到默认设置。

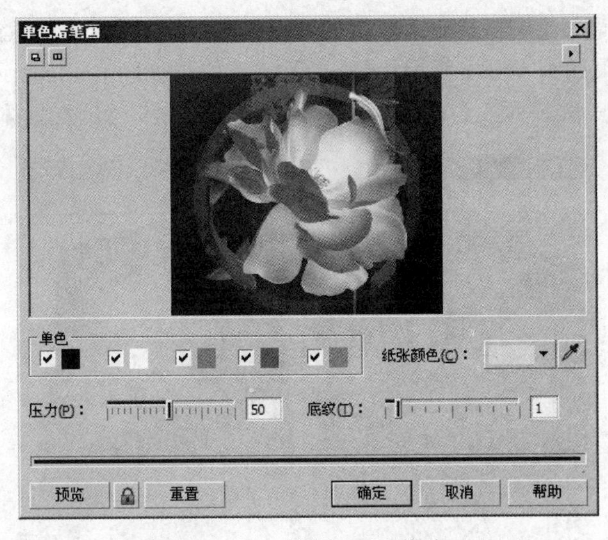

图 8-35　单窗口显示模式

8.4.1　三维效果

【三维效果】滤镜，可以创建纵深感的立体效果，提供了包括【浮雕】、【卷页】和【透视】等7种三维滤镜效果。【三维效果】滤镜菜单如图 8-36 所示。

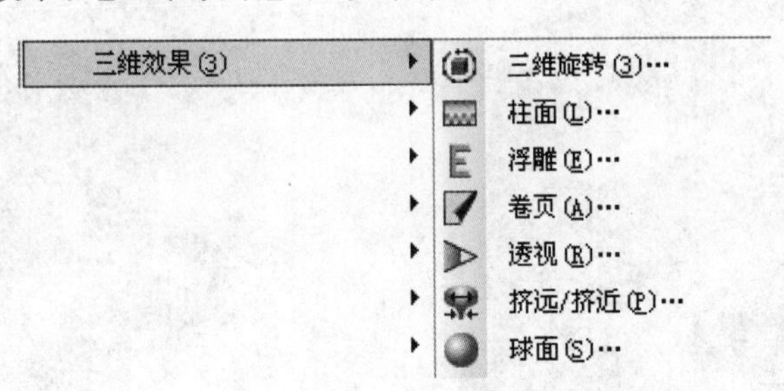

图 8-36　【三维效果】滤镜菜单

一学就会

Step 01：新建空白 CorelDRAW X4 文档，导入配套光盘中的“CD\素材\第8章\素材 8-8.jpg”文件。

Step 02：选中导入的位图图像，单击菜单栏中的【位图】|【三维效果】|【三维旋转】选项，弹出【三维旋转】对话框，调整为双窗口显示模式，然后设置数值，预览图像调整前后对比效果，如图 8-37 所示。

【垂直】：在该选项的文本框中可以设置绕垂直轴旋转的角度。

【水平】：在该选项的文本框中可以设置绕水平轴旋转的角度。

【最适合】：勾选该复选框，应用三维旋转后的位图尺寸将接近原始位图尺寸。

Step 03：单击【确定】按钮，即可为图像添加【三维旋转】滤镜效果，完成后如图 8-38 所示。

【三维效果】滤镜中【柱面】滤镜效果如图 8－39 所示，【浮雕】滤镜效果如图 8－40 所示，【卷页】滤镜效果如图 8－41 所示，【透视】滤镜效果如图 8－42 所示，【挤近/挤远】效果如图 8－43 和图 8－44 所示，【球面】滤镜效果如图 8－45 所示。具体过程不再演示。

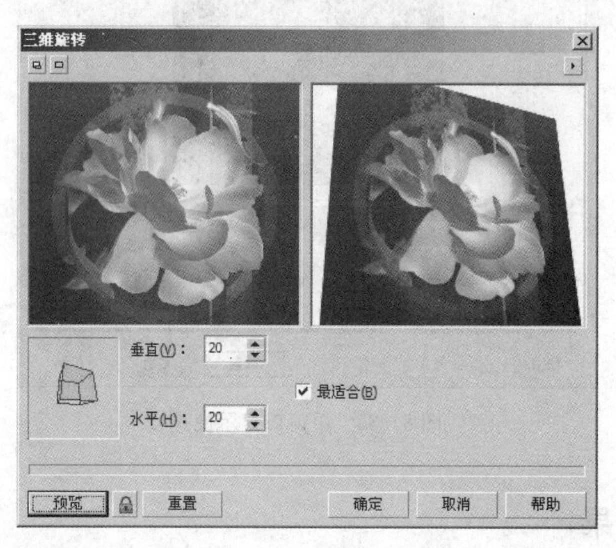

图 8－37 【三维旋转】对话框

图 8－38 【三维旋转】滤镜效果

图 8－39 【柱面】滤镜效果

图 8－40 【浮雕】滤镜效果

图 8－41 【卷页】滤镜效果

图 8－42 【透视】滤镜效果

图 8－43 【挤远】滤镜效果

图 8－44 【挤近】滤镜效果

图 8－45 【球面】滤镜效果

8.4.2 艺术笔触

【艺术笔触】滤镜可以创建类似手工绘画的滤镜效果，其中包括【炭画笔】、【单色蜡笔画】、【立体派】、【钢笔画】等 14 种滤镜模式。【艺术笔触】菜单如图 8－46 所示。

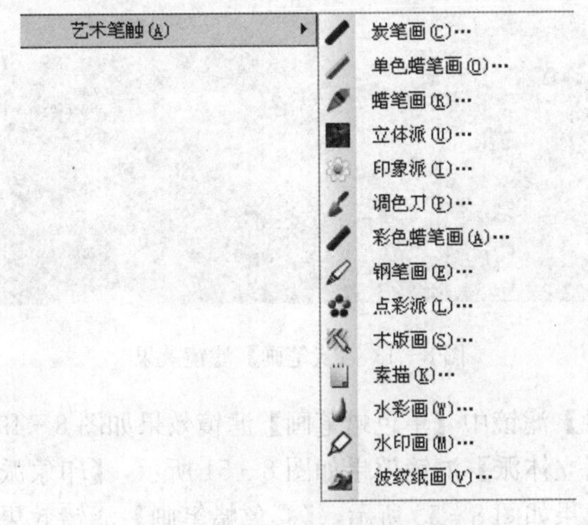

图 8－46 【艺术笔触】滤镜菜单

一学就会

Step 01：新建空白 CorelDRAW X4 文档，导入配套光盘中的“CD\素材\第8章\素材8-15.jpg”文件。

Step 02：选中导入的位图图像，单击菜单栏中的【位图】|【艺术笔触】|【炭笔画】选项，弹出【炭笔画】对话框，调整为双窗口显示模式，然后设置数值，预览图像调整前后对比效果，如图8-47所示。

图8-47　设置【炭笔画】对话框

【大小】：拖动滑块可以调整画笔的大小，也可以直接在文本框中输入数值。

【边缘】：拖动滑块可以设置图像边缘的硬度，也可以直接输入数值。

Step 03：单击【确定】按钮，即可为图像添加【炭笔画】滤镜效果，完成后如图8-48所示。

图8-48　【炭笔画】滤镜效果

Step 04：【艺术笔触】滤镜中【单色蜡笔画】滤镜效果如图8-49所示，【蜡笔画】滤镜效果如图8-50所示，【立体派】滤镜效果如图8-51所示，【印象派】滤镜效果如图8-52所示，【调色刀】滤镜效果如图8-53所示，【彩色蜡笔画】滤镜效果如图8-54所示，【钢笔画】滤镜效果如图 8－55 所示，【点彩派】滤镜效果如图 8－56 所示，【木版画】滤镜效果如图 8－57 所示，【素描】滤镜效果如图 8－58 所示，【水彩画】滤镜效果如图 8－59 所示，【水印画】滤镜效果如图 8－60 所示，【波纹纸画】滤镜效果如图 8－61 所示。具体过程不再演示。

图 8－49 【单色蜡笔】滤镜效果

图 8－50 【蜡笔画】滤镜效果

图 8－51 【立体派】滤镜效果

图 8－52 【印象派】滤镜效果

图 8－53 【调色刀】滤镜效果

图 8－54 【彩色蜡笔画】滤镜效果

图 8－55 【钢笔画】滤镜效果

图 8-56 【点彩画】滤镜效果

图 8-57 【木版画】滤镜效果

图 8-58 【素描】滤镜效果

图 8-59 【水彩画】滤镜效果

图 8-60 【水印画】滤镜效果

图 8-61 【波纹纸画】滤镜效果

8.4.3 模糊

【模糊】滤镜，可以创建图像模糊效果，提供了包括【高斯式模糊】、【动态模糊】和【缩放】等 9 种模糊滤镜效果。【模糊】滤镜菜单如图 8-62 所示。

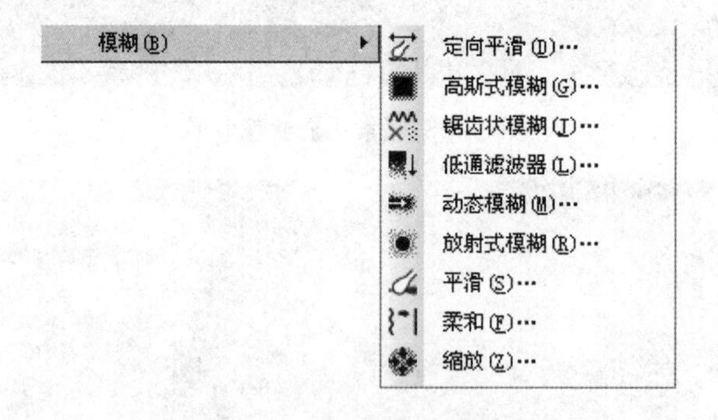

图 8-62 【模糊】滤镜菜单

一学就会

Step 01：新建空白 CorelDRAW X4 文档，导入配套光盘中的“CD\素材\第 8 章\素材 8-5.jpg”文件。

Step 02：选中导入的位图图像，单击菜单栏中的【位图】|【模糊】|【定向平滑】选项，弹出【定向平滑】对话框，调整为双窗口显示模式，然后设置数值，预览图像调整前后对比效果，如图 8-63 所示。

【百分比】：可以调整图像的平滑程度。

Step 03：单击【确定】按钮，即可为图像添加【定向平滑】滤镜效果，完成后如图 8-64 所示。

图 8-63 设置【定向平滑】对话框

图 8-64 【定向平滑】滤镜效果

Step 04：【模糊】滤镜中【高斯式模糊】滤镜效果如图 8-65 所示，【锯齿状模糊】滤镜效果如图 8-66 所示，【低通滤波器】滤镜效果如图 8-67 所示，【动态模糊】滤镜效果如图 8-68 所示，【放射式模糊】滤镜效果如图 8-69 所示，【平滑】滤镜效果如图 8-70 所示，【柔和】滤镜效果如图 8-71 所示，【缩放】滤镜效果如图 8-72 所示。具体过程不再演示。

图 8-65 【高斯式模糊】滤镜效果

图 8-66 【锯齿状模糊】滤镜效果

图 8－67 【低通滤波器】滤镜效果

图 8－68 【动态模糊】滤镜效果

图8－69 【放射式模糊】滤镜效果

图 8－70 【平滑】滤镜效果

图 8－71 【柔和】滤镜效果

图 8－72 【缩放】滤镜效果

8.4.4 相机

【相机】滤镜，提供了包括【扩散】这种滤镜效果。可以创建类似于扩散透镜的效果。【相机】滤镜菜单如图 8－73 所示。

图 8－73 【相机】滤镜菜单

一学就会

Step 01：新建空白 CorelDRAW X4 文档，导入配套光盘中的“CD\素材\第 8 章\素材 8－18.jpg”文件。

Step 02：选中导入的位图图像，单击菜单栏中的【位图】|【相机】|【扩散】选项，弹出【扩散】对话框，调整为双窗口显示模式，然后设置数值，预览图像调整前后对比效果。如图 8－74 所示。

【层次】：可以设置调整图像扩散杂点的强弱。

Step 03：单击【确定】按钮，即可为图像添加【扩散】滤镜效果，扩散效果如图 8－75 所示。

图 8－74 【扩散】对话框

图 8－75 【扩散】滤镜效果

8.4.5 颜色转换

【颜色转换】滤镜，可以通过减少或替换颜色来创建摄影幻觉效果。提供了包括【半色调】、【梦幻色调】等 4 款滤镜。【颜色转换】菜单如图 8－76 所示。

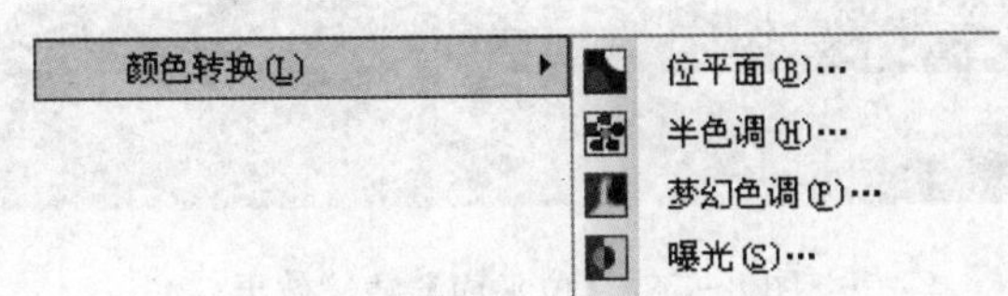

图 8－76 【颜色转换】菜单

一学就会

Step 01：新建空白 CorelDRAW X4 文档，导入配套光盘中的“CD\素材\第8章\素材8-19.jpg”文件。

Step 02：选中导入的位图图像，单击菜单栏中的【位图】|【颜色转换】|【位平面】选项，弹出【位平面】对话框，调整为双窗口显示模式，然后设置数值，预览图像调整前后对比效果，如图8-77所示。

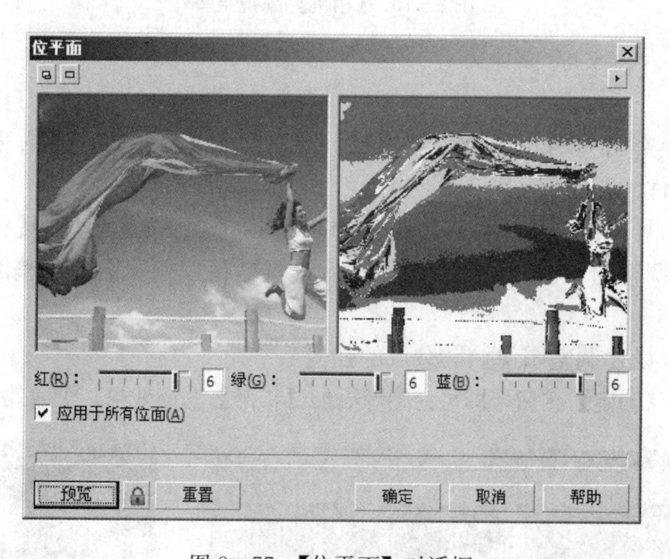

图8-77 【位平面】对话框

【红】、【绿】、【蓝】：可以调整相应的颜色值来改变图像的色彩。

【应用于所有位面】：勾选该复选框，在调整【红】、【绿】、【蓝】任意一个颜色值时，其他颜色值也会同时调整。

Step 03：单击【确定】按钮，即可为图像添加【位平面】滤镜效果，完成后如图8-78所示。

图8-78 【位平面】滤镜效果

Step 04：【颜色转换】滤镜中【半色调】滤镜效果如图 8－79 所示，【梦幻色调】滤镜效果如图 8－80 所示，【曝光】滤镜效果如图 8－81 所示。具体过程不再演示。

图 8－79 【半色调】滤镜效果

图 8－80 【梦幻色调】滤镜效果

图 8－81 【曝光】滤镜效果

8.4.6 轮廓图

【轮廓图】滤镜，可以突出显示和增强图像的边缘的效果，提供了包括【边缘检测】、【查找边缘】和【描摹轮廓】三种效果。【轮廓图】菜单栏如图 8－82 所示。

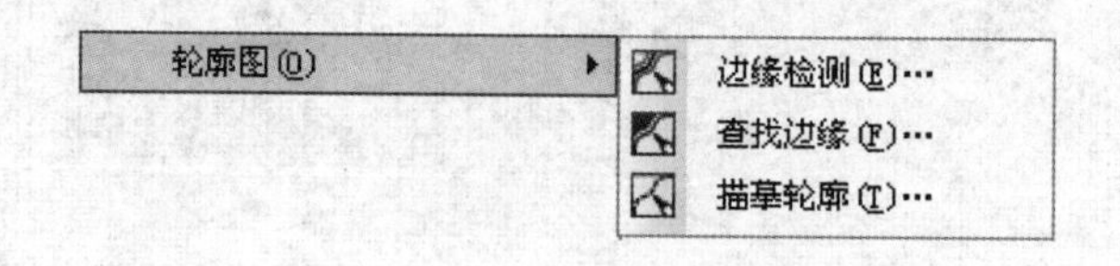

图 8－82 【轮廓图】菜单

一学就会

Step 01：新建空白 CorelDRAW X4 文档，导入配套光盘中的“CD\素材\第 8 章\素材 8－20.jpg”文件。

Step 02：选中导入的位图图像，单击菜单栏中的【位图】|【轮廓图】|【边缘检测】选项，弹出【边缘检测】对话框，调整为双窗口显示模式，然后设置数值，预览图像调整前后对比效果，如图 8－83 所示。

【背景色】：在该选项区中可以调整边缘检测的背景颜色。

【灵敏度】：可以调整边缘检测的灵敏度。

Step 03：单击【确定】按钮，即可为图像添加【边缘检测】滤镜效果，完成后如图 8－84 所示。

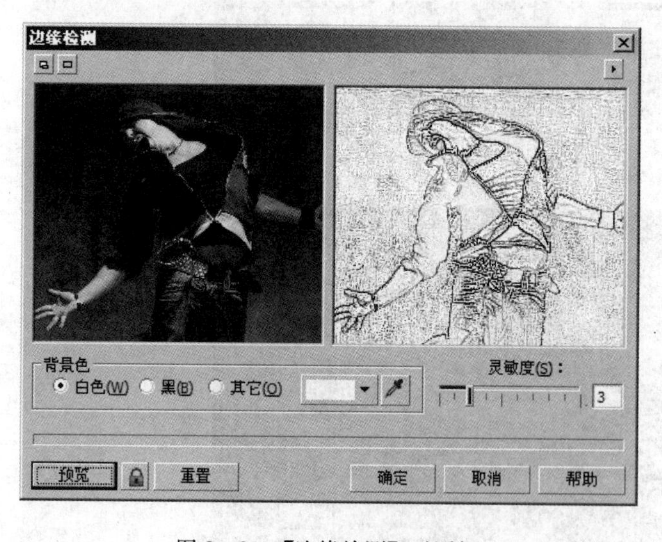

图 8－83 【边缘检测】对话框

图8－84 【边缘检测】滤镜效果

Step 04：【轮廓图】滤镜中【查找边缘】滤镜效果如图 8－85 所示，【描摹轮廓】滤镜效果如图 8－86 所示。具体过程不再演示。

图 8-85 【查找边缘】滤镜效果

图 8-86 【描摹轮廓】滤镜效果

8.4.7 创造性

【创造性】滤镜是 CorelDRAW 特殊的滤镜功能，可以为图像创建各种底纹和形状等滤镜效果，提供了包括【织物】、【玻璃砖】、【晶体化】、【旋涡】和【彩色玻璃】等 14 种滤镜效果。【创造性】滤镜菜单如图 8-87 所示。

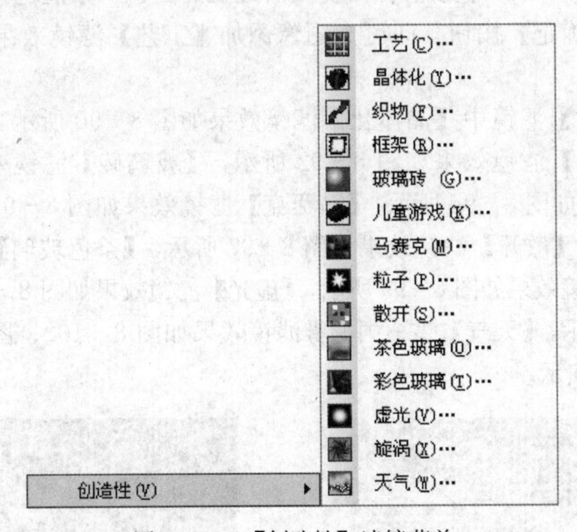

图 8-87 【创造性】滤镜菜单

一学就会

Step 01：新建空白 CorelDRAW X4 文档，导入配套光盘中的“CD\素材\第 8 章\素材 8-21.jpg”文件。

Step 02：选中导入的位图图像，单击菜单栏中的【位图】|【创造性】|【工艺】选项，弹出

【工艺】对话框，调整为双窗口显示模式，然后设置数值，预览图像调整前后对比效果，如图 8-88 所示。

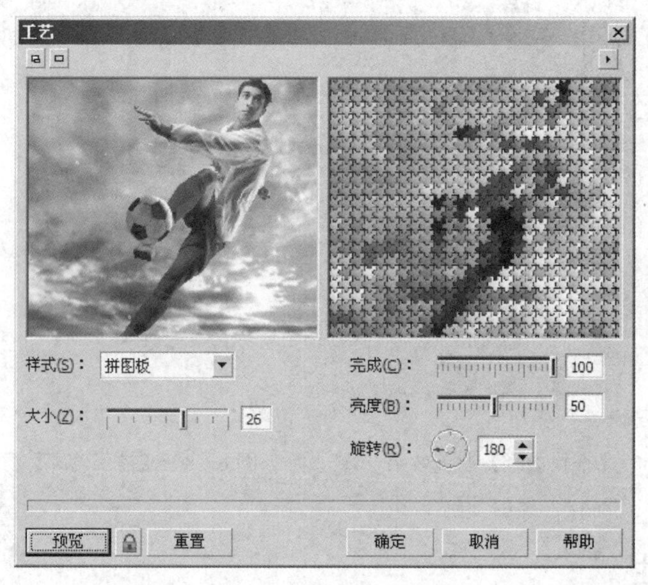

图 8-88 【工艺】对话框

【样式】：在该选项的下拉列表中可以选择覆盖图像的工艺品样式。

【大小】：拖动滑块可以调整覆盖图像的工艺样式的大小。

【完成】：拖动滑块可以调整设置位图样式所覆盖的面积，数值越大，覆盖面积越大。

Step 03：单击【确定】按钮，即可为图像添加【工艺】滤镜效果，完成后如图 8-89 所示。

Step 04：【创造性】滤镜中【晶体化】滤镜效果如图 8-90 所示，【织物】滤镜效果如图 8-91 所示，【框架】滤镜效果如图 8-92 所示，【玻璃砖】滤镜效果如图 8-93 所示，【儿童游戏】滤镜效果如图 8-94 所示，【马赛克】滤镜效果如图 8-95 所示，【粒子】滤镜效果如图 8-96 所示，【散开】滤镜效果如图 8-97 所示，【茶色玻璃】滤镜效果如图 8-98 所示，【彩色玻璃】滤镜效果如图 8-99 所示，【虚光】滤镜效果如图 8-100 所示，【旋涡】滤镜效果如图 8-101 所示，【天气】雪、雨、雾滤镜效果如图 8-102、图 8-103 和图 8-104 所示。具体过程不再演示。

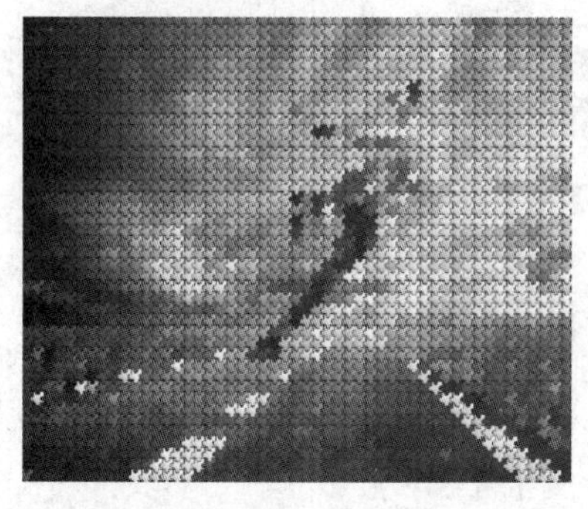

图 8-89 【工艺】滤镜效果

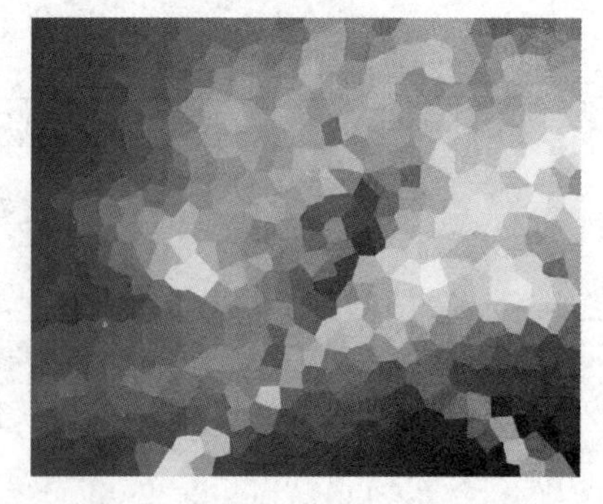

图 8-90 【晶体化】滤镜效果

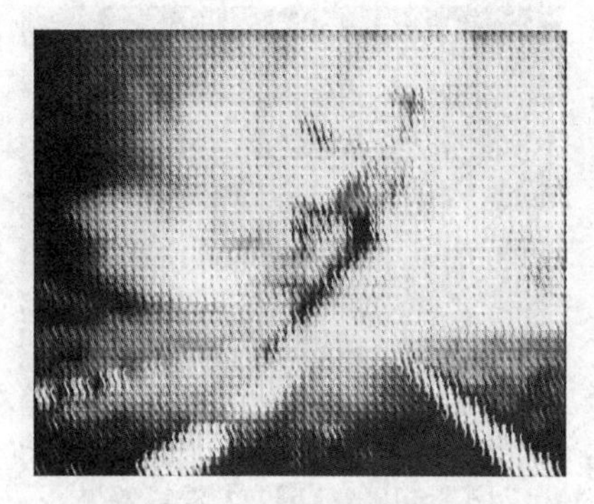

图 8 - 91 【织物】滤镜效果

图 8 - 92 【框架】滤镜效果

图 8 - 93 【玻璃砖】滤镜效果

图 8 - 94 【儿童游戏】滤镜效果

图 8 - 95 【马赛克】滤镜效果

图 8 - 96 【粒子】滤镜效果

图 8 - 97 【散开】滤镜效果

图 8 - 98 【茶色玻璃】滤镜效果

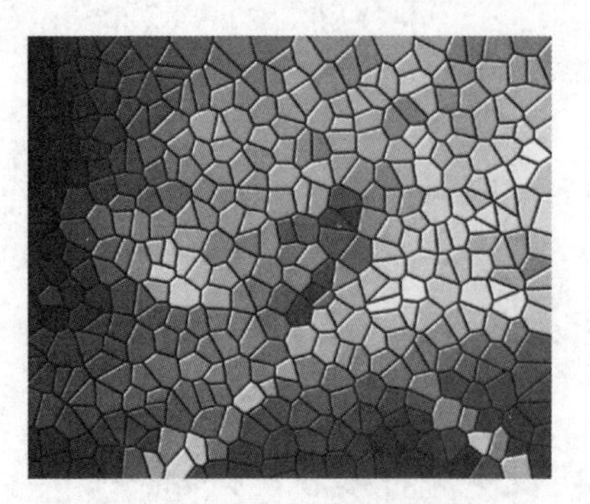

图 8-99 【彩色玻璃】滤镜效果

图 8-100 【虚光】滤镜效果

图 8-101 【旋涡】滤镜效果

图 8-102 【天气】雪滤镜效果

图 8-103 【天气】雨滤镜效果

图 8-104 【天气】雾滤镜效果

8.4.8 扭曲

【扭曲】滤镜，可以为图像创建变形效果，提供了包括【龟纹】、【块状】、【旋涡】以及【平铺】等 10 种滤镜效果。【扭曲】滤镜菜单如图 8-105 所示。

一学就会

Step 01：新建空白 CorelDRAW X4 文档，导入配套光盘中的“CD\素材\第 8 章\素材 8-18.jpg”文件。

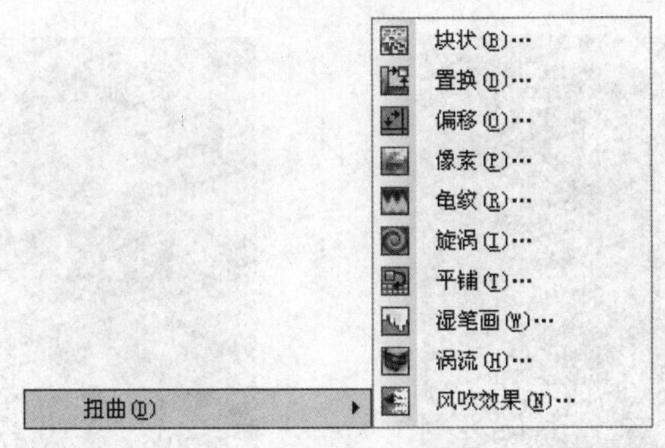

图 8-105 【扭曲】滤镜菜单

Step 02：选中导入的位图图像，单击菜单栏中的【位图】|【扭曲】|【块状】选项，弹出【块状】对话框，调整为双窗口显示模式，然后设置数值，预览图像调整前后对比效果，如图 8-106 所示。

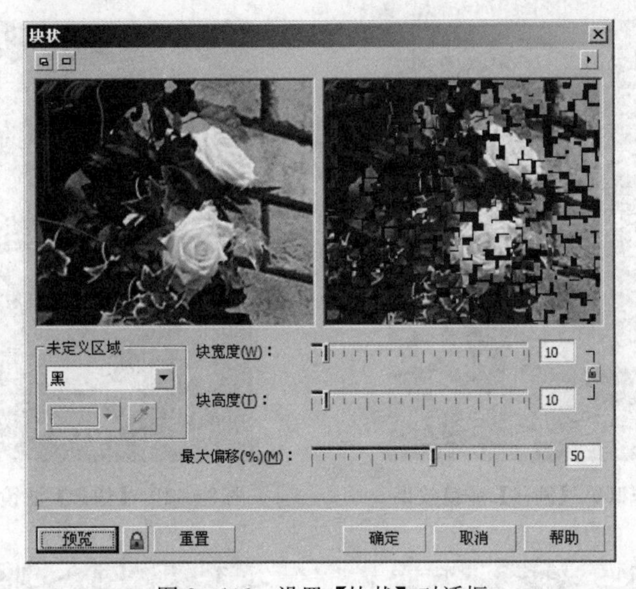

图 8-106 设置【块状】对话框

【未定义区域】：在该选项区的下拉列表框中可以选择块状之间空白区域的颜色。

【块宽度】：拖动滑块可以调整块状的宽度。

【块高度】：拖动滑块可以调整块状的高度。

【最大偏移（%）】：拖动滑块可以调整块与块之间的距离。

Step 03：单击【确定】按钮，即可为图像添加【块状】滤镜效果，完成后如图 8-107 所示。

Step 04：【扭曲】滤镜中【置换】滤镜效果如图 8-108 所示，【偏移】滤镜效果如图 8-109 所示，【像素】滤镜效果如图 8-110 所示，【龟纹】滤镜效果如图 8-111 所示，【旋涡】滤镜效果如图 8-112 所示，【平铺】滤镜效果如图 8-113 所示，【湿笔画】滤镜效果如图 8-114 所示，【涡流】滤镜效果如图 8-115 所示，【风吹效果】滤镜效果如图 8-116 所示。具体过程不再演示。

图 8－107 【块状】滤镜效果

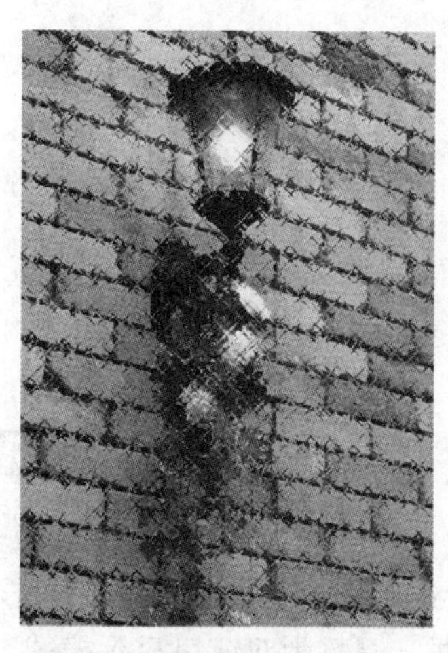

图 8－108 【置换】滤镜效果

图 8－109 【偏移】滤镜效果

图 8－110 【像素】滤镜效果

图 8－111 【龟纹】滤镜效果

图 8－112 【旋涡】滤镜效果

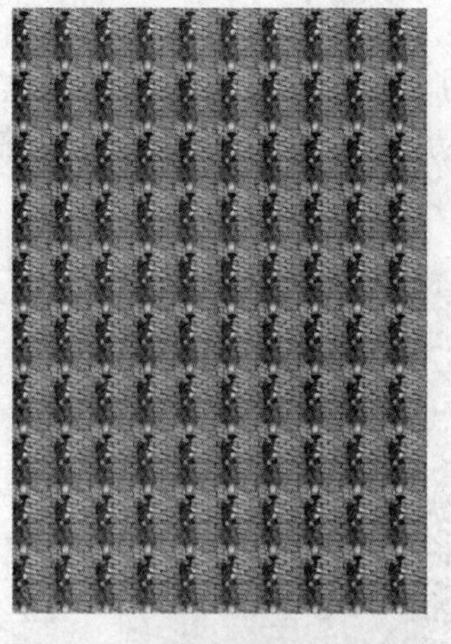

图 8 - 113 【平铺】滤镜效果

图 8 - 114 【湿笔画】滤镜效果

图 8 - 115 【涡流】滤镜效果

图 8 - 116 【风吹效果】滤镜效果

8.4.9 杂点

【杂点】滤镜，可以修改图像的粒度，提供了包括【添加杂点】、【去除龟纹】以及【去除杂点】等 6 种三维滤镜效果。【杂点】滤镜菜单如图 8 - 117 所示。

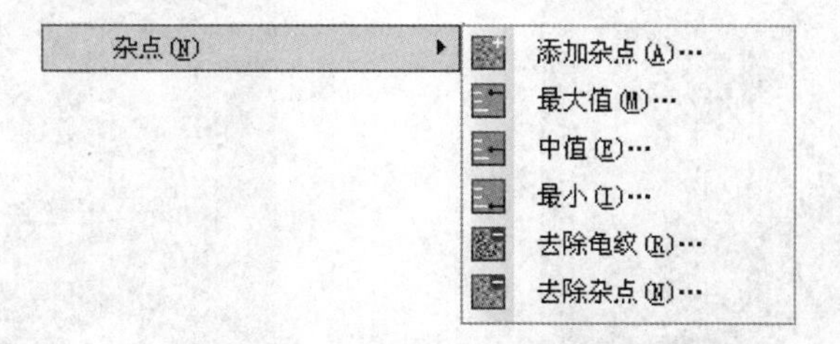

图 8 - 117 【杂点】滤镜菜单

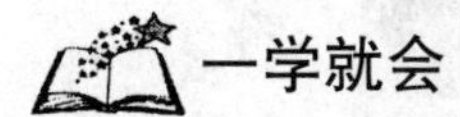

一学就会

Step 01：新建空白 CorelDRAW X4 文档，导入配套光盘中的“CD \ 素材 \ 第 8 章 \ 素材 8－22.jpg” 文件。

Step 02：选中导入的位图图像，单击菜单栏中的【位图】|【杂点】|【添加杂点】选项，弹出【添加杂点】对话框，调整为双窗口显示模式，然后设置数值，预览图像调整前后对比效果，如图 8－118 所示。

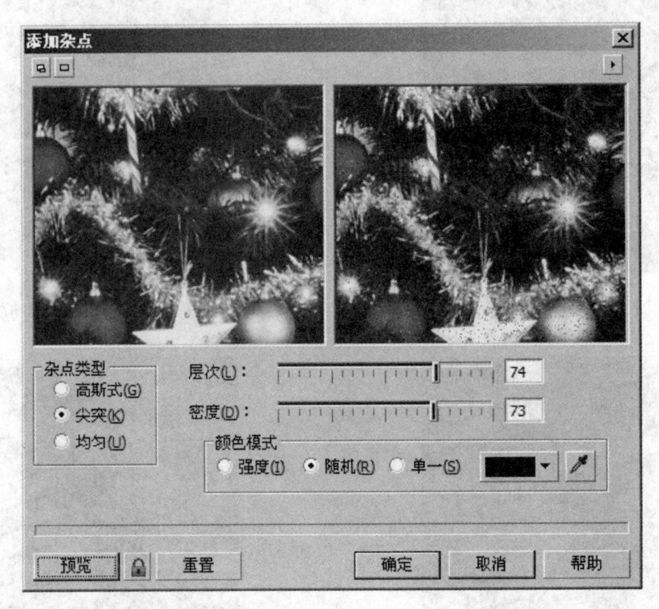

图 8－118　设置【添加杂点】对话框

【杂点类型】：在该选项中设置杂点的类型。

【层次】：拖动滑块可以设置所选类型的杂点强度。

【密度】：拖动滑块可以设置添加杂点的分布密度。

【颜色模式】：可以设置杂点的颜色，也可以单击按钮，在图像中选择所需的颜色。

Step 03：单击【确定】按钮，即可为图像添加【添加杂点】滤镜效果，完成后如图 8－119 所示。

Step 04：【杂点】滤镜中【最大值】滤镜效果如图 8－120 所示，【中值】滤镜效果如

图 8－119　【添加杂点】滤镜效果

图 8－120　【最大值】滤镜效果

图 8－121 所示，【最小】滤镜效果如图 8－122 所示，【去除龟纹】滤镜效果如图 8－123 所示，【去除杂点】滤镜效果如图 8－124 所示。具体过程不再演示。

图 8－121 【中值】滤镜效果

图 8－122 【最小】滤镜效果

图 8－123 【去除龟纹】滤镜效果

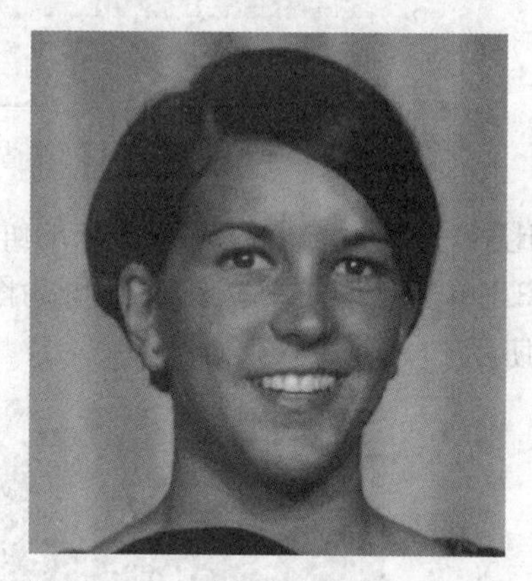

图 8－124 【去除杂点】滤镜效果

8.4.10 鲜明化

【鲜明化】滤镜，可以为图像创建鲜明化效果，以突出和强化边缘，提供了包括【适应非鲜明化】、【高通滤波器】以及【非鲜明化遮罩】等 5 种滤镜效果。【鲜明化】滤镜菜单如图 8－125 所示。

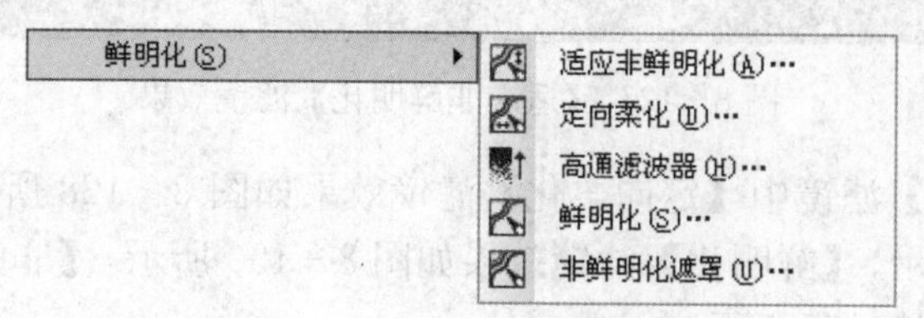

图 8－125 【鲜明化】滤镜菜单

一学就会

Step 01：新建空白 CorelDRAW X4 文档，导入配套光盘中的“CD\素材\第8章\素材8-24.jpg”文件。

Step 02：选中导入的位图图像，单击菜单栏中的【位图】|【鲜明化】|【适应非鲜明化】选项，弹出【适应非鲜明化】对话框，调整为双窗口显示模式，然后设置数值，预览图像调整前后对比效果，如图8-126所示。

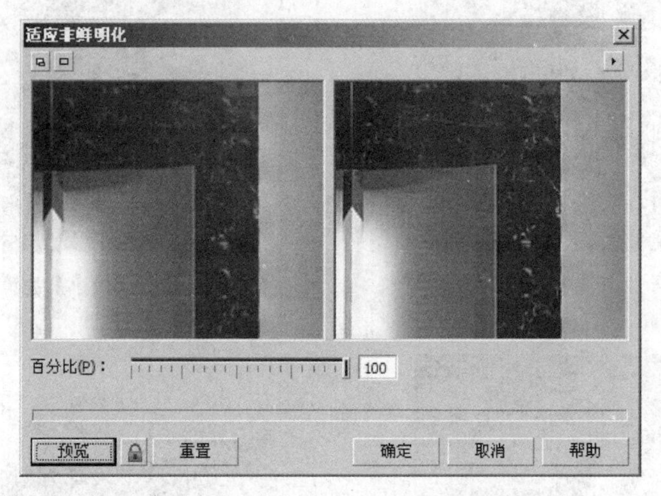

图8-126 【适应非鲜明化】对话框

【百分比】：拖动滑块可以设置图像的鲜明化程度。

Step 03：单击【确定】按钮，即可为图像添加【适应非鲜明化】滤镜效果，完成后如图8-127所示。

图8-127 【适应非鲜明化】滤镜效果

Step 04：【鲜明化】滤镜中【定向柔化】滤镜效果如图8-128所示，【高通滤波器】滤镜效果如图8-129所示，【鲜明化】滤镜效果如图8-130所示，【非鲜明化遮罩】滤镜效果如图8-131所示。具体过程不再演示。

图 8－128 【定向柔化】滤镜效果

图 8－129 【高通滤波器】滤镜效果

图 8－130 【鲜明化】滤镜效果

图 8-131 【非鲜明化遮罩】滤镜效果

8.4.11 外挂滤镜

在 CorelDRAW X4 中，可以通过使用外挂滤镜来扩展位图编辑功能。外挂滤镜需要安装才可以使用，当安装好某款滤镜后，在位图菜单底部会出现【外挂式过滤镜器】选项。

由于 CorelDRAW 具有强大的处理位图功能，而且 CorelDRAW 自带的滤镜功能，足以完成变化多端的图像效果，因此一般情况下不必安装外挂滤镜。

8.5 小　结

图像处理领域，毋庸置疑 Photoshop 是位居首列，论综合实力无出其右者。但是其滤镜在对位图的处理方面，CorelDRAW 亦敢称雄。PS 自带的经典滤镜，CorelDRAW 几乎全揽，甚至连许多 PS 外挂滤镜才拥有的功能，CorelDRAW 亦一同具有。CorelDRAW X4，具有多种不同的艺术滤镜，为编辑位图和处理位图效果提供了强大的工具手段。

第 9 章 CorelDRAW X4 印前输出和发布

本章导读：

运用 CorelDRAW X4 完成图形绘制和版面设计后，就涉及图形的输出和打印了，在输出前需要对文件进行设置，使其打印质量更加精确无误，这样就需要了解作品中输出时的一些相关知识和注意事项。

本章节将详细介绍输出知识，了解如何使作品在打印和输出时达到优质的效果，并结合实例介绍，如何运用 CorelDRAW X4 将创建的文件输出为网络格式发布到互联网上。

9.1 常规输出设置

运用 CorelDRAW X4，可以设置打印范围、打印份数和打印样式等相关输出参数。

1. 打印设置

单击菜单栏中的【文件】|【打印设置】选项，弹出【打印设置】对话框，如图 9-1 所示。在【名称】下拉列表框中，选择要使用的打印机名称。

图 9-1 【打印设置】对话框

单击【打印设置】对话框中的【属性】按钮，弹出【属性】对话框。在该对话框的【基本设定】选项卡中，可以从中设置纸张的来源、打印质量、页面的方向、顺序及其打印页数等内容，如图 9-2 所示。切换至【版面】选项卡中可以设置打印版面位置，如图 9-3 所示。切换至【特殊】选项卡可以为打印文件设置水印等特殊效果，如图 9-4 所示。完成各项打印设置后，连续单击【确定】按钮即可。

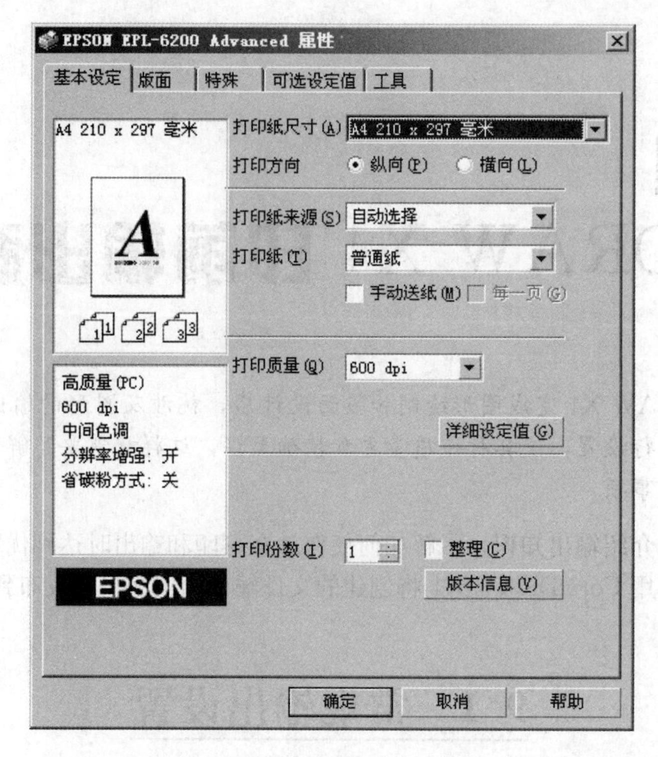

图 9－2 【基本设定】选项卡

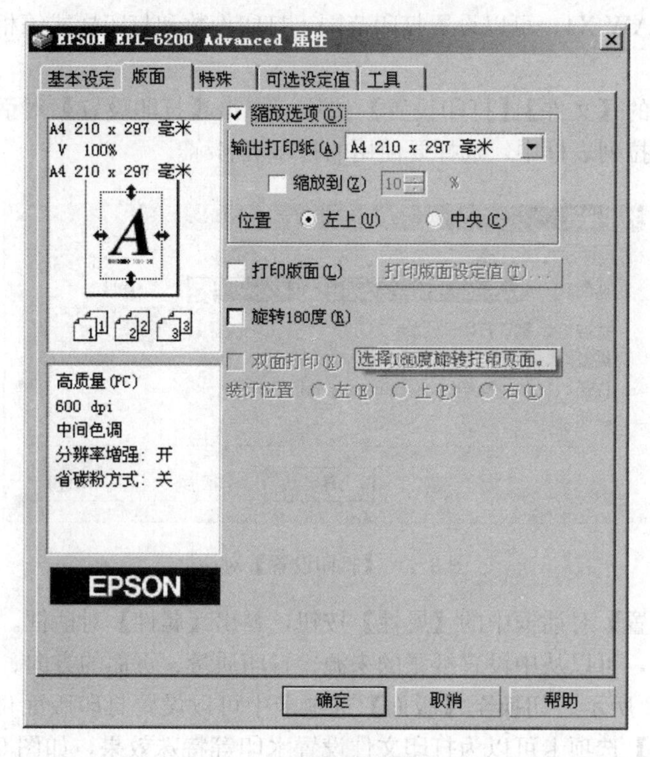

图 9－3 【版面】选项卡

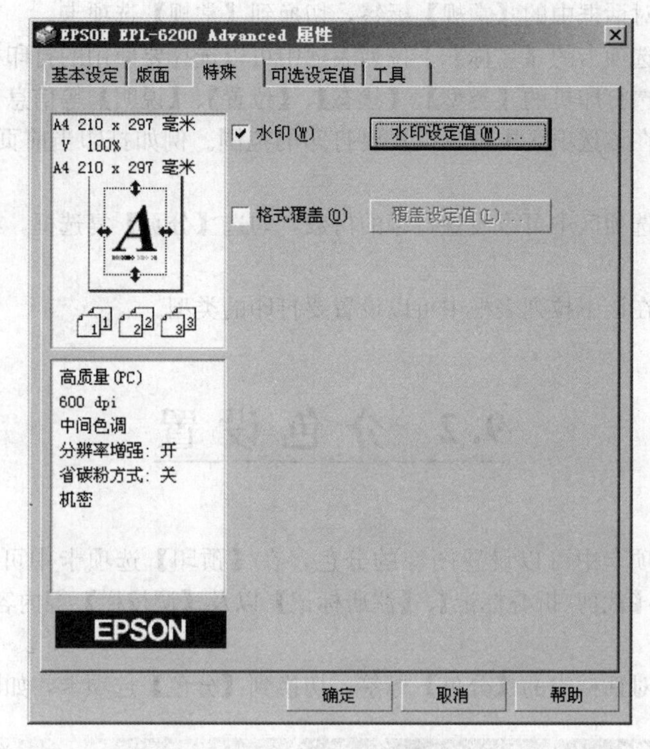

图 9－4 【特殊】选项卡

2. 打印选项

对版面的编排感到满意，并且确认计算机中安装了打印机后，便可以进行打印操作。单击菜单栏中的【文件】|【打印】选项，或者按 Ctrl＋P 键，打开【打印】对话框，如图 9－5 所示。

图 9－5 【打印】对话框

单击【打印】对话框中的【常规】标签，切换到【常规】选项卡。

【目标】：在该选项卡的【名称】下拉列表框中可以选择要使用的打印机名称，目标选项区中会自动显示所选打印机的【类型】、【状态】、【位置】、【说明】等信息。

【打印范围】：在该选项区中可以设置要打印的范围。例如打印当前页，或者打印偶数、奇数页面等。

【副本】：在该选项区中可以设置打印的份数，勾选【分页】复选框，在打印时会将文档自动分页。

【打印类型】：在该下拉列表框中可以设置要打印的类型。

9.2 分色设置

在【分色】选项卡中可以设置图像的分色，在【预印】选项卡中可以设置【纸张/胶片】、【文件信息】、【裁剪/折叠标记】、【注册标记】以及【调校栏】等内容。

1. 分色设置

单击【打印】对话框中的【分色】标签，切换到【分色】选项卡，如图 9－6 所示。

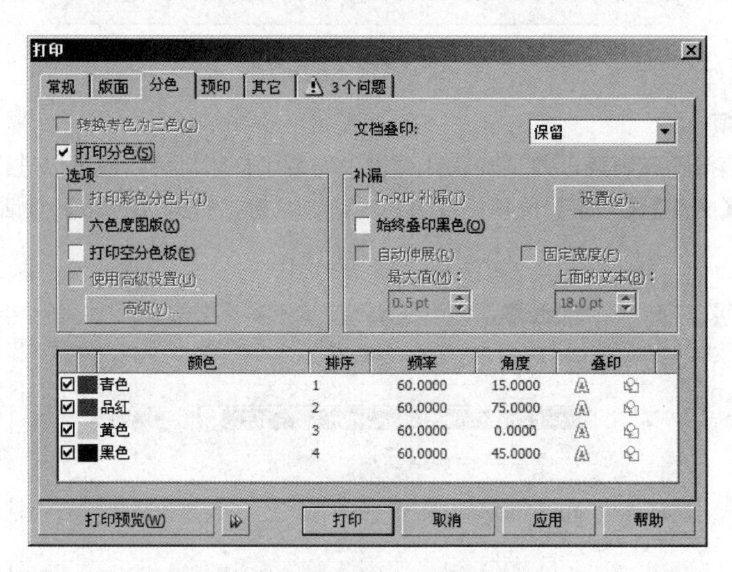

图 9－6 【打印】对话框【分色】选项卡

在【分色】选项卡中，通过【补漏】选项区中的【始终叠印黑色】、【自动伸展】以及【固定宽度】等几个补漏选项，可以轻松直接地完成打印输出任务。

在对话框下方的列表框中列出了图形文件所使用的颜色，可以根据需要决定启用或者禁用的颜色。

2. 单击【打印】对话框中的【预印】标签，切换到【预印】选项卡，如图 9－7 所示。

【反显】：勾选该复选项，可以将印刷品输出负片，具体情况应视输出中心使用的原始底片类型而定。

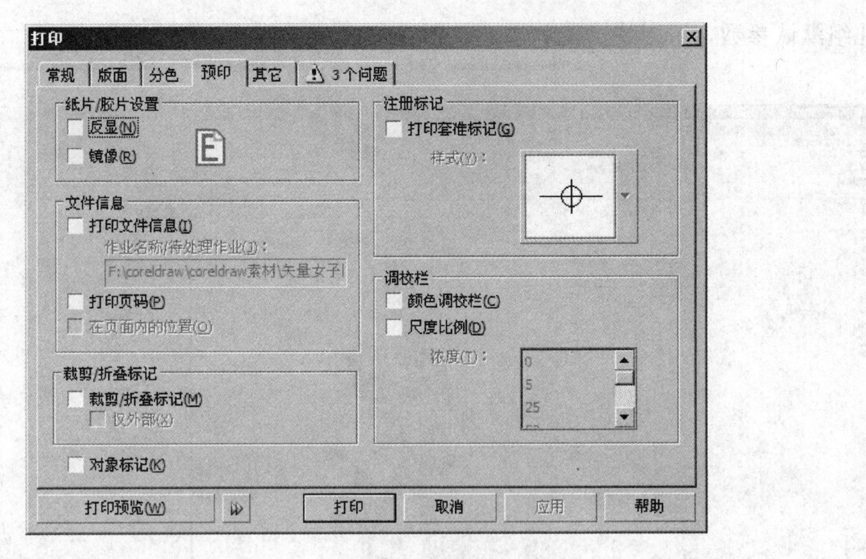

图9-7 【预印】选项卡

【打印文件信息】：勾选该复选项，可以在输出胶片的每一页打印与文件有关的各种信息。

【裁剪/折叠标记】：勾选该复选项，可以让剪裁线标记印在输出的胶片上，作为装订厂装订的参照依据。

【仅外部】：勾选该复选项，可以在同一张纸上打印出多个面，并且将其分割成各个单张页。

9.3 打印预览

在打印之前必须进行打印设置，完成设置后，再通过预览，显示打印效果。在预览模式中，可以调整文件大小、位置、颜色模式以及页面的翻转效果等。

单击菜单栏中的【文件】|【打印预览】选项，即可打开【打印预览】窗口，如图9-8所示。

预览窗口中，最常用的是工具箱和属性栏。工具箱提供了【挑选工具】、【版面布局工具】、【标记放置工具】、【缩放工具】4个工具。在设置对象时，预览区域将会显示预览图像效果，可以对图像进行调整，直到达到满意的效果为止。

① 设置打印文件的位置。

在属性栏中，运用图像位置选项中的预设效果可以快速调整打印文件的位置，如图9-9、图9-10和图9-11所示。

② 运用【版面布局工具】设置打印文件时，窗口如图9-12所示。

③ 旋转打印文件的方向

在预览模式中，可以调整版面的方向。例如：通过面板工具将打印文件旋转【180°】。

可以根据需要，使用挑选工具调整页面中图像的位置，其中在操作界面的属性栏中提供了几组默认参数，可以快捷便利地调整图像位置。

图 9－8 【打印预览】窗口

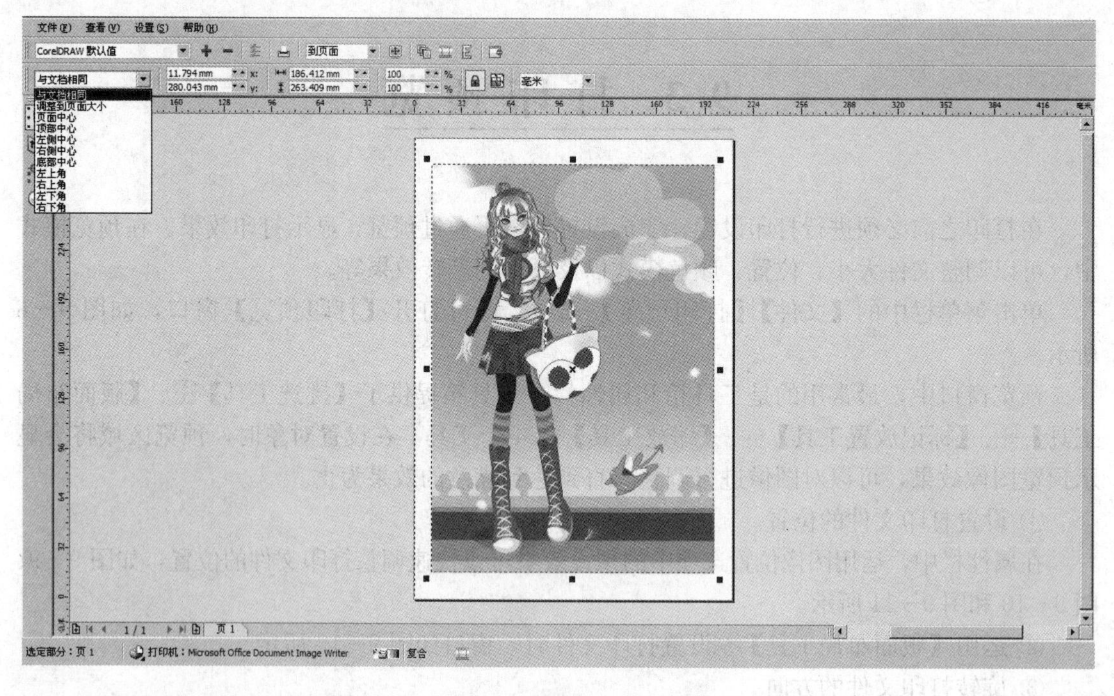

图 9－9 通过打印预览窗口可以改变图像位置

图 9－10 位于左上角

图 9－11 位于底部中间

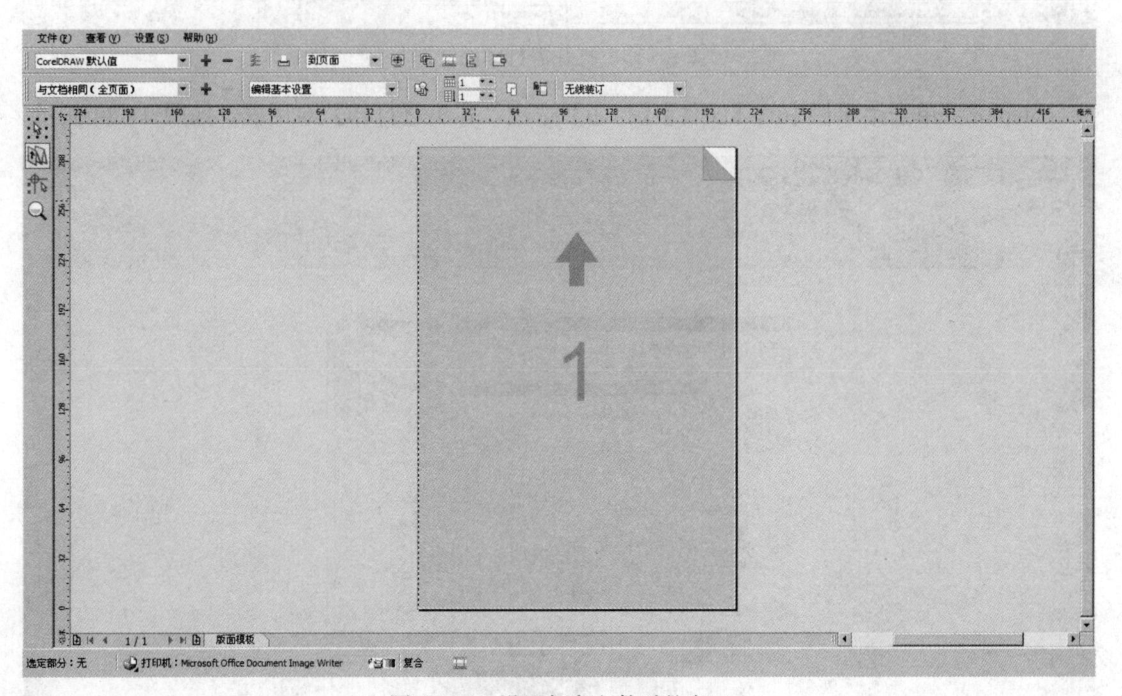

图 9－12 设置打印文件时的窗口

小试身手

调整打印页面方向。

Step 01：新建空白 CorelDRAW X4 文档，导入配套光盘中的“CD\素材\第 9 章\素材 9－1.jpg”文件，完成后如图 9－13 所示。

图 9－13　打开需打印的文档

Step 02：单击菜单栏中的【文件】|【打印】选项，弹出【打印】对话框，如图 9－14 所示。

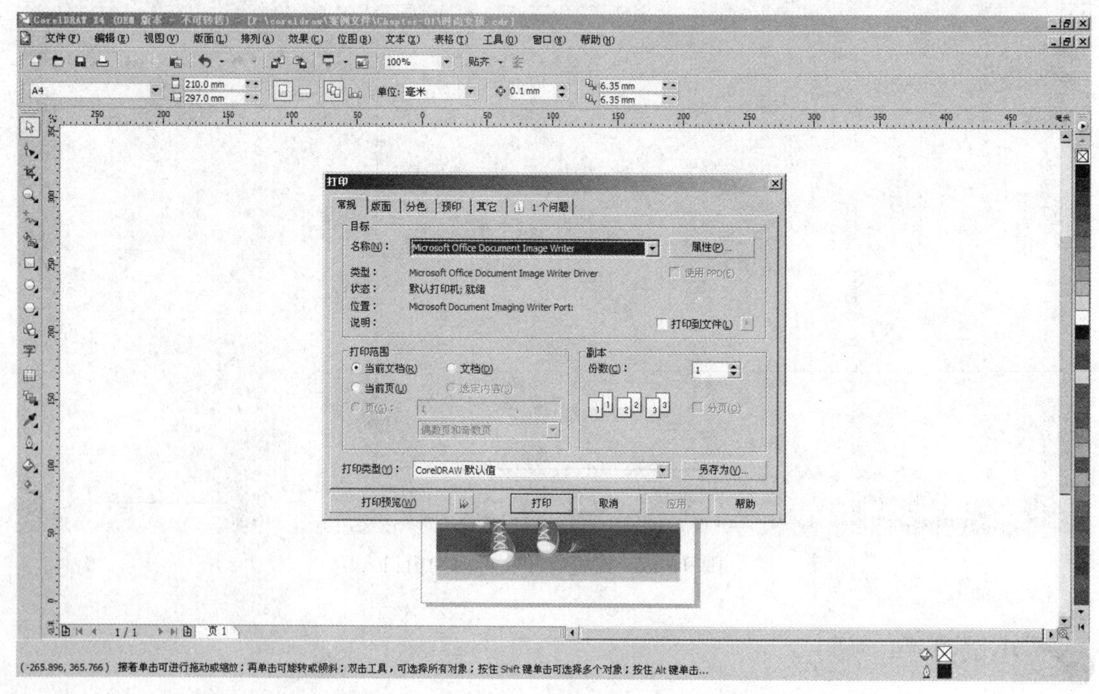

图 9－14　【打印】对话框

Step 03：单击【打印预览】按钮，切换到【打印预览】窗口，如图 9－15 所示。

图 9－15 【打印预览】窗口

Step 04：单击工具箱中的【版面布局工具】按钮，选中页面，如图 9－16 所示。

图 9－16 选择【版面布局工具】，选中页面

Step 05：设置属性工具栏中的【页面旋转】角度为【180°】，如图 9－17 所示。

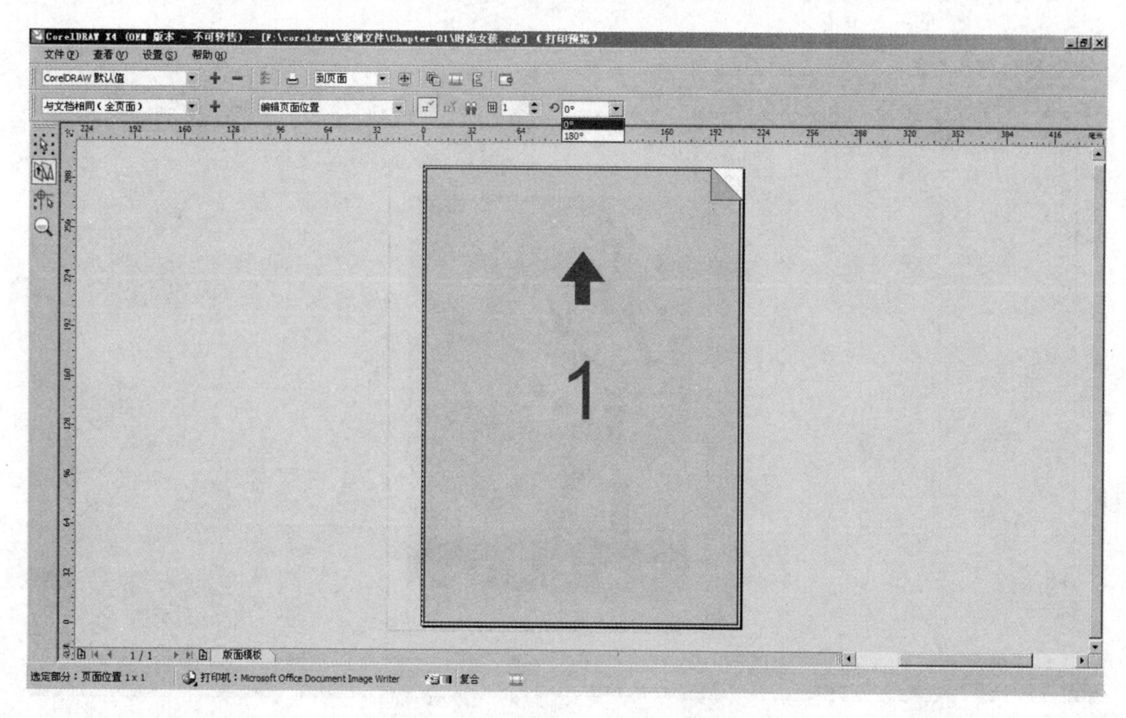

图 9－17　设置【页面旋转】角度

Step 06：单击工具箱中的【挑选工具】按钮，回到预览页面窗口，图像被旋转，如图 9－18 所示。

图 9－18　图像旋转 180°效果

9.4 网络输出

运用CorelDRAW X4绘制好图形后，可以将创建文档输出为网络格式，发布到网络上。同时还可以在输出时对图像进行优化，然后通过网络输出，将文件发布到HTML格式，使文件以网页的形式打开，并输出发布到互联网。

1. 优化图像

将文件输出为HTML格式之前，需对文件中的图像文件进行优化，以减少文件大小，提高图像在网络上的下载速度，使图像浏览起来更加流畅。

选择某一图像，然后单击菜单栏中的【文件】|【发布到Web】|【Web图像优化程序】选项，弹出【网络图像优化器】对话框，如图9-19所示。

图9-19 【网络图像优化器】对话框

对话框上的工具按钮，其功能如下。

【传输速度】：在该按钮旁的下拉列表框中可以选择传输速度。

【显示比例】：在该按钮旁的下拉列表框中可以选择图像的缩放比例。

：单击该按钮，【网络图像优化器】对话框中将只显示一个预览窗口，如图9-20所示。

：单击该按钮，两个预览窗口将在水平方向上显示。

图 9-20　在对话框中只显示一个预览窗口

▤：单击该按钮，两个预览窗口将会在垂直方向上显示，如图 9-21 所示。

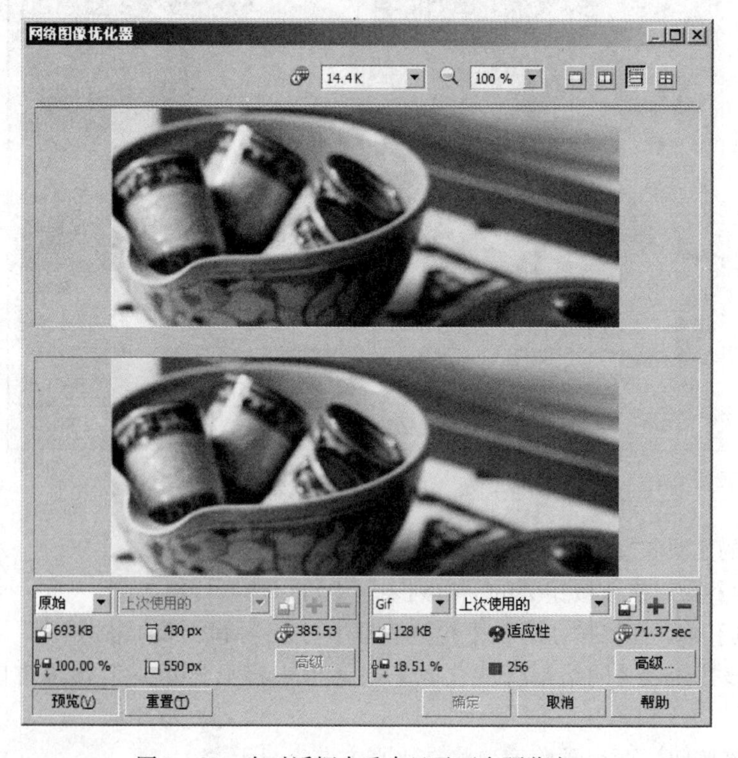

图 9-21　在对话框中垂直显示两个预览窗口

田：单击该按钮，可在对话框中同时显示 4 个预览窗口，如图 9－22 所示。

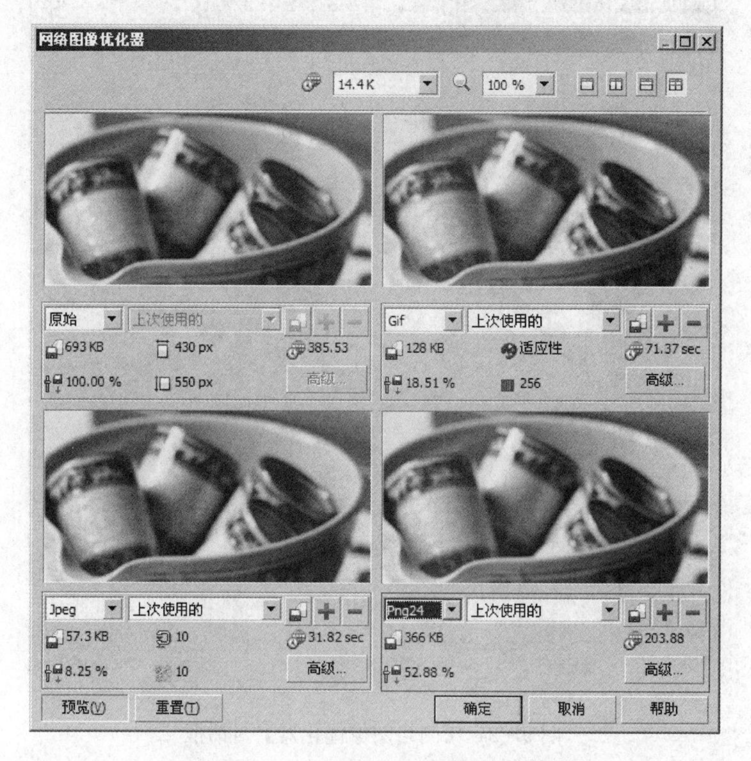

图 9－22　在对话框中显示 4 个预览窗口

在每个显示窗口的下面，都会有一个相应的选项区，当操作某个窗口中的图像时，对应的选项区会显示出一个红色的边框，如图 9－23 所示，这时可以在选项区中对图像进行设置。如要对图像进行更高的设置，可以单击【高级】按钮，在弹出的对话框中进行设置，完成设置后，单击【确定】按钮。

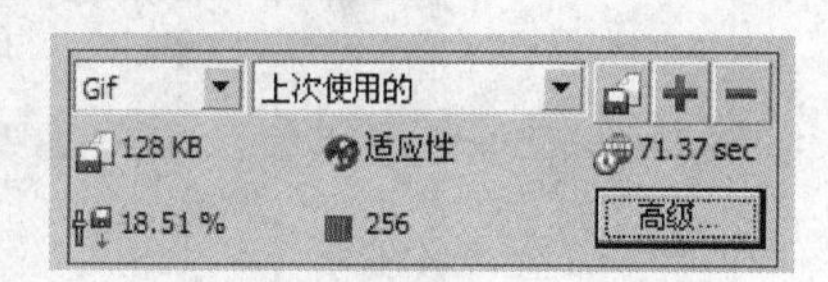

图 9－23　窗口下面的选项

小试身手

优化图像

Step 01：导入配套光盘中的“CD\素材\第 9 章\素材 9－1.jpg”文件。

Step 02：单击菜单栏中的【文件】|【发布到 Web】|【Web 图像优化程序】选项，弹出【网络图像优化器】对话框，如图 9－24 所示。

Step 03：单击【传输速度】选项框的下拉列表框，设置网络的传输速度为【ISDN (128K)】，如图 9－25 所示。

Step 04：在【显示比例】中设置图像在预览框中的显示比例为 50%，如图 9－26 所示。

Step 05：单击【网络图像优化器】窗口底部的下拉按钮，从弹出的下拉列表中选择图像的输出格式为 GIF，如图 9－27 所示。

Step 06：完成设置后，单击【确定】按钮，即可将优化图像保存到磁盘上。

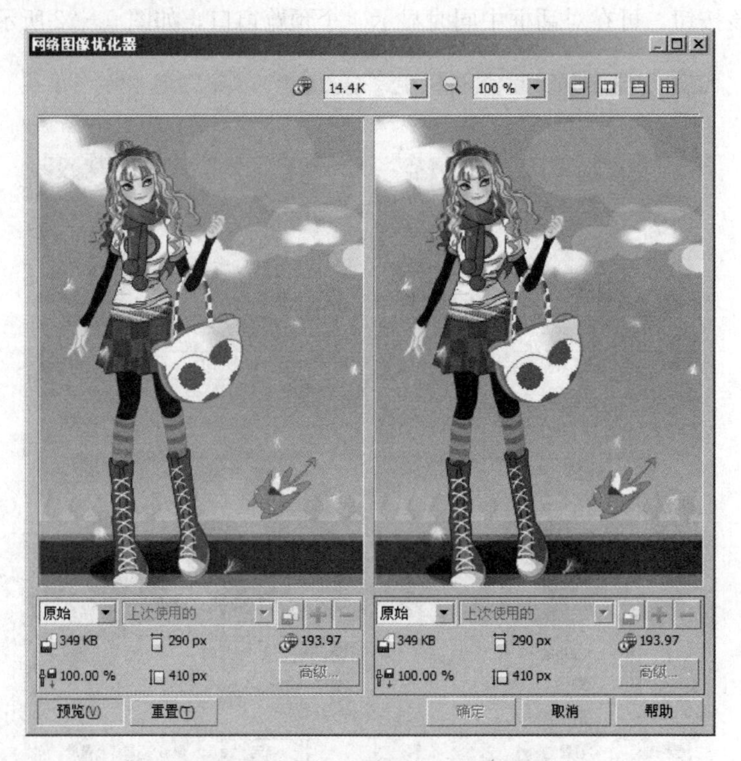

图 9-24 【网络图像优化器】对话框

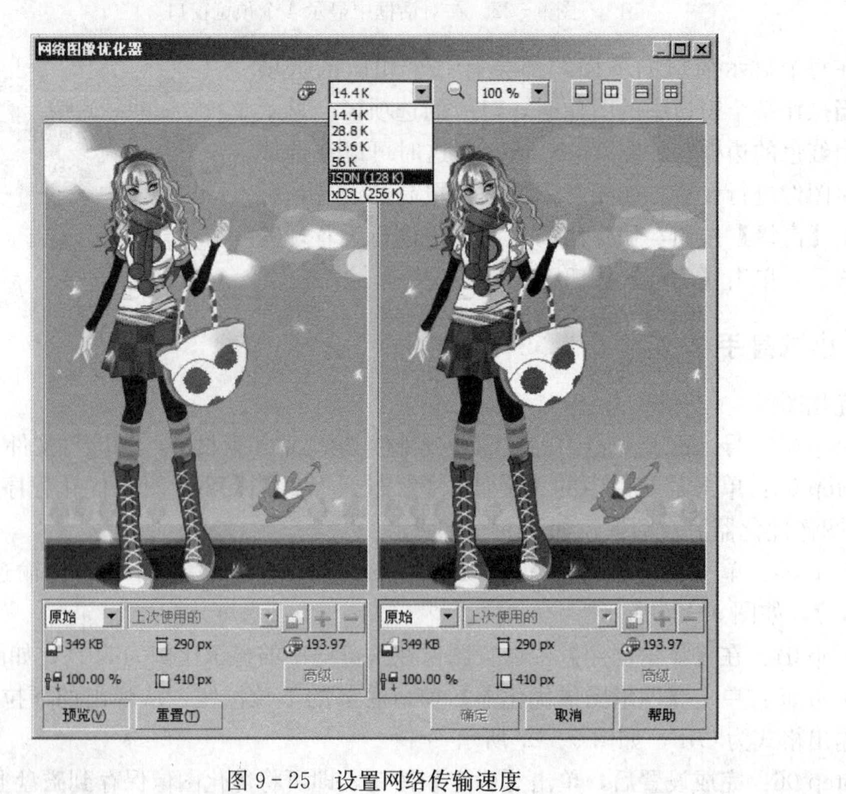

图 9-25 设置网络传输速度

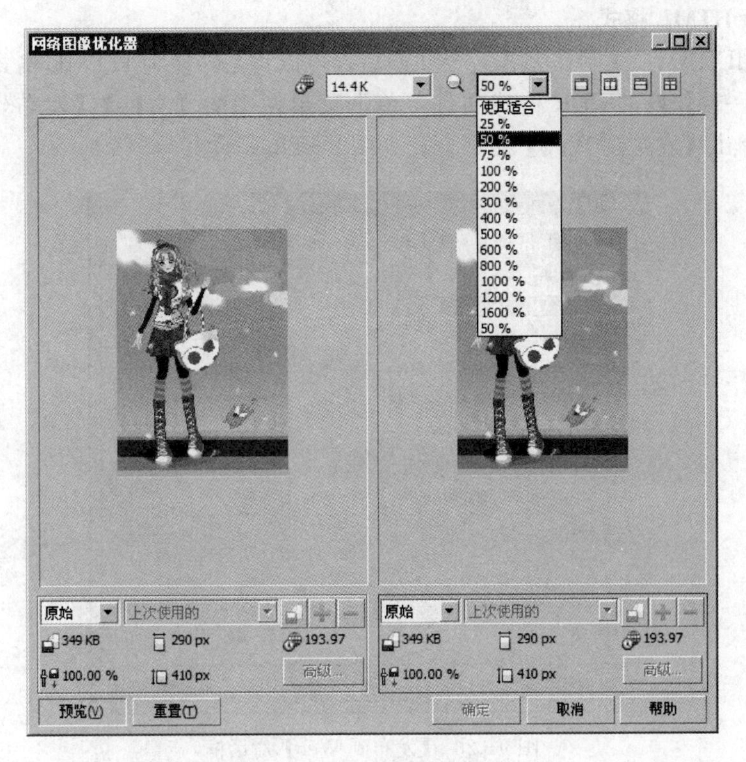

图 9－26 设置图像显示比例

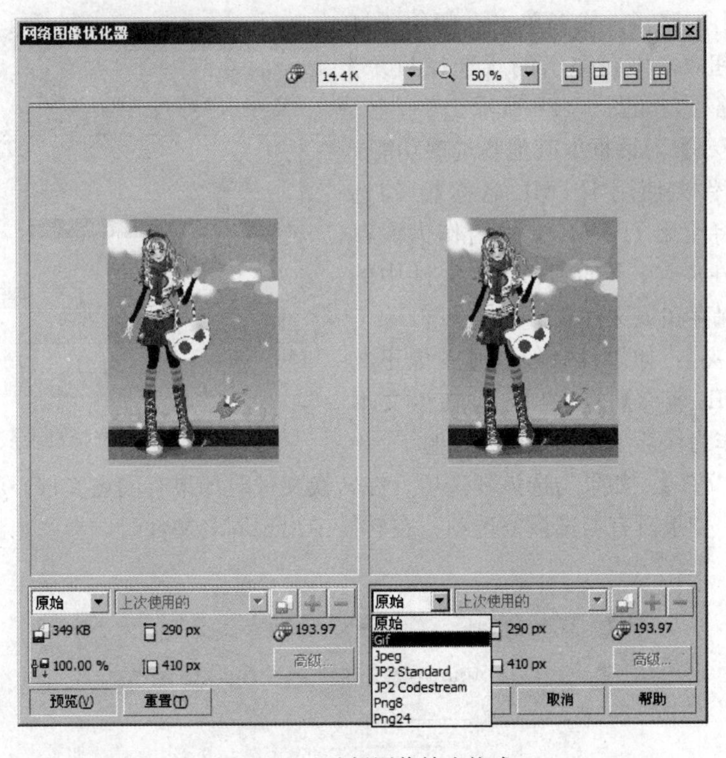

图 9－27 选择图像输出格式

2. 输出为 HTML 格式

运用CorelDRAW X4 制作完成一个文档后，可以将其转换为HTML格式，并发布到网络上。打开某一制作好的CDR格式文件，单击菜单栏中的【文件】|【发布到 Web】|【HTML】选项，弹出【发布到 Web】对话框，如图 9-28 所示。

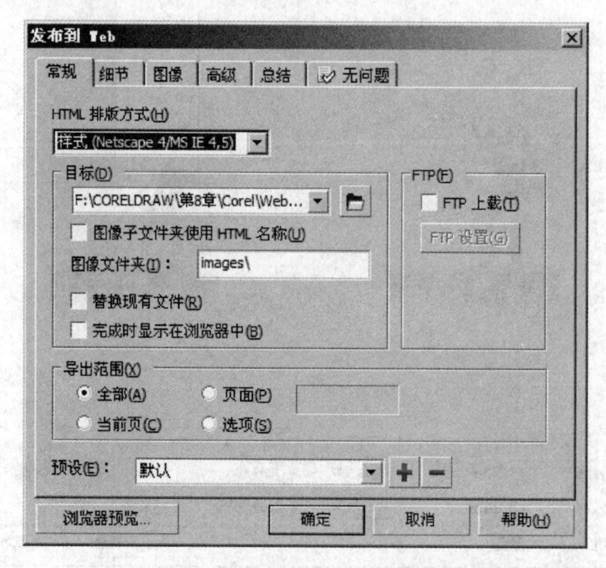

图 9-28 【发布到 Web】对话框

在【HTML 排版方式】下拉列表框中选择 HTML 排版方式，在【目标】下拉列表框中选择文件按输出的路径，或者单击右侧的【打开文件夹】按钮，再在弹出的【选择目录】对话框中选择路径，如图 9-29 所示。

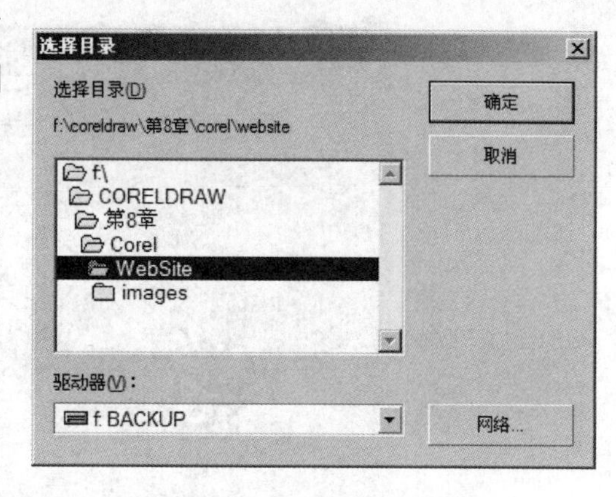

图 9-29 【选择目录】对话框

【发布到 Web】对话框中其他各选项功能：

【图像子文件夹使用 HTML 名称】：勾选该复选项后，将使用 HTML 文件名作为保存图像文件的文件夹名，同时 HTML 文件中的所有图像都将保存在该文件夹中。

【图像文件夹】：如果没有勾选【图像正文件夹使用 HTML 名称】复选项，可在该文本框中输入名称作为保存图片的文件夹名称。

【替换现有文件】：如果勾选该复选项，在转换文件时如果有同名文件，将不再提示直接覆盖原有文件。如果没有勾选该复选项，在转换中出现同名文件时，会弹出提示对话框，如图 9-30 所示。

图 9-30 提示对话框

【完成时显示在浏览器中】：勾选该复选项，在转换完成后，将打开 Web 浏览器，并在浏览器中显示转换后的 HTML 文件。

【导出范围】：在该选项区中单击【全部】按钮，可以将全部文档输出为 HTML 文件；单击【页面】按钮，可以将指定的页面输出；单击【当前页】按钮，则只将当前页输出为 HTML 文件；单击【选项】按钮，会将文档中选定的对象输出为 HTML 文件。

【FTP 上载】：勾选该复选项后，可以使用文件传输协议“FTP”将文档传送到指定的网络服务器上。单击【FTP 设置】按钮，弹出【FTP 上载】对话框，如图 9－31 所示，在该对话框中可以设置 FTP 地址、用户名、口令以及工作路径。

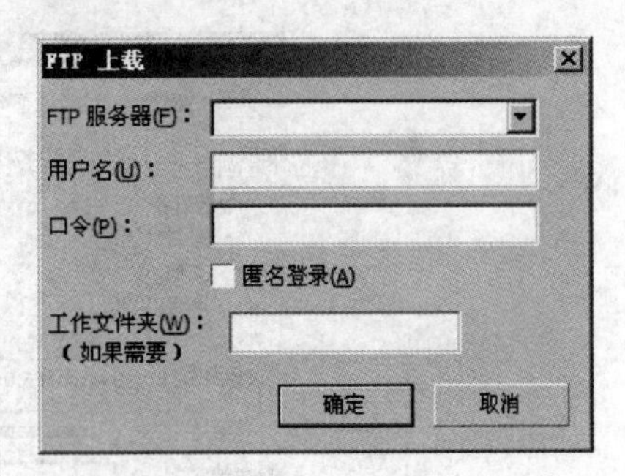

图 9－31 【FTP 上载】对话框

【浏览器预览】：单击该按钮，可以在浏览器中预览转换后的效果。

完成【发布到 Web】对话框设置后，单击【确定】按钮，即可将文档转换为 HTML 格式。

9.5 打印为 PDF 格式

运用 CorelDRAW X4，还可以将文件发布为 PDF 格式。PDF 是一种可以存储多页信息，并且具有图形和文件的查找和导航功能。PDF 格式适用于 Windows、MacOS 和 DOS 系统，可以在 Photoshop、Illustrator 等软件中进行编辑和查看。

单击菜单栏中的【文件】|【发布至 PDF】选项，弹出【发布至 PDF】对话框，如图 9－32

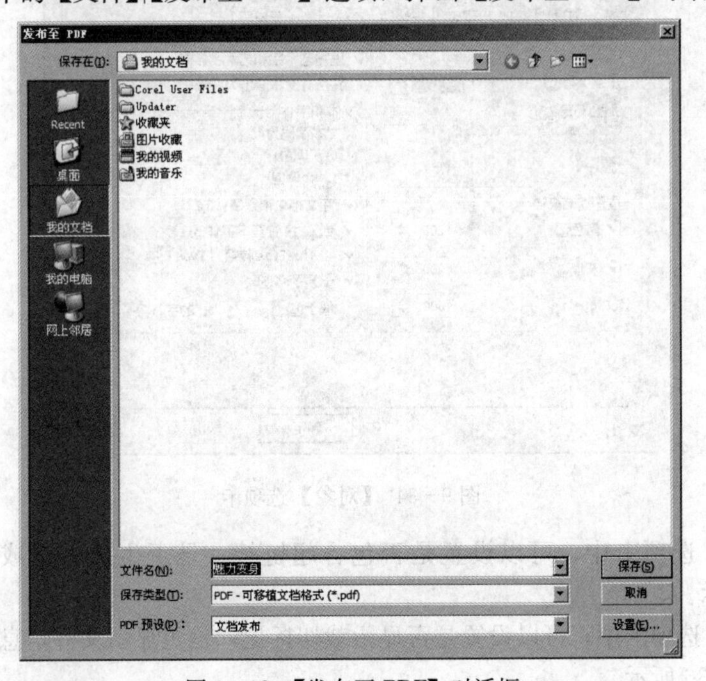

图 9－32 【发布至 PDF】对话框

所示。在对话框中选择文件保存的位置，输入文件名，在【保存类型】下拉列表框中选择【PDF-可移植文档格式】选项，然后单击【保存】按钮，即可将文件以PDF格式保存。

如果要对保存文件进行更高的设置，可以在【发布至PDF】对话框中单击【设置】按钮，弹出【发布至PDF】对话框。在该对话框的【常规】选项卡中，可以设置文件的导出范围、兼容性、作者名称及PDF预设样式等，如图9-33所示。

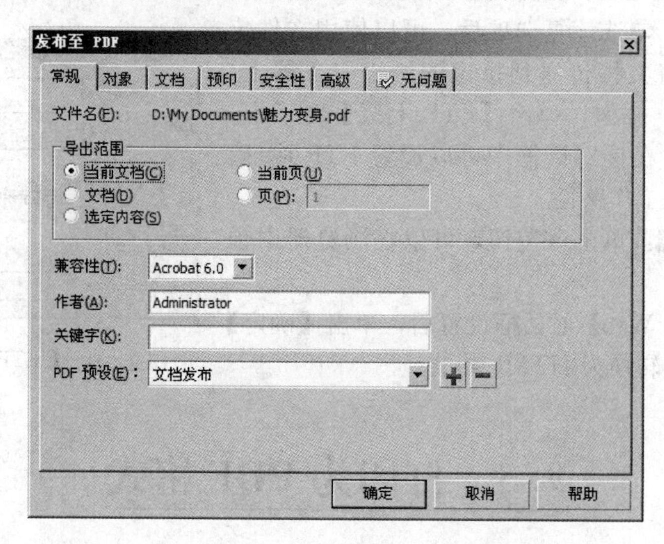

图9-33 【发布至PDF】对话框【常规】选项卡

在【对象】选项卡中，可以设置文件压缩的类型、压缩的质量以及文本输出方式和字体的嵌入方式等，如图9-34所示。

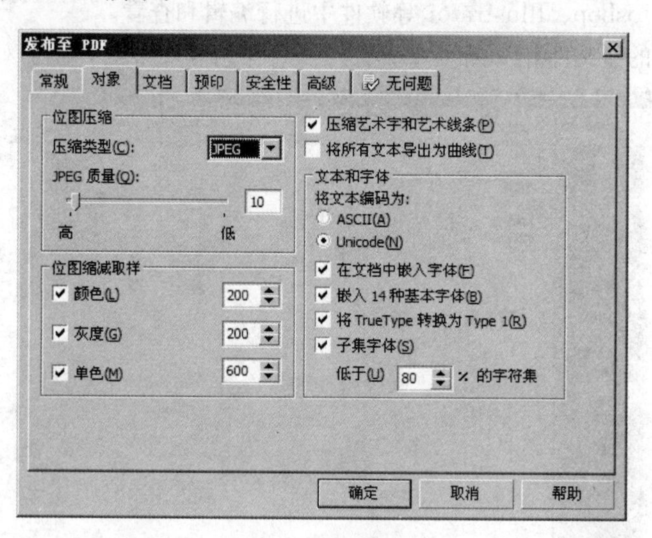

图9-34 【对象】选项卡

在【文档】选项卡中，可以设置是否包含超链接、是否生成书签或生成缩略图等，如图9-35所示。

在【预印】选项卡中，可以设置是否显示裁切标记，是否显示文件信息以及是否包括出血等，如图9-36所示。

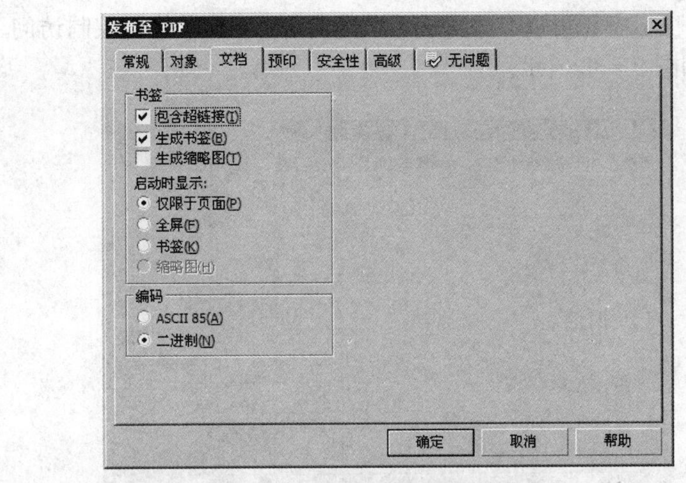

图 9-35 【文档】选项卡

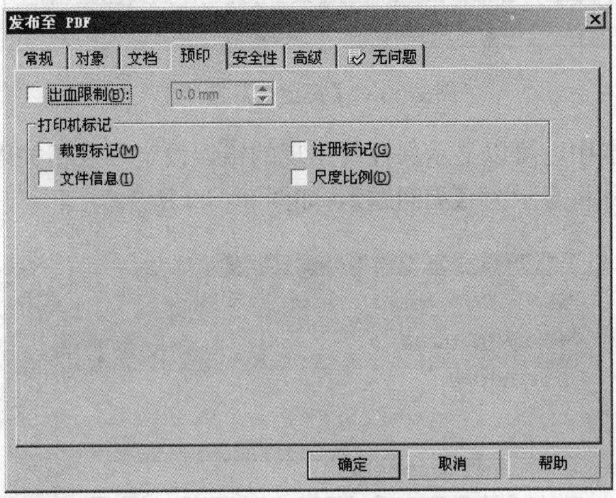

图 9-36 【预印】选项卡

在【高级】选项卡中，可以设置是否保留文档叠印，是否保持 OPI 链接以及是否保留半色调屏幕信息等选项，也可以设置输出对象的模式，如图 9-37 所示。

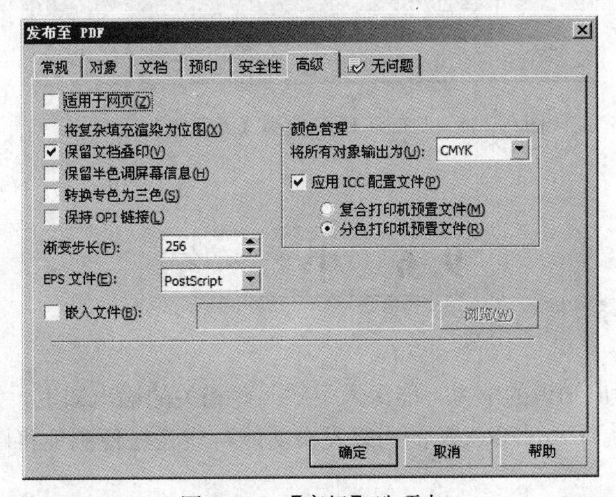

图 9-37 【高级】选项卡

在【安全性】选项卡中，可以设置安全密码来保护 PDF 文件，控制访问、编辑和复制 PDF 文件的权限，如图 9－38 所示。

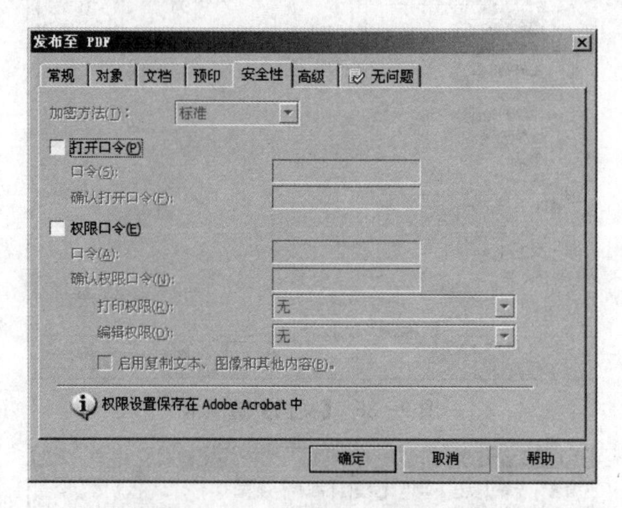

图 9－38 【安全性】选项卡

在最右侧的选项卡中，可以显示保存时出现的错误设定以及相关内容，如果没有任何问题存在，该选项卡名称将显示为【无问题】，如图 9－39 所示。

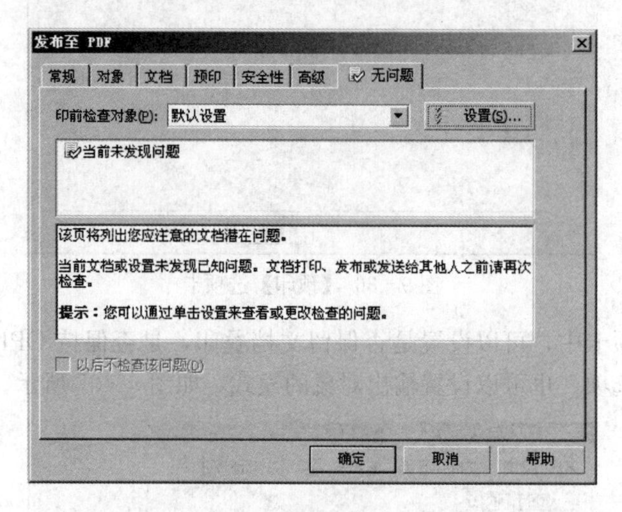

图 9－39 发布至 PDF 检测【无问题】选项卡

9.6 小　　结

通过对本章节输出知识的学习，能深入了解一些相关的输出知识，并能使作品在打印时达到更加优质的效果。CorelDRAW 的网络发布功能，能轻松便利地将图形作品发布到互联网上与他人共享。

设计篇

第 10 章 CorelDRAW X4 实例制作

10.1 标志设计

结合实例介绍 FIAT 品牌 logo 的设计，打开“CD\源文件\第 10 章\logo.cdr”，如图 10-1所示。绘制标志，主要运用【矩形工具】、【贝塞尔工具】等绘图工具，先绘制标志的基本形状，然后再使用【渐变填充工具】使绘制出的图形对象层次丰富，形象逼真。

图 10-1　最终效果

Step 01：新建空白 CorelDRAW X4 文档，单击工具箱中的【矩形工具】按钮，在属性栏中设置【宽度】为【28.6mm】，【高度】为【27.6mm】，并设置【轮廓】为【无】，然后单击工具箱中的【渐变填充】按钮，打开【渐变填充】对话框，设置【渐变类型】为【线性】，【角度】为【270】，【颜色调和】为【自定义】，从左到右设置颜色为 CMYK（95、56、8、0）、CMYK（80、29、6、0）、CMYK（26、4、9、0）、CMYK（26、4、9、0）、CMYK（70、22、7、0）、CMYK（95、53、8、0）、CMYK（96、72、14、1）、CMYK（96、73、15、1）、CMYK（73、27、8、0）、CMYK（77、31、7、0），其他设置如图 10-2 所示。最后单击【确定】按钮，完成后如图 10-3 所示。

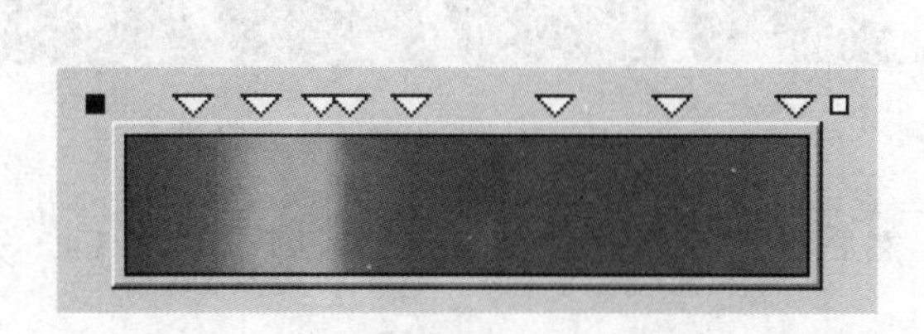

图 10-2　【渐变填充】对话框

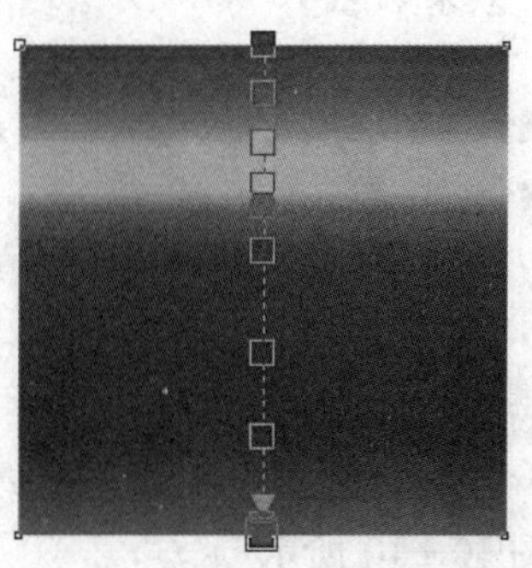

图 10-3　图形对象效果

Step 02：双击矩形色块，按 Ctrl 键同时使图形对象水平倾斜【60°】，完成后如图 10－4 所示。使用【造型】泊坞窗中的【位置】选项卡等距离复制该平行四边形，完成效果如图 10－5 所示。

图 10－4　水平倾斜矩形　　　　图 10－5　完成效果

Step 03：单击工具箱中的【贝塞尔工具】按钮，在矩形左右两侧绘制图形，并设置【轮廓】为【无】，填充颜色为 CMYK（92、49、13、18），使绘制图形呈现立体化效果，如图 10－6 所示。运用同样的方法绘制其他倾斜矩形的立体化效果，在绘制过程中注意透视的变化，完成后效果如图 10－7 所示。

图 10－6　绘制立体化效果

图 10－7　完成效果

Step 04：单击工具箱中的【文本工具】按钮，输入美术字文本，设置【轮廓】为【无】，再单击【文本工具】属性栏中的【斜体】按钮，然后运用【形状工具】调整字符间距，完成后如图 10－8 所示。

Step 05：选择美术字文本，填充颜色为 CMYK（83、31、9、11），然后单击菜单栏中的【排列】|【转换为曲线】选项，将文字转换为曲线，然后单击属性栏中的【结合】按钮，完成后效果如图 10－9 所示。

图 10－8　输入美术字文本　　　　图 10－9　将文字转换为曲线

Step 06：复制文字部分，调整位置，然后填充颜色为 CMYK（96、61、14、16），完成后如图 10－10 所示。

图 10-10 完成效果

Step 07：再次复制文字部分，调整位置，然后单击工具箱中的【渐变填充】按钮，打开【渐变填充】对话框，设置【渐变类型】为【线性】，【角度】为【270】，【颜色调和】为【自定义】，从左到右设置颜色为 CMYK（0、0、0、0）、CMYK（0、0、0、10）、CMYK（0、0、0、10）、CMYK（0、0、0、20）、CMYK（0、0、0、40）、CMYK（0、0、0、30）、CMYK（0、0、0、10）、CMYK（0、0、0、10）、CMYK（0、0、0、0），其他设置如图 10-11 所示。最后单击【确定】按钮，最终效果如图 10-12 所示。

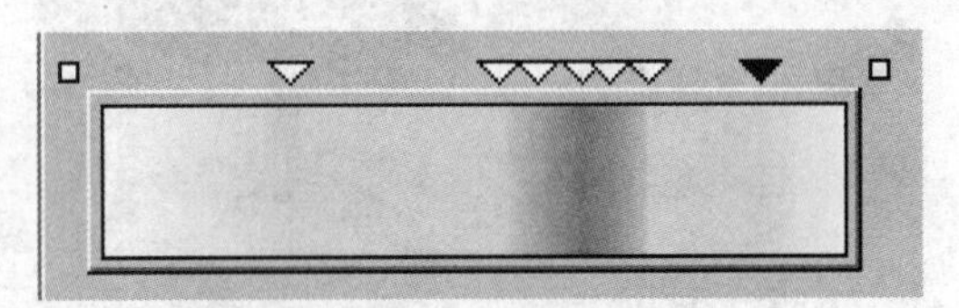

图 10-11 【渐变填充】对话框

图 10-12 最终效果图

10.2 报纸广告设计

结合实例介绍报纸广告设计，打开“CD\源文件\第 10 章\报纸广告设计.cdr”，如图 10-13 所示。绘制报纸广告，主要是运用【矩形工具】、【椭圆形工具】、【文本工具】、【交互式透明工具】等工具。在绘制过程中，应注意文字编排的合理。

Step 01：新建空白 CorelDRAW X4 文档，单击工具箱中的【矩形工具】按钮，在属性栏中设置【宽度】为【350mm】，【高度】为【480mm】，【轮廓】颜色为 CMYK（0、0、0、10），然后在矩形中间绘制一个较小的矩形，设置【轮廓】为【无】，填充颜色为 CMYK（20、0、0、20），再次运用【矩形工具】，绘制细条状矩形，设置【轮廓】为【无】，填充颜色为 CMYK（10、0、0、30），完成后如图 10-14 所示。

Step 02：导入“CD\素材\第 10 章\素材 10-1.jpg”文件，选择该图片，单击菜单栏中的【效果】|【图框精确剪裁】|【放置在容器中】选项，根据需要调整内置图形对象的位置。完成后如图 10-15 所示。

Step 03：单击工具箱中的【矩形工具】按钮，在图片顶端绘制矩形，设置【轮廓】为【无】，填充颜色为 CMYK（0、100、100、0），复制该矩形，缩短其宽度，放置在图片顶端左侧，填充颜色为 CMYK（10、0、0、30），完成后如图 10-16 所示。

图 10－13　最终效果

图 10－14　绘制矩形

图 10－15　将图片置于背景图层内

图 10－16　绘制矩形

Step 04：运用工具箱中的【矩形工具】、【椭圆形工具】、【贝塞尔工具】，绘制英文字母图形，其轮廓如图 10－17 所示，再为英文字母图形填充颜色为 CMYK（0、0、0、0），设置【轮廓】为【无】，放置于图片左下方，然后单击工具箱中的【文本工具】按钮，输入美术字文本，填充颜色为 CMYK（0、0、0、0），完成后如图 10－18 所示。

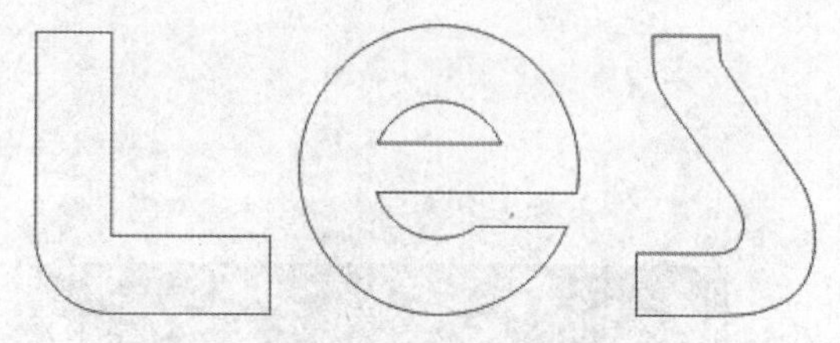

图 10－17　英文字母轮廓图形

Step 05：运用工具箱中的【椭圆形工具】按钮，按 Ctrl 键的同时拖动鼠标绘制正圆形，再绘制一个较小的正圆形，然后对齐两个圆的圆心，再选中两个正圆形，单击属性栏中的【修剪】按钮，修剪图形对象呈圆环状，接着设置圆环【轮廓】为【1.2mm】，复制一个圆环图形备用，最后单击菜单栏中的【排列】|【将轮廓转换为对象】选项，将其中一个圆环轮廓转换为对象，完成后如图 10－19 所示。

图 10－18　输入美术字文本

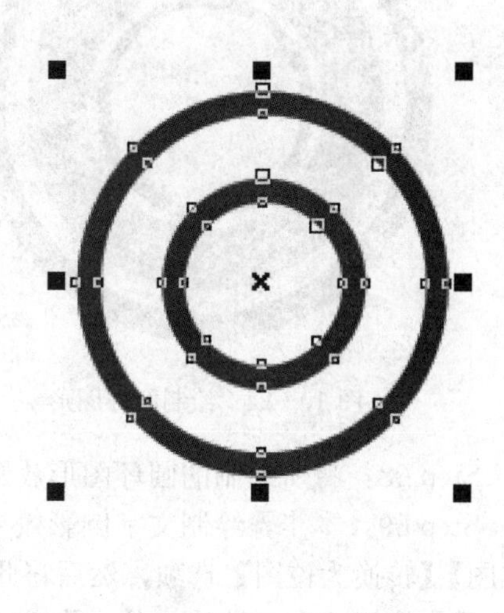

图 10－19　将圆环图形轮廓转换为对象

Step 06：选中圆环图形，然后单击工具箱中的【渐变填充】按钮，打开【渐变填充】对话框，设置【渐变类型】为【线性】，【角度】为【90】，【颜色调和】为【自定义】，从左到右设置颜色为 CMYK（41、99、98、4）、CMYK（0、100、100、0）、CMYK（35、100、98、2），其他设置如图 10－20 所示。最后单击【确定】按钮，完成后如图 10－21 所示。

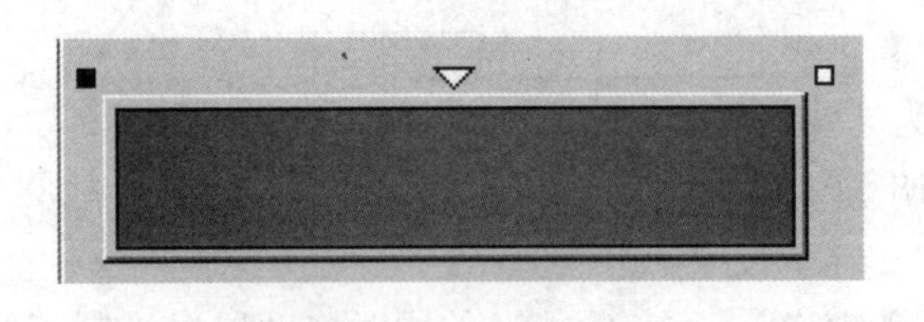

图 10－20 【渐变填充】对话框

图 10－21 设置渐变填充效果

Step 07：选中复制的圆环图形，设置【轮廓】为【无】，填充颜色为 CMYK（0、100、100、0），将两个圆环图形圆心对齐。然后用同样的方法绘制多个圆环，设置【轮廓】为【无】，填充颜色为黑色或白色，效果如图 10－22 所示，然后单击工具箱中的【交互式透明工具】按钮，为圆环图形绘制交互式透明效果，如图 10－23 所示。

图 10－22 绘制圆环图形

图 10－23 绘制交互式透明效果

Step 08：将所绘制的圆环图形放置在背景上，如图 10－24 所示。

Step 09：本步骤绘制文字倒影效果。复制所绘制的文字和圆环图形，单击菜单栏中的【位图】|【转换为位图】选项，然后将此位图垂直镜像翻转，接着单击工具箱中的【交互式透明工具】按钮，在【转换为位图】对话框内勾选【透明背景】复选项，为位图添加透明效果，完成后如图 10－25 所示。

图 10－24 将圆环图形放置在背景上

图 10－25 绘制文字倒影效果

Step 10：单击工具箱中的【文本工具】按钮，在图片下方输入公司地址、电话等文本，设置【轮廓】为【无】，填充颜色为CMYK（0、0、0、0）。然后单击工具箱中的【贝塞尔工具】按钮，绘制电话图形，设置【轮廓】为【无】，填充颜色为CMYK（0、0、0、0）。接着在图片中输入宣传广告语，设置【轮廓】为【无】，填充颜色为CMYK（0、100、100、0）。报纸广告最终效果如图10-26所示。

图10-26 最终效果

10.3 灯箱广告设计

结合实际介绍以家纺产品宣传为主题的灯箱广告设计，打开“CD\源文件\第10章\灯箱广告设计.cdr”，如图10-27所示。本实例主要从灯箱平面设计图和灯箱立体效果图两部分来做详细讲解。绘制灯箱广告，主要是运用【裁剪工具】、【文本工具】、【折线工具】、【画框精确剪裁】等工具。在绘制过程中，应注意合理编排文字及图形对象，使图形更具美感。

1. 灯箱平面设计图

Step 01：新建空白CorelDRAW X4文档，然后双击工具箱中的【矩形工具】按钮，绘制页面大小的矩形，设置【轮廓】为【无】，填充颜色为CMYK（0、80、80、90）。

Step 02：单击工具箱中的【贝塞尔工具】按钮，绘制一个较大的不规则图形，居中放置在矩形页面上，设置【轮廓】为【无】，然后单击工具箱中的【渐变填充】按钮，打开【渐变填充】对话框，设置【渐变类型】为【射线】，中心位移中【水平】为【4%】，【垂直】为【7%】，【颜色调和】为【双色】，【中点】为【54】，从上到下设置颜色为CMYK（0、80、80、90）、CMYK（0、100、100、40），最后单击【确定】按钮。用相同的方法绘制一个较小的不规则渐变图形，完成后如图10－28所示。

图10－27　最终效果

图10－28　绘制灯箱背景图形

Step 03：打开“CD\素材\第10章\素材10－2.cdr”文件，将“雅家”文字图形复制到当前文件内，然后单击工具箱中的【文本工具】按钮，输入英文字母“SHANGHAI”，并用【形状工具】调整字符间的距离，使之与“雅家”的字体宽度对齐。然后单击属性栏中的【结合】按钮，结合文字，然后再单击工具箱中的【渐变填充】按钮，打开【渐变填充】对话框，设置【渐变类型】为【线性】，【角度】为【270】，【边界】为【22%】，【颜色调和】为【自定义】，从左到右设置颜色为CMYK（0、20、60、20）、CMYK（0、0、20、0）、CMYK（0、20、60、20），其他设置如图10－29所示。最后单击【确定】按钮，完成后如图10－30所示。

Step 04：单击工具箱中的【文本工具】按钮，输入美术字文本，调整美术字的大小及位置，填充颜色为CMYK（0、0、20、0），然后单击工具箱中的【矩形工具】按钮，在文字中间绘制细条状矩形，设置【轮

图10－29　【渐变填充】对话框

廓】为【无】，填充颜色为CMYK（0、0、20、0），完成后如图10-31所示。

图10-30 绘制渐变填充文字效果

图10-31 输入美术字

Step 05：单击工具箱中的【文本工具】按钮，输入美术字文本，用与步骤03相同的方法绘制渐变文字效果，如图10-32所示。

Step 06：单击工具箱中的【文本工具】按钮，输入美术字文本，调整美术字的大小及位置，填充颜色为CMYK（0、20、60、20），然后单击工具箱中的【矩形工具】按钮，在文字两侧绘制细条状矩形，设置【轮廓】为【无】，填充颜色为CMYK（0、20、60、20），完成后如图10-33所示。

图10-32 绘制渐变填充文字效果

图10-33 输入美术字文本

Step 07：单击工具箱中的【矩形工具】按钮，绘制两个细条状的矩形，设置【轮廓】为【无】，矩形从外到内分别填充颜色为CMYK（0、20、60、20）、CMYK（0、80、80、90），如

图 10－34 所示，然后复制所绘制的矩形，调整图形长短，放置到适当位置，如图 10－35 所示。

Step 08：打开“CD\素材\第 10 章\素材 10－2. cdr”文件，将花纹图形复制到当前文件中，根据需要重复复制花纹图形，并放置在适当位置，灯箱平面设计图最终效果如图 10－36 所示。

图 10－34　绘制矩形

图 10－35　完成效果

图 10－36　灯箱平面设计图最终效果

2. 灯箱立体效果图

Step 01：单击工具箱中的【矩形工具】按钮，绘制矩形，设置【轮廓】填充为【无】，然后单击工具箱中的【渐变填充】按钮，打开【渐变填充】对话框，设置【渐变类型】为【线性】，【角度】为【90】，【颜色调和】为【双色】，从上到下设置颜色为 CMYK（0、0、0、20）、CMYK（0、0、0、0），再单击【确定】按钮。根据需要复制所绘制的矩形，并调整位置，完成后如图 10－37 所示。

Step 02：群组整体灯箱图形，然后单击工具箱中的【交互式阴影工具】按钮，在属性栏中设置【预设列表】为【小型辉光】，【透明度操作】为【正常】，【阴影颜色】为 CMYK（0、20、60、20），为灯箱绘制交互式阴影效果。

Step 03：最后单击工具箱中的【矩形工具】按钮，绘制背景矩形，设置【轮廓】填充为【无】，填充颜色为 CMYK（0、80、80、90），调整背景矩形与灯箱的前后位置，灯箱立体效果图如图 10－38 所示。

图 10-37 完成效果

图 10-38 最终效果

10.4 折页设计

结合实例介绍以酒店宣传为主题的三折页设计，打开“CD\源文件\第 10 章\三折页设计 . cdr”，如图 10-39 所示。本实例从平面效果图和立体效果图两部分来进行详细讲解。绘制折页，主要是运用【裁剪工具】、【文本工具】、【折线工具】、【画框精确剪裁】等工具。在绘制过程中，也同样要注意合理编排文字及图形对象，文字应按 Shift 键来等比例缩放。

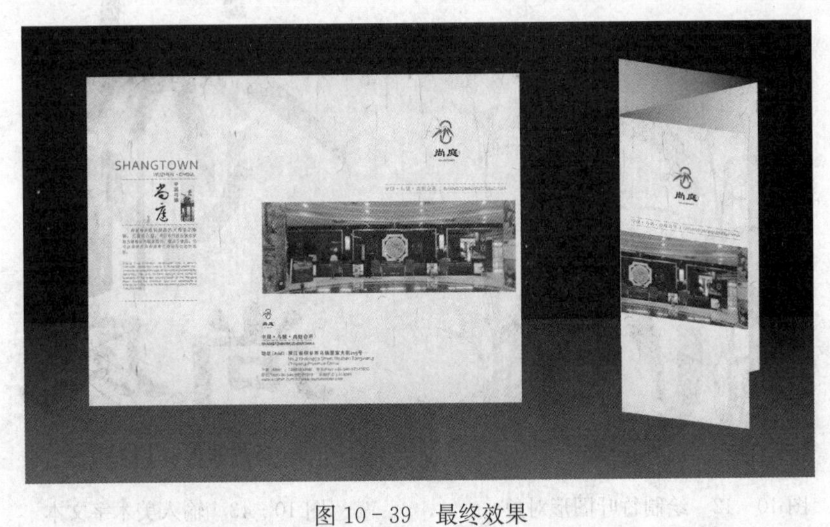

图 10-39 最终效果

1. 平面效果图

Step 01：新建空白 CorelDRAW X4 文档，导入“CD\素材\第 10 章\素材 10－3.jpg”文件，在属性栏中设置图像大小为【宽度】为【291mm】，【高度】为【216mm】。

Step 02：单击工具箱中的【椭圆形工具】按钮，按 Ctrl 键并拖动鼠标绘制正圆形，然后再绘制一个较小的正圆形，接着对齐两个圆的圆心，再选中两个正圆形，按属性栏中的【修剪】按钮，修剪图像对象后呈圆环状，设置【轮廓】为【无】，填充颜色为 CMYK（65、50、90、10）。然后单击工具箱中的【矩形工具】按钮，绘制矩形，再同时选中矩形与圆环图形，按属性栏中的【修剪】按钮，剪去一半圆环，完成后如图 10－40 所示。

Step 03：单击工具箱中的【3 点矩形工具】按钮，对齐圆环的右端后绘制矩形，然后选中所绘制的矩形和圆环图形对象，单击属性栏中的【焊接】按钮，焊接图形对象。接着用同样的方法绘制另一个半圆环图形对象，完成后如图 10－41 所示。

图 10－40　修剪圆环

图 10－41　绘制半圆环图形

Step 04：单击工具箱中的【贝塞尔工具】按钮，绘制竹叶图形对象，设置【轮廓】为【无】，填充颜色为 CMYK（65、50、90、10），如图 10－42 所示。

Step 05：单击工具箱中的【文本工具】按钮，输入美术字文本，填充颜色为黑色，如图 10－43 所示。

图 10－42　绘制竹叶图形对象

图 10－43　输入美术字文本

Step 06：打开“CD\素材\第10章\素材10-4.cdr”文件，复制“会所”图形，然后粘贴在“尚庭”文字旁边并调整大小，接着将绘制的所有图形对象，放置在折页背景右上位置。

Step 07：单击工具箱中的【折线工具】按钮，按Shift键绘制直线，填充【轮廓】颜色为CMYK（56、31、93、2）。然后单击工具箱中的【文本工具】按钮，输入美术字文本，填充颜色为CMYK（65、50、90、10），如图10-44所示。

图10-44 输入美术字文本

Step 08：导入“CD\素材\第10章\素材10-5.jpg”文件，选中该图片，然后单击工具箱中的【裁剪】按钮，拖动鼠标裁剪图片，将裁剪后的图片放置在背景图层上，完成后如图10-45所示。

Step 09：复制之前做的“尚庭”logo图形对象，缩小放置在图片下方，并与图片左侧边缘对齐，如图10-46所示。

Step 10：单击工具箱中的【文本工具】按钮，输入美术字文本，填充颜色为黑色。然后单击工具箱中的【折线工具】按钮，按Shift键绘制直线，填充【轮廓】颜色为CMYK（56、31、93、2），放置在文字行间，完成后如图10-47所示。

Step 11：再次单击工具箱中的【文本工具】按钮，在背景素材左上方输入美术字文本，字号较大的填充颜色为CMYK（65、50、90、10），字号较小的填充黑色。然后单击工具箱中的【折线工具】按钮，按Shift键绘制直线，填充【轮廓】颜色为CMYK（65、50、90、10），完成后如图10-48所示。

Step 12：导入“CD\素材\第10章\素材10-6.jpg”文件，选中该图片，单击工具箱中的【裁剪】按钮，拖动鼠标裁剪图片，将裁剪后的图片放置在背景图层上。接着打开“CD\素材\第10章\素材10-4.cdr”文件，复制文字“会所”、“尚庭”，然后粘贴在图片旁边。然后单击工具箱中的【文本工具】按钮字，输入美术字文本以及段落文本，填充颜色为黑色，完成后如图 10－49 所示。

图 10－45　裁剪并放置图片

图 10－46　复制“尚庭”logo 图形对象

图 10-47　输入美术字文本

图 10-48　输入文字并绘制直线

图 10-49　完成效果

Step 13：最终效果如图 10-50 所示。

图 10－50　最终效果

2. 立体效果图

Step 01：新建空白 CorelDRAW X4 文档，单击工具箱中的【矩形工具】按钮▢，绘制矩形，填充颜色为黑色。

Step 02：再次绘制矩形，设置【轮廓】填充为【无】，然后单击工具箱中的【渐变填充】按钮■，打开【渐变填充】对话框，设置【渐变类型】为【线性】，【角度】为【－90】，【颜色调和】为【双色】，从上到下设置颜色为默认的黑色和白色，单击【确定】按钮。选择渐变矩形，单击菜单栏中的【效果】|【图框精确剪裁】|【放置在容器中】选项，然后在黑色矩形图形内单击鼠标，调整内置图形对象的位置，完成后如图 10－51 所示。

Step 03：打开所制作的三折页平面效果图，复制平面效果图至正在设计的绘图窗口内，然后选择平面效果图，单击菜单栏中的【位图】|【转换为位图】选项，在弹出的对话框中设置参数，如图 10－52 所示，最后单击【确定】按钮，将矢量图转换为位图。

Step 04：选中上一步骤制作的位图图片，单击工具箱中的【裁剪】按钮⊠，拖动鼠标裁剪图片，完成后如图 10－53 所示。

Step 05：单击上一步制作的位图，在位图周围出现倾斜控制手柄↕时，拖动控制手柄拉伸对象，如图 10－54 所示。

图 10－51 绘制背景图形

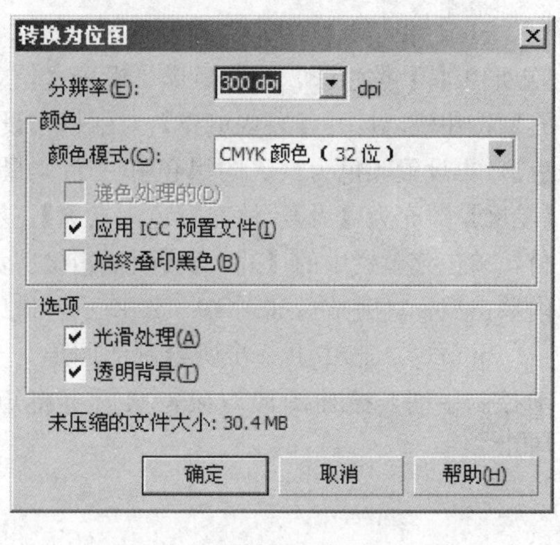

图 10－52 【转换为位图】对话框

图 10－53 裁剪位图图片

图 10－54 拉伸位图

Step 06：导入“CD\素材\第10章\素材10-3.jpg”文件，然后单击工具箱中的【矩形工具】按钮，绘制矩形，设置【轮廓】填充为【无】，接着单击工具箱中的【渐变填充】按钮，打开【渐变填充】对话框，设置【渐变类型】为【线性】，【颜色调和】为【双色】，再设置颜色为默认的黑色和白色，最后单击【确定】按钮。复制该渐变矩形，设置【轮廓】填充为【无】，填充颜色为【无】，然后为该矩形绘制交互式透明效果。单击背景素材，单击菜单栏中的【效果】|【图框精确剪裁】|【放置在容器中】选项，然后在矩形图形对象内单击鼠标，完成后如图10-55所示。最后将渐变矩形和内置素材的矩形群组。

Step 07：选中上一步所绘制的图形，当矩形图形对象周围出现倾斜控制手柄时，拖动控制手柄，拉伸图形对象，然后再将矩形图形对象放置在封面图层后，如图10-56所示。

图10-55　内置图形对象

图10-56　调整图形对象位置

Step 08：以同样的方法制作矩形，放置在封面的最后面，最终效果如图10-57所示。

图 10-57 最终效果

10.5 包装效果图设计

结合实例介绍化妆品软管包装效果图设计，打开“CD\源文件\第10章\化妆品软管包装设计.cdr”，如图10-58所示。本实例主要从软管造型、软管正面效果图、软管反面效果图、整体效果图等四部分进行讲解。绘制包装效果图，主要运用【矩形工具】、【交互式透明工具】以及【画框精确裁剪】、【渐变填充】等工具。

1. 软管造型

Step 01：新建空白CorelDRAW X4文档。单击工具箱中的【矩形工具】按钮▭，绘制圆角矩形图形对象，设置【轮廓】颜色为CMYK（0、0、0、50），然后单击工具箱中的【渐变填充】按钮■，打开【渐变填充】对话框，设置【渐变类型】为【线性】，【颜色调和】为【自定义】，从左到右设置颜色为CMYK（0、0、0、10）、CMYK（0、0、0、0）、CMYK（0、0、0、0）、CMYK（0、0、0、20）、CMYK（0、0、0、10），其他设置如图10-59所示，最后单击【确定】按钮，完成后如图10-60所示。

图 10-58　最终效果

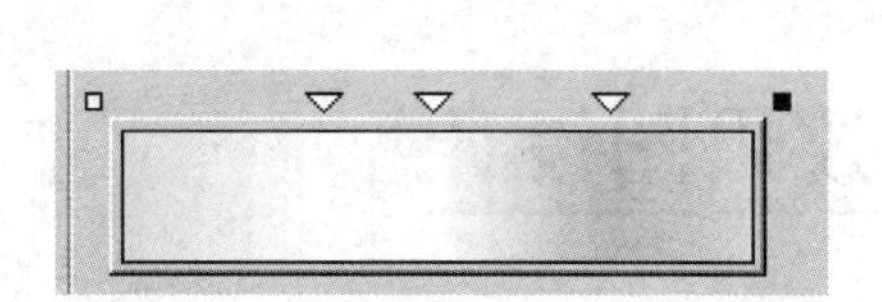

图 10-59 【渐变填充】对话框

图 10-60　绘制渐变圆角矩形图形对象

Step 02：单击工具箱中的【矩形工具】按钮，绘制矩形图形对象，设置【轮廓】为【无】，然后单击工具箱中的【渐变填充】按钮，打开【渐变填充】对话框，设置【渐变类型】为【线性】，【颜色调和】为【自定义】，从左到右设置颜色为 CMYK（0、0、0、100）、CMYK（0、0、0、50）、CMYK（0、0、0、90），其他设置如图 10-61 所示，最后单击【确定】按钮，完成后如图 10-62 所示。

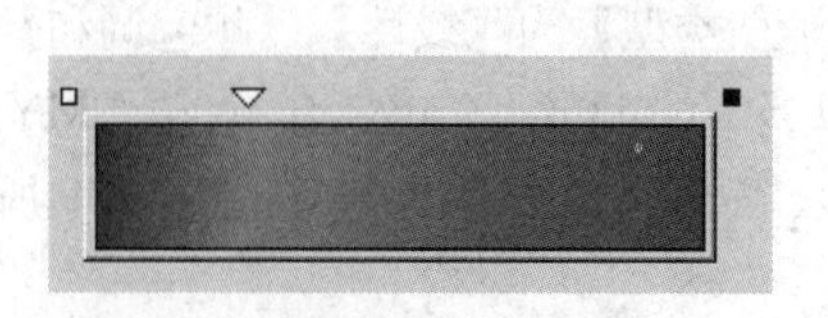

图10-61　设置【渐变填充】对话框

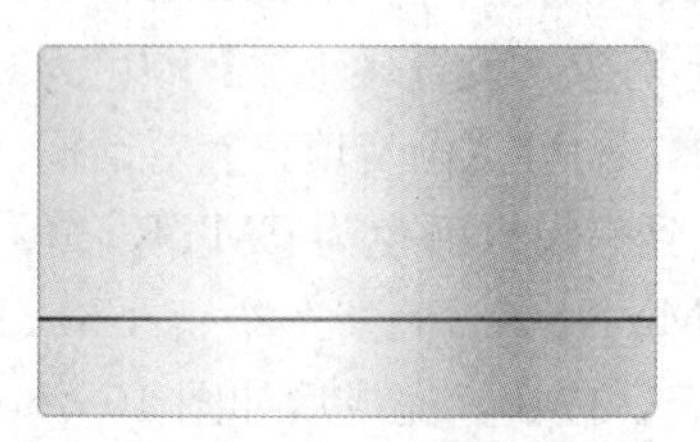

图 10-62　完成效果

Step 03：单击工具箱中的【贝塞尔工具】按钮，绘制半圆形，设置【轮廓】为【无】，然后单击工具箱中的【渐变填充】按钮，打开【渐变填充】对话框，设置【渐变类型】为【线性】，【角度】为【－75.4】，【边界】为【23%】，【颜色调和】为【双色】，从上到下设置颜色为 CMYK（0、0、0、80）、CMYK（0、0、0、10），最后单击【确定】按钮，完成后如图 10－63 所示。

Step 04：单击工具箱中的【矩形工具】按钮，绘制矩形，设置【轮廓】为【无】，填充颜色为黑色，如图 10－64 所示。

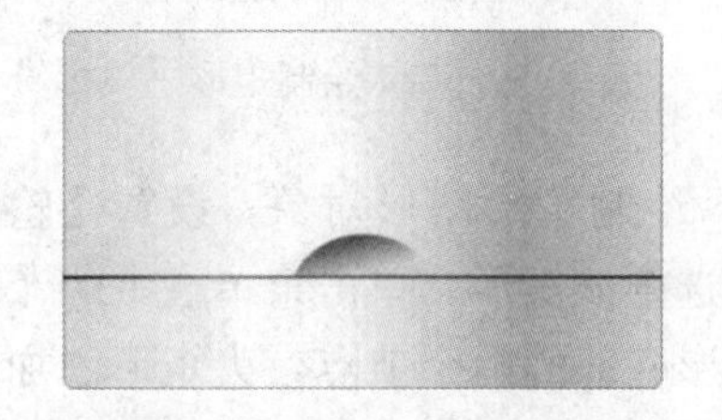

图 10－63 绘制半圆形

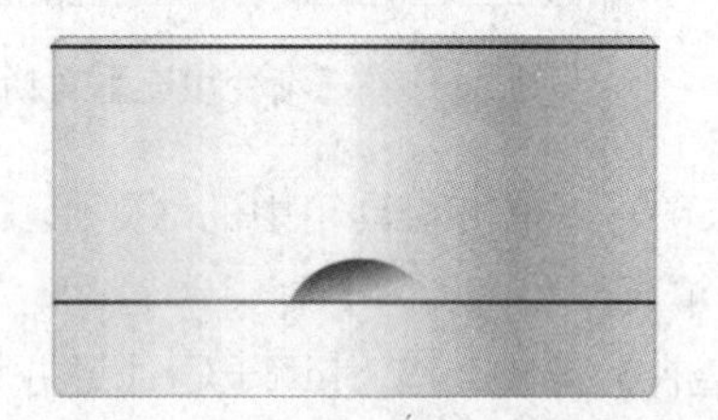

图 10－64 绘制矩形

Step 05：单击工具箱中的【矩形工具】按钮，绘制矩形，设置【轮廓】为【无】，然后单击工具箱中的【渐变填充】按钮，打开【渐变填充】对话框，设置【渐变类型】为【线性】，【颜色调和】为【自定义】，从左到右设置颜色为 CMYK（0、0、0、20）、CMYK（0、20、60、20）、CMYK（0、0、0、20）、CMYK（0、20、60、20），其他设置如图 10－65 所示，最后单击【确定】按钮，完成后如图 10－66 所示。

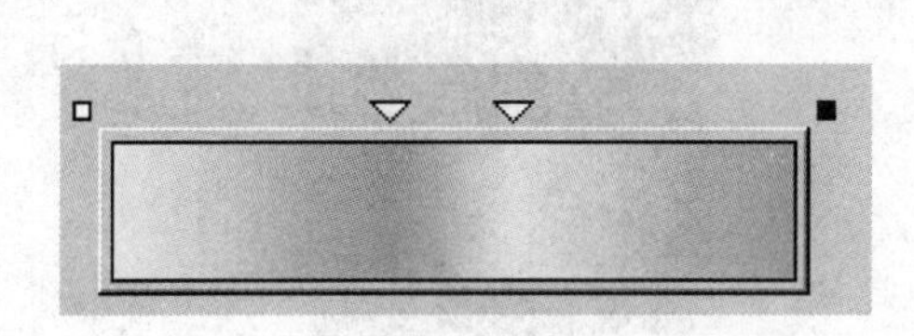

图 10－65 【渐变填充】对话框

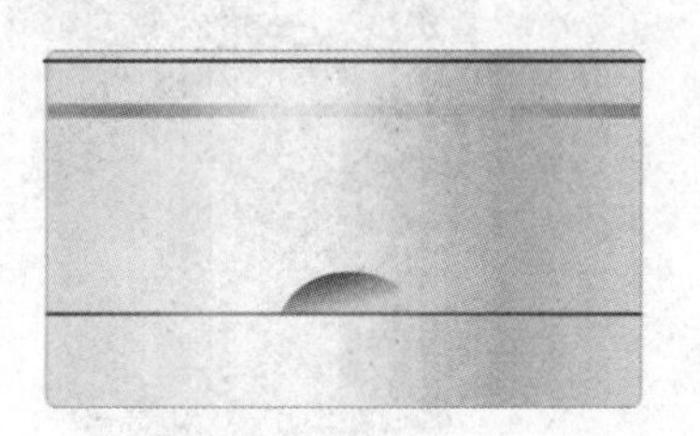

图 10－66 绘制矩形

Step 06：单击工具箱中的【贝塞尔工具】按钮，绘制不规则图形，设置【轮廓】为【无】，填充颜色为黑色，单击工具箱中的【交互式透明工具】按钮，选中上一步骤所绘制的曲线图形对象，拖动鼠标绘制透明效果，如图 10－67 所示。

Step 07：单击工具箱中的【矩形工具】按钮，绘制矩形图形对象，设置【轮廓】为【无】，然后单击工具箱中的【渐变填充】按钮，打开【渐变填充】对话框，设置【渐变类型】为【线性】，【边界】为【12%】，【颜色调和】为【自定义】，从左到右设置颜色为 CMYK（10、

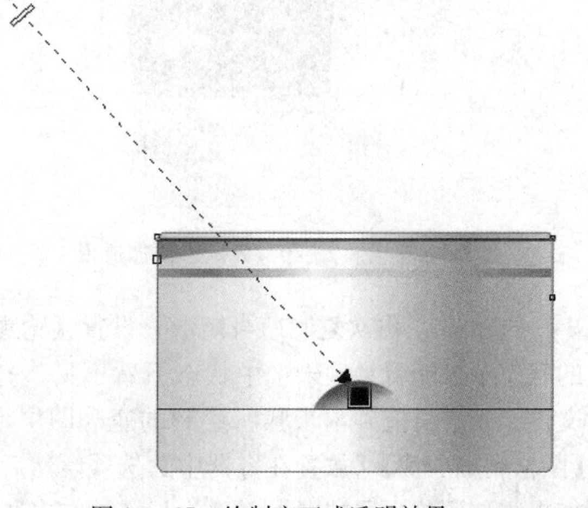

图 10－67 绘制交互式透明效果

0、0、0)、CMYK（100、0、0、0)、CMYK（10、0、0、0)、CMYK（100、0、0、0)，其他设置如图 10-68 所示，最后单击【确定】按钮，完成后如图 10-69 所示。

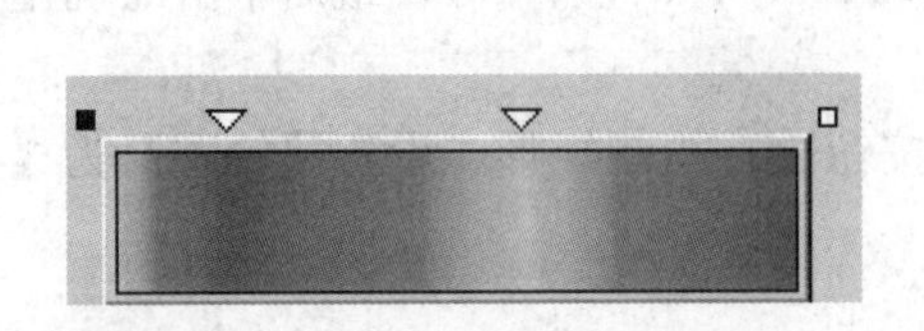

图 10-68 【渐变填充】对话框

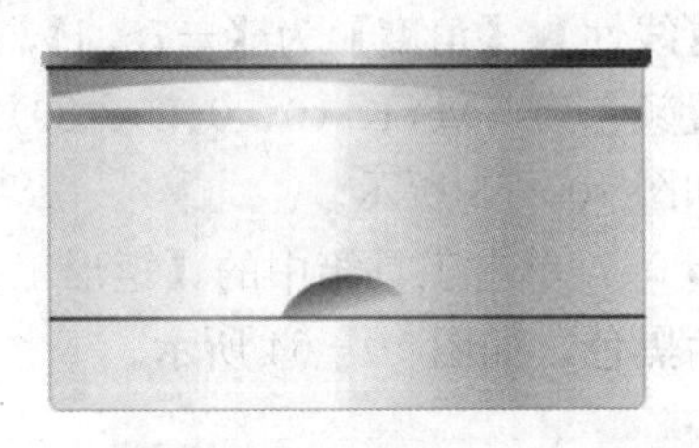

图 10-69 绘制矩形

Step 08：单击工具箱中的【矩形工具】按钮，绘制矩形图形对象，设置【轮廓】为【无】，填充颜色为 CMYK（100、90、30、0)，然后选中该矩形，单击菜单栏中的【效果】|【添加透视】选项，按 Shift+Ctrl 键并用鼠标拖动矩形底部的两个节点，为矩形添加透视效果，如图 10-70 所示。

Step 09：在原处复制瓶身图形，填充颜色为 CMYK（40、0、0、0)，然后单击工具箱中的【交互式透明工具】按钮，选中所复制的瓶身图形，从左到右拖动鼠标绘制瓶身右边透明效果。用同样的方法绘制瓶身左边透明效果，完成后如图 10-71 所示。

图 10-70 为矩形添加透视

图 10-71 绘制瓶身左侧透明效果

Step 10：再次复制瓶身矩形，设置【轮廓】为【无】，无填充色，此时矩形框只有选中的状态下才能看见，未选中状态下看不见。打开“CD\素材\第 10 章\素材 10-7.cdr”文件，将素材拖到本步骤所绘制的瓶身图层上。选中包装素材，单击菜单栏中的【效果】|【图框精确剪裁】|【放置在容器中】选项，然后在瓶身内单击鼠标，完成后如图 10-72 所示。如果需要调整内置的图形对象，只需要右击瓶身图形对象，在弹出的快捷菜单中单击【编辑

内容】选项，即可对内置的图形对象进行编辑。

Step 11：单击工具箱中的【矩形工具】按钮▢，绘制矩形，设置【轮廓】颜色为CMYK（0、0、0、40），然后单击菜单栏中的【排列】|【变换】|【位置】选项，打开【变换】泊坞窗中的【位置】选项卡，设置参数，如图10－73所示。

Step 12：连续单击【应用到再制】按钮，复制多个矩形，然后调整所绘制的这组矩形的大小，放置在瓶身图形上方，软管最终效果如图10－74所示。

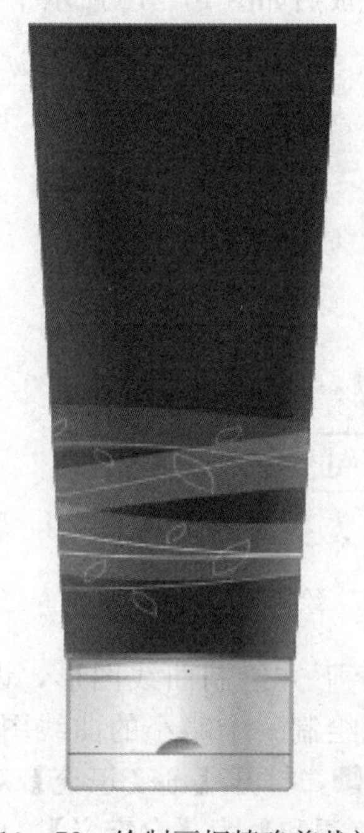

图10－72 绘制画框精确剪裁效果

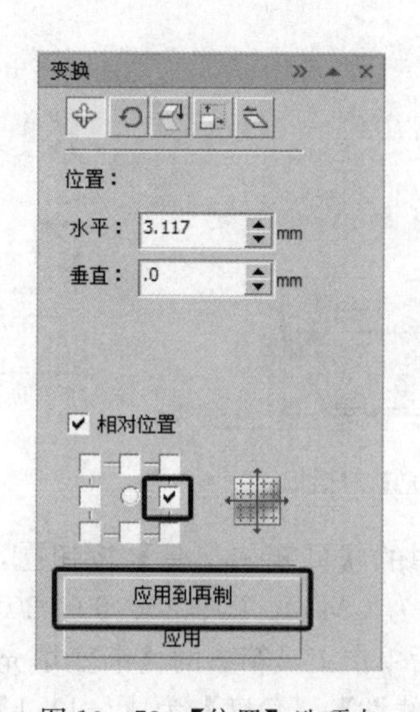

图10－73 【位置】选项卡

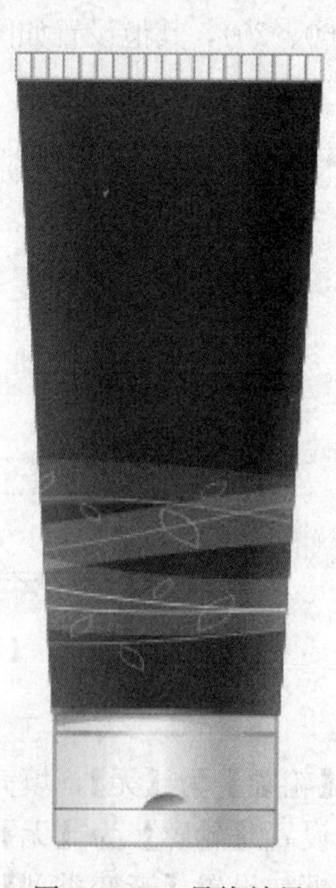

图10－74 最终效果

2. 软管正面效果图

Step 01：单击工具箱中的【文本工具】按钮字，输入文本，然后单击属性栏中的【结合】按钮▣，将文字部分结合。接着单击工具箱中的【渐变填充】按钮■，打开【渐变填充】对话框，设置【渐变类型】为【线性】，【角度】为【335.1】，【边界】为【6%】，【颜色调和】为【自定义】，从左到右设置颜色为CMYK（0、20、60、20）、CMYK（0、0、20、0）、CMYK（0、20、60、20）、CMYK（0、0、20、0）CMYK（0、20、60、20），其他设置如图10－75所示，最后单击【确定】按钮，完成后如图10－76所示。

图10－75 【渐变填充】对话框

KEYI™ BENCAO
可怡本草™
MEN FACIAL CLEANSER
深层洁净 / 男士洁面乳

图10－76 绘制渐变效果

Step 02：单击工具箱中的【贝塞尔工具】按钮，按Ctrl键绘制直线，设置【轮廓】填充颜色为CMYK（0、20、60、20），放置在文本行间。接着单击工具箱中的【贝塞尔工具】按钮，绘制标志图形，设置【轮廓】填充为【无】，然后单击工具箱中的【渐变填充】按钮，打开【渐变填充】对话框，设置【渐变类型】为【线性】，【角度】为【350.6】，【边界】为【2%】，【颜色调和】为【自定义】，从左到右设置颜色为CMYK（0、20、60、20）、CMYK（0、0、20、0）、CMYK（0、20、60、20）、CMYK（0、0、20、0）、CMYK（0、20、60、20），其他设置如图10－77所示，最后单击【确定】按钮，完成后如图10－78所示。

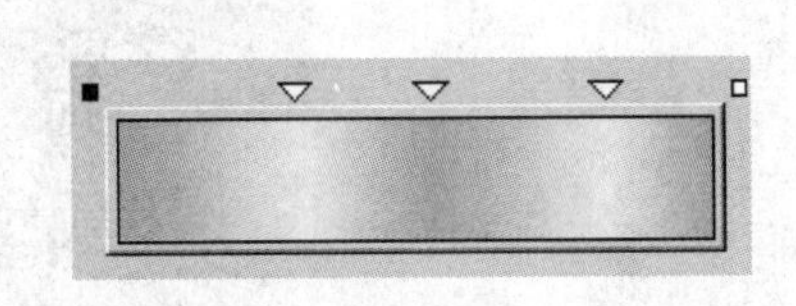

图10－77 【渐变填充】对话框

图10－78 绘制标志图形

Step 03：单击工具箱中的【贝塞尔工具】按钮，在文字下方绘制曲线图形，设置【轮廓】为【无】，填充颜色为CMYK（0、20、60、20）。接着绘制一个略小的曲线图形，设置【轮廓】为【无】，然后单击工具箱中的【渐变填充】按钮，打开【渐变填充】对话框，设置【渐变类型】为【线性】，【角度】为【－11.1】，【颜色调和】为【自定义】，从左到右设置颜色为CMYK（0、20、60、20）、CMYK（0、0、20、0）、CMYK（0、20、60、20）、CMYK（0、0、20、0）、CMYK（0、20、60、20），其他设置如图10－79所示，单击【确定】按钮。最后单击工具箱中的【文本工具】按钮，输入美术字文本，填充颜色为CMYK（100、60、0、0），完成后如图10－80所示。

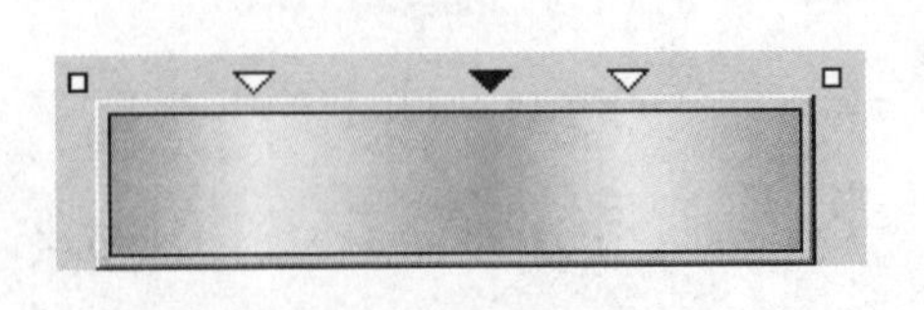

图10－79 【渐变填充】对话框

图10－80 绘制曲线图形并输入美术字文本

Step 04：软管正面效果如图 10－81 所示。

3. 软管反面效果图

Step 01：单击工具箱中的【矩形工具】按钮，绘制矩形，然后单击工具箱中的【椭圆形工具】按钮，绘制椭圆形，完成后如图 10－82 所示。

图 10－81 软管正面效果

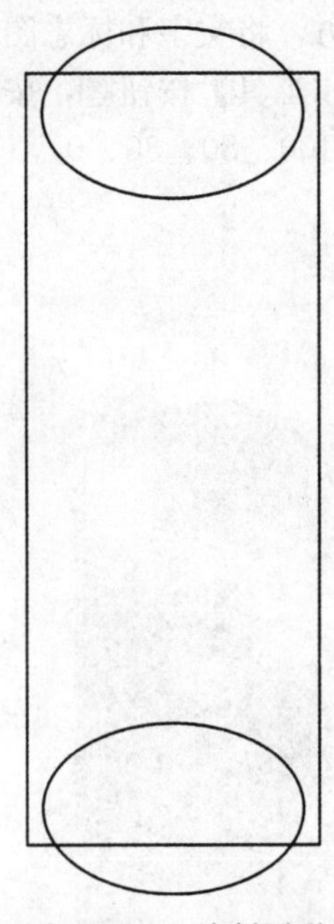

图 10－82 绘制图形

Step 02：选中所绘制的全部图形，单击属性栏中的【焊接】按钮，焊接图形，设置【轮廓】为【无】，然后单击工具箱中的【渐变填充】按钮，打开【渐变填充】对话框，设置【渐变类型】为【线性】，【角度】为【－68.3】，【边界】为【13%】，【颜色调和】为【自定义】，从左到右设置颜色为 CMYK（0、20、60、20）、CMYK（0、0、20、0）、CMYK（0、20、60、20）、CMYK（0、0、20、0）、CMYK（0、20、60、20），其他设置如图 10－83 所示，最后单击【确定】按钮，完成后如图 10－84 所示。

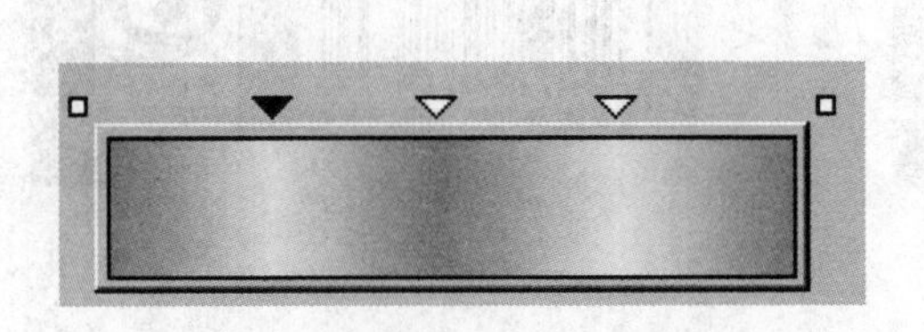

图 10－83 【渐变填充】对话框

图 10－84 渐变填充图形

Step 03：单击工具箱中的【贝塞尔工具】按钮，绘制曲线，完成后，单击菜单栏中的【排列】|【将轮廓转换为对象】选项，填充颜色为CMYK（25、26、71、0），完成后如图10-85所示。

Step 04：单击工具箱中的【文本工具】按钮，输入美术字文本，然后复制标志图形并放置于文字上方，将文字和标志图形填充颜色为CMYK（100、80、30、0）。然后单击工具箱中的【贝塞尔工具】按钮，按Ctrl键绘制直线，放置在文字段落之间，设置【轮廓】颜色为CMYK（100、80、30、0），完成后如图10-86所示。

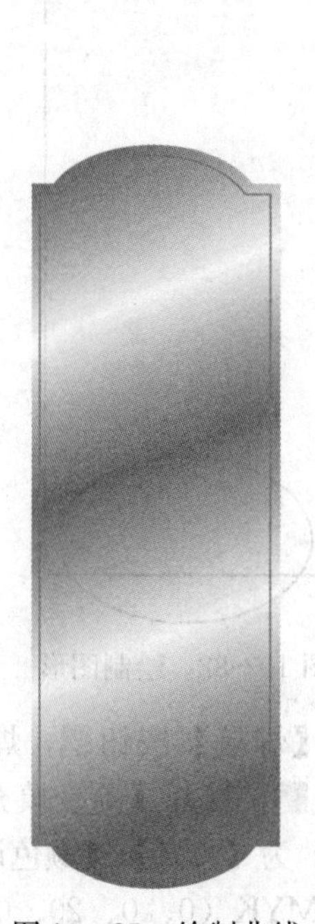

图10-85　绘制曲线

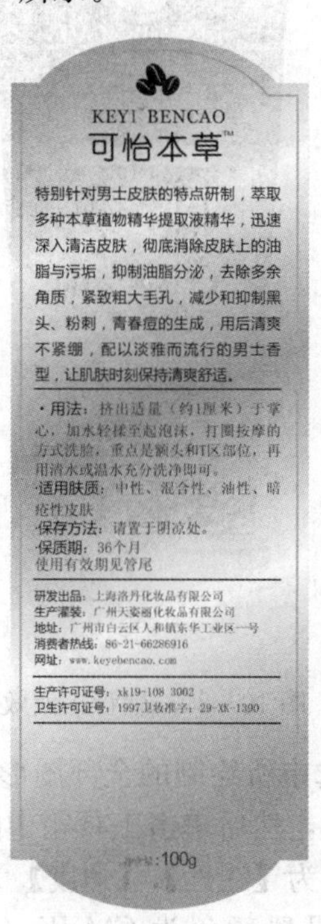

图10-86　输入文本并绘制图形

Step 05：单击【编辑】|【插入条形码】按钮，弹出【条码向导】对话框，在【行业标准格式】下拉列表框内选择【EAN-13】，然后输入数字，单击【下一步】按钮直至出现【完成】按钮，绘图页面上将出现条形码，调整其大小，放置到适当位置，如图10-87所示。

Step 06：导入"CD\素材\第10章\素材10-8.jpg"文件，调整图片大小，放置到适当位置，如图10-88所示。

图10-87　插入条形码

图10-88　导入图片

Step 07：软管反面最终效果如图 10－89 所示。

4. 整体效果图

Step 01：单击工具箱中的【矩形工具】按钮，绘制矩形，设置【轮廓】填充为【无】，然后单击工具箱中的【渐变填充】按钮，打开【渐变填充】对话框，设置【渐变类型】为【线性】，【角度】为【90】，【颜色调和】为【自定义】，从左到右设置颜色为 CMYK（0、0、0、30）、CMYK（0、0、0、10）、CMYK（0、0、0、30），其他设置如图 10－90 所示。再次单击工具箱中的【矩形工具】按钮，绘制矩形，与之前绘制的矩形底部居中对齐，然后单击工具箱中的【渐变填充】按钮，打开【渐变填充】对话框，设置【渐变类型】为【线性】，【角度】为【90】，【颜色调和】为【自定义】，从左到右设置颜色为 CMYK（0、0、0、30）、CMYK（0、0、0、10）、CMYK（0、0、0、30），其他设置如图 10－91 所示，最后单击【确定】按钮，完成后如图 10－92 所示。

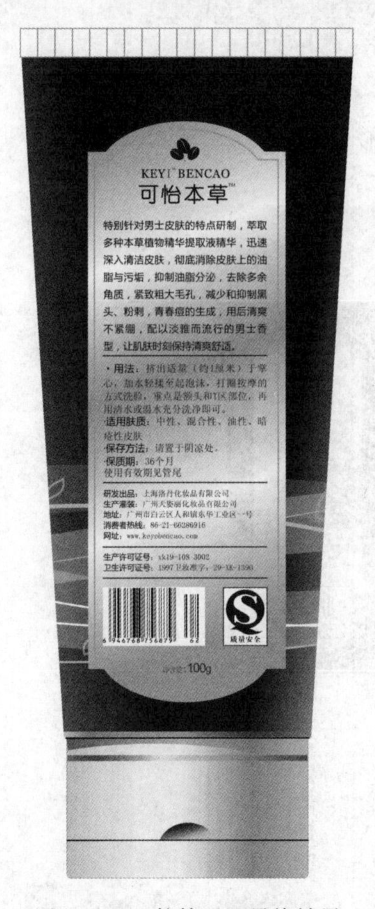

图 10－89　软管反面最终效果

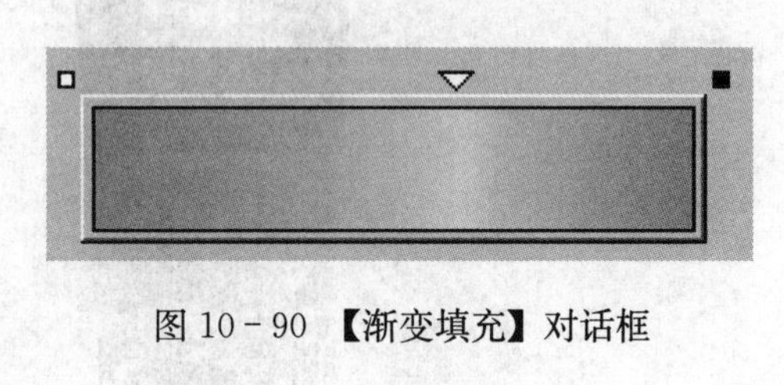

图 10－90　【渐变填充】对话框

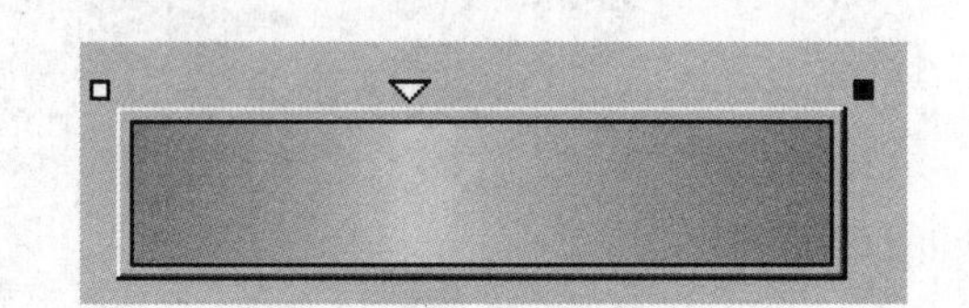

图 10－91　【渐变填充】对话框

Step 02：将软管正面效果图和反面效果图一同放置在背景图层上，如图 10－93 所示。

图 10 - 92　绘制矩形

图 10 - 93　放置软管正面效果图和反面效果图

Step 03：复制一份软管正面效果图与反面效果图，垂直镜像翻转，调整位置，完成后如图 10 - 94 所示。

Step 04：选择复制的正、反面效果图，单击菜单栏中的【位图】|【转换为位图】选项，在【转换为位图】对话框中选择【透明背景】选项，然后单击【确定】按钮。

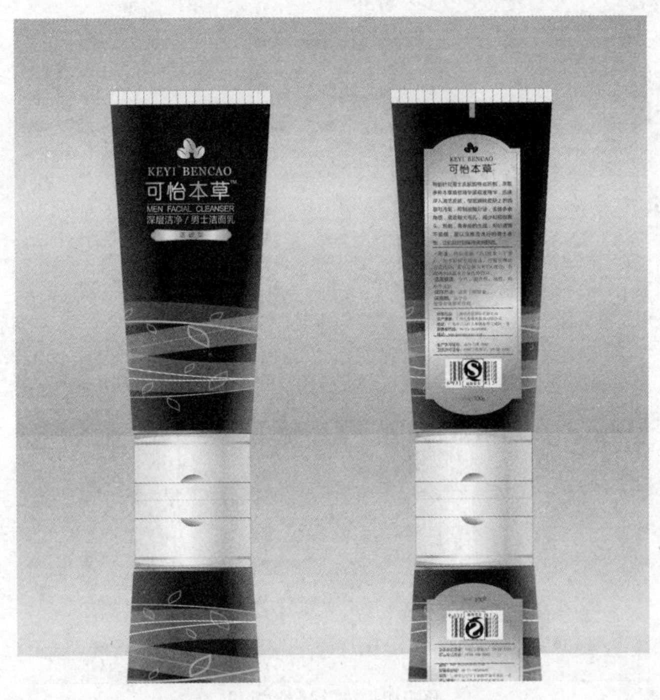

图 10-94 垂直镜像翻转效果图

Step 05：在选中复制的效果图图形的情况下，单击工具箱中的【裁剪工具】按钮，裁剪图片，完成后如图 10-95 所示。

图 10-95 裁剪图片

Step 06：单击工具箱中的【交互式透明工具】按钮，选中倒影图形，拖动鼠标制作透明效果，整体效果最终如图 10-96 所示。

图 10－96　最终效果

10.6　插画设计

结合实例介绍人物插画，打开“CD\源文件\第10章\人物插画.cdr”，如图10－97所示。本实例主要从背景、人物头部、人物躯干、装饰图形四部分来做详细讲解。绘制插画，主要是运用【交互式透明工具】、【交互式阴影工具】、【贝塞尔工具】、【画框精确剪裁】等工具。在绘制过程中，应当注意人物比例的协调。

图 10－97　插画最终效果

1. 背景

Step 01：单击工具箱中的【矩形工具】按钮□，绘制比A4纸稍大的矩形图形，设置【轮廓】为【无】，然后单击工具箱中的【渐变填充】按钮■，打开【渐变填充】对话框，设置【渐变类型】为【线性】，【角度】为【－90】，【颜色调和】为【自定义】，从左到右设置颜色为CMYK（8、0、0、0）、CMYK（8、0、0、0）、CMYK（15、0、60、0），其他设置如图10－98所示，最后单击【确定】按钮，完成后如图10－99所示。

图 10-98 【渐变填充】对话框

图 10-99 绘制矩形

Step 02：单击工具箱中的【椭圆形工具】按钮，按 Ctrl 键绘制正圆形，设置【轮廓】填充颜色为 CMYK（40、0、100、0），填充颜色为 CMYK（20、0、60、0），然后单击菜单栏中的【排列】|【将轮廓转换为对象】选项，将轮廓转换为对象。

Step 03：再次单击工具箱中的【椭圆形工具】按钮，按 Ctrl 键绘制正圆形，设置【轮廓】填充颜色为 CMYK（40、0、100、0），填充颜色为 CMYK（18、4、64、0），然后单击菜单栏中的【排列】|【将轮廓转换为对象】选项，将轮廓转换为对象。

Step 04：重复复制所绘制的两个不同颜色的正圆形，复制的时候注意缩放正圆形，使图形效果富有变化，在绘制过程中，可用工具箱中的【交互式透明工具】为部分正圆形绘制交互式透明效果，完成后效果如图 10-100 所示。

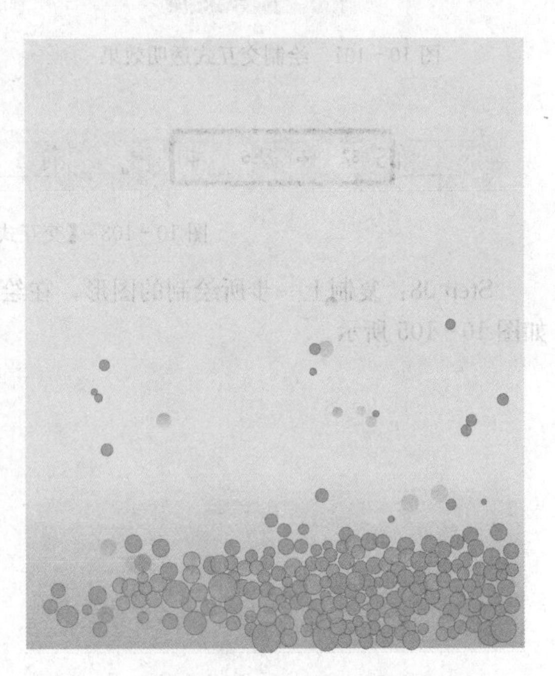

图 10-100 完成效果

Step 05：单击工具箱中的【贝塞尔工具】按钮，绘制草秆图形，设置【轮廓】为【无】，填充颜色为 CMYK（20、0、60、0），然后单击工具箱中的【交互式透明工具】按钮，为草秆图形绘制添加交互式透明效果，如图 10-101 所示。

Step 06：用同样方法绘制其他草秆图形，完成后如图 10-102 所示。

Step 07：单击工具箱中的【椭圆形】按钮，按 Ctrl 键绘制正圆形，然后单击工具箱中的【交互式阴影工具】按钮，在属性栏中设置参数，填充【阴影颜色】为白色，如图 10-103 所示，然后再为正圆形添加交互式阴影效果，接着单击菜单栏中【排列】|【打散

阴影群组】选项，使正圆形与阴影成为独立对象，最后删除正圆形，完成后如图 10－104 所示。

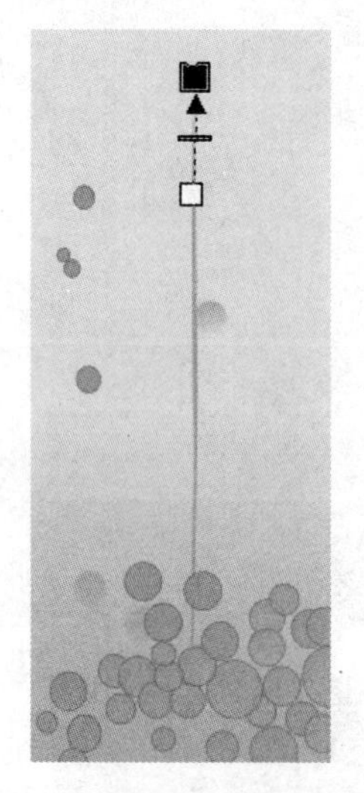

图 10－101　绘制交互式透明效果

图 10－102　完成效果

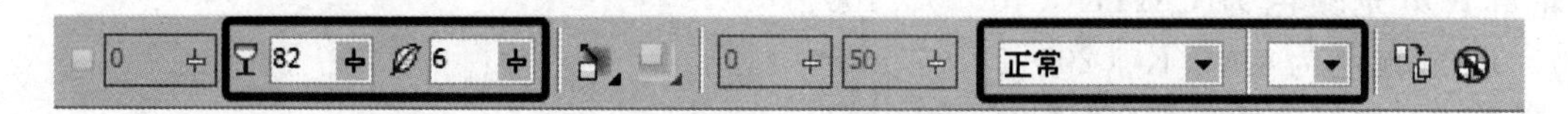

图 10－103　【交互式阴影工具】属性栏

Step 08：复制上一步所绘制的图形，在绘制过程中根据需要调整位置与大小，完成后如图 10－105 所示。

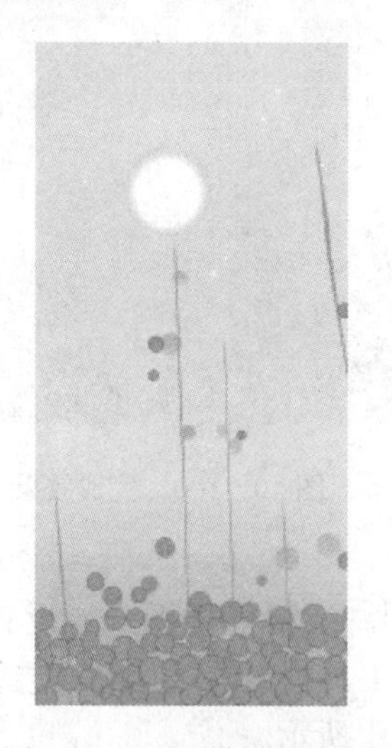

图 10－104　绘制花朵图形

图 10－105　完成效果

Step 09：双击工具箱中的【矩形工具】按钮▢，绘制页面大小的矩形，然后选择所绘制的全部图形，单击菜单栏中的【效果】|【图框精确剪裁】|【放置在容器中】选项，再在矩形内单击鼠标，背景最终效果如图 10－106 所示。如果需要调整内置的图形对象，只需要右击

矩形，在弹出的快捷菜单中单击【编辑内容】选项，即可对内置的图形对象进行编辑。

2. 人物头部

Step 01：单击工具箱中的【贝塞尔工具】按钮，绘制头部轮廓图形，如图 10－107 所示。为了显示清楚，暂时保留轮廓线颜色，在实际绘制过程中可以设置【轮廓】为【无】。

图 10－106 背景最终效果

图 10－107 绘制头部轮廓图形

Step 02：单击工具箱中的【贝塞尔工具】按钮，绘制脸部轮廓图形，填充颜色为 CMYK（0、8、10、0），然后单击工具箱中的【轮廓工具】按钮，打开【轮廓笔】对话框，设置【轮廓】颜色为 CMYK（55、91、100、10），其他参数如图 10－108 所示，完成后如图 10－109 所示。

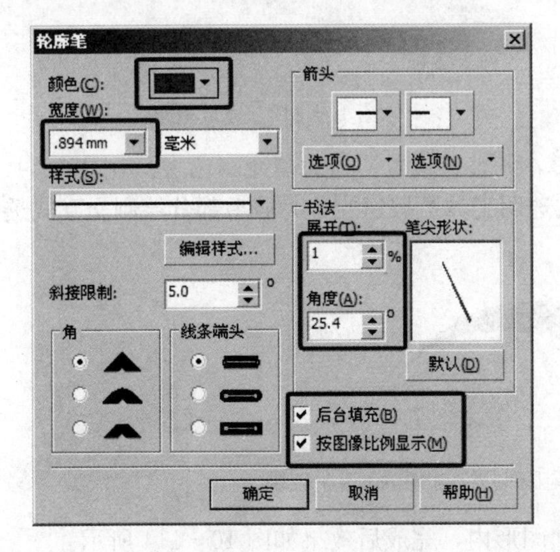

图 10－108 【轮廓笔】对话框

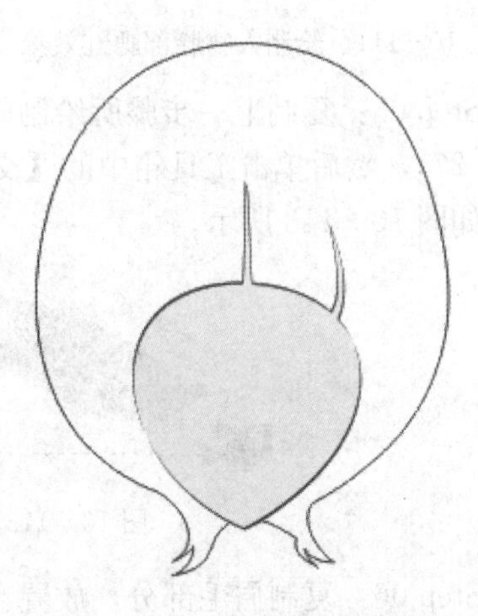

图 10－109 绘制脸部轮廓图形

Step 03：单击工具箱中的【椭圆形】按钮，按 Ctrl 键绘制正圆形，然后单击工具箱中的【交互式阴影工具】按钮，在属性栏中设置参数，并填充【阴影颜色】为 CMYK（0、50、15、0），如图 10－110 所示，为正圆形添加交互式阴影效果。再单击菜单栏中【排列】|【打散阴影群组】选项，使正圆形与阴影成为独立对象，删除正圆形。接着复制阴影位图，选择所绘制的两个阴影位图，再单击菜单栏中的【效果】|【图框精确剪裁】|【放置在容器中】选项，最后在脸部轮廓内单击鼠标，绘制人物脸部腮红效果，如图 10－111 所示。如果需要调整内置的图形对象，只需要右击脸部轮廓图形，在弹出的快捷菜单中选择【编辑内容】，即可对内置的图形对象进行编辑。

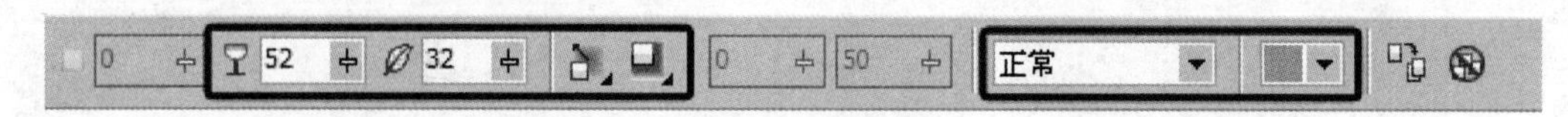

图 10－110 【交互式阴影工具】属性栏

Step 04：单击工具箱中的【贝塞尔工具】按钮，绘制眉毛轮廓图形，设置【轮廓】为【无】，然后单击工具箱中的【渐变填充】按钮，打开【渐变填充】对话框，设置【渐变类型】为【线性】，【角度】为【4.2】，【边界】为【25%】，【颜色调和】为【双色】，从上到下设置颜色为 CMYK（0、60、100、0）、CMYK（0、0、100、0），最后单击【确定】按钮，完成后如图 10－112 所示。

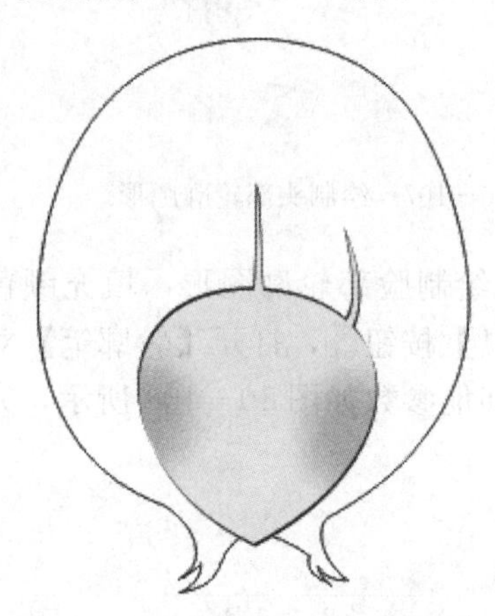

图 10－111　绘制人物脸部腮红效果

图 10－112　完成效果

Step 05：复制上一步骤所绘制的图形，调整其位置，然后填充颜色为 CMYK（64、93、100、27），然后单击工具箱中的【交互式透明工具】按钮，为眉毛部分绘制交互式透明效果，如图 10－113 所示。

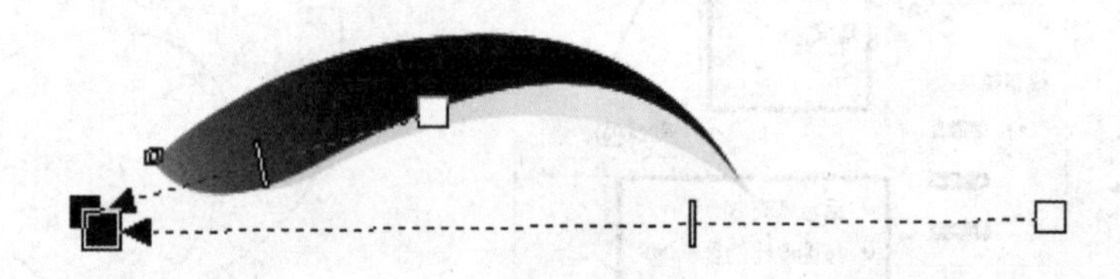

图 10－113　为眉毛部分绘制交互式透明效果

Step 06：复制眉毛部分，放置在脸部图形内，完成后效果如图 10－114 所示。

Step 07：单击工具箱中的【贝塞尔工具】按钮，设置【轮廓】为【无】，填充颜色为 CMYK（64、93、100、27），绘制眼部轮廓曲线。再次单击工具箱中的【贝塞尔工具】按钮，设置【轮廓】为【无】，填充颜色为白色，绘制眼眶轮廓图形，如图 10－115 所示。

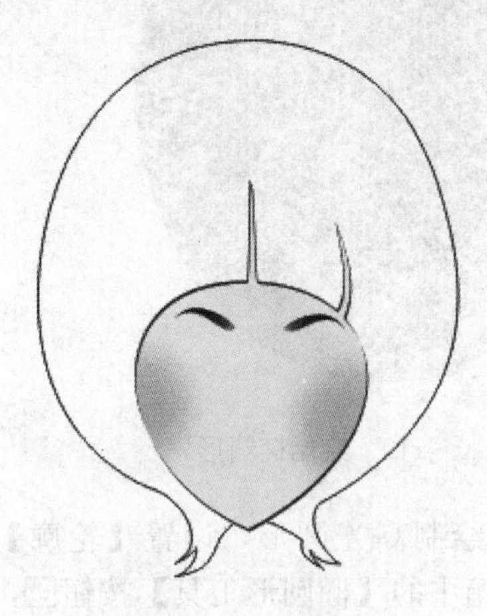

图 10－114　完成效果

图 10－115　绘制眼眶轮廓图形

Step 08：单击工具箱中的【椭圆形工具】按钮，绘制椭圆形，然后单击工具箱中的【轮廓工具】按钮，打开【轮廓笔】对话框，设置【轮廓】颜色为 CMYK（30、75、100、0），其他参数如图 10－116 所示，单击【确定】按钮。接着单击工具箱中的【渐变填充】按钮，打开【渐变填充】对话框，设置【渐变类型】为【线性】，【角度】为【256.9】，【边界】为【18%】，【颜色调和】为【自定义】，从左到右设置颜色为 CMYK（100、100、100、100）、CMYK（30、100、100、0）、CMYK（0、30、100、0），其他设置如图 10－117 所示，最后单击【确定】按钮，完成后如图 10－118 所示。

Step 09：单击工具箱中的【椭圆形工具】按钮，绘制椭圆形，设置【轮廓】为【无】，填充颜色为 CMYK（75、93、100、47），如图 10－119 所示。

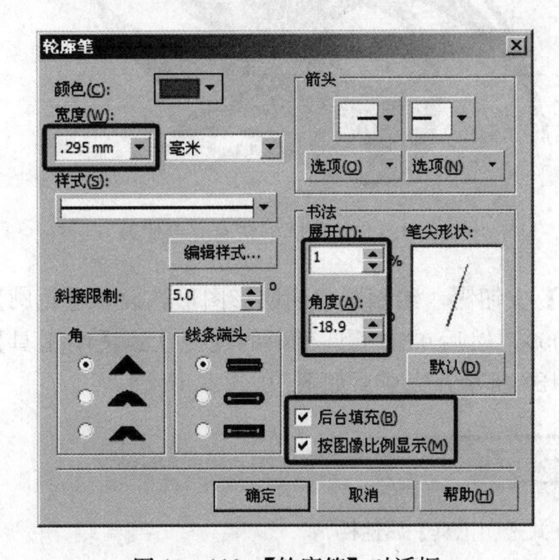

图 10－116　【轮廓笔】对话框

图 10－117　【渐变填充】对话框

图 10－118　绘制眼睛部分图形

图 10－119　绘制椭圆形

Step 10：单击工具箱中的【贝塞尔工具】按钮，绘制高光圆形，设置【轮廓】为【无】，填充颜色为CMYK（0、0、0、0）。然后单击工具箱中的【椭圆形工具】按钮，绘制眼睛反光圆形，设置【轮廓】为【无】，填充颜色为CMYK（0、0、0、20），眼睛部分效果如图 10－120 所示。

Step 11：选中所绘制的眼睛图形，单击菜单栏中的【效果】|【图框精确剪裁】|【放置在容器中】选项，然后在眼眶图形内单击鼠标，根据需要调整内置的图形对象，完成后如图 10－121 所示。

图 10－120　眼睛部分效果

图 10－121　绘制图框精确剪裁效果

Step 12：单击工具箱中的【贝塞尔工具】按钮，绘制眼眶内阴影图形，设置【轮廓】为【无】，填充颜色为CMYK（0、0、0、100），然后单击工具箱中的【交互式透明工具】按钮，在其属性栏中设置参数，如图 10－122 所示，完成后如图 10－123 所示。

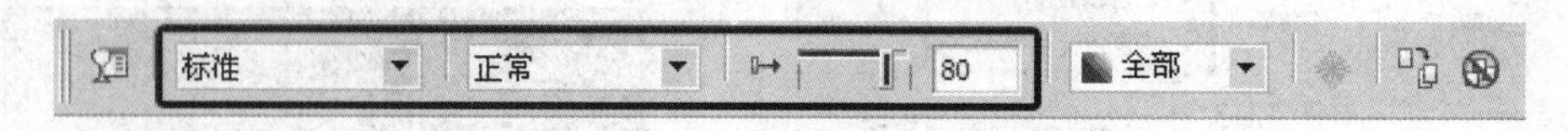

图 10－122　【交互式透明工具】属性栏

Step 13：单击工具箱中的【贝塞尔工具】按钮，绘制一个较大的眼影部分图形，设置【轮廓】为【无】，填充颜色为CMYK（0、50、0、0），然后单击工具箱中的【交互式透明工具】按钮，在其属性栏中设置参数，保留轮廓线效果如图10－124所示。此时该图形看不见，只有在选中的状态才能看见。

图10－123 绘制眼眶内阴影图形

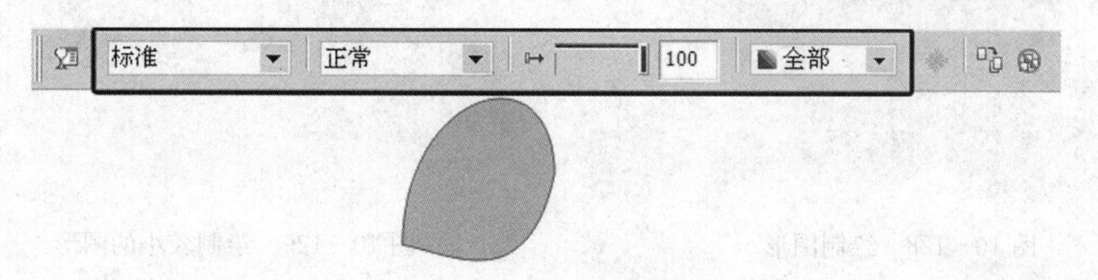

图10－124 【交互式透明工具】属性栏

Step 14：单击工具箱中的【贝塞尔工具】按钮，绘制两个较小的眼影部分图形，放置在上一步骤所绘制的图形上，设置【轮廓】为【无】，图形从大到小依次填充颜色为CMYK（40、0、0、0）、CMYK（0、0、100、0），然后单击工具箱中的【交互式透明工具】按钮，在其属性栏中设置参数，如图10－125所示，完成后如图10－126所示。为了显示清楚，图中暂时保留轮廓线。

Step 15：单击工具箱中的【交互式调和工具】按钮，在曲线之间拖动鼠标绘制图形对象，完成后如图10－127所示。

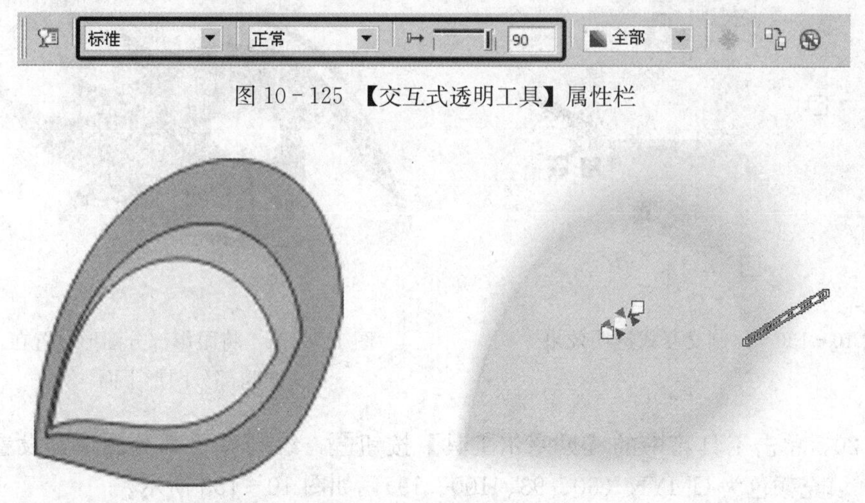

图10－125 【交互式透明工具】属性栏

图10－126 绘制交互式透明效果　　图10－127 绘制交互式轮廓效果

Step 16：单击工具箱中的【贝塞尔工具】按钮，绘制图形，填充颜色为CMYK（0、0、0、0），如图10－128所示。

Step 17：单击工具箱中的【贝塞尔工具】按钮，绘制三个较小的图形，填充颜色为CMYK（0、8、12、0），如图10－129所示。

图 10－128　绘制图形

图 10－129　绘制较小的图形

Step 18：单击工具箱中的【交互式透明工具】按钮，根据需要为图形添加交互式透明效果，完成后如图 10－130 所示。

Step 19：将眼影部分放置在眼睛部分图形下面，如图 10－131 所示。再复制一份眼部图形，并根据需要调整眼珠方位，然后将整个眼部图形放置在脸部图形上，完成后如图 10－132 所示。

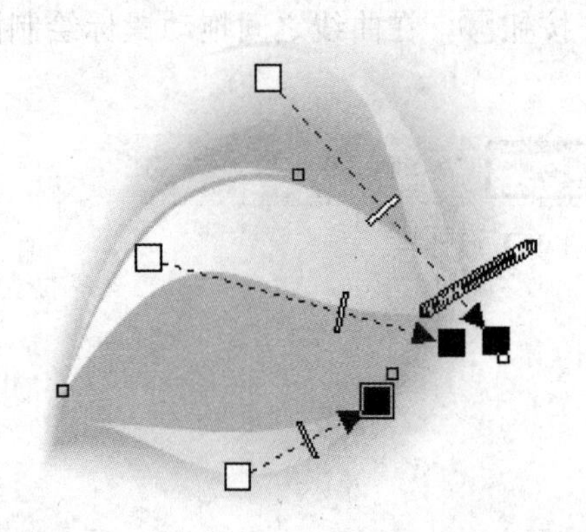

图 10－130　绘制交互式透明效果

图 10－131　将眼影部分图形放置在眼睛部分图形下面

Step 20：单击工具箱中的【贝塞尔工具】按钮，绘制鼻子部分图形，设置【轮廓】为【无】，填充颜色为 CMYK（60、93、100、19），如图 10－133 所示。

Step 21：单击工具箱中的【贝塞尔工具】按钮，绘制唇部图形，设置【轮廓】为【无】，然后单击工具箱中的【渐变填充】按钮，打开【渐变填充】对话框，设置【渐变类型】为【线性】，【角度】为【265.8】，【边界】为【34%】，【颜色调和】为【自定义】，从左到右依次设置颜色为 CMYK（0、40、0、0）、CMYK（0、10、0、0），最后单击【确定】按钮，完成后如图 10－134 所示。

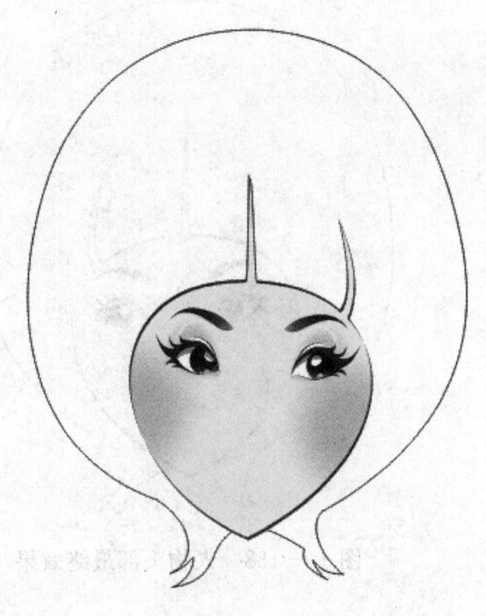

图 10－132 完成效果

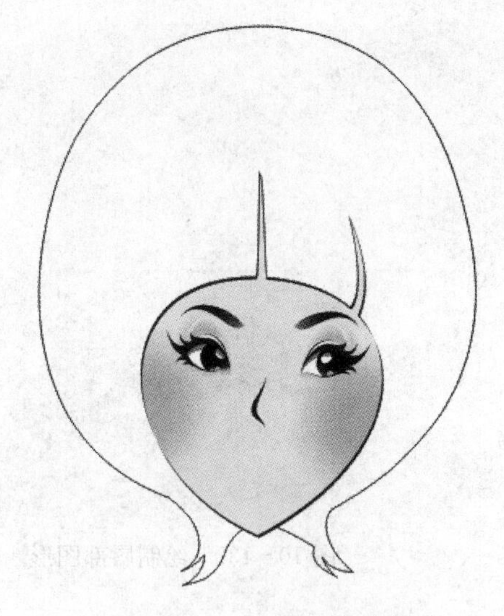

图 10－133 绘制鼻子部分图形

Step 22：单击工具箱中的【贝塞尔工具】按钮，绘制唇部图形，设置【轮廓】为【无】，然后单击工具箱中的【渐变填充】按钮，打开【渐变填充】对话框，设置【渐变类型】为【线性】，【角度】为【169.8】，【边界】为【23%】，【颜色调和】为【自定义】，从左到右依次设置颜色为CMYK（0、45、5、0）、CMYK（0、70、5、0）、CMYK（0、40、0、0），其他设置如图 10－135 所示，最后单击【确定】按钮，完成后如图 10－136 所示。

Step 23：单击工具箱中的【贝塞尔工具】按钮，绘制唇部图形，设置【轮廓】为【无】，填充颜色为CMYK（60、93、100、19），完成后如图 10－137 所示。

Step 24：人物头部最终效果如图 10－138 所示。

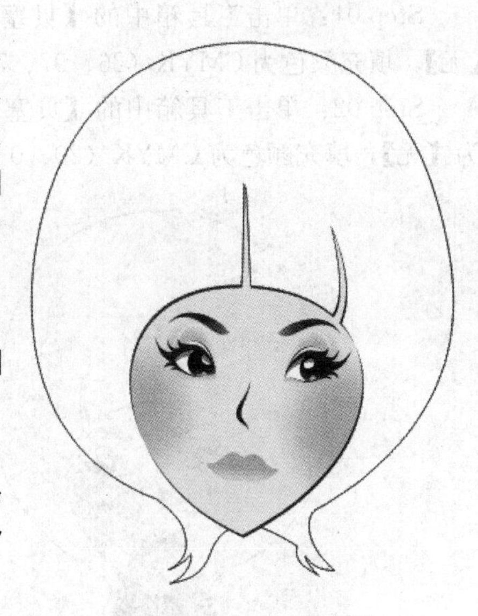

图 10－134 绘制唇形

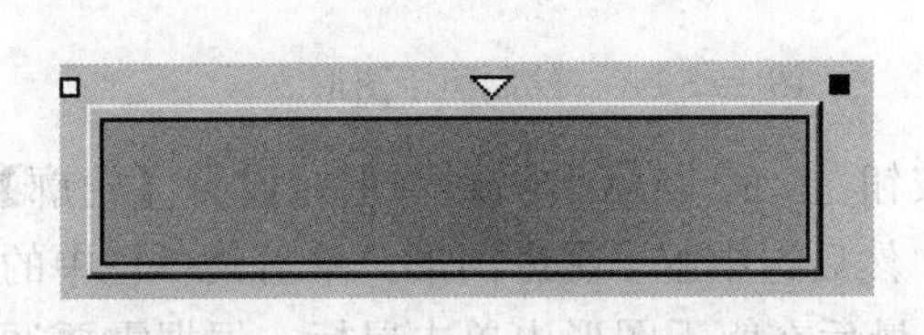

图 10－135 【渐变填充】对话框

图 10－136 绘制唇部图形

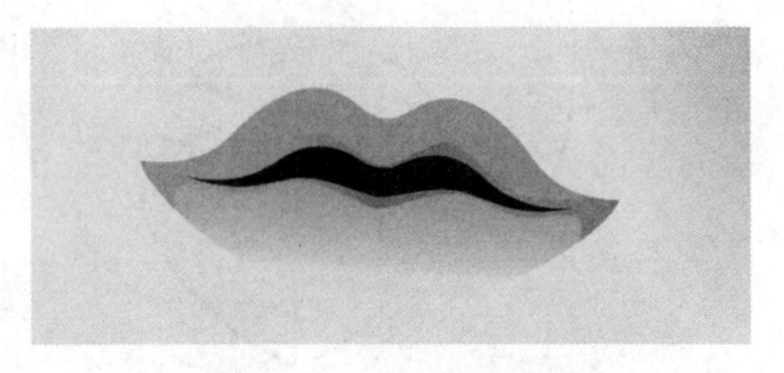

图 10-137　绘制唇部图形

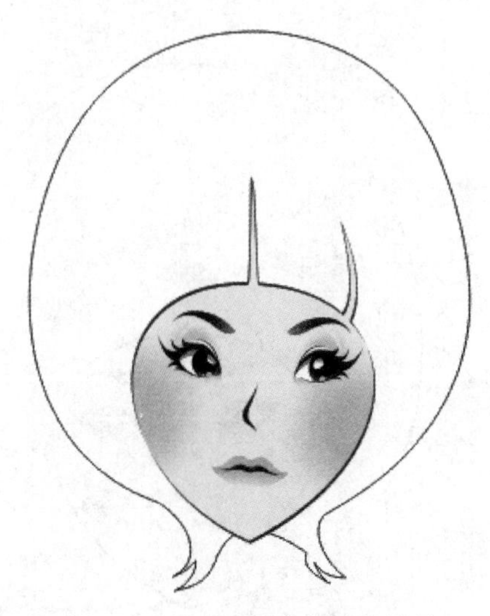

图 10-138　人物头部最终效果

3. 人物躯干

Step 01：单击工具箱中的【贝塞尔工具】按钮，绘制颈部图形，设置【轮廓】为【无】，填充颜色为 CMYK（26、97、74、0），如图 10-139 所示。

Step 02：单击工具箱中的【贝塞尔工具】按钮，绘制躯干轮廓图形，设置【轮廓】为【无】，填充颜色为 CMYK（20、0、20、0），如图 10-140 所示。

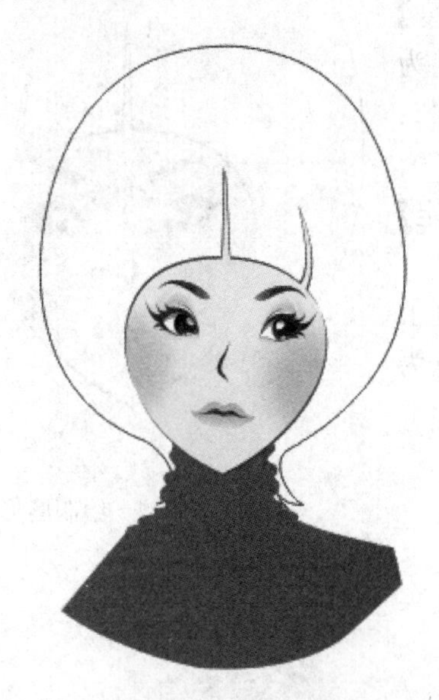

图 10-139　绘制颈部图形

图 10-140　绘制躯干图形

Step 03：单击工具箱中的【贝塞尔工具】按钮，绘制躯干阴影图形，设置【轮廓】为【无】，填充颜色为 CMYK（20、0、20、20）。然后选中躯干阴影图形，单击菜单栏中的【效果】|【图框精确剪裁】|【放置在容器中】选项，最后在躯干图形内单击鼠标，根据需要调整内置的图形对象，完成后如图 10-141 所示。

Step 04：单击工具箱中的【椭圆形工具】按钮，绘制一组椭圆形，设置【轮廓】为

【无】，填充深浅不一的红色，从深到浅依次填充颜色为 CMYK（53、96、98、11）、CMYK（32、97、65、0）、CMYK（18、69、36、0），然后选中所绘制的这一组椭圆形，单击菜单栏中的【效果】|【图框精确剪裁】|【放置在容器中】选项，最后在躯干图形内单击鼠标，根据需要调整内置的椭圆形，完成后如图 10-142 所示。

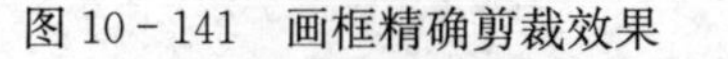

图 10-141 画框精确剪裁效果　　图 10-142 在躯干图形内置入椭圆形

Step 05：单击工具箱中的【贝塞尔工具】按钮，绘制右手臂图形，填充颜色为 CMYK（0、8、10、0），然后单击工具箱中的【轮廓工具】按钮，打开【轮廓笔】对话框，设置【轮廓】颜色为 CMYK（55、91、100、10），其他参数如图 10-143 所示，完成后如图 10-144 所示。

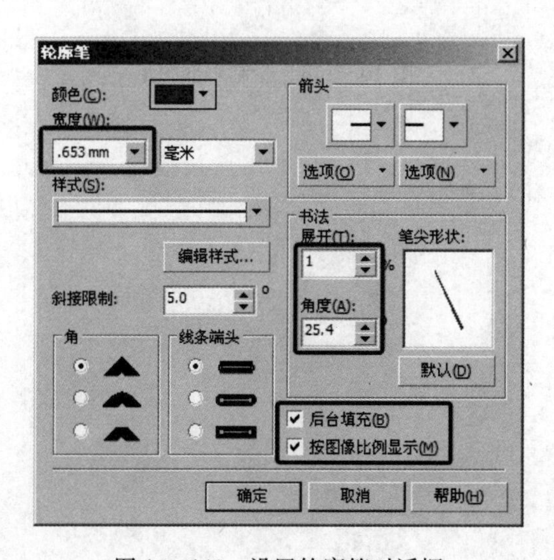

图 10-143 设置轮廓笔对话框　　图 10-144 绘制右手臂图形

Step 06：单击工具箱中的【贝塞尔工具】按钮，绘制手部图形，设置【轮廓】为【无】，然后单击工具箱中的【渐变填充】按钮，打开【渐变填充】对话框，设置【渐变类型】为【线性】，【角度】为【260.7】，【边界】为【33%】，【颜色调和】为【双色】，从上到下设置颜色为 CMYK（0、15、18、0）、CMYK（0、8、10、0），最后单击【确定】按钮，完成后如图 10－145 所示。

Step 07：单击工具箱中的【贝塞尔工具】按钮，绘制曲线图形，设置【轮廓】为【无】，填充颜色为 CMYK（60、93、100、5），如图 10－146 所示。再次运用【贝塞尔工具】按钮，绘制手指间的阴影图形，设置【轮廓】为【无】，然后单击工具箱中的【渐变填充】按钮，打开【渐变填充】对话框，设置【渐变类型】为【线性】，【角度】为【267】，【边界】为【31%】，【颜色调和】为【双色】，从上到下依次设置颜色为 CMYK（60、93、100、5）、CMYK（0、15、30、0），最后单击【确定】按钮，完成后如图 10－147 所示。

Step 08：单击工具箱中的【贝塞尔工具】按钮，绘制大拇指阴影图形，设置【轮廓】为【无】，然后单击工具箱中的【渐变填充】按钮，打开【渐变填充】对话框，设置【渐变类型】为【线性】，【角度】为【252】，【边界】为【29%】，【颜色调和】为【双色】，从上到下依次设置颜色为 CMYK（0、25、30、0）、CMYK（0、15、15、0），最后单击【确定】按钮，完成后如图 10－148 所示。

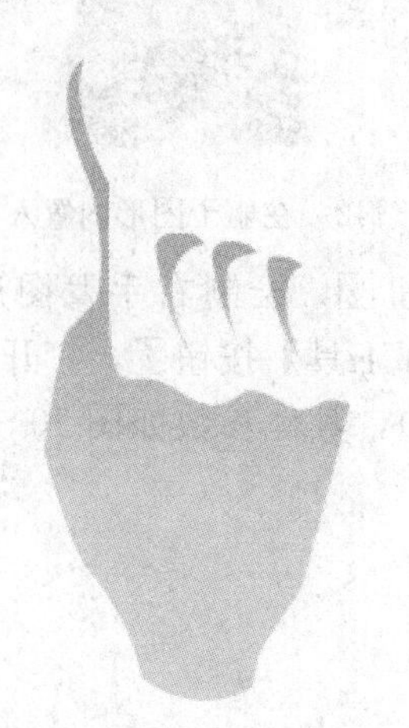

图 10－145　绘制手部图形

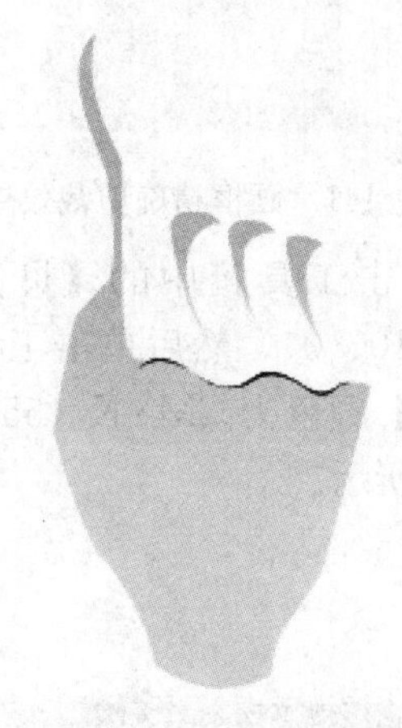

图 10－146　绘制手部图形

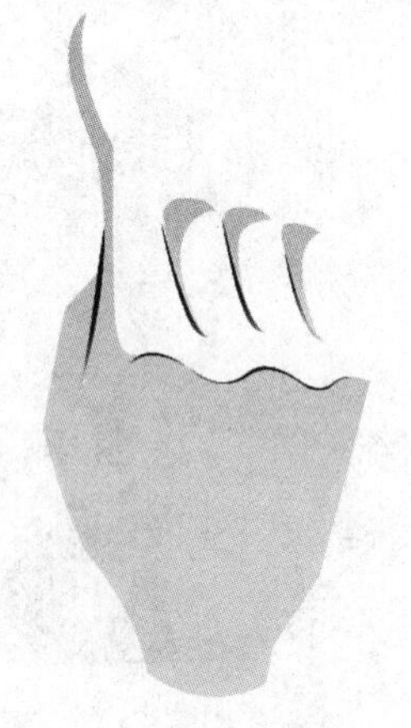

图 10－147　绘制手指间的阴影图形

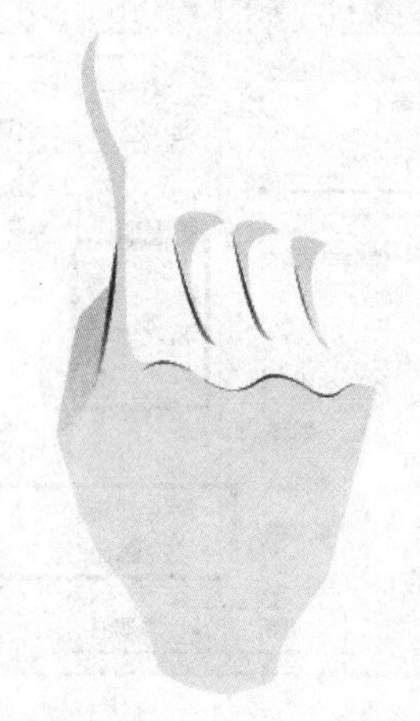

图 10－148　绘制大拇指阴影图形

Step 09：选择所绘制的手部图形，单击菜单栏中的【效果】|【图框精确剪裁】|【放置在容器中】选项，然后在手臂轮廓内单击鼠标，根据需要调整手部图形位置，完成后如图 10－149 所示。

Step 10：单击工具箱中的【贝塞尔工具】按钮，运用与绘制右手臂图形相同的方法绘制人物左手臂图形，完成人物躯干部分的绘制，最终效果如图 10－150 所示。

图 10－149 右手臂图形完成效果

图 10－150 人物躯干最终效果

4. 装饰图形

Step 01：单击工具箱中的【3 点椭圆形工具】按钮，绘制蜻蜓躯干椭圆形，设置【轮廓】为【无】，然后单击工具箱中的【渐变填充】按钮，打开【渐变填充】对话框，设置【渐变类型】为【线性】，【角度】为【－50.2】，【边界】为【1%】，【颜色调和】为【自定义】，从左到右依次设置颜色为 CMYK（93、32、99、3）、CMYK（48、0、96、0）、CMYK（18、0、95、0），其他设置如图 10－151 所示，最后单击【确定】按钮，完成后如图 10－152 所示。

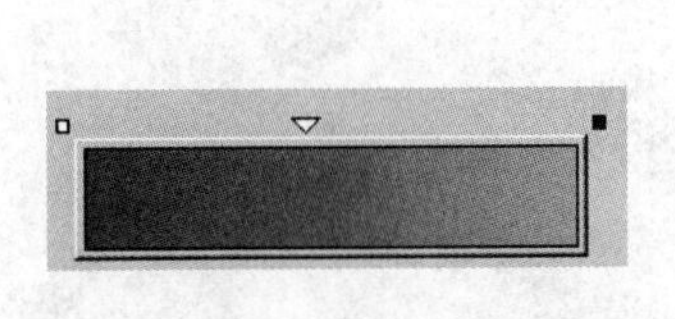

图 10－151 【渐变填充】对话框

图 10－152 绘制蜻蜓躯干椭圆形

Step 02：单击工具箱中的【3 点椭圆形工具】按钮，绘制蜻蜓躯干上的椭圆形，设置【轮廓】为【无】，填充颜色为 CMYK（0、0、0、0），再次运用【3 点椭圆形工具】，绘制蜻蜓眼睛图形，设置【轮廓】为【无】，填充颜色为 CMYK（69、87、91、38），如图 10－153 所示。

Step 03：单击工具箱中的【矩形工具】按钮，绘制圆角矩形，设置【轮廓】为【无】，然后单击工具箱中的【渐变填充】按钮，打开【渐变填充】对话框，设置【渐变类型】为【线性】，【角度】为【110.7】，【边界】为【5%】，【颜色调和】为【自定义】，从左到右依次设置颜色为 CMYK（20、0、90、0）、CMYK（5、0、90、0）、CMYK（4、6、94、0），其他设置如图 10－154 所示，最后单击【确定】按钮，完成后如图 10－155 所示。

图 10－153　绘制蜻蜓眼睛图形　　图 10－154　【渐变填充】对话框

Step 04：单击工具箱中的【贝塞尔工具】按钮，绘制蜻蜓翅膀图形，设置【轮廓】为【无】，然后单击工具箱中的【渐变填充】按钮，打开【渐变填充】对话框，设置【渐变类型】为【线性】，【角度】为【228.3】，【边界】为【9%】，【颜色调和】为【自定义】，从左到右依次设置颜色为 CMYK（5、16、43、0）、CMYK（2、9、17、0），最后单击【确定】按钮，蜻蜓最终效果如图 10－156 所示。在绘制过程中，可根据需要在【渐变填充】对话框中调整【角度】的旋转度数。

图 10－155　绘制蜻蜓尾巴部分　　图 10－156　蜻蜓最终效果

Step 05：复制蜻蜓图形并旋转角度，调整其大小与位置，完成后如图 10－157 所示。

Step 06：运用工具箱中的【椭圆形工具】和【贝塞尔工具】绘制图形，设置【轮廓】为【无】，填充颜色为 CMYK（25、95、72、0），插画最终效果如图 10－158 所示。

图 10－157 复制蜻蜓图形

图 10－158 最终效果

10.7 企业品牌宣传手册

结合实例介绍企业品牌宣传手册的设计，打开"CD\源文件\第 10 章\企业品牌宣传手册.cdr"，如图 10－159 所示。本实例主要从手册封面、扉页、封二和目录四部分来做详细讲解。绘制企业宣传品牌手册，主要是运用【文本工具】、【交互式透明工具】、【造型工具】等工具。在绘制过程中，应当注意合理编排文字和版面。

1. 手册封面

Step 01：新建空白 CorelDRAW X4 文档，单击属性栏中的【横向】按钮，在属性栏中设置页面大小【宽度】为【560 mm】，【高度】为【280 mm】，按 Enter 键确定。

Step 02：单击工具箱中的【矩形工具】按钮，按 Ctrl 键拖动鼠标绘制正方形，在属性栏中设置矩形大小为【宽度】为【280 mm】，【高度】为【280 mm】，设置【轮廓】为【无】，然后填充颜色为 CMYK（0、100、80、90）。接着单击菜单栏中的【排列】|【对齐与分布】选项，弹出【对齐与分布】对话框，设置参数，如图 10－160 所示，完成后如图 10－161 所示。

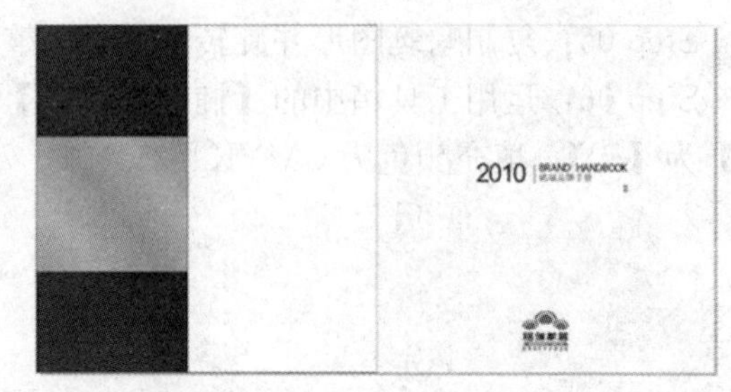

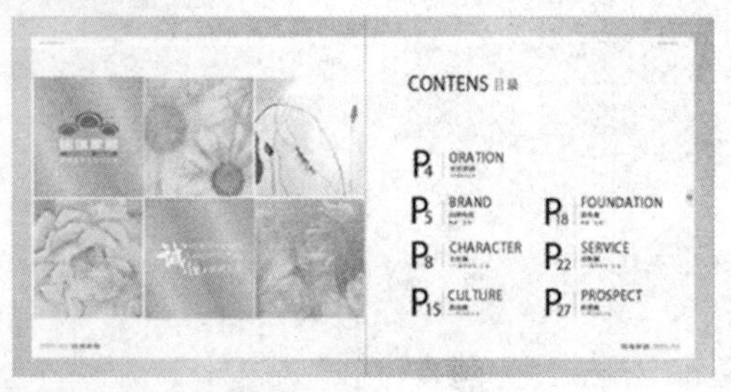

图 10－159　企业品牌宣传手册最终效果

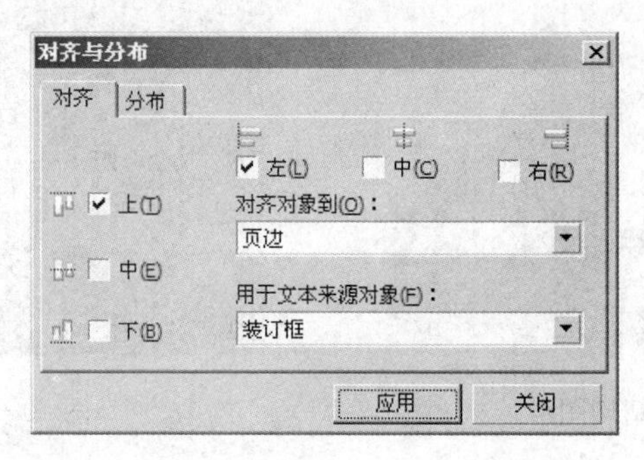

图 10－160　【对齐与分布】对话框

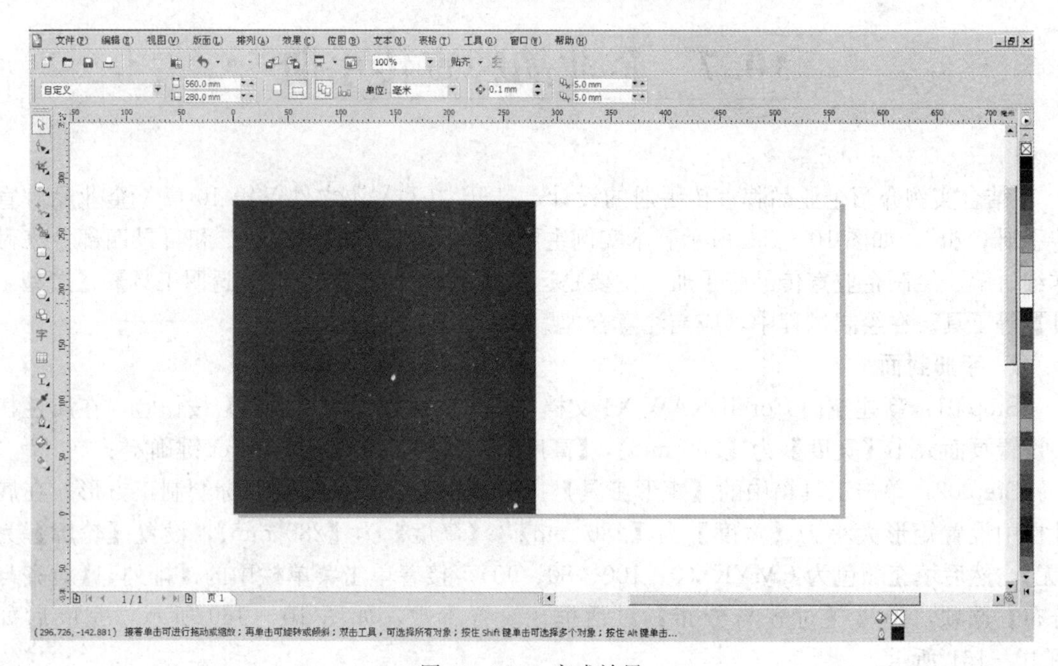

图 10－161　完成效果

Step 03：选中绘制好的正方形，再单击菜单栏中的【排列】|【变换】|【比例】选项，弹出【变换】泊坞窗，在【缩放与镜像】选项卡中设置参数，如图 10－162 所示。最后单击【应用到再制】按钮，完成后如图 10－163 所示。

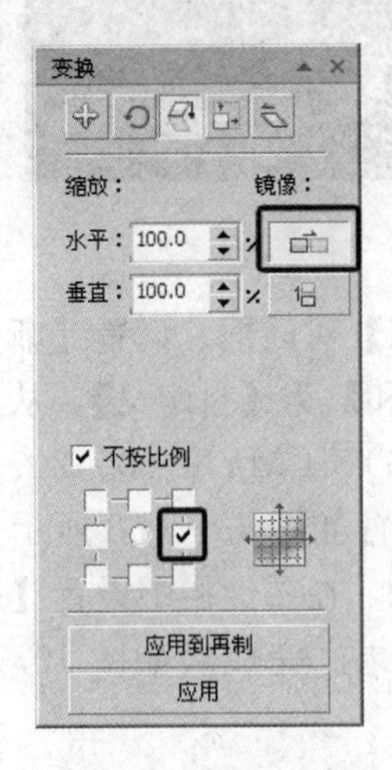

图 10－162 【缩放与镜像】选项卡

图 10－163 完成效果

Step 04：打开“CD\素材\第 10 章\素材 10－9.cdr”文件，将传统花卉图形复制到当前操作窗口内，接着同时选中封面背景图形中的右边矩形和传统花卉图形，先后按 C、E 键，使两者居中对齐。

Step 05：选中传统花卉图形，设置【轮廓】为【无】，然后单击工具箱中的【渐变填充】按钮，打开【渐变填充】对话框，设置【渐变类型】为【线性】，【角度】为【39.9】，【边界】为【13%】，【颜色调和】为【自定义】，从左到右设置颜色为 CMYK（0、20、60、20）、CMYK（0、0、20、0）、CMYK（0、20、60、20），其他设置如图 10－164 所示。单击【确定】按钮，完成后如图 10－165 所示。

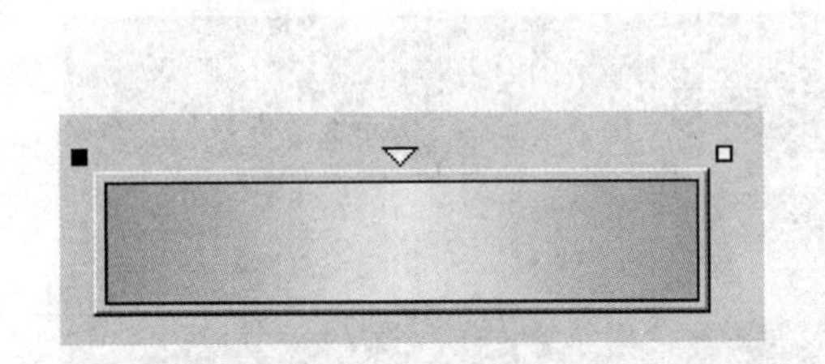

图 10－164 【渐变填充】对话框

图 10－165 完成效果

Step 06：选择传统花卉图形，再单击工具箱中的【交互式阴影工具】按钮，为传统花卉图形添加交互式阴影效果，设置【阴影颜色】为 CMYK（0、100、100、0），其他参数如图 10－166 所示。完成后如图 10－167 所示。

Step 07：单击工具箱中的【矩形工具】按钮，在属性栏中设置【宽度】为【560 mm】，【高度】为【108 mm】，绘制矩形，并与封面背景图形居中对齐。设置该矩形【轮廓】为

图 10－166 【交互式阴影工具】属性栏

【无】，然后单击工具箱中的【渐变填充】按钮，打开【渐变填充】对话框，设置【渐变类型】为【线性】，【角度】为【10.4】，【边界】为【2%】，【颜色调和】为【自定义】，从左到右设置颜色为 CMYK（0、20、60、20）、CMYK（0、9、38、9）、CMYK（0、20、60、20）、CMYK（0、9、38、9）、CMYK（0、20、60、20），其他设置如图 10－168 所示，单击【确定】按钮。然后单击工具箱中的【交互式透明工具】按钮，在属性栏中设置【透明度类型】为【标准】，透明度为【10】，为图形绘制交互式透明效果。完成后如图 10－169 所示。

Step 08：打开“CD＼素材＼第 10 章＼素材 10－10. cdr 文件，复制标志图形至当前操作窗口内，选中标志图形放置在封面背景图层右上角，效果如图 10－170 所示。

图 10－167 绘制交互式阴影效果

图 10－168 【渐变填充】对话框

图 10－169 绘制交互式透明效果

图 10－170 复制标志至封面背景图层

Step 09：单击工具箱中的【文本工具】按钮，在标志图形下方输入美术字文本，然后运用【形状工具】调整字符间距，使其与标志图形居中对齐，选中文字“品牌瓷砖专业供应商”，设置【轮廓】为【无】，然后单击工具箱中的【渐变填充】按钮，打开【渐变填充】对话框，设置【渐变类型】为【线性】，【角度】为【11】，【边界】为【10%】，【颜色调和】为【自定义】，从左到右设置颜色为 CMYK（0、20、60、20）、CMYK（0、0、20、0）、CMYK（0、20、60、20），其他设置如图 10-171 所示。单击【确定】按钮，完成后如图 10-172 所示。

图 10-171 【渐变填充】对话框

图 10-172 完成效果

Step 10：在封面背景填充下方位置运用【钢笔工具】，绘制线条，在【轮廓笔】对话框中设置线条【宽度】为【0.176 mm】，填充颜色为 CMYK（34、52、85、1），完成后如图 10-173 所示。

图 10-173 绘制线条

Step 11：单击工具箱中的【文本工具】按钮，在页面右边矩形的下方中间位置输入美术字文本，并与传统花卉图形居中对齐，然后设置字号为【16pt】，填充颜色为 CMYK（34、52、85、1），效果如图 10-174 所示。

Step 12：在页面左边矩形的下方再次输入美术字文本，填充颜色为 CMYK（34、52、85、1），注意文字编排要合理，完成后如图 10-175 所示。

Step 13：打开“CD\素材\第 10 章\素材 10-11.cdr”文件，将“诚信”中文字体

图 10-174 输入网址并排列位置

图形复制到当前操作窗口内，放置在右页面中间位置，填充颜色为（0、100、80、90）。然后输入其他美术字文本，填充颜色为（0、100、80、90），完成手册封面设计，最终效果如图 10－176 所示。

图 10－175　输入美术字文本

图 10－176　封面设计最终效果

2. 手册扉页

Step 01：单击页面属性栏中的【添加页面】按钮，增加【页 2】，如图 10－177 所示。

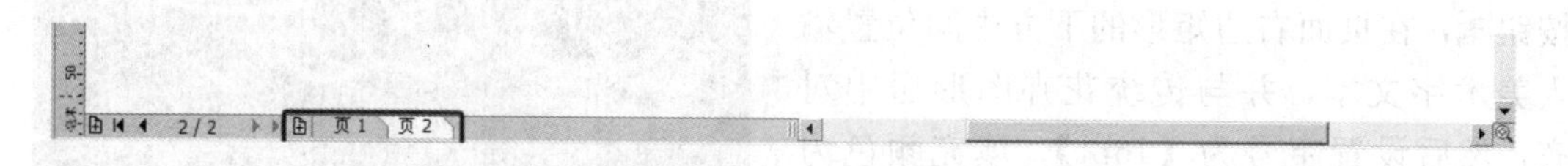

图 10－177　新增页面

Step 02：单击【页 1】，回到封面页面，复制封面背景中的两个正方形至【页 2】中，完成后如图 10－178 所示。

Step 03：运用【挑选工具】，选中右边正方形，填色颜色为 CMYK（0、0、10、0），选中左边正方形，设置【轮廓】颜色为 CMYK（0、0、0、100），填充颜色为白色，完成后如图 10－179 所示。

Step 04：选择左边正方形，单击菜单栏中的【排列】|【变换】|【大小】选项，弹出【变换】泊坞窗，在【大小】选项卡中设置参数，设置如图 10－180 所示。再单击【应用到再

制】按钮，复制一个矩形。选择该矩形，填充颜色为 CMYK（0、100、80、90），完成后如图 10－181 所示。

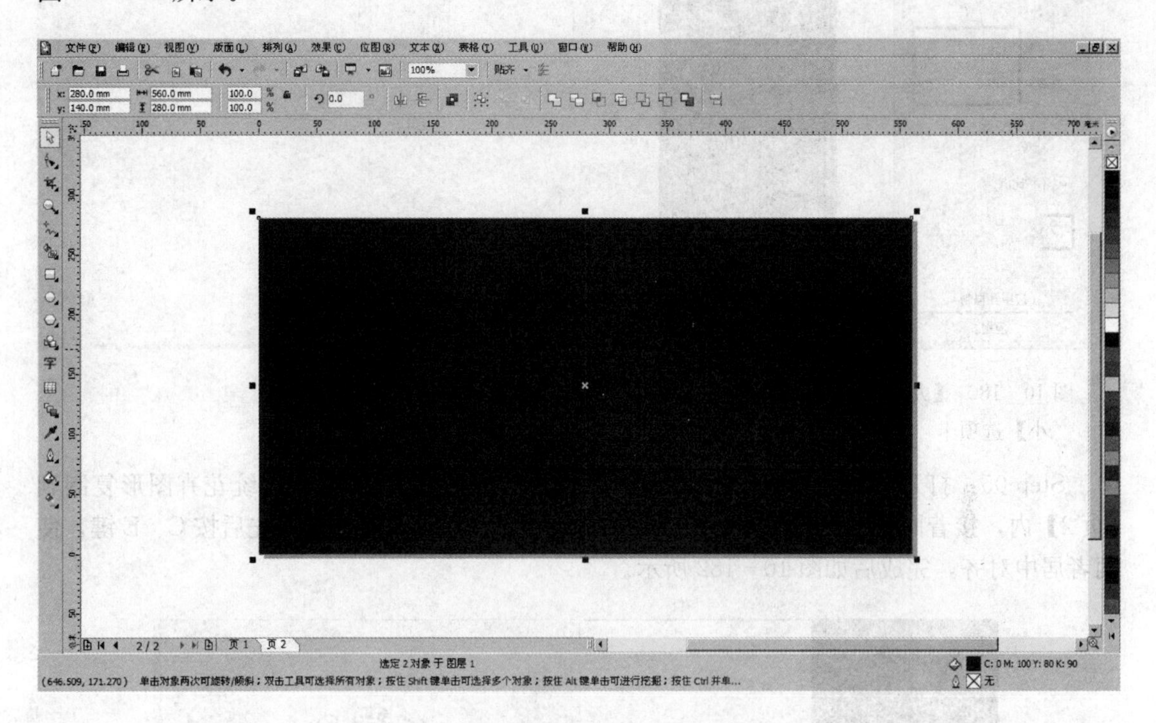

图 10－178　复制正方形至【页 2】

图 10－179　填充颜色

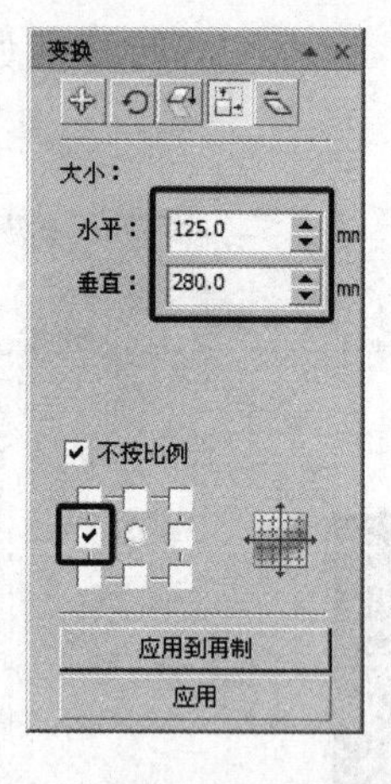

图 10－180 【大小】选项卡

图 10－181 复制矩形并填充颜色

Step 05：打开“CD\素材\第 10 章\素材 10－9.cdr”文件，将传统花卉图形复制到【页 2】内，接着同时选中封面背景图形中的右边矩形和传统花卉图形，先后按 C、E 键，使两者居中对齐，完成后如图 10－182 所示。

图 10－182 完成效果

Step 06：选择传统花卉图形，填充颜色为 CMYK（0、5、15、2），按 Shift 键等比例略微缩小该图形，居中放置在右边矩形中。

Step 07：回到【页 1】，将标志图形部分复制到【页 2】内，并将标志图形部分放置在右边正方形底部居中位置，适当缩小图形。然后选择“铭瑞家居”和“品牌瓷砖专业供应商”字体部分，填充颜色为 CMYK（0、100、80、90），完成后如图 10－183 所示。

Step 08：单击工具箱中的【文本工具】按钮字，在右边正方形中输入美术字文本，填充颜色为 CMYK（0、100、80、90）。然后打开“CD\素材\第 10 章\素材 10－12.cdr”文件，将印章图形复制至【页 2】，适当等比例缩小并放置在适当位置，完成后如图 10－184 所示。

Step 09：回到【页 1】，将金色渐变矩形复制至【页 2】，缩小并放置在适当位置，完成扉页制作，最终效果如图 10－185 所示。

图 10－183 填充字体颜色

图 10－184 输入美术字文本并复制印章标志至【页 2】

图 10－185 扉页设计最终效果

3. 手册封二

Step 01：单击页面属性栏中的【添加页面】按钮，增加【页 3】。然后双击工具箱中的【矩形工具】，绘制一个和页面等大的矩形。

Step 02：选择矩形，设置【轮廓】为【无】，然后单击工具箱中的【渐变填充】按钮，打开【渐变填充】对话框，设置【渐变类型】为【线性】，【角度】为【25.4】，【边界】为【2%】，【颜色调和】为【自定义】，从左到右设置颜色为CMYK（0、20、60、20）、CMYK（0、9、38、9）、CMYK（0、20、60、20）、CMYK（0、9、38、9）、CMYK（0、20、60、20），其他设置如图 10－186 所示。单击【确定】按钮，完成后如图 10－187 所示。

图 10－186 【渐变填充】对话框

图 10－187 完成效果

Step 03：打开“CD\素材\第 10 章\品牌手册\素材 10－13.cdr 文件，将团花图形复制至【页 3】，效果如图 10－188 所示。

图 10－188 复制团花图形至【页 3】

Step 04：再次复制团花图形，等比例缩小后，同时选中大小两个团花图形，按 C 键垂直中心对齐，如图 10－189 所示。然后群组这两个团花图形，然后复制多个，页面底纹效果如图 10－190 所示。在绘制过程中，注意图形整体大小一定要超过页面边缘。

图 10－189　制作团花图案组

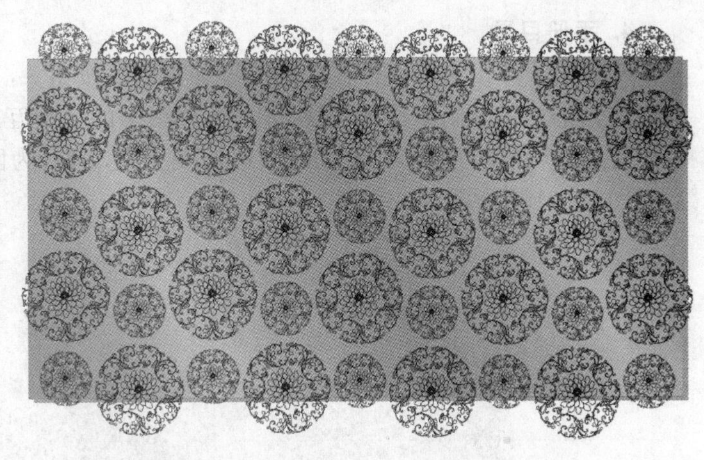

图 10－190　复制制作团花图案组至满页面

Step 05：选中所有团花图形，填充颜色为 CMYK（0、11、40、10）。

Step 06：群组并选择所有团花图形，单击菜单栏中的【效果】|【图框精确剪裁】|【放置在容器中】选项，将所有团花图形置入背景矩形内，完成后效果如图 10－191 所示。

图 10－191　图框精确剪裁后效果

Step 07：打开“CD\素材\第 10 章\素材 10－14. cdr 文件，将“玉”字体图形复制至【页 3】，填充颜色为 CMYK（0、100、80、90），然后单击工具箱中的【文本工具】按钮字，输入美术字文字，合理编排文字，手册封二最终效果如图 10－192 所示。

图 10－192　手册封二最终效果

4. 手册目录

Step 01：单击页面属性栏中的【添加页面】按钮，增加【页 4】。将【页 3】中的团花底纹背景矩形复制至【页 4】，单击工具箱中的【交互式透明工具】按钮，在属性栏中设置【透明度类型】为【标准】，透明度为【30】，为图形绘制交互式透明效果，完成后如图 10－193 所示。

图 10－193　新增页面 4 并设置背景效果

Step 02：单击工具箱中的【矩形工具】按钮，绘制矩形，在属性栏中设置【宽度】为【530 mm】，【高度】为【250 mm】，设置【轮廓】为【无】，填充颜色为 CMYK（0、0、10、0 ），与背景花纹矩形居中对齐，完成后如图 10－194 所示。

图 10－194　绘制矩形并填充颜色

Step 03：单击工具箱中的【矩形工具】按钮，绘制矩形，在属性栏中设置【宽度】为【88 mm】，【高度】为【94 mm】，设置【轮廓】为【无】，然后单击工具箱中的【渐变填充】按钮，打开【渐变填充】对话框，设置【渐变类型】为【线性】，【角度】为【26.5】，【边界】为【6%】，【颜色调和】为【自定义】，从左到右设置颜色为 CMYK（0、20、60、20）、CMYK（0、9、38、9）、CMYK（0、20、60、20）、CMYK（0、9、38、9）、CMYK（0、20、60、20），其他设置如图 10－195 所示。单击【确定】按钮，将矩形放置在适当位置，完成后如图 10－196 所示。复制一份备用，然后为方便页面排版，在页面中间设置一根垂直的辅助线。

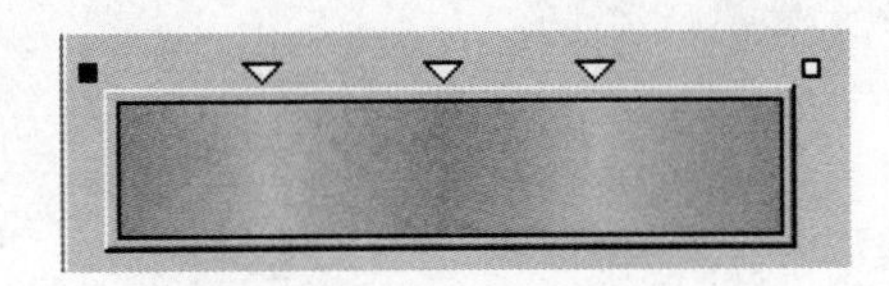

图 10－195 【渐变填充】对话框

图 10－196 完成效果

Step 04：分别导入本书配套光盘中“CD\素材\第10章\素材10－15.jpg、素材10－16.jpg、素材10－17.jpg、素材10－18.jpg”文件，在属性栏中设置图片【宽度】均为【88 mm】，【高度】均为【94 mm】，与绘制的矩形等距排列，完成后效果如图10－197所示。

Step 05：将【页1】中的标志图形部分复制至【页4】，放置在页面左上角的金色矩形中，文字部分填充颜色为CMYK（0、0、10、0），适当等比例缩小图形，效果如图10－198所示。

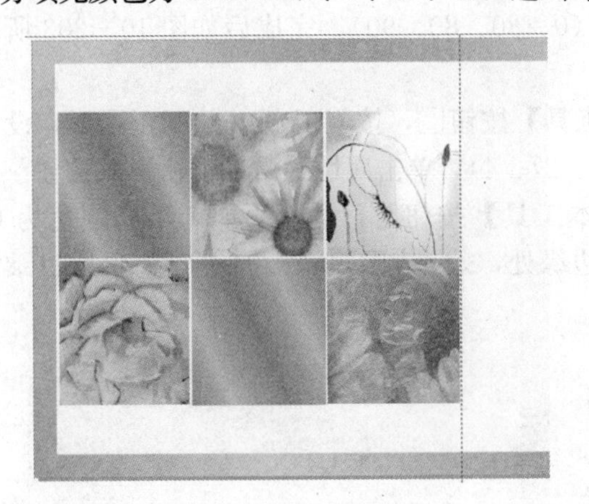

图 10－197 图片排列效果

图 10－198 复制标志图形部分

Step 06：将【页1】中的诚信字体部分复制至【页4】，放置在页面左下中间金色矩形中间，填充颜色为CMYK（0、0、10、0），适当等比例缩小图形，完成后如图10－199所示。

Step 07：单击工具箱中的【文本工具】按钮字，输入公司网址文本，填充颜色为CMYK（34、52、85、0）放置在页面左上角，在页面右上角输入文字“温润而泽，仁也”，填充颜色为CMYK（0、20、60、20），效果如图10－200所示。

图 10－199 复制诚信字体部分

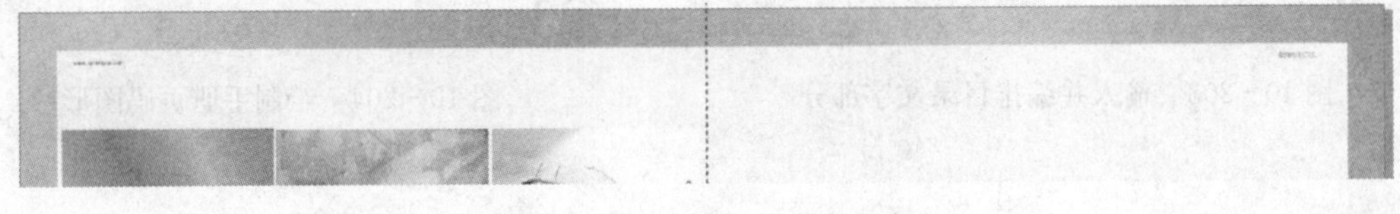

图 10－200 输入美术字文本

Step 08：复制页面左上角标志图形部分，删除其图形部分，将文字部分和中间矩形图形填充颜色为CMYK（34、52、85、0），完成后如图10－201所示。

Step 09：再次复制文字部分，放置在页面右下角位置，并对字体排列位置略作调整，如图10－202所示。

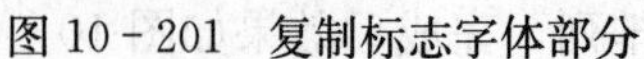

图10－201　复制标志字体部分

图10－202　复制标志字体部分并编排字体部分

Step 10：单击工具箱中的【文本工具】按钮，输入目录文字部分，并绘制部分细条状矩形，文字和矩形填充颜色为CMYK（0、80、80、90），完成后如图10－203所示。在绘制过程中，应注意页面编排饱满。

Step 11：单击工具箱中的【椭圆形工具】按钮，按Ctrl键，绘制正圆形，设置【轮廓】为【无】，填充颜色为CMYK（0、4、27、4），单击属性栏中的【饼形】按钮，使其变成半圆形。然后单击工具箱中的【文本工具】按钮，输入页码，填充颜色为CMYK（0、80、80、90），将半圆形放置在矩形边缘处，效果如图10－204所示。手册目录设计最终效果如图10－205所示。

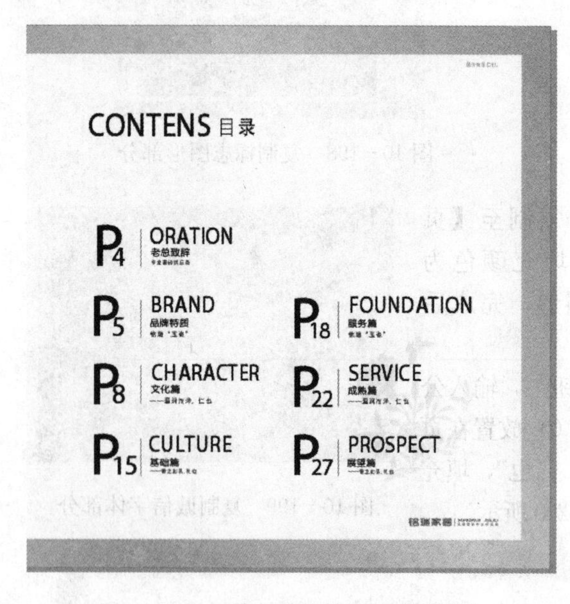

图10－203　输入并编排目录文字部分

图10－204　绘制手册页码图形

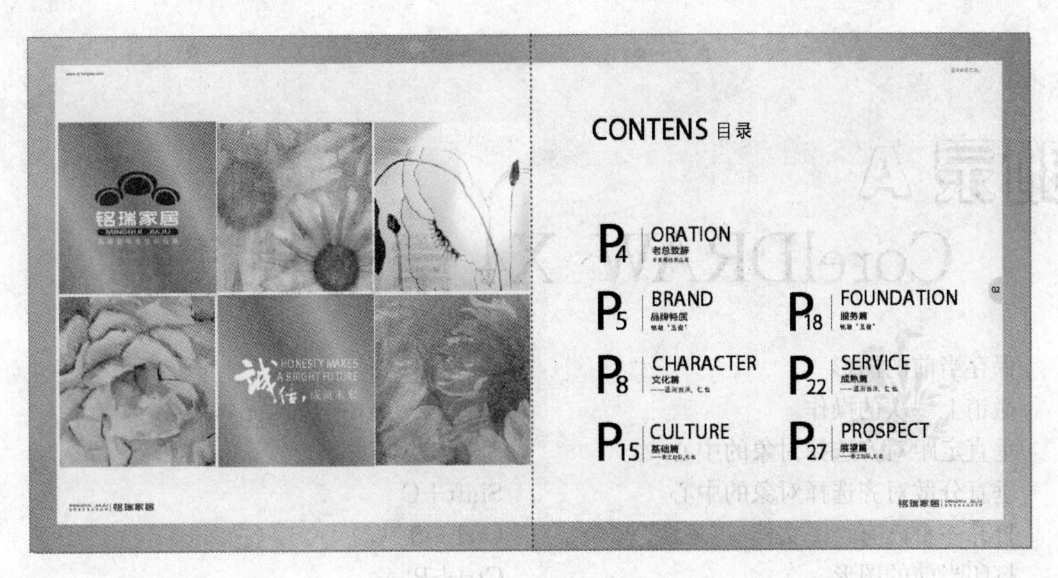

图 10 - 205　目录设计最终效果

附录 A CorelDRAW X4 常用快捷键

保存当前的图形	Ctrl+S
撤销上一次的操作	Ctrl+Z，Alt+Backspase
垂直定距对齐选择对象的中心	Shift+A
垂直分散对齐选择对象的中心	Shift+C
打开一个已有绘图文档	Ctrl+O
打印当前的图形	Ctrl+P
打开【变换】泊坞窗	Alt+F10
重复操作	Ctrl+R
全选对象	Ctrl+A
剪切对象	Ctrl+X
复制对象	Ctrl+C，+（加号）
粘贴对象	Ctrl+V
删除对象	Delete
再制对象	Ctrl+D
导出文本或对象	Ctrl+E
导入文本或对象	Ctrl+I
将文本对齐基线	Alt+F12
将对象与网格对齐	Ctrl+Y
手绘工具	F5
矩形工具	F6
椭圆形工具	F7
文本工具	F8
形状工具	F10
均匀填充工具	Shift+F11
渐变填充工具	F11
轮廓笔工具	F12
打开【轮廓颜色】对话框	Shift+F12
智能绘图工具	Shift+S
橡皮擦工具	X
多边形工具	Y
图纸工具	D

螺纹工具	A
交互式填充工具	G
网状填充工具	M
显示导航窗口	N
缩放工具	Z
手形工具	H
艺术笔工具	I
全屏预览	F9
局部放大对象	F2
查看所有对象	F4
查看页面	Shift＋F4
左对齐	L
右对齐	R
顶端对齐	T
底端对齐	B
水平居中对齐	E
垂直居中对齐	C
在页面居中	P
到页面前面	Ctrl＋Home
到页面后面	Ctrl＋End
到图层前面	Shift＋PgUp
到图层后面	Shift＋PgDn
向前一位	Ctrl＋PgUp
向后一位	Ctrl＋PgDn
群组对象	Ctrl＋G
解散群组对象	Ctrl＋U
组合对象	Ctrl＋L
拆分对象	Ctrl＋K
将对象转换为曲线	Ctrl＋Q
将轮廓转换为对象	Shift＋Ctrl＋Q
将本文更改为水平方向	Ctrl＋，
将本文更改为垂直方向	Ctrl＋.
打开【编辑文本】对话框	Shift＋Ctrl＋T

参 考 文 献

［1］ 锐意视觉. CorelDRAW X4 中文版从入门到精通. 北京：中国青年出版社，2008：13－29.
［2］ 袁品均. CorelDRAW X4 中文版实训标准教程. 北京：中国青年出版社，2009：158－189.
［3］ 新知互动. CorelDRAW X4 核心技术与绘图经典. 北京：中国铁道出版社，2009：179－217.
［4］ 王海峰. CorelDRAW X4 中文版入门与提高. 北京：清华大学出版社，2009：223－258.
［5］ 迪一工作室. 中文版 CorelDRAW X4 本色快乐启航. 北京：科学出版社，2009：127－158.
［6］ 母春航. CorelDRAW X3 中文版平面设计精粹. 北京：电子工业出版社，2008：175－181.
［7］ 新知互动. CorelDRAW X3 完全手册＋特效实例. 北京：中国青年出版社，2008：26－44.
［8］ 漆小平. CorelDRAW 基础教程. 北京：中国传媒大学出版社，2008：59－88.